경성의 주택지

인구 폭증 시대
경성의 주택지 개발

경성의 주택지: 인구 폭증 시대 경성의 주택지 개발
ⓒ 이경아, 2019

초판 1쇄 펴낸날 2019년 11월 30일
초판 2쇄 펴낸날 2021년 5월 25일
지은이 이경아
펴낸이 이상희
펴낸곳 도서출판 집
디자인 로컬앤드

출판등록 2013년 5월 7일 2013-000132호
주소 서울 종로구 사직로8길 15-2 4층
전화 02-6052-7013
팩스 02-6499-3049
이메일 zippub@naver.com

ISBN 979-11-88679-07-2 93540

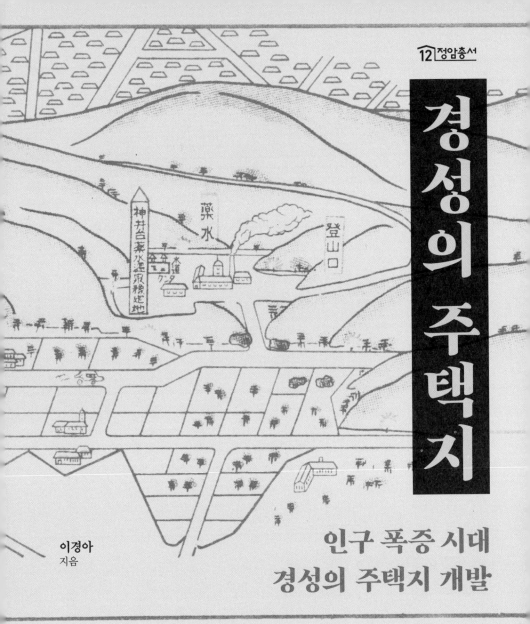

12 정암총서

경성의 주택지

인구 폭증 시대
경성의 주택지 개발

이경아
지음

집

차례

008   책을 펴내며

013   우리나라의 대표 한옥단지,
         가회동과 건축왕 정세권

우리나라의 대표 한옥단지, 가회동 | 건축왕이자 민족운동가, 정세권 | 정세권은 왜 한옥에
주목했나 | 정세권의 브랜드 주택, 건양주택 | 20세기 한옥박물관, 가회동 31번지와 33번지
| 중당식 주택과 중정식 주택의 결합 실험 | ㄷ자 표준형 주택 실험 | 다양한 형태의 주택
실험 | 가회동 사람들 | 가회동 한옥단지의 가치

041   그동안 알려지지 않았던
         북촌의 서양식 주택

북촌은 한옥마을이 아니다 | 조선인 상류층 우종관과 문화주택 | 서양식 이층집,
문화주택에 대한 환상과 열기 | 우종관이 지은 두 동의 서양식 주택 | 서양식 주택을
향하여 | 일본식 중복도형 평면 | 그래도 온돌은 못 버려 | 조선인 상류층의 '삼중생활'

067   서울의 중심, 인사동 일대의 변화와
         박길룡의 조선 주택개량운동

서울의 중심, 인사동 일대 | 일제강점기 인사들의 주택 개량에 대한 고민 | 박길룡과
과학운동 | 조선 주택 조사와 문제점 인식 | 조선가옥건축연구회의 설치와 주택개량운동
| 문화주택 비판 | 중정식 배치냐, 집중형 배치냐 | 부엌의 개량 | 온돌의 개량 | 변소를
비롯한 기타 개량 | 박길룡 조선 주택 개량의 종합안 | 박길룡 조선 주택 개량안의 실제,
민병옥 가옥과 각심재

105   다이너마이트로 만든 삼청동 주택지와
         김종량의 하이브리드 실험주택

신성하고도 수려한 동네, 삼청동 | 다이너마이트로 만든 주택지, 갈등과 대립 | 건축가이자
정치가, 언론인 김종량 | 초기 실험작, 혜화동 주택 | 김종량의 대표작, 삼청동의
하이브리드 주택

125 이상적 건강주택지, 후암동

조선인의 가회동 vs. 일본인의 후암동 ┃ 건강한 주택지를 찾아서 ┃ 조선인의 후암동에서
일본인의 삼판통으로 ┃ 농사짓던 땅이 경성 최고가의 고급 주택지로 ┃ 후암동 주택지
개발의 시작, 조선은행 사택지 ┃ 경성의 3대 주택지, 학강 주택지 ┃ 그외 주택지 개발 ┃
후암동의 문화주택 ┃ 서양식 주택으로 보이도록 ┃ 일본식 주택 계획의 관성 ┃ 일본인의
온돌 수용 ┃ 오카베집 또는 적산가옥의 변화

161 한양도성의 훼철과
고급 교외 주택지 개발, 장충동

조선의 수도 한양의 경계, 한양도성의 운명 ┃ 조선시대의 미개발지, 남소동 ┃ 국가 제사시설
장충단이 공원으로 ┃ 요정과 유곽의 등장 ┃ 교외 주택지 개발 ┃ 주택지 개발의 동진을
알린 첫 주택지, 소화원 주택지 ┃ 국유림 해제 및 불하와 함께 탄생한 주택지, 남산장전고대
주택지 ┃ 국책회사에 의한 초고급 주택지 조성, 장충단 주택지 ┃ 최신 고급 주택의 각축장
┃ 해방 후 고급 주택지 장충동의 위상

189 그들의 전원주택지, 신당동

전원주택지의 탄생 ┃ 전원, 전원도시, 전원주택의 개념 ┃ 전원도시 개념의 유입 ┃
국책회사에 의한 전원주택지 개발 ┃ 모델하우스 전시와 분양 팸플릿, 주택도집 발간 ┃
전원주택지 탄생의 명과 암 ┃ 남산주회도로 부설과 한남동 개발

223 경성의 학교촌과 조선인의 문화촌,
동숭동과 혜화동

서울의 오래된 학교촌, 그리고 조선인의 문화촌 ┃ 조선시대 최고의 국립 교육기관 성균관의
소재지 ┃ 백동수도원으로부터 시작된 천주교 타운의 형성 ┃ 경성제국대학의 건립과 그 영향
┃ 관립학교에서 개발한 관사지 ┃ 경성제국대학 교수들의 문화주택지, 약수대 ┃ 조선인들의
문화촌 형성과 실험적인 주택

249 한양도성 밖 첫 한옥 신도시, 돈암지구

의외의 한옥단지 ∣ 조선시가지계획령의 공포와 경성의 토지구획정리사업 ∣ 경성의 첫
토지구획정리지구, 돈암 ∣ 한양도성 밖 첫 한옥 신도시의 탄생 ∣ 돈암지구 한옥단지의
개발들 ∣ 돈암지구 내 주목할 만한 한옥: 2층 한옥, 연립한옥, 돈암장 ∣ 돈암지구에 대한
기억

275 한강 너머의 이상향, 흑석동
그리고 토지 투기의 확산

노량진과 동작진의 사이, 흑석리 ∣ 한강철교와 한강인도교, 한강신사의 건립 ∣ 장수촌이자
별장 주택지를 지향한 명수대 주택지 ∣ 계획의 변경, 학원도시의 조성 ∣ 병참기지정책에
따라 서쪽으로 번지는 토지 투기 열풍

299 최신 주거문화의 전시장, 충정로

'최초'라는 수식어가 많이 붙는, 한양도성의 서쪽 ∣ 경성의 또 다른 3대 주택지, 금화장 ∣
서북쪽으로 퍼져나가는 주택지 개발 ∣ 수직으로 적층된 새로운 주택, 아파트 ∣ 일제강점기
경성의 아파트 ∣ 최고(最古)의 철근콘크리트조 아파트, 충정아파트 ∣ 철근콘크리트를
사용한 고급 주택, 죽첨장 또는 경교장

341 관에서 개발한 주택지,
관사단지와 영단주택지

관사와 관사단지 ∣ 일본인들의 북진과 관사단지 조성 ∣ 궁궐 내 관사단지 개발 ∣ 관사의
건축적 특징 ∣ 조선주택영단의 설립과 영단주택의 공급

371 찾아보기

382 참고문헌

기존의 주택지가 없어지고 새로운 주택지가 생겨나는 것을 종종 볼 수 있다. 개발자들은 자신이 개발한 주택지에 브랜드를 붙이고 다른 주택지와 차별성을 부각시킨 광고를 한다. 얼마나 교통이 편리한지, 학교와 상가 등 편의시설이 얼마나 잘 갖춰져 있는지, 장래 투자 가치가 얼마나 높은지… 텔레비전에서는 세련된 이미지의 배우가 출연해 우아하고 여유 있는 생활을 보여준다. 지금 행복을 누릴 수 있는 건 모두 이 단지에 있는 그 집을 선택했기 때문이라는 암시이다. 개발자들은 앞으로의 멋진 삶을 꿈꾸게 하는 공간을 미리 제시하기도 한다. 다양한 주택 박람회나 최신 디자인, 최고급 사양으로 꾸민 멋진 모델하우스를 통해서. 잘 차려입은 안내자들은 행복하고 편안한 생활에 덤으로 시세차익까지 노려볼 수 있다고 귀띔하며 우리의 열망을 자극한다.

이런 개발자들의 유혹에는 개발의 이면은 담겨 있지 않다. 그 땅이 개발자의 손에 들어가기 전부터 그곳에 살고 있던 원주민의 이야기 같은 것 말이다. 대부분의 원주민들은 다음 이주지를 채 정하지 못한 채, 지금보다 더 먼, 더 열악한 곳으로 쫓겨나게 된다. 얼마 전까지만 해도 주택지를 조성하기 위해 행해지는 개발자들의 무자비한 철거와 이에 필사적으로 저항하는 원주민들에 대한 기사를 텔레비전과 신문에서 본 기억이 있을 것이다. 이렇듯 주택지는 누군가에게는 꿈이 되고, 또 누구에게는 허영과 욕망의 투기 대상이기도 하지만, 누군가에게는 목숨을 걸고서라도 지켜내야 하는 생존의 공간이다. 주택지는 시대의 욕망이 분출되고 다양한 사람들의 이상과 좌절이 교차하는 지점인 것이다.

새로운 주택에 대한 환상이나 동경과 함께 시대적 갈등의 중심에 있을 수밖에 없는, 밝은 면과 어두운 면이 공존할 수밖에 없는 주택지 개발의 기원이 항상 궁금했다. 본격적으로 연구하기 시작한 것은 지금으로부터 약 10여 년 전 '문화주택의 유입과 문화주택지의 개발'이라는 주제로 박사논문을 준비하면서부터다. 시작은 근대기 주택이었지만, 진행할수록 주택지 개발의 배경과 주도한 주체, 갈망했던 대중, 그리고 그것을 가능하게 했던 도시적, 제도적 변화로 관심의 범위가 넓어져 갔다. 연구를 진행하면서 약 100여 년 전의 새로운 주택과 주택지에 대한 열망과 좌절이 현재의 것과 다르지 않아 놀라웠다. 어쩌면 현재 우리가 가지고 있는 주택과 주택지에 대한 여러 관념이 우리도 모르는 사이에 형성된 것이 아닐까 하는 의문과 함께 그것이 현재의 우리에게 시사하는 바가 무엇인지에 대해서도 알아보고 싶었다. 그런데 당시는 우리에게 일제강점기라는 뼈아픈 식민지 시기였다. 그렇기에 그 배경과 드러난 현상은 더욱 복잡했고 혼란스러웠으며 쉽게 손에 잡히지 않았다. 어쨌든 100여 년 전 갑자기 시작된 우리나라의 주택지 개발 열풍의 의미를 알기 위해서는 이전 시대와의 객관적인 비교가 있어야 했고 새롭게 등장한 개념에 대한 정리도 필요했다.

조선 시대까지만 해도 주택 공급은 짓고자 하는 사람과 지어주는 사람만 존재하는 일종의 주문생산 방식이었다. 그런데 100여 년 전, 일제강점기 경성에서부터 크게 변화하기 시작한다. 인구가 갑작스럽게 늘어나고 엄청난 주택난으로 몸살을 앓게 되면서 주택 공급 방식도 바뀌게 된 것이다. 조선 500여 년간 약 10만에서 20만 내외로 유지되던 한양의 인구 규모가 불과 30년 만에 100만에 육박하게 되는, 그야말로 '인구 폭증 시대'를 맞았다. 개발자 또는 개발회사는 앞다투어 대규모 필지를 사들이고 그것을 나누어 불특정 다수에게 분양하기 시작했다. 주택지는 관사지와 사택지, 문화주택지, 한옥주택지, 아파트, 영단주택지와 부영주택지 등의 형태로 다양하게 나타났다. 논과 밭, 산 또는 공동묘지나 빈민 주거지가 소위 '이상적인' 주택지로 바뀌었다. '교외', '전원주택지'와 같은. 현재는 익숙하지만, 당시에는 새로웠던 개념이 등장하고 대규모 개발이 이루어지며 경성은 자못 '이상도시'인 양 비추어지기도 했다. 주택지 개발과 함께 경성의 경계는 갈수록 확대되었고 주택이라는 일상적인 건축물이 집단적으로 형성되면서 도시 경관은 크게 바뀌고 있었다. 개발회사들은 별도의 브랜드를 붙여 신문이나 잡지에 광고하고 분양 팸플릿을 배포하고 기자 설명회 등을 열어 이상향으로 선전했다. 상품이 된 주택은 박람회에 출품이 되거나 모델하우스로 공개되며 유행을 선도했으며, 새롭게 등장한 주택에 사람들은 열광했다. 반면 주택지 개발 대상지에 살던 원주민들은 쫓겨날 수밖에 없었다. 이로 인한 대립과 갈등, 충돌은 끊이지 않았다. 부동산 투기와 같은 사회적 이슈도 항상 따라다녔다. 지금의 모습과 크게 다르지 않다.

이렇게 개발된 20세기 전반기 주택지는 우리나라의 건축·도시사에서 다양한 의미가 있다.

우선 성리학적 위계와 풍수지리적 관념으로 만들어진 성곽도시 한양이 해체되고 식민지적 상황과 새로운 문물의 유입을 맞아 급격하게 바뀌어 가던 도시적 변화 양상을 살펴볼 수 있다. 임금이 기거하던 궁궐 일부나 왕족의 주택지가 관사지나 사택지로 개발되고, 양반들이 거주했던 대규모 저택지가 소규모 한옥 밀집 지역으로 바뀌는가 하면, 500여 년간 서울의 물리적 경계였던 도성이 허물어지고, 금산 정책으로 지켰던 국유지와 삼림이 훼손되며 문화주택지가 들어서는 등 조선 시대에는 상상할 수조차 없었던 일들이 일어났다. 그야말로 이전 시대가 철저히 부정되면서, 도시의 성격과 모습이 완전히 바뀌게 된 것이다. 따라서 당시의 주택지는 일제강점기라는 식민지적 현실이 구체적이고도 극명하게 드러나는 장이었다고도 할 수 있다. 이는 정치적인 이유에서 자행되었던 경복궁 내 조선총독부 건설이나 남산 위 조선신궁 건립 등과는 성격을 달리하지만 그 규모 면에서 더 전면적이고 막대한 영향을 끼친 식민지 조선의 도시, 경성의 변화였다.

또한, 새롭게 개발된 주택지 내에는 당대 최신식의 주택들이 들어섰기 때문에 20세기 전반 우리 주거문화의 급격한 변화도 살펴볼 수 있다. 100여 년 전 이상적인 주거로 제시되었던 주택의 경향과 당시 건축가들의 주택 개량에 대한 다양한 실험과 시도를 엿볼 수 있는 것이다. 조선인 건축가들은 재래 주택에 대한 적극적인 개량 의지를 선보였고, 일본인 건축가들은 혹독한 한반도의 겨울을 나기 위해 어쩔 수 없이 온돌 개량 방법을 모색하기도 했다. 여러 채와 여러 마당으로 구성되었던 한옥이 안채와 안마당 중심으로 압축된 도시한옥으로 재해석된다거나, 외래의 양식과 벽돌, 철근콘크리트 등 새로운 재료로 지은 문화주택 또는 아파트와 같은 주거 양식이 나타났다. 이렇게 경성에서 시작된 주택지 개발과 새로운 주택의 등장은 지방에도 영향을 미쳐 그곳에서의 새로운 주택지와 주택의 기준이 되기도 했다.

경성의 도시계획이나 주택지, 주택에 주목한 책이 여러 권 나와 있다. 이 책이 조금 다른 점은, 비단 주택지 개발로 인한 물리적인 변화에만 치우치지 않고 주택지를 개발했던 주체들과 원주민, 주택을 설계한 건축가들과 시공했던 업체들, 그리고 실제 그 주택에 살았던 사람들에 관한 이야기를 함께 담고 있다는 점이다. 당시 기록을 살펴보면 조선인이든 일본인이든 주택지를 개발하기 시작한 배경과 그로 인한 갈등, 새로운 요구에 대응하기 위해 변화를 모색했던 건축가들의 고민과 해법, 그리고 자신의 몸에 익지 않은 주택이었지만 유행을 따라 실험적으로 지어봤던 건축주들의 소감들을 찾아볼 수 있다. 그 속에는 새로운 주택지 및 주택에 대한 기대감과 함께, 현실적으로 맞닥뜨린 대립과 한계, 그리고 결국은 절충점을 찾아 나갈 수밖에 없었던 모습을 만나볼 수 있기도 하다. 때문에 경성의 주택지 개발을 둘러싼 다양한 관점들을 확인할 수 있고, 이는 일제강점기 경성의 일면을 좀 더 구체적이고 입체적으로 들여다보는 데 도움을 줄 수 있으리라 생각한다.

책은 총 12개의 꼭지로 구성되어 있다. 12개의 주제를 잡고 각 주제에 해당하는 서울의 동네를 택해 그곳에서 일어난 주택지 개발과 주택의 변화를 다루었다. 물론 어느 장은 동네보다는 이슈에 주목해 집중한 면이 없지 않다. 굳이 주택지 개발을 시대순으로 배열하지 않은 이유는 한 동네의 주택지 개발일지라도 오랜 기간에 걸쳐 다양하게 이루어졌기 때문이다. 각 동네의 위상이 다르고 그곳을 주목한 주체와 개발 양상이 다르다. 그래서 동네마다 화두도 다르다. 동네마다 주택지 개발 이전의 상황, 주요 개념 설명, 사회적·경제적 배경, 대표적인 주택지, 주택과 변화를 이야기했다. 읽는 방법은 간단하다. 앞에서부터 순서대로 읽어도 되지만 자신이 살았거나 살고있는, 혹은 관심 있는 동네를 먼저 읽어도 좋다. 굳이 방법을 제안한다면 각 동네의 변화를 서로 비교하며 읽는 것을 추천한다. 동네마다 무엇이 같고 무엇이 다른지 확인하는 재미를 느낄 수 있을 것이다.

이 책은 2006년 작성한 박사논문인《일제강점기 문화주택 개념의 수용과 전개》와 이후에 꾸준히 연구하고 발표한 여러 주택지와 주택에 관한 소논문들에 상당 부분 기대고 있다. 어떤 부분은 이 책을 위해 전면적으로 다시 썼지만 대체로 10년 넘는 연구 성과에 바탕을 두고 있다. 관련 연구를 진행하신 선학과 동학 연구자들의 연구 성과들이 큰 참조가 되었다. 그들의 연구가 있었기에 그동안 확인하지 못했던 추가 자료를 발견해서 내용을 더욱 발전시킬 수 있었으며, 현장 답사를 통해 해당 지역의 주택지 개발 양상을 구체적으로 파악할 수 있었다. 결국, 이 책은 지난 10여 년간의 경성의 주택과 주택지에 대한 여러 연구자들의 연구를 두루 살핀 결과물이다. 책에서 언급된 동네 중 어떤 곳은 보호구역으로 지정되어 당시의 시간적 층위를 유지하고 있는 곳도 있지만, 대부분은 아쉽게도 재개발을 앞두고 있어 조만간 사라질지도 모를 위험에 처해 있다. 부디 이 책을 통해 서울 역사의 한 부분이었던 경성의 도시적·건축적 변화를 이해하는 한편, 해당 지역에 쌓인 시간의 켜와 장소의 가치가 재발견되는 계기가 되었으면 하는 바람이다.

책에 사용한 소중한 원자료를 제공해 주신 전봉희 교수님과 송인호 관장님, 김명선 교수님, 김영순 관장님, 장명학 소장님, 그리고 후배 백선영 박사와 김명숙에게 진심으로 감사드린다. 그리고 원자료를 구하기 위해 오랫동안 자주 귀찮게 해 드렸던 국가기록원, 서울시청, 종로구청, 중구청, 용산구청, 성북구청 등의 담당자분들께도 미안한 마음과 함께 고마운 마음을 전하고 싶다. 그 외에도 서울역사박물관, 문화재청, 국립고궁박물관, 국립중앙박물관, 한국학중앙연구원 장서각, 배재학당역사박물관, 리움미술관, 성 베네딕도 왜관수도원, 서울대학교 규장각, 정세권 선생님과 임인식 선생님 유족께서 제공해 주신 사진과 자료들은 피상적이었던 사실들을 명확하게 확인하는 데 많은 도움이 되었다. 이미지에 대한 저작권을 최대한 확인하려고 했으나 마지막까지 확인하지 못한 것들에 대해서는 출간 후에라도 적절한 사례와 조치를 취할 것이다.

근대기 일본어 문헌 해석 중 난해한 부분이 있을 때마다 도와줬던 김하나 박사와 원고를 읽고 여러 가지 조언과 직언을 아끼지 않아 준 김지홍 박사, 그리고 글을 쓰며 때로 침체기에 빠져 있을 때 용기를 북돋워 주었던 이경은 박사, 멀리 있지만, 문제가 생길 때마다 밤과 낮 가리지 않고 해결에 나서주었던 동생 이권열에게 이루 말할 수 없는 고마운 마음을 전한다. 책에 들어간 주택들을 실측 조사하고 도면으로 만들어 주었으며 관련 내용을 일일이 확인해 준 많은 후배들과 옛날 도면을 새롭게 작도하고 자료 정리에 애써준 임나영 학생을 비롯한 제자들, 그리고 연구년 동안 집필에 몰두할 수 있게 도와주신 동료 교수님들께도 역시 깊은 감사의 인사를 전한다. 원고를 꼼꼼히 검토해 주시며 원전까지도 직접 확인하는 수고스러움도 마다하지 않으신 도서출판 집의 이상희 대표님, 이미지가 많고 여러 번 교체하느라 힘드셨을 텐데 끝까지 요청사항을 들어주시며 책을 디자인해 주신 로컬앤드 김욱 대표님, 그리고 열두 번째 정암총서로 선정해 주시고 지원해 주신 정암장학회에도 머리 숙여 감사를 드린다. 마지막으로 항상 바쁜 딸을 묵묵히 응원해 주시고 지원해 주시는 사랑하는 부모님과 이 책을 처음 구상할 때부터 마무리할 때까지 몸과 마음을 지켜주신 하느님께 이 책을 바친다.

2019년 11월
이경아

우리나라의 대표 한옥단지, 가회동과 건축왕 정세권[1]

1 — 이 글은 이경아, "정세권의 일제강점기 가회동 31번지 및 33번지 한옥단지 개발", 《대한건축학회 논문집》(32권 7호, 2016); 이경아, "정세권의 중당식 주택 실험", 《대한건축학회 논문집》(32권 2호, 2016) 내용을 바탕으로 재구성했다.

우리나라의 대표 한옥단지, 가회동

북촌(조선시대 한양도성에서 종로 이북 지역을 가리키던 명칭)은 예로부터 뒤에는 북악을 기대고 앞으로는 남산을 바라보는 남사면의 땅으로 볕이 잘 들고 배수가 잘될 뿐 아니라 한양 도성을 조망할 수 있는 최상의 주거지로 알려져 있다. 안국동별궁(조선시대 초부터 왕실의 거처였으며 마지막 황제인 순종의 가례처로 사용된 궁), 감고당(숙종이 인현왕후의 친정을 위해 지어준 집), 능성위궁(영조의 딸인 화길옹주와 부마인 능성위 구민화의 집), 김창녕위궁(순조의 딸 복온공주와 부마인 창녕위 김병주의 집), 완순궁(흥선대원군의 조카 완순군 이재완의 집) 등 조선시대 왕실과 관련된 집을 포함해 양반가와 크고 작은 관아가 모여 있었다. 황현(黃炫, 1855~1910)은《매천야록 (梅泉野錄)》에 서울의 종각 이북을 북촌이라 부르며 노론이 많이 살았다고 남겼다.

현재도 가회동에는 한옥이 많이 남아있다. 2014년 기준 서울시 전체 한옥 11,700여

1 1870년에 지어진 안국동 윤보선가는 조선시대 말 대규모 한옥의 마지막 모습을 전해 준다.

2 1913년에 지어진 가회동 백인제 가옥

3 1920년대에 지어진 가회동 한씨가옥

동 중 1,200여 동의 한옥이 북촌에 있는데, 290여 동이 가회동에 밀집되어 있다. 우리나라의 대표적인 한옥밀집지역이라 해도 손색이 없다. 그중에는 우리 근대기 주택의 변천을 보여주는 중요한 한옥도 여럿 있다. 가회동 백인제가옥(1913년 한상룡 건립), 가회동 한씨가옥(1920년대 한상룡 건립)이 대표적이다. 자세하게 들여다볼 가회동 31번지, 33번지 일대에는 1920년대부터 1940년대 사이에 지어진 여러 형식과 다양한 규모의 한옥이 분포하고 있다.

가회동에서는 멀리 남산과 서울타워를, 앞으로는 종로의 고층빌딩과 청계천을, 가까이에서는 한옥과 골목의 경관을 한눈에 볼 수 있다. 서울의 과거와 현재를 한꺼번에 느낄 수 있는 곳으로 국내외 관광객들에게 가장 인기 있는 한옥 밀집 지역이다.

가회동의 한옥을 보고 어떤 사람은 조선시대에 조성된 것이 아니냐고 한다. 이것은 사실이 아니다. 현재 가회동에 남아있는 대부분의 한옥은 약 80년 전에 지어졌다.

1 우리나라에서 한옥 밀도가 가장 높은 가회동 31번지와 33번지 일대. 서울시 제공

2 가회동 31번지 골목길에서 바라본 남산과 서울 사대문 안 전경. 서울시 제공

조선시대 한옥과는 지어진 배경이나 형태가 다르다는 말이다.

건축왕[2]이자 민족운동가, 정세권

가회동 한옥단지를 이야기하면서 개발자인 정세권 이야기를 빼놓을 수 없다. 한국의 근대기 문학가이자 언론인이었으나 후에 친일파가 된 춘원 이광수(春園 李光洙, 1892~1950)는 1936년 잡지 《삼천리(三千里)》에 "성조기(成造記)"라는 제목의 글을 발표한다. 이 글에서 정세권의 됨됨이를 다음과 같이 묘사했다.

특히 내가 이 집을 짓는데 감사하지 아니하면 아니될 한 분 계시니 그는 장산사주(獎産社主) 정세권씨다. … 그는 건양사주(建陽社主)로 다년 가옥건축에 경험을 가진 전문가오. … 내 집이 이만큼 된 데는 정세권씨의 공노가 가장 크다. … 그는 보통 집장사로 청부업을 하는 것이 아니라 조선식 가옥의 개량을 위하야 항상 연구하야 이익보다도 이 점에 더 힘을 쓰는 희한한 사람인 줄도 알앗다. … 나종에 알고 보매 그는 조선을 사랑하는 마음이 극히 깊어서 조선물산장려를 몸소 실행할뿐더러 장산사라는 조선물산을 판매하는 상점을 탑골공원 뒤에 두고 조선산의 의복차(衣服次, 의복감), 양복차를 장려하고 실생활이라는 잡지를 발행하야 조선물산장려를 선전하는 이 인줄을 알앗다. 또 그는 보통 집장사의 집이 것치레만 하고 눈에 안 띄우는 곳을 날리는 것은 공연한 비밀이지마는 내가 몸소 들어본 경험으로 보건댄 정씨가 지은 집은 재목, 개와는 물론이어니와 도배, 장판까지도 꼭 제 집과 같이 세 벌, 네 벌로 하고 토역석축(土役石築)도 완전을 기하야 표리(表裏)가 다 진실하게 하엿다. 이것은 그의 참되고 성실한 인격의 반영일 것이다. … 한 사람의 인격의 힘이 이처럼 영향이 큰가를 늣겻다. 이것도 내 집 성조(成造)에서 얻은 큰 소득 중에 하나다.[3]

춘원은 집을 지으면서 많은 어려움을 겪었는데 정세권을 만나 모든 난관을 극복하

2 — 춘원 이광수가 자신의 소설 《무정》에서 정세권을 건축왕이라고 불렀다는 것은 김란기, 《한국 근대화과정의 건축제도와 장인 활동에 관한 연구》(홍익대학교 박사논문, 1989) 209쪽과 212쪽에 실린 아들 정용식 씨와 인터뷰에서 왔다. 그러나 소설 《무정》은 정세권이 활동하기 전인 1917년에 발표된 것으로 정세권을 건축왕이라고 불렀다는 것은 오류로 보인다. 여기에서는 소설 《무정》과 상관없이 당시 정세권이 벌인 건축 활동이 다른 주택경영업자에 비해 월등했기 때문에 건축왕이라는 별칭을 그대로 쓰기로 한다.

3 — 춘원, "성조기(成造記)", 《삼천리》, 8권 1호, 1936, 242~243쪽

고 집을 짓게 되었다며 감사를 표하고 있다. 춘원은 정세권을 "조선을 사랑하는 마음이 극히 깊어서 조선물산장려운동을 몸소 실행하는 사람"이자 "보통 집장사로 청부업을 하는 것이 아니라 조선식 가옥의 개량을 위하여 항상 연구하여 이익보다도 이 점에 더 힘쓰는 희한한 사람"으로 "겉치레만 하고 눈에 안 띄는 곳은 날림을 하는 보통의 집장사와는 다른 참되고 성실한 인격의 소유자"로 묘사하고 있다.

정세권 초상. 출처: 정몽화, 《구름따라 바람따라》, 학사원, 1998

사실 그동안 학계에서 정세권은 시대를 잘 읽어 내어 부를 축적한 주택사업가나 건축업자 정도의, 소위 '집장사'라는 명칭으로 폄하되어왔다. 요즘도 '집장사'라고 하면 최대의 이윤을 남기기 위해 질보다는 양을 우선에 두며 개발하는 사람을 일컫는다. 하지만 정세권의 족적을 따라가다 보면 그렇게 격하되어 평가될 인물은 아니다.

정세권은 경남 고성 출신으로 1919년 서울로 이주한 뒤 건양사(建陽社)라는 회사를 설립했다. 정세권이 상경한 1920년대 경성은 도시로 인구가 집중되던 때로 주택난에 시달리고 있었다. 임진왜란이나 병자호란 같은 전란 이외에는 조선시대 500여 년간 한양의 인구는 10만에서 20만 내외로 유지돼왔다. 그런데 1920년대에 들어 갑자기 25만이 되고 1930년대에는 40만, 1940년대에는 100만에 육박하게 되어 불과 30여 년 만에 경성 인구는 5배 이상 늘어났다.[4] 주택 공급은 이를 따라잡지 못했다. 1926년 5.77%이던 주택 부족률은 1931년에는 10.62%, 1935년에는 22.46%을 초과했으며, 일제강점기 말인 1944년에는 40.25%까지 이르렀다.[5]

이러한 사회적 변화로 인해 1920년대 이후 자본을 가진 이라면 조선인, 일본인 할 것 없이 모두 토목건축개발회사를 차려 주택지 개발에 뛰어들었다. 일본인 개발업자들은 주로 문화주택지 개발에, 조선인 개발업자들은 주로 한옥단지 개발에 나섰다. 당시 한옥단지를 개발한 회사로는 건남사(建南社), 경성재목점(京城材木店), 마공무소(馬工務所),

4 —   손정목, 《일제강점기 도시화과정연구》, 일지사, 1996, 364쪽

5 —   손정목, 앞의 책, 246쪽

오공무소(吳工務所), 조선공영주식회사(朝鮮工營株式會社) 등이 있었다. 그 중에서도 정세권의 건양사는 다른 회사와 비교할 수 없을 정도로 많은 양의 한옥을 경성에 지은 것으로 짐작된다.

정세권이 관여한 한옥단지로 확인되는 곳은 1929년 구 완화궁 터를 개발한 익선동 33번지,[6] 1930년에는 계동 99번지, 익선동 166번지와 33-16번지, 19번지, 재동 45-1번지와 창신동 651번지가 있다. 정세권은 한옥을 지어놓고 칸당 200원에 매매

"방매가 및 전세가", 《동아일보》 1930년 12월 7일 자에 실린 건양사의 주택 분양 광고

하거나 140원에 전세를 놓았는데, 이 내용을 신문에 광고하기도 했다.[7] 그의 주택 사업은 계속되어 가회동 33번지는 1933년부터, 가회동 31번지는 1936년부터 개발되었다. 이후에는 성 밖 성북동 등지에도 한옥단지를 개발했다.

건축 사업가인 정세권은 조선물산장려회와 신간회의 일원으로 활약하고 조선어학회의 국어운동과 사전편찬사업을 적극 지원하며 일제강점기 일제에 맞선 민족운동가이기도 했다.[8]

1922년 결성된 조선물산장려회가 계속되는 일제의 탄압으로 의욕을 상실하고 재정난으로 적극적인 운동을 펴지 못하고 있던 1920년대 후반 정세권은 조선물산장려회의 재무이사를 맡게 되었다. 이때부터 조선물산장려운동은 다시 활기를 띠기 시작했다. 1929년 8월 관훈동 197번지 회관으로, 다시 11월에는 익선동 166번지로 이전할 수 있도록 알선했다. 1931년 9월 낙원동 300번지에 4층 규모의 건물을 지어 조선물산장려회회관 공간으로 제공하고 기관지인《조선물산장려회보(朝鮮物産獎勵會報)》의 발행비용을 모두 부담하기도 했다.[9] 또한 민족정신을 일깨우는 데에 관심갖고 우리말을 지키고자 조선어학회에 적극 참여했다. 1935년에는 4,000원을 들여 화동 129번지에 2층 양옥

6 ― "사람든 집을 破壞 八十老婆重傷", 《동아일보》 1929년 6월 9일자

7 ― "放賣家及傳貰家", 《동아일보》 1930년 12월 7일자, 1930년 12월 10일자

8 ― 국가보훈처(http://www.mpva.go.kr) 독립유공자 공훈록

9 ― "物産獎勵會館新築 盛大한 起工式", 《동아일보》 1931년 4월 22일자

을 지어 조선어학회에 기증하고,[10] 《우리말 큰 사전》 출간에도 크게 기여했는데, 정세권은 이 일로 재판을 받고 형무소에 수감되는 등 많은 고초를 겪기도 했다.

정세권은 왜 한옥에 주목했나

정세권은 왜 한옥에 주목했을까. 우리 주택의 개량에 대한 지대한 관심 때문이다. 물론 한옥에 대한 지속적인 수요와 상대적으로 저렴한 한옥 건축비 등 당시 한옥 관련 사업의 전망이 밝을 것이라는 발 빠른 사업적 판단도 있었겠지만. 그는 단순히 한옥단지 개발에 사업적인 수완을 발휘하는 것에 그치지 않고 우리 재래주택의 장·단점을 파악한 뒤 개량방안을 끊임없이 고민하며 새로운 가능성을 실험해 나갔다.

정세권은 고향인 경남 고성 하이면에 있을 때부터 그곳의 전체 초가를 기와집으로 바꾸겠다는 꿈을 가지고 있었다고 한다.[11] 하지만 그 꿈은 고향에서 실현되지 못하고 1919년 상경 이후 주택 사업을 벌이면서부터 현실화된다. 그는 주택의 중요성에 대해 일찍이 알고 개량을 위해 노력했는데 다음 글은 그의 생각을 잘 나타내주고 있다.

인생의 수요(壽夭)가 신체의 양부(良否)에 관계됨과 같이, 일가의 융체(隆替)가 주택의 양부에 관계됨이 적지 않을 것이다. 그런즉, 주택의 양부로써 일가의 가운이 좌우된다. 하여도 과언이 아닐 것이다. … 주택이란 한 것 풍우폭서(風雨暴暑)를 피하며 숙식비의(宿食備衣)의 만족으로만 그칠 것이 아니라, 가족의 단락(團樂)할 곳이 이곳이요, 노인의 정양(靜養)할 곳이 이곳이요, 자녀의 생산 내지 보육할 곳이 이곳이요, 과학의 연습, 사물의 경륜, 학술의 연구 및 사회가 갈수록 복잡하여진 현대에 처하야 사교 기타 만반사위(萬般事爲)의 역량을 축적할 곳도 이곳이다. 그러므로 주택이 합리적이면, 그 구조는 과학적 실용적으로 정비되고, 그 용도는 위생상 경제상으로 조화되어, 일상 동지(動止)에 노력이 스스로 감소하게 되

---

10 — "朝鮮語學會에 新築館提供 花洞에 아담한 二層洋屋을 鄭世權氏의 特志로", 《동아일보》 1935년 7월 13일자

11 — "하이면 전체 초가집을 없애고 기와집을 만들겠다는 꿈은 서울에서 이루어지게 된다. 초가집을 헐어버리고 기와집을 지어서 팔고 하는 일을 되풀이하면서 후일에는 경성에서 세금을 제일 많이 내는 축에 드는 사업가가 되셨다. 아버님은 서울에 상경하신 후 '건양사'라는 회사를 설립하여 건축업을 시작하였다. 가회동, 인사동, 익선동, 봉익동, 명륜동, 성북동, 혜화동, 동대문, 서대문 등 북촌 일대에 주택촌을 건설하셨다." 정몽화, 《구름따라 바람따라》, 학사원, 1998, 41쪽

므로 생계상에 이익을 줌이 클 것이며, 또 자녀를 교양(敎養)함에는 명철하고도 활발하며 용감하고도 온화하야 능히 덕을 수(樹)할 인격을 양성할 것이다.[12]

"주택의 양부로써 일가의 가운이 좌우된다." 라고 밝힐 만큼 주택이 사람과 가족에 끼치는 영향이 지대함을 역설했는데, 1929년《경성편람》에 발표한 "건축계로 본 경성"이라는 글과 1936년《실생활》에 기고한 "주택개선안"에서 그의 조선주택 개량에 대한 동기와 강한 실행력을 엿볼 수 있다.

1931년(소화 6)에 창간된 잡지 《실생활》 창간호 표지

내가 처음에 이 건축계에 착수한 동기는, 우리 조선의 가옥제도가 너무나 불위생적(不衛生的)이오, 불경제적(不經濟的)임을 발견할 때부터입니다. 이 점에 만히 고려한 배 잇서, 좀 더 경제적으로 위생적으로, 본위를 삼아 매년 삼백여호식을 신축하야 방매해 왓습니다. … 근래의 경향은 일반이 개량식을 요구하는 모양입니다마는, 개량이라면 별 것이 안이라, 종래 협착하든 정원을 좀 더 넓게 하며, 양기(陽氣)가 바로 투입하고, 공기가 잘 유통하여, 한열건습(寒熱乾濕)의 관계 등을 잘 조절함에 잇슴니다. 뿐만 아니라 외관도 미술적인 동시에 사용상으로도 견확(堅確)하고, 활동에 편리하며, 건축비, 유지비와 생활비 등의 절약에 유의함이 본사의 사명인가 합니다. 재래식의 행랑방, 장독대, 창고의 위치 등을 특별히 개량하야 왓고, 또 한편으로 중류 이하의 주택을 구제하기 위하여 연부, 월부의 판매 제도까지 강구하야, 주택난에 대해서는 다소의 공급이 잇다고 생각합니다.[13]

내가 대정9년(1920)부터 건축업을 시작하야 주택을 건축하면 입거(入居) 사용하다가 매각되면 또 신건(新建) 주택으로 이전하기를 1년이면 3~4회 내지 십수회가 예사이다. 그리는 동안에 상당한 이윤도 잇고 주택에 애착심도 붙게 되어 주택에 대한 장점 결점을 감각(感

---

12 — 정세권, "주택개선안", 《실생활》 7권 4호 1936년 4월

13 — 정세권, "건축계로 본 경성", 《경성편람》, 홍문사, 1929년, 292쪽

覺)하게 되었다. 그래서 그 장점을 보존하고 결점을 제거하는 것이 일생의 취미도 되고 의무도 되었다.[14]

그는 조선 재래주택의 단점을 발견한 뒤 경제적이면서도 위생적인 주택을 목표로 매년 300여 호의 개량주택을 지었다. 주택 공급방식으로는 연부, 월부의 판매 제도를 도입했다.[15] 당시의 주택난에 다소 도움이 되고자 했던 그의 의지를 읽을 수 있는 대목이다. 그는 직접 주택 개량의 실험대상이 되었다. 개량주택에 들어가 살다가 매각하기를 반복하면서 단점을 찾아내고 그것을 다시 개선해 나가는 식으로 주택 개량 실험을 이어나갔다. 당시 박길룡과 같은 건축가들과 교류하면서 주택 개량에 대해 의견을 교환하며 서로 영향을 주고받은 것으로 보인다. 그러나 어느 건축가도 정세권처럼 많은 한옥을 직접 짓고 살아보며 실질적인 개량안을 내놓진 못했다.

정세권은 일반인을 대상으로 재래주택 개량의 필요성을 널리 알리는 노력도 지속해 나갔다. 조선물산장려회 기관지로 발간하던 월간지 《장산》(기존 회보를 1931년 1월부터 잡지로 전환)이 폐간된 후, 1931년 《실생활》[16]이라는 잡지를 직접 창간해서 매달 주택 개량 관련 글을 기고하거나 관련 인사들로부터 글을 받아 실었다. 《실생활》 창간호 첫 장에 "실지(實地)를 떠나서는 살수 업는 우리들이다. 그러나 오늘날 조선 현상(現狀)은 모든 것이 너무나 허론허식(虛論虛飾)에 흘너잇다. 이 잡지 《실생활》은 우리 생활의 힘이오 우리의 생활을 개신(改新)하는 산업과 교육의 기관(機關)이다. 처처(處處)에 지사를 두어 우리 생활의 실력을 길느자."라는 지사 모집 공고가 실려 있듯이 주택을 비롯한 조선인의 생활개선과 실력 향상을 위한 그의 노력은 계속되었다.

당시 한옥의 건설비용이 문화주택과 같은 외래 주택의 건설비용보다 저렴한 현실적 여건과 맞아 한옥의 대량 공급으로 이어질 수 있었다. 1925년 기준 '주택건축비 비교조사' 자료에 의하면[17] 문화주택의 주 구조인 목골철망조의 건축비가 평당 130~175원, 벽돌조의 건축비가 평당 140~185원이고, 철근콘크리트조의 건축비가 평당

---

14 ─ 정세권, "주택개선안", 앞의 책

15 ─ 정세권은 분양대금을 입주 후 월 단위로 받기도 했는데 이것은 개발사업의 이익을 초기에 확보하는 방법을 피하고 서민의 편의를 주기 위해 주택 융자를 시행한 것이었다. 김경민·박재민, 《리씽킹서울》, 서해문집, 2013, 43~44쪽

16 ─ "실생활 창간", 《동아일보》 1931년 8월 4일자

17 ─ "住宅建築費比較調査", 《조선과 건축》 5집 2호, 1925년 9월, 34~35쪽

215~250원이었다. 그에 비해 목조의 건축비는 평당 120~170원이었다. 목조를 주 구조로 하는 한옥의 건축비가 그만큼 저렴했음을 알 수 있다. 그것은 정세권이 한옥을 사업 대상으로 선택한 또 다른 이유일 것이다. 정세권은 일반적인 목조 건축비보다도 저렴한 평당 66~122원의 건축비를 제시했는데, 대량 공급으로 일반적인 목조 주택보다 값싸게 한옥을 공급할 수 있었던 것으로 생각된다.

정세권의 브랜드 주택, 건양주택

개량주택에 대한 실험과 계몽 사업을 계속 이어가던 정세권은 1934년 브랜드 주택인 '건양주택(建陽住宅)'을 내놓는다. '건양(建陽)'은 자신의 회사 이름인 '건양사'에서 따온 것일 텐데, 원래 '건양'이란 '건양다경(建陽多慶)'에서처럼 '완전한 봄이 되었으니 좋은 일이 많이 생긴다'라는 의미로 '양기가 새롭게 일어난다'라는 뜻을 가진다. '양기(陽氣)로운 주택'을 지향했던 그의 생각을 연상시키기도 한다. 그가 《실생활》에 밝힌 건양주택 제안 배경과 의도는 다음과 같다.

대정14년(1925) 결점 개선을 실행하는데 부분 개선을 쉬지 아니하였으나, 완전한 주택은 발견할 수 없고 도리어 난관이 중중(重重)하엿다. 그래서 근본적 개선을 하지 않으면 안 될 것을 각오하고 입체(立體) 온돌을 연구실험한 후 소화9년(1934)에 이르러 건양주택(建陽住宅)을 성안(成案)하고 수년간에 5동의 주택을 건양식(建陽式)으로 건축하엿더니 시공만은 아직도 유감되는 점이 불무(不無)하나 그 성안에 잇서는 현금(現今) 문화시대에 처한 조선인의 관습상 경제상 최량(最良)의 주택으로 인(認)하야 최근에 건축한 건양식 주택 1동의 도안을 참고로 소개하는 바이다.[18]

　정세권은 꾸준히 주택 개량을 해왔음에도 난관이 많아서 근본적인 개선을 위해 건양주택 안을 직접 만들어 5동을 건축해 봤다고 한다. 그중 하나의 도안을 참고로 소개했는데, 그것이 바로 가회동 31-11번지를 대상으로 계획된 지하 1층, 지상 1층 규모의 한옥이다. 정세권은 건양주택의 특징을 다음과 같이 소개했다.

18 ― 정세권, "주택개선안", 앞의 책

1. 배치가 중당식(中堂式)이므로 양기(陽氣)롭고 공기 유통(流通)이 자재(自在)하고 주위에 군색(窘塞)한 점이 없다.
1. 거실이 지면에서 6척 이상 격리하엿슴으로 건습(乾濕)을 자유로 조절할 수 잇다.
1. 옥근(屋根), 선구들, 고상(床高), 건구(建具), 정수(庭樹) 등으로 능히 한열(寒熱)을 방비(防備)한다.
1. 기초가 규칙적이라 견고하고 군색한 부분이 없으니 확실하다.
1. 정면이 확연(確然)하고 장애물이 없으니 미관이 충분하다.
1. 응접실은 내외성(內外性) 잇고 간편하며 주방에서나 거실에서 이목이 첩경(捷徑)인 것과 변소가 멀지 안은 것과 찬마루, 식당, 세탁장, 하수구, 수전(水栓), 물치장(物置場)이 주(廚)의 내에 집약한 것은 사용이 편의하다.
1. 구조가 전부 재래식이라 농촌에서도 건축할 수 잇고 재래 주택 17간에 상당한 주택을 1,695원(圓)에 건축하게 되니 건축비가 경제(經濟)된다.
1. 건양주택은 습기의 해나 동해를 받을 곳이 없고 불확실한 곳이 없으니 유지상 수수(手數)나 수리비를 요하지 안는다.
1. 사용이 간편하고 노동을 요함이 적고 위생조건이 충분하고 유지비가 적음으로 생활비도 경제된다.

당시 한옥은 ㄱ자형 또는 ㄷ자형으로 가운데 마당을 두고 주위에 실을 두른 배치였다. 때문에 다른 공간으로 가기 위해서는 신발을 신고 벗는 수고로움이 있을 뿐만 아니라 모서리에 자리한 안방에는 햇빛이 제대로 들지 않는 폐단이 있었다. 이러한 당시의 일반적인 한옥을 '중정식(中庭式)'이라 한다면, 정세권은 '중당식(中堂式)'이라는 평면형식을 만들었다. 중당식은 흩어져 있던 실을 가운데로 모으고 외부공간을 사방에 둬서 기존 한옥의 단점을 극복하고자 한 평면형식이다. "거실이 지면에서 6척 이상 격리"되었다는 점을 주목할 만하다. 한옥에서 일반적이지 않던 지하층을 두고 주방, 식당, 세탁장을 모아놓은 것을 말한다. 당시로서는 획기적인 발상이다. '서 있는 구들'의 축약 표현으로 짐작되는 '선구들'은 구들을 바닥에만 두지 않고 벽에도 두는 일종의 입체 온돌 시스템으로 이 또한 그의 새로운 아이디어였다.

건양주택에 대한 설명과 함께 제시한 가회동 31-11번지의 도면은 실제 지어진 주택의 도면이라고 소개한다. 47평 규모의 필지에 지은 '순조선식' 구조를 가진 지상 11평,

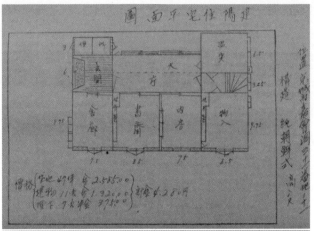

1 건양주택의 지하층(아래)과
지상층(위) 평면도. 출처:
《실생활》 7권 4호, 1936년 4월

2 《민택삼요》(1929)에 제시된
웃방꺾음집 평면

3 웃방꺾음집 사례 중
하나인 원서동 백홍범 가.
출처: 《서울특별시 도성내
민속경관지역조사연구
실측보고서》, 1976

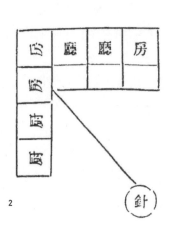

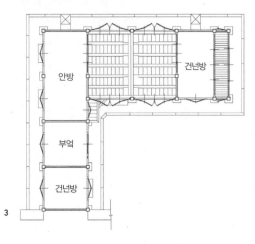

지하 7평,[19] 총 18평 규모의 집이다. 대지 구입과 건축에 필요한 금액은 4,280원인데, 대지 구입에 필요한 2,585원을 제외한 건축비는 1,695원으로 평당 약 94원이라고 밝힌다. 1920년대 말 정세권이 제시한 한옥의 평당 건축비가 약 66~122원이었음을 생각했을 때 꽤 저렴한 수준의 주택임을 알 수 있다.[20]

정세권이 제시한 평면형식은 일명 '중당식' 또는 '건양식'으로 알려지게 된다. 이 주택의 큰 특징은 모든 방을 가운데로 모은, 현재의 아파트 평면과 유사하다는 점이다. 이 시기의 한옥은 대개 경기지방의 전통적 민가 평면으로 알려진 웃방꺾음집(부엌-안방-대청-건넌방이 ㄱ자 형태로 배치된 평면)이 도시 상황에 맞춰 변용된 중정식이 일반적이었는데, 이와는 전혀 계통과 개념이 다른 평면이다.

기존 한옥에는 없던 현관(玄關)이 도입되고 밖에 있던 변소(便所)가 내부로 들어왔으며, 항상 남쪽에 배치되었던 대청(大廳)이 북쪽으로 밀려나는 대신 사랑(舍廊), 서재(書齋), 안방(內房) 등 주요 공간이 전면으로 나서게 된다. 이외에 '사랑'이나 '내방'과 같은 기존 주택의 방 명칭과 서양식 주택의 영향으로 보이는 '서재'와 같은 새로운 명칭을 혼용해 쓰고 있는 점은 주거에 대한 여러 가지 양식이 혼재되어 실험되던 시대상을 반영하고 있어 흥미롭다. 또 사랑과 서재 사이, 안방과 창고 사이 '선구들'이 들어가 있는데, 이것은 "벽에 등을 기대면 뜨끈뜨끈했으며, 세계 발명 특허국에 이 입체 온돌 특허를 제출" 했던 정세권의 발명품이어서 주목할 만하다.[21] 민족주의 발명장려단체인 고려발명협회[22]

---

19 — 도면에는 지하층을 계하(階下), 지상층을 계상(階上)으로 표현하고 있다. 당시의 표기법에 따르면 대개 지하층은 지계(地階) 또는 지하실(地下室), 1층은 계하 또는 1계(一階 또는 壹階), 2층은 계상 또는 2계(二階 또는 貳階), 옥상층은 옥계(屋階)라 지칭했는데, 때때로 반지하층이 있는 경우 반지하를 계하라 하고 그 윗층을 계상이라 표기하기도 했다. 건양주택 도면을 보면 현관은 계상층에 그려져 있고 대문은 계하층에 그려져 있고 부엌에서 외부로 나오는 문이 있는 것으로 보아, 대상지였던 가회동 31-11번지가 급경사로 이루어져 있어 반지하층을 계하라 하고 그 윗층을 계상으로 표기한 것으로 추정된다. 하지만 본문에서 언급했듯이 실제 가회동 31-11번지에 건양주택이 지어지지 않았기 때문에 정확한 것은 알기 힘들다.

20 — "대정 8년(1919)에 목재 1촌에 금 2전인데 건축비는 매 칸에 160원가량 들던 것이, 지금(1929)은 목재 1촌에 금 15전인데 건축비는 매 칸에 120원이면 훌륭합니다." 정세권, "건축계로 본 경성" 앞의 책, 292쪽

21 — "4층은 살림집으로 넓은 부엌과 방이 있었는데 입체 온돌이었다. 벽에 등을 기대면 뜨끈뜨끈했다. 아버님께서 세계 발명 특허국에 이 입체온돌특허를 제출하였는데 그 전해에 러시아 사람이 특허를 따갔다고 들었다." 정몽화, 앞의 책, 89쪽

22 — 조선인 발명가들을 보호 육성하여 이들의 발명활동을 장려하려는 목적으로 조직된 단체로서 조선물산장려회에서는 조선인 발명가들의 발명품을 조선인 자본을 이용해 산업화함으로써, 당시 조선 경제를 지배하던 일본의 자본과 상품에 대항하여 민족 산업을 육성하려 하였다. 《한국민족문화대백과》, 한국학중앙연구원

1930년대 초반 시도한 것으로 보이는 2동의 익선동 중당식 주택 평면

1 현관을 통해 진입하는 주택

2 현관 없이 거실로 바로 진입하는 주택

2015년에 촬영한
익선동 중당식 주택

1 현관

2 거실

3 다락

4 외부공간

의 설립자 중 한 사람으로서 자신의 발명품을 건양주택에 도입한 것이다.

지상에 안방, 서재, 대청, 사랑 등 거주에 필요한 공간을 두었다면, 지하에는 식당(食堂)으로 사용되는 온돌방과 찬마루, 주방(廚), 세탁장(洗濯場) 등 물을 사용하는 서비스 공간을 마련했다. 특히 세탁장에는 수도꼭지(水栓), 하수도(下水道)를, 주방과 식당 사이에는 아궁이와 찬마루를, 건물 둘레에는 조명창(照明窓)을 고루 두어 위생과 편의에 신경 썼다는 점을 알 수 있다.

기둥 간격이나 난방 방법의 실효성을 따져봤을 때 건양주택 도면과 설명에는 불명확한 점이 많다. 하지만 정규 건축 교육을 받지 않은 정세권의 도면이기에 어쩔 수 없는 부분임을 감안하고 본다면, 재래주택의 여러 단점을 적극적으로 개선하고자 한 정세권의 의도만큼은 잘 드러난다. 이 주택은 가회동 31-11번지에 지어지지 않은 것으로 짐작된다. 하지만 더 빠른 시기인 1930년대 초반 익선동에서 시도한 것으로 보이는 한옥이 2동 남아있어 《실생활》에서 제시한 건양주택과 비교된다.

정세권의 익선동 주택은 정사각형에 가까운 35평 대지에 16평 규모의 4×3칸 평면을 가지고 있는데, 지하층을 가진 18평 규모의 ㄷ자형 건양주택과 비교하면 규모가 약간 작고 평면 형태에서도 차이를 보이지만 모두 10칸 내외 소규모 주택이었다는 공통점이 있다. 이것은 정세권이 당시 "4~5칸의 집을 찾는 사람이 가장 많고 10칸 내외의 집이 매매될 뿐이고 그 이상의 큰 집을 찾는 이가 적다."라는 중산층의 주택 수요 파악을 통해 결정한 규모였다.[23] 이 두 집은 방을 대지의 중심에 배치하고 현관을 두며 주요 방은 모두 남향으로 배치해 골고루 햇빛을 받을 수 있도록 하고 건양주택과 같은 지하층은 없는 대신 지붕 아래 공간을 활용한 다락을 두어 공간을 경제적으로 활용하려고 하는 등 정세권이 가지고 있던 주택 개량의 핵심을 그대로 보여 준다.

가회동에서는 건양주택에서 한발 더 나아가 중정식 주택과 결합한 형태의 새로운 한옥을 보여주는데 이에 대해서는 뒤에서 자세히 설명하겠다. 정세권은 성북동에 아들 정용식의 주택 또한 중당식으로 지어줬다고 한다.[24] 이것을 통해 정세권이 중당식 주택 즉 건양주택에 대한 자신감과 애착이 있었음을 알 수 있다. 해방 이후에는 우리나라 처

23 — 10년 전(1922년) 30칸 안팎 되는 집이 무난히 팔리던 때에는 그래도 오늘날 신문지 상에서 나타나는 생활난의 부르짖음은 적었다. 그러나 오늘날에는 신문지 상에는 오직 생활난의 이야기만이 보도될 뿐이고, 이르는 곳마다 들리느니 생활난의 비참한 절규가 아닌가. 가옥매매에도 너더 댓칸의 집을 찾는 사람이 가장 많아 10칸 내외의 집이 매매될 뿐이고 그 이상의 큰 집을 찾는 이가 적다. 정세권, "나날이 위미되여가는 가옥 매매로 본 조선인의 경제" 《실생활》 3권 8호, 1932년 8월

24 — 김란기, 앞의 논문, 135쪽

음으로 흙 블록집을 짓고자 하기도 했다.[25] 1960년대 고향으로 돌아간 이후에도 주택에 대한 관심은 이어져 주택 관련 소책자를 발행하는 등 정세권의 실험과 계몽 사업은 계속되었다.

내가 살림 난 집은 그때 선친께서는 어떤 생각이 들었냐면, 우리 선친은 외국에 나가 보진 못하셨지만, 외국에 나갔다 온 사람들에게서 얘기는 많이 들었어. … 그래서 대개 우리네 집들은 대문 들어서서 마루에 신발 벗고 올라서면은 방으로 가는 것은 신발 안 신고 살 수 있지만 아래채 갈 때에는 신발을 신고 가야 한단 말이야. 또 화장실에 갈 때에도 신발 신고 가야 한단 말이야. ㄱ자, ㄷ자, 그런 식으로 되어 있었는데 그게 얼마나 불편했습니까? 그래서 선친께서는 그래 가지고는 안 되겠다. 그래서 그때 벌써 내 집은 중당식이라고 부르는 … 중당식은 뭐냐 하면 집이 가운데 있고 주위에 뜨락이 있다, 서양이나 일본 사람들 식이 그거 아닙니까? … 구조는 한식인데 평면은, 요새로 말하자면 아파트 비슷하게 했단 말이야. … 성북동에 우리 집만 그렇게 했어. … 일반인들은 여전히 ㄱ자, ㄷ자를 선호하고… 한옥을 편리하게 한 것인 중당식 집이지요. 그런 것이 사업적인 것만은 아니었다고 할 수 있지요.[26]

해방이 되고 얼마 후 아버님에게 국회의원에 출마하라는 권고가 빗발처럼 날아들었다. … 아버님은 정치 대신 〈기본주택 장려안〉이라는 책자를 만들어 집 짓는 그런 일에 몰두하고 계셨다. … 아버님은 다시 1946년에 국가재건과 농촌진흥을 위하여 국토계획, 주택개량, 산업확립, 기본주택장려방안을 발안하여 소책자를 발행하였으나 국내 사정의 혼돈과 후진성 때문에 각광을 받지 못했다.[27]

외할아버지(정세권)께서 서울로 오시면 저희 집에 묵고 하셨어요, 오시면 전원주택에서의 자급자족적인 삶에 대해서 말씀을 하셨어요, 대충 제 기억으로는 대지는 30~40평을 넘어서는 안 된다, 나라가 작기에 가구당 최소한의 땅을 차지해야 하고, 건물도 15~18평 정도면 적당하다, 외할머니가 너무 작은 것이 아니냐고 하시면, 앞으로는 가족 수가 많이 줄

25 ─ 김란기, 앞의 논문, 243쪽
26 ─ 김란기, 앞의 논문, 217~223쪽
27 ─ 정몽화, 앞의 책, 53~54쪽

것이기 때문에 그래야 한다고 하셨어요. … 핵가족을 위한 주택을 구상하셨던 것 같아요, 요지는 도시 월급쟁이가 불가피한 지출을 감당하기 어려우니 주택은 적정한 크기여야 하고 대지에서 일정량의 소출을 얻어서 비용을 절감해야 한다는 것이었습니다. '기본주택'이라고 표현했던 것 같아요.[28]

20세기 한옥박물관, 가회동 31번지와 33번지

정세권이 우리 주택에 대한 꿈과 이상을 가장 다양한 방식으로 실현해본 장소는 바로 가회동 31번지와 33번지이다. 이 시기 한옥단지 연구자들은 대부분 이 지역을 당시의 일반적인 '도시형 한옥'[29] 단지 중 하나로만 해석했다. 일제강점기 본격화된 도시로의 인구집중 현상으로 인한 주택난 해결을 위해 균등하게 나눈 필지에 ㄷ자형을 기본으로 한 2~3개 유형의 표준화된 한옥을 집단적으로 지어 형성된 단지라는 것이다.

하지만 가회동 31번지와 33번지 일대를 자세히 들여다보면, 기존에 언급되던 것처럼 일반적인 도시 한옥단지에서 나타나는 일정한 토지 분할 패턴, 도시 한옥의 단순화되고 획일화된 평면, 그리고 표준화된 건축재료의 사용 등 일명 집장사들처럼 대규모로 지어 분양해 최대 이익을 챙기려 했다고만 단정 지을 수 없는 부분이 있다. 오히려 건양주택의 변형 형태나 다양한 규모와 형태의 한옥이 공존하고 있어 마치 이 지역 전체가 '20세기 한옥박물관'과 같은 느낌이다.

---

28 — 외손녀 김재원 인터뷰. 김경민, 《건축왕, 경성을 만들다》, 이마, 2017, 190~191쪽에서 재인용

29 — '도시형 한옥' 또는 '도시 한옥'이란 용어는 송인호, 《도시형 한옥의 유형 연구; 1930-1960년 서울을 중심으로》(서울대학교 박사논문, 1990)에서 처음 등장한 이후 1920년대부터 1960년대까지 도시적 상황에 맞추어 집단적으로 지어진 한옥을 지칭하는 대표적 용어로 쓰여 왔다. 도시 한옥의 형성배경과 기본 구성 면에서 세 가지 관점으로 조명되어 왔다. 첫째, 도시의 인구가 증가하면서 토지의 고밀도화에 대한 요구에 대응해 만들어졌다는 것, 둘째, 거주자의 개별적인 요구에 맞춰 설계되기보다는 평균적인 도시인에게 적합한 평면을 가졌다는 것, 셋째, 표준화된 목재와 근대적인 건축재료로 지어졌다는 것이다(송인호, "도시 한옥"《한국건축개념사전》, 동녘, 2013, 297~300쪽); 도시 한옥은 1920년대 말부터 본격화된 도시로의 인구집중 현상으로 인한 주택난 해결에 큰 역할을 한 경제적인 상품주택의 등장으로 해석되기도 했다(박철진, 《1930년대 경성부 도시형 한옥의 상품적 성격》, 서울대학교 석사논문, 2002).

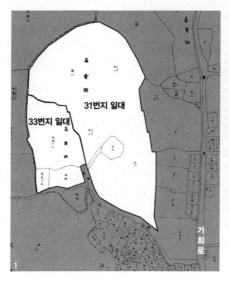

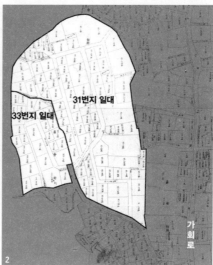

1 개발 전 가회동 31번지 및 33번지
  일대

2 개발 후인 1940년대의 가회동
  31번지 및 33번지 일대

3 확대해 본 가회동 31번지 및
  33번지 일대

원래 가회동 31번지 일대는 민대식(閔大植, 1882~?)[30]의 서양식 별장이 있던 곳으로 1930년대까지 민대식 소유였다. 소유권에 변화가 생긴 것은 1936년 당시 조선의 '광산왕'으로 불리던 최창학(崔昌學, 1891~1957)[31]이 설립한 대창산업이 매입한 이후부터다. 이때부터 가회동 31번지의 일부 필지는 정세권이 소유하고 일부 토지는 최창학의 대창산업 소유로 남겨진 채 개발이 진행된 것으로 보인다.

그에 비해 가회동 33번지 일대는 일찍부터 키무라 젠자부로(木村善三郎)[32]나 이치카와 하지메(市川肇),[33] 스에모리 토미로(末森富良)[34]와 같은 일본인에게 소유권이 넘어갔다. 이 토지를 1933년 정세권이 모두 사들였고 31번지 일대보다 먼저 한옥단지로 개발하기 시작했다.

33번지 일대는 총 1,535평인데 가운데 도로를 내고 35개의 대지로 나누었다. 몇 년 뒤 개발된 31번지 일대는 총 5,594평의 대규모 필지로 역시 가운데 도로를 내고 95개의 대지를 조성했다. 현재 1990년대에 지어진 다세대주택과 2000년대 이후 신축된 한옥을 제외하면 개발 당시 한옥으로 추정되는 약 90여 동이 남아있어 당시 정세권의 한옥 개량에 대한 여러 가지 실험 양상을 살펴볼 수 있다.

---

30 — 민대식은 일제강점기 유명한 갑부로서 한말 친일 문신이던 민영휘(1852~1935)의 맏아들이다. 본래 군인이었다고 알려져 있는데 1920년 민영휘의 뒤를 이어 은행업에 뛰어든 뒤 조선 실업계에서 활동했다. 민대식은 1931년에 호서은행을 합병하여 동일은행을 창설하고 은행장격인 두취가 되기도 했다(http://ko.wikipedia.org/).

31 — 최창학은 1891년생으로 평안북도 출신이다. 1923년 삼성광산 경영을 시작으로 많은 광업에 손을 댔는데, 당시 소유 광구가 100여 곳을 헤아려 조선의 금광왕으로 칭해지기도 했다. 최창학은 1930년대 중반부터 가회동 토지를 비롯해 동소문 밖의 토지 매수에도 열을 올렸던 것으로 보이는데 이 사업을 본격화하기 위해 1934년 죽첨정(竹添町, 현 충정로) 1번지에 대창산업주식회사를 설립한 것으로 보인다. 1938년에는 《조선과 건축》에도 소개될 만큼의 최신식 주택인 죽첨장(竹添莊, 현 경교장)을 건립한 사람으로도 유명하다.

32 — 키무라 젠자부로는 도쿄 출신이다. 1912년 함흥탄광주식회사를 설립해 함흥군 가평에서 채굴사업을 벌인 사람인데, 본점은 도쿄에 두고 함흥, 원산, 성진 등에 지점을 설치했다.

33 — 이치카와 하지메는 1890년생으로 아이치현 출신이다. 1914년 조선으로 건너와 동양잠업주식회사를 경영했으며 1920년부터는 잠사업계를 그만두고 경성전보통신사와 조선상품통신사를 함께 운영했다.

34 — 스에모리 토미로는 1877년생으로 사가현 출신이다. 1896년에 오사카고등상업학교 졸업 후 군에 입대해 러일전쟁에 참전했으며 1910년 조선으로 건너와 문방구 장사를 시작했다. 1912년부터 임대업에 종사해 조선토지주식회사의 전무취체역을 맡기도 했다. 거주지가 화천정(和泉町, 현 순화동) 28번지인 것으로 보아 가회동에는 토지만 소유하고 있었던 것으로 보인다.

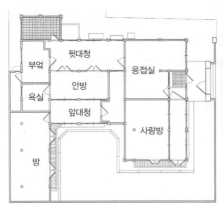

가회동 중당식 주택 평면. 앞대청–안방–뒷대청을
중심으로 한 중당식 평면 양쪽에 사랑방과 방을 날개채로
붙였다. 출처: 서울대학교 건축사연구실, 2005년 실측

1 현관과 서양식 응접실

2 사랑채

3 지하실

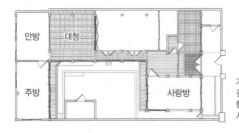

가회동 중당식 주택의 다른 변형 사례. 위는 몸채의 깊이를
깊게 해서 모든 실이 연결될 수 있도록 한 사례이고 아래는
현관을 두고 내부 복도를 통해 실을 연결한 사례이다. 출처:
서울특별시, 《북촌가꾸기기본계획 한옥 실측 도면집》, 2001

중당식 주택과 중정식 주택의 결합 실험

가장 먼저 살펴볼 한옥 중 하나는 바로 '건양주택'을 기반으로 한 변형 한옥이다. 정세권의 중당식 주택의 가장 큰 특징은 뭐라고 해도 실이 모여 있는 집중형 평면의 채택이다. "부엌이나 화장실에 신발을 신지 않고 드나들 수 있는 것"[35] 또는 "화장실을 갈 때도 신발을 신지 않고 갈 수 있는 … 서양이나 일본 사람들의 식으로 지은 … 요즘의 아파트와 같은 주택"이었다는 증언에 드러나듯이[36] 정세권이 개발한 중당식 주택의 가장 중요한 특징은 바로 집중형 평면이다.

가회동 31번지에 있는 한 사례를 보면, 중당식 평면을 기본으로 하되 본채의 양쪽으로 날개채를 빼는 것처럼 중당식 평면과 중정식 평면의 결합을 모색해 봤다는 것을 알 수 있다.

언뜻 보면 중정식 주택의 평면을 가지고 있는 듯 보이지만, 내부는 현관을 통해 사랑방으로 연결하고, 서양식 응접실을 통해 뒷대청-안방-앞대청-부엌을 내부에서 오갈 수 있게 만드는 등 기존의 전통적인 중정식 주택에서는 볼 수 없는 집중식 평면 구성을 기본으로 하고 있다. 기존 경기형 민가에서 북서쪽 모서리에 있어서 거주환경이 좋지 않다고 비판받던 안방을 본채의 전면으로 빼고 부엌과 같은 부속실을 북쪽에 배치해 주요 실이 채광에 유리하도록 한 점도 눈에 띈다.

몸채 양옆으로 날개채를 붙여 사랑방과 다른 방을 두었다. 기존의 중정형 주택에서처럼 외기에 최대한 노출되어 햇빛이 잘 들어오고 바람이 잘 통하도록 한 것이다. 결국 정세권은 가회동에서 건양주택과 익선동 주택에서의 실험보다 진일보한 평면을 탄생시켰다.

하지만 이와 같은 중당식 주택을 기반으로 한 변형 주택은 가회동 31번지와 33번지에서 3채에 불과하다. 대부분 주택은 중당식이 아닌 중정식 주택으로 지어졌는데, 당시 대중이 선호한 주택이 ㄱ자, ㄷ자 주택이었기 때문이다.[37] 중당식 주택과 같은 집중형 평면은 실이 모여 있어 내부에서의 움직임에는 편리할지 모르지만 기둥 열이 중첩되

---

35 — "개량 한옥은 부엌이나 화장실에 신자 않고 드나들 수 있는 것을 말한다. 우리 집은 개량한옥이었다. 익선동 골목에서 살 때도 개량 신한옥이었다." 정동화, 앞의 책, 43쪽

36 — 김란기, 앞의 논문, 218쪽

37 — "성북동에 우리 집만 그렇게 했어. 주변에 다른 집들은 예전 그대로 짓고… 일반인들은 여전히 ㄱ자나 ㄷ자를 선호하고…" 김란기, 앞의 논문, 218쪽

는 겹집형(기둥 열이 앞, 뒤 2중으로 되어 있는 평면)이어야 하므로 건물의 깊이가 깊어질 수밖에 없다. 그것은 곧 목조 지붕 가구 구성의 어려움으로 이어진다는 단점이 있다.

실제로 가회동의 중당식 변형 주택의 경우 7량가(한옥의 지붕에서 정면과 평행하게 걸쳐지는 부재인 도리의 개수를 나타내는 것으로 건물의 규모를 이야기할 때 흔히 쓰임. 절대적인 것은 아니지만 숫자가 높을수록 깊이가 깊고 지붕이 높다고 볼 수 있음)의 한옥인데, 당시 일반적인 규모인 3량가나 5량가에 비해 크고 복잡한 지붕 가구 구성을 해야만 했다.

결국 정세권은 자신이 고안한 중당식 주택 이외에도 대중적인 지지를 받으며 인기 있던 한옥 즉 경기형 민가에서 기원을 찾는 웃방꺾음집을 기반으로 한 18평 내외 규모의 ㄷ자 표준형 중정식 주택을 바탕으로 한 실험도 이어나갔다.

ㄷ자 표준형 주택 실험

가회동 31번지와 33번지 골목을 걷다 보면 똑같은 한옥 입면이 일부 구간에서 반복되는 것을 알 수 있다. 그것은 유사한 토지 규모와 유사한 평면 형태의 한옥을 묶어서 개발했기 때문에 나타나는 현상인데, 대개 20~50평대 토지에 ㄷ자형 모양을 가진 한옥이다. 당시 시장에서 유통될 수 있는 한옥의 개략적인 규모와 배치가 정해져 있던 상황이지만, 그중에서 최적의 평면을 찾기 위해 여러 가지로 고심한 흔적이 가회동 31번지와 33번지에 남아있다. 기본적으로는 부엌-안방-대청으로 이루어지는 ㄱ자형 웃방꺾음집 기본형에 건넌방이나 대문이 부가되면서 대문-부엌-안방-대청-건넌방 또는 부엌-안방-대청-건넌방-대문의 ㄷ자형으로 발전된 것이 가장 많고 더 나아가 문간채나 부속채가 추가로 발달하면서 튼ㅁ자형 주택이 나타나기도 한다.

이 시대는 극심한 주택난으로 고통을 받던 시대였기 때문에 토지의 고밀화에 대한 요구와 그 안에 규격화된 목재와 표준화된 평면으로 대량 생산되는 주택을 정세권도 고안하지 않을 수 없었을 것이다. 정세권이 웃방꺾음집을 기본으로 한 ㄷ자형 한옥을 표준화의 대상으로 선택한 이유도 구조에 대한 부담이 없고 얕은 깊이를 가졌기에 얕은 보를 써도 되는 등의 장점이 있었기 때문이다. 무엇보다 그런 주택이 당시 조선인에게 가장 인기가 있던 주택이었다. 이유는 실 간의 이동이 불편하고 안방의 채광이 좋지 않다는 단점에도 불구하고 대청이 있다는 것과 대문간채에 세를 놓을 수 있다는 장점 때문이다.

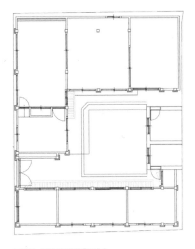
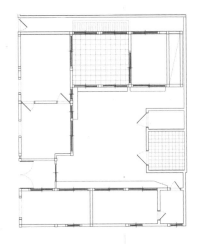

규격화, 표준화된 한옥 평면

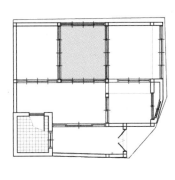
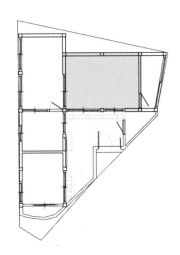

소규모 한옥에서도 나타나는 대청의 모습

사실 정세권은 "대청은 동절의 냉실이요, 하절의 열실이다."라고 하며 재래주택의 대청이 활용도가 떨어진다며 매우 부정적인 입장이었다. 그럼에도 불구하고 결국 대청을 중심에 둔 웃방꺾음집 평면을 규격화, 표준화의 대상으로 생각한 것은, 당시 조선인에게 의미 있는 평면은 대청이 전면에 드러나는 형태였기 때문이다.

실제로 당시 공급된 한옥을 보면 수요자에게 어필하기 위해 대청의 칸수를 일부러 늘린 사례를 많이 찾아볼 수 있다. 1칸의 대청으로 처리해도 될 너비에 굳이 기둥 하나를 삽입해 2칸 대청으로 만들었다. 이러한 현상은 구조적인 원인보다 대청이 가진 상징성을 과장함으로써 그 한옥의 상품적 가치를 높이기 위한 의도였다.[38] 가회동 31번지 및 33번지의 한옥 중 아무리 작은 집이라 하더라도 집의 가운데에 대청은 반드시 갖추고 있으며 대청은 언제나 남향하는 공식을 지키고 있다. 4칸(약 7평 내지 8평) 정도의 협소한 한옥에서조차 한가운데에 1칸 내지 2칸의 남향 대청을 가지고 있는 것을 볼 수 있는데, 이 경우 대청은 주 거주공간인 안방보다도 넓은 경우가 있어 당시 한옥에서 대청의 존재가 얼마나 중요하게 다루어졌는지를 짐작해 볼 수 있다.

또 다른 ㄷ자형 표준형 주택의 장점은 바로 길가에 면한 문간채를 활용해 세를 줄수 있다는 점이다. 당시는 주택난으로 인해 셋집이 급증하던 시기였다. ㄷ자형 주택은 문간채를 독립해 세를 놓기에 용이한 평면이다. 중당식 주택의 경우 내부 실의 이동은 자유로울지 몰라도 일부 공간을 따로 떼어 세를 놓기는 쉽지 않다. 따라서 ㄷ자형 주택은 집을 소유한 사람들의 경제에 도움이 될 수 있다는 점에서도 선호되었고 이러한 경향을 정세권 또한 놓치지 않은 것으로 보인다.

다양한 형태의 주택 실험

정세권은 자신이 고안한 중당식 한옥과 대중에게 인기가 있었던 ㄷ자형 한옥 이외에도 다양한 형태의 한옥을 가회동 31번지와 33번지에 지었다. 안채 중심의 ㄷ자형 한옥으로 고착화되어가던 당시의 시대적 분위기에도 불구하고 무리일 수 있는 복잡한 형태의 한옥을 선보였는데, 크게 두 가지로 나뉜다. 하나는 안채-사랑채 구성이 유지되면서 안마당과 구분되는 작은 사랑마당을 별도로 가지고 있는 사례이고, 다른 하나는 대문으로부터 진입할 때 맞이하게 되는 북쪽의 안마당 이외에 별도의 안쪽에 내밀한 속마당을 두는 경우이다.

이렇게 마당의 분화가 일어나는 한옥은 모두 31번지 또는 33번지의 필지 중 평균 규모 이상인 중대형 필지에 지어졌다. 분화된 마당을 가진 한옥은 안마당과 사랑마당, 작업용 마당과 관상용 마당 등으로 성격을 달리하며 사용할 수 있으며 표면적이 넓어 채광과 환기에 유리하다는 장점이 있다. 농사마당 기능이 필요 없고 좁은 대지에서 더욱 합리적이며 경제적인 이용이 강조된 주거유형이다. 도시 근로자를 대상으로 한 주택

---

38 — 박철진, 앞의 논문, 53~54쪽

안마당 　　사랑마당 　　사랑채 ← 안채 입구 ◁ 사랑채 입구

작은 사랑마당 유지 시도

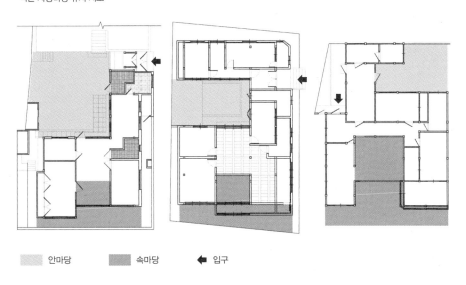

안마당 　　속마당 　← 입구

내밀한 속마당을 갖는 h자형 한옥 시도

이기에 사랑채가 결국 사라져 안채 중심의 주택이 되었다는 이 시대의 다른 도시 한옥
과는 다른 유형으로 볼 수 있다. 오히려 기존의 전통 주택의 특징인 채 나눔의 흔적을
유지하려는 의도이거나 당시 유행처럼 번진 주택개량운동에서 언급된 마당 분화의 필
요성에 공감하고 고민하면서 나온 주택으로 보인다.

　이처럼 정세권은 가회동 31번지 및 33번지에서 토지의 면적과 비례, 건물의 칸살이 등에 변화를 주면서 다양한 평면의 주택을 선보였다. 현관을 도입한 중당식이나 h자형과 같은 독특한 배치의 한옥을 통해 마당을 분화해 보거나 안방을 남면시키고 부엌을 북면시키는 등 여러 가지 해법을 제시했다. 모두 그가 평소에 재래주택에 대해 비판했던 부분을 개량하고자 한 것과 연관된다.

정세권은 대청처럼 조선인의 생활방식에서 수용하지 않을 수 없는 부분은 인정하고 받아들이면서 세를 놓을 수 있는 문간채처럼 당시 수요자에게 어필할 수 있는 부분은 적절히 절충한 최적의 주택 만드는 것을 잊지 않았다. 그는 경쟁력 있는 한옥을 제안하고자 다양한 실험을 진행했고 그 흔적이 가회동에 고스란히 남아있게 된 것이다.

가회동 사람들

가회동 31번지 및 33번지 일대 한옥에는 과연 어떤 사람들이 살았을까. 당시 상황을 대변해 주는《동아일보》의 1935년 12월 18일자 "시내에만 8개월간 신축가옥 3,700 농촌경제의 윤택과 기부에 몰려 농촌 지주들이 도시집중"이라는 기사와 소설가 이태준이 1937년 발표한《복덕방》의 한 구절을 보자.

경성부의 조사한 바에 의하면 금년 4월부터 지난 11월 말까지 부내에 새로이 나타난 가옥은 3,359호에 달했으며 그 외 개축 가옥이 106호, 증축가옥이 261호에 달하여 합계 3,727호라는 놀라운 숫자를 보인다고 한다. … 이렇게 경성부 내에 신축가옥이 격증하여 가는 원인은 첫째 금광(金鑛) 경기 벼값의 앙등 등으로 일반적으로 보아 농촌경제가 나아지게 된 것과 또 최근에 시골서는 각종의 기부(寄附) 등속으로 성화를 받은 지방 지주들이 그 성화를 피하고자 속속 서울로 집중하는 경향이 농후하여 가는 까닭이라 한다.[39]

대정 8, 9년(1919, 1920) 이후로는 시골 부자들이 세금에 몰려, 혹은 자녀들의 교육을 위해 서울로만 몰려들고, 그런데다 돈은 흔해져서 관철동(貫鐵洞), 다옥정(多屋町) 같은 중앙 지대에는 그리 고옥만 아니면 1만 원대를 예사로 훌훌 넘었다. 그 판에 봄 가을로 어떤 날에는

39 — "시내에만 8개월간 신축가옥 3,700 농촌경제의 윤택과 기부에 몰려 농촌지주들이 도시집중",《동아일보》, 1935년 12월 18일자

300원 내지 400원의 수입이 있어, 기러기를 몇 해를 지나 가회동(嘉會洞)에 수십 간 집을 세웠고 또 몇 해를 지나지 않아서는 창동(倉洞) 근처에 땅을 장만하기 시작하였다. 지금은 중개업자로 많이 늘었고 건양사(建陽社)가 생기어서 당자끼리 직접 팔고 사는 것이 원칙처럼 되어가기 때문에 중개료의 수입은 전보다 훨씬 줄은 셈이다.[40]

이태준의 소설에 신축 가옥이 많이 들어선 곳으로 가회동이 언급되고 건양사라는 회사 명칭이 등장하는데, 바로 가회동 31번지와 33번지를 염두에 두고 쓴 것이 아닌가 짐작하게 된다. 요컨대 가회동 한옥단지가 들어서던 1930년대 중반 경성에는 신축 가옥 수가 격증했는데, 이것은 농촌에서의 각종 기부, 공과금의 과중한 부담을 피하고자, 자녀 교육 문제로 인해 지방 부호들의 도시 이주가 늘어난 것과 연관이 있다. 바로 이들이 당시 경성에 신축되는 주택의 주요한 소비층이었으며 가회동 31번지 및 33번지 일대 역시 이러한 시대적 흐름의 중심에 있었다.

실제 이곳에 주소지를 뒀던 사람들을 찾아보면 행정관료, 회사 사장, 은행원, 변호사, 무용가 등으로 대부분 해외 유학파이거나 고농, 고공, 고보 등 당시의 고등교육을 받은 중상류 계층이다. 이들의 출신지는 서울을 비롯한 강원도, 경기도, 경상도, 전라도, 충청도, 평안도, 함경도, 황해도 등 다양하다. 가회동에는 전국 각지 출신의 지방 지주들이 살았던 것으로 보이는데, 정세권의 아들인 정용식 씨가 당시 가회동을 지나다 보면 각도의 사투리를 들을 수 있었다고 하는 증언이 이를 뒷받침한다. 지방 지주 출신의 어느 정도의 경제력 있는 조선인을 대상으로 주택 사업을 벌인 곳이었기에, 이곳 가회동 한옥의 규모는 비슷한 시기 다른 곳의 한옥보다 규모가 비교적 크고 어느 정도의 규모가 확보된 주택이기에 정세권의 다양한 주택 실험도 가능했던 것으로 보인다.

가회동 한옥단지의 가치

그동안 가회동 일대는 역사적, 지리적 위상, 가장 한옥 밀도가 높은 한옥단지 정도의 이유로 유명세를 탔다. 100년이 넘은 조선시대 한옥밀집지역이라는 오해를 받기도 하지만 굳이 '100년', '조선시대'라는 용어로 치장하지 않아도 다른 한옥단지와 차별화될

---

40 — 이태준, 《복덕방》, 범우사, 1994, 152쪽

만한 가치를 지니고 있다. 시대를 앞서간 건축왕이자 민족운동가였던 정세권, 정세권이 가진 조선 주택 개량에 대한 꿈과 이상이 다양하게 실현되었던 곳, 그래서 20세기 전반 한옥이 '도시 주택'으로 변화해 가던 모습을 가장 다채롭게 보여주고 있는 곳이라는 생각을 가진다면, 그 가치는 다른 한옥단지와 견줄 수 없다. 앞으로 이 지역이 잘 보존되어야 할 이유는 더 분명해진다.

앞으로 가회동 지역 한옥 자료는 지속적으로 더 확보되어야 하고 이 일대가 가진 가치를 더 발굴하는 데 관심을 가져야 한다. 여타 정세권이 관여한 한옥단지와 비교 연구를 통해 가회동에서의 한옥 실험이 해방 이후 어떻게 이어지고 또 어떻게 영향을 주었는지에 대해서도 좀 더 자세히 밝히는 것도 필요하다.

그동안 알려지지 않았던
북촌의 서양식 주택[1]

1 —   이 글은 이경아, 《일제강점기 문화주택 개념의 수용과 전개》(서울대학교 박사논문, 2006); 이경아·김
하나, "두 우종관 주택(1928년, 1931년)의 건축적 특성과 의미에 관한 연구", 《대한건축학회 논문집》
(30권 9호, 2014) 내용을 바탕으로 재구성한 것이다.

북촌은 한옥마을이 아니다

현재 우리가 사용하고 있는 '북촌'이란 단어는 종로 이북을 가리키던 조선시대에 비해 그 장소적 범위가 축소되어 율곡로 이북 북악산 아래 지역을 지칭하는 말이 되어버렸다. 요즘은 흔히 '한옥마을'과 결합되어 '북촌 한옥마을'이라 불리곤 하는데 이것은 적절한 명칭이 아니다. 물론 이렇게 불리고 있는 것은 앞서 이야기한 가회동 한옥단지가 유명한 탓이겠지만 실제 북촌에 가 보면 한옥만 있지는 않다. 북촌을 걷다 보면 한옥뿐 아니라 근대기 서양식 주택부터 일본식 주택, 절충식 주택, 근래의 다세대 주택이나 빌라에 이르기까지 20세기를 대표할 만한 시대별 주택이 곳곳에 남아있다.

예를 들어 북촌의 첫 번째 서양식 주택인 두 동의 우종관 주택(1928년, 1931년 에지마 키요시 설계)을 비롯해 윤치왕 주택(1936년 박인준 설계), 윤치창 주택(1936년 박인준 설계), 이준구 가옥(1937년 건립, 설계자 미상)과 같은 서양식 주택의 실물이 현존하고 있을 뿐만 아니라, 팔판동 주택(건립 연도 미상, 강윤 설계), 삼청동 주택(1930년대 말 김종량 설계), 원서동 주택(건립 연도 및 설계자 미상)과 같이 한옥을 기본으로 하되 다른 양식을 결합한 사례, 해방 이후 김중업이 설계했다고 전해지는 양옥까지 우리 주택의 20세기 변천을 다양하게 보여주고 있다. 북촌을 '북촌 한옥마을'로 한정하는 것은 이 지역이 가진 건축사적 도시사적 중요성과 의미를 축소시키는 일이다.

이렇게 다양한 시대의 다양한 유형의 주택을 북촌에서 볼 수 있는 이유는 1960년대 후반 강남 개발 이전까지 이곳 북촌 일대가 우리나라의 대표적인 주거지로서 시기마다 최신식 주택이 지어졌기 때문이다.

1936년 박인준 설계로 지어진 가회동 윤치왕 가옥, 2012년 촬영

1937년에 지어진 가회동 이준구 가옥, 2004년 촬영

여기에서는 북촌에 처음으로 들어선 서양식 주택인 우종관 주택과 그것이 들어선 가회동과 계동 주변의 주택지 개발을 살펴보고자 한다. 우종관의 두 주택(이하 가회동 주택과 계동 주택으로 표기)은 지방 부호의 자제이자 일본 유학파였던 우종관이 에지마 키요시(江島淸)라는 일본인 건축가에게 의뢰해 지은 주택이다. 당시 유일한 건축 잡지였던 《조선과 건축(朝鮮と建築)》에 소개될 정도의 최신식 주택으로 도면과 사진, 건축가의 설명과 건축주의 소감을 함께 게재한 매우 드문 사례이다. 《조선과 건축》에 소개된 조선인 주택 13개 동[2] 중 2개 동이자 건축주의 소감 25건 중 유일한 조선인의 기고문이 있는 것으로 당시 서양식 주택을 지어본 조선인의 건축 의도와 사용 후 느낌을 파악할 수 있는 좋은 사례이다.

우종관은 1928년, 1931년 3년이라는 시간차를 두고 두 동의 주택을 지었다. 첫 번째 서양식 주택의 문제점을 인식하면서 두 번째 주택을 지었다는 점에서 당시 조선인의 서양식 주택에 대한 인식을 읽어낼 수 있는 단서가 된다. 두 주택 모두 현재 실물이 남아있어서 건축 당시 건축주와 건축가가 의도했던 부분의 실체를 확인할 수 있다. 가회동 주택은 우종관에서 화신백화점의 주인이었던 박흥식의 소유로 바뀌면서 한때 '박흥식 주택'으로 알려졌다가 이후에는 현대그룹 정주영 회장이 거주하기도 했다.

우종관 주택을 통해 일제강점기 조선인 상류층의 서양식 주택에 대한 인식이 어떠했는지, 조선인 상류층이 소비한 서양식 주택의 실체는 어떠했는지, 1930년대 말 본격적인 가회동 한옥단지 개발이 일어나기 약 10년 전인 1920년대 말 가회동과 계동 일대의 변화에 대해서 자세히 알아보자.

조선인 상류층 우종관과 문화주택

다음은 1930년 잡지 《별건곤(別乾坤)》과 신문 《조선일보(朝鮮日報)》에 소개된 당시 조선인 상류층의 문화주택 열풍에 관한 기사이다.

---

2 — 한국식 성과 이름이 모두 기재되어 있는 6건과 한국식 성만 표기되어 있는 경우 5건(尹 2건, 李 1건, 金 1건, 崔 1건), 某氏로 표기되어 있으나 주택 사진과 도면이 한옥으로 되어 있어 조선인 건축주로 추정되는 1건, 그리고 최진규자(2003)의 논문에서 조선인으로 추정한 淸水一泳 주택을 포함하여 총 13동을 조선인 주택으로 보았다.

문화주택열(文化住宅熱)은 1930년에 와서 심하엿섯는데 호랭이 담배 먹을 시절에 어찌 어찌하야 재산푼어치나 뭉둥그린 제 어머이 덕에 구미(歐米)의 대학(大學) 방청석 한 귀퉁이에 안저서 졸다가 온 친구와 일본 긴자(銀座)통만 갓다온 친구들과 혹은 A, B, C나 겨우 아라볼 만치 된 아가씨와 결혼만 하면 문화주택! 문화주택 하고 떠든다. 문화주택은 돈만히 처들이고 서양 외양간 가티 지여도 이층집이면 조하하는 축이 잇다. 놉혼 집만 문화주택으로 안다면 놉다란 나무 우헤 원시주택을 지여논 후에 《스윗트홈》을 베프시고 새똥을 곱다랏캐 쌀는지도 모르지.[3]

그러나 이러니 저러니 하야도 이런 분들은 사상(思想)이 들엇다는 분이지요만은 제일 말재 가는 양반은 재산 잇는 집 지식청년이지요. 그들은 공부, 공부하고 미국(米國)이나 독일(獨逸) 불란서(佛蘭西) 영국(英國)등지를 단여와서는 첫재 리혼(離婚), 둘재 문화주택(文化住宅), 셋재 고등XX를 운동하기에 겨를이 업지요.[4]

1920년대 말 1930년대 초에는 외국 생활을 경험한 뒤 귀국한 조선인 유학생 사이에서 '문화주택'을 짓고 사는 것이 유행처럼 번졌던 것으로 보인다. 돈 있는 부모 덕에 유학을 했지만 공부보다는 외국의 신식 유행을 배워 돌아온 조선인 젊은이들이 '문화주택'이라는 외국 주택에 열광하고 있는 것에 대해 곱지 않은 시선으로 보는 분위기가 느껴진다.

우종관 주택의 건축주인 우종관(禹鐘觀)은 바로 그런 '명대 법과 출신'[5]의 조선인 유학파이자 '서울의 숨은 부자'[6]로 알려진 당대 조선인 상류층 중한 사람이다. 일본인 사이에서는 "오랫동안 일본에

《동아일보》 1935년 1월 20일자에 실린 우종관 사진

3 — "1931년이 오면 (4)", 《조선일보》 1930년 11월 28일자

4 — 亞銘洞人, "나의 항의(抗議)", 《별건곤》 31호, 1930년 8월

5 — "경성실전확충", 《동아일보》, 1933년 3월 30일자

6 — "삼천리기밀실, 장안갑부 추수 조사", 《삼천리》 8권 12호, 1936년 12월

유학하여 세정에 정통한 청년신사로 부인과 함께 조선양반 중에서 신인(新人)[7]으로 평가받기도 했다. 중앙흥업주식회사와 한성상업고등학교(구 경성실업전수학교, 한성중·고등학교), 동일정미소를 설립하는 등 금융업과 교육사업, 정미업에 종사하는 사업가였고 종종 극빈자들을 위해 쌀을 기부하기도 했다는 기록으로 보아, 식민지 조선의 상황은 등한시한 채 '값싼 공상(空想)과 포만(飽滿)'[8]에 빠져있던 사람만은 아니었던 것으로 보이나 때때로 사교 모임에 양복을 입는다거나 식사 같은 것에도 홍차를 마셔보는 것 등을 권할 정도로 서양 생활에 대한 동경을 가지고 있었던 것은 분명하다.[9]

우종관은 "조선건축도 2, 3회 경험이 있고 문화주택도 수회 경험이 있었다."라고 하면서 조선식 주택(원문에서는 조선건(朝鮮建)이라고 표현)과 서양식 주택(원문에서는 문화주택(文化住宅)이라고 표현)을 다음과 같이 비교한다. "조선식 주택의 낮고 좁은 방에 오그라드는 느낌을 가지고 들어앉아 있으면 기분도 왠지 모르게 작아지는데 양풍 생활을 하고 있노라면 우울한 기분이 가시고 왠지 모르게 유쾌한 기분이 든다."라고 하면서 조선식 생활보다는 서양식 생활이 좋다는 뜻을 밝힌다. 그는 이러한 뜻이 "꼭 양풍만 좇아서 외국인 흉내를 낸다는 의미는 아니지만, 문화생활이 일반적 시대의 요구라고 생각"하며, "세상이 변해감에 따라서 … 조선 혹은 중국에 한정된 특수한 생활이 아니라 세계인으로서 공통성 있는 생활을 하고 싶다."라고 말하며 자신의 서양식 생활에 대한 동경이 단지 흉내를 내는 것이 아니라 세계인이 되는 방법 중 하나라고 의미를 부여했다.[10]

당시 서양식 주택, 곧 문화주택은 어떤 것이었기에 우종관을 비롯한 조선인 상류층이 그토록 열광했을까.

서양식 이층집, 문화주택에 대한 환상과 열기

우종관이 말한 '양풍(洋風) 생활'을 할 수 있는 집 즉 문화주택은 서양식 주택을 가리키

7 — KE生, "禹鐘觀氏の住宅について", 《조선과 건축》 8집 2호, 1929년 2월, 21쪽

8 — "제1회 학생작품 경기발표, 제2회 발표속, 제3회 일부발표–시 1등, 사랑하는 시악시 젊은 조선의 용사여!", 《동광》 31호, 1932

9 — 禹鐘觀, "時代の要求に合致せしめて", 《조선과 건축》 11집 2호, 1932년 2월, 27~28쪽

10 — 禹鐘觀, 앞의 글

는 말이었다. 때로 '서양식 가옥'의 줄임말인 '양옥'과 혼용되기도 했는데,[11] 양옥이라는 단어는 개항 이후부터 서구식 주택이라는 의미로 가장 널리 사용된 용어다. 양옥은 대개 이층양옥, 삼층양옥, 사층양옥과 같이 규모를 말해주거나, 적벽양옥, 벽돌양옥, 연와양옥, 석제양옥, 철근콘크리트양옥 등 재료를 나타내는 부분과 함께 쓰이고 있어 당시 양옥으로 대변되는 문화주택의 이미지를 짐작하게 한다.

당시 문화주택은 어떤 이미지와 함께 소비되었을까.

이것 저것도 아모것도 못하게 되엿다! 그저 우리들은 세 가지 길 밧게 업네. … 그보다도 조흔 것은 돈이나 잇스면 교외예 집이나 잘 지어노코-소위 문화주택이라는 것으로-어엽분 여자와 가티 살며 피아노나 울리고 레코-트나 듯고 홍차나 마서 가며 유탕삼매(遊蕩三昧)에 저저버리든지.[12]

그러치만 백만 원이 생기면 웨잇트레쓰 생활도 집어치우고 팁도 일업세요. 뭣에다 쓸까? 우선 문화주택(文化住宅)을 하나 짓지요. 저 시외쯤다 지어노코, 자동차가 잘 드나들게 길을 맨들어노코 자가용 자동차도 하나 들텝니다. 피아노 사노코 꼿밧 맨들어노코 라듸오 매고 또- 땐쓰홀도 하나 조고맛케 맨들어노코 좀 조와요! 동무들 밤낮 차저오면 자동차 타고 드라이브하지요. 식당으로 다니며 진지 잡숫고 백화점에 가서 물건이나 흥정해노코 미용원(美容院) 출입이나 하고요.[13]

실내장식품(室內裝飾品)도 초(超) 〈모던〉으로 〈샨데리야〉 〈커-테인〉… 어쨌든 실내외 모-든 장식은 〈모던〉 그것으로만 되어 있고 일용기구까지도 전부가 다- 소위 〈박래품〉(舶來品) 아닌 것이 하나도 없다. 그리고 일주일이면 세 번 이상 남녀신사가 두서너 쌍이 뭉처 만찬회를 열고 그것이 간단히 끝나면 샛빨간 〈포도주〉를 비롯해 〈콘약〉〈칵텔〉〈워카〉 등으로서 돌아가는 〈레코-드〉에 맞추어 술잔을 들고 거기에 홀이라면 〈스텝〉을 맞추어 〈왈쓰〉와

11 — 전봉희, "도면자료를 통해서 본 대한제국기 한성부 도시·건축의 변화", 《한림대학교 한림과학원 한국학연구소 제2회 학술 심포지움 자료집-대한제국은 근대국가인가?》(한림대학교 한림과학원 한국학연구소, 2005, 159쪽)에서는 1908년 그려진 정동 약도를 통해 '煉瓦家', '洋式家' 등 새로운 건축용어가 등장하고 있음을 밝혀냈다. '洋式家'라는 용어가 일찍이 등장하는 데에 반하여 '韓式', '韓屋'이라는 용어는 아직 사용되지 않고 대신 '瓦家', '草家'라는 단어로 분류되고 있다고 한다.

12 — 八峰, "신춘잡필", 《별건곤》 1호, 1926년 11월

13 — A기자, "백만원이 생긴다면 우리는 어떻게 쓸까?, 그들의 엉뚱한 리상", 《별건곤》 64호, 1933년 6월

"여성선전시대(女性宣傳時代)가 오면(2)", 《조선일보》
1930년 1월 12일자

"일일일화(一日一畵)(8)-문화주택? 문화주택?(文化住宅? 蚊
禍住宅?)", 《조선일보》 1930년 4월 14일자

〈탱고〉로 새벽 하늘에 〈리슴〉을 보내곤 한다. … 젊은 밖엣주인이 출타하고 없는 동안에
젊은 안주인은 전화를 걸어 〈그〉와 〈그여자〉를 둘러 〈마짱〉과 〈트럼프〉로 밤을 보내며 여
송연 연기에 신경을 마비시킨다.[14]

당시 문화주택은 '울창한 송림'이 우거진 '교외' 또는 '시외'라 불리는 곳에 세워진
지금까지 보지도 누리지도 못했던 상상 속의 이상적 '2, 3층의 양옥'이었다. 문화주택
안에는 자동차, 라디오 등 최신 제품이 구비되어 있으며, 내부는 샹들리에와 커튼 등
초(超)모던을 상징하는 수입 실내장식품으로 치장되어 있고, 그 안에서는 피아노와 레
코드를 들으며 홍차를 마시거나 만찬회가 열렸다. 또한 댄스홀을 갖추고 양주를 마시
며 춤을 추고 마작이나 트럼프를 즐기는 등 향락의 장소로 여겨지기도 했는데, 결국 이
러한 문화주택에 살 수 있는 사람은 어느 정도의 경제력이 있는 계층, 즉 서양사람이나
일본사람, 소수의 조선인 상류층에 한정되었다.

'이상(理想)의 주택' 문화주택에 대한 열기는 좀처럼 사그라지지 않았으며 각종 사
건 사고를 불러일으키는 중심소재로 신문과 잡지를 장식하게 된다. 1930년 《조선일보》
에 실린 두 개의 만문만화와 기사를 보자.

요사히 걸핏하면 녀자가 새로 마지한 사나히를 보고서 우리도 문화주택에서 자미잇게 잘

14 — "향락의 밤 깊어 가는 문화촌의 신년 점경, 젊은 그와 그 여자의 도색유희, 대경성명암이중주(2)", 《조
선중앙일보》 1936년 1월 4일자

사라보앗스면 해서 그런지는 몰라도 쥐뿔도 업는 조선 사람들이 시외나 긔타 터 조흔 데다가 은행의 대부로 소위 문화주택을 새장가티 갓든하게 짓고서 스윗홈을 삼게 된다. 그러나 지은지도 몃달 못되여 은행에 문 돈은 문 돈대로 날러가 버리고 외국인의 수중으로 그 집이 넘어가고마는 수도 잇다. 이리하야 문화주택에 사는 조선사람은 하로사리 꼴 으로 그 그림자가 사러진다. 그럼으로 우리에게는 문화주택(文化住宅)이 문화주택(蚊禍住宅)이다.[15]

당시 자유연애를 부르짖었던 신여성들은 문화주택을 통해 상대방의 경제력을 가늠해 결혼 여부를 결정하기도 했는데, "문화주택만 지여주는 이면 일흔 살도 괜찮어요. 피아노 한 채만 사주면."[16]이라고 하는 문구에서 나타나듯 자신의 삶을 문화주택과 치환 가능하다고 생각하는 여성이 생기기도 했다. 따라서 문화주택을 선호하는 여성을 노리는 사기꾼이 나타난다거나,[17] 문화주택을 미끼로 결혼했다가 결국 파경에 치닫고 마는 일이 비일비재하게 일어났다.[18]

문화주택을 소유하고 싶어 하는 사람은 점점 많아져서, 어떤 이는 문화주택을 소유하고 싶은 마음에 무리하게 은행대부를 받아 지어보기도 했지만 이자를 갚을 능력

15 — "文化住宅? 蚊禍住宅?", 《조선일보》 1930년 4월 14일자

16 — "여성선전시대가 오면(2)", 《조선일보》 1930년 1월 12일자

17 — "처녀 꾀는 수단인 문화주택 피아노", 《조선일보》 1934년 10월 4일자

18 — "미모를 노리는 황금—허영을 초석삼다 도괴된 "문화주택 결혼" 천만장자 슝息薄情郎 걸어 파경배상 만원 청구", 《조선일보》 1935년 10월 25일자

1 《삼천리》 1936년 6월호에 실린 문화주택월부건축비법 안내 기사

2 조선대박람회 1등 경품으로 내걸린 문화주택지, 《경성일보》 1940년 10월 22일자

이 안 되어서 지은 지 얼마 되지 않은 문화주택을 은행에 넘기고 은행에 넘어간 문화주택은 결국 외국인에게 소유권이 넘어가 버리는 상황이 발생하기도 했다.

상황이 이러하니 백화점과 박람회 등에서는 사람들을 끌어들이기 위한 수단으로 문화주택을 경품으로 내걸기도 하는데, 화신상회는 증축낙성식 경품으로 문화주택을 내건다거나[19] 조선대박람회에서는 1등 경품으로 문화주택지를 내세우기도 했다.[20] "공기청정(空氣淸淨), 교통지편(交通至便), 수도가스완비(水道瓦斯完備)"라는 조건을 내세우는 문화주택지에 대한 분양 광고가 사람들을 끊임없이 유혹했고,[21] 문화주택을 짓기 위해서는 어떻게 해야 하는지를 구체적으로 알려주는 '문화주택월부건축비법'이 나오기도 했다.[22]

소설가 이태준이 1937년 소설《복덕방》에서 "거리마다 짓는 것이 고층건축(高層建築)들이요, 동네마다 느는 것이 그림 같은 문화주택(文化住宅)들이다."[23]라고 했듯이 문화주택의 열기는 경성 전역으로 퍼졌다. 당시 신문이나 잡지를 통해 주로 일본인 거주지역은 물론이고 조선인들이 많이 거주했던 사직동, 당주동, 냉동, 계동, 동소문동, 성북리 등에도 문화주택이 많이 지어졌음을 알 수 있다. 결국 '경성주택'이라는 별칭까지 붙을 만큼 문화주택은 경성의 곳곳에 지어졌다.[24]

19 — … 금번 동 주식회사의 창립과 그의 증축낙성(增築落成)을 기념하기 위하야 명 10일부터 동월말까지 전후 20여 일 동안 전례에 업는 특별경품(特別景品) 보통경품(普通景品) 기념품(記念品) 삼중경품부(三重景品附) 대매출을 개시할 터이라 한다. 경품의 상품은 특별경품은 1등 1인에는 문화주택 20평의 와가(瓦家) 1동을 제공할 터이오 기타 2등 3등에도 상당한 상품을 제공할 터이며 보통경품 기념품 등에 그야말로 봉사적으로 값있는 각종 상품을 제공하리라 한다. "자본금 백만원으로 주식회사조직 북촌백화점 화신상회 확충 경품에 문화주택", 《동아일보》 1932년 5월 10일자

20 — 조선대박람회(朝鮮大博覽會)가 열리던 1940년 9월과 10월에 《동아일보》나 《조선일보》는 폐간되었다. 따라서 《경성일보》를 통해 당시 상황을 살펴보면, 조선대박람회는 원래 10월 20일까지 계획되었으나 마지막에 3일간 더 연장하여 10월 23일에 끝나게 된다. 박람회가 끝날 무렵이 되자 각 지방관에서는 경품행사를 내건다.

21 — 《삼천리》 1936년 6월호에는 보림합명회사(普林合名會社)가 진행하는 천연동문화주택지(天然洞文化住宅地)에 대한 분양 광고가 실렸다.

22 — 목병정, "문화주택월부건축비법", 《삼천리》 8권 6호, 1936년 6월호

23 — "심심해서 운동 삼아 좀 나다녀 보면 거리마다 짓는 것이 고층건축(高層建築)들이요, 동네마다 느는 것이 그림 같은 문화주택(文化住宅)들이다. 조금만 정신을 놓아도 물에서 막 튀어나온 미역처럼 미끈미끈한 자동차가 등덜미에서 소리를 꽥 지른다. 돌아다보면 운전수는 눈을 부릅떴고 그 뒤에는 금시계 줄이 번쩍거리는 살찐 중년 신사가 빙그레 웃고 앉았는 것이었다." 이태준, 《복덕방》, 범우사, 1994, 159~160쪽

24 — 백지혜, 《살림지식총서 32-스위트 홈의 기원》, 살림, 2005, 40쪽

우종관이 지은 두 동의 서양식 주택

당시 조선인에게 인기 있는 서양식 주택은 어떤 모습이었을까. 우종관의 두 주택에서 그 실체를 파악할 수 있다. 우종관은 총독부 건축과 기수였던 에지마 키요시[25]라는 일본인 건축가에게 1928년 가회동 주택 설계를 처음 의뢰했다. 그로부터 3년 뒤인 1931년에 타다구미(多田組)[26]로 자리를 옮긴 에지마 키요시에게 계동 주택 설계를 다시 한번 맡긴다. 결국 동일한 건축주가 동일한 건축가에게 두 동의 주택 설계를 의뢰한 것인데 규모와 양식은 달랐다.

1928년에 지어진 가회동 주택과 1931년 건립된 계동 주택은 현재까지 알려진 가회동의 서양식 주택 중 가장 이른 시기에 들어선 것이다.[27] 북촌의 대표적 한옥단지인 가회동 31번지와 그 건너편 가회동 11번지가 모두 1930년대 후반에 개발되었음을 생각할 때 약 10여 년 먼저 지어졌다는 것을 알 수 있다. 따라서 가회동 주택은 북촌의 대규모 필지 분할의 시작과 함께 서양식 가옥이 하나둘씩 들어서면서 1920년대 말 1930년대 초 북촌 경관이 변화하기 시작하던 초기 모습을 짐작하게 한다.

가회동 주택과 계동 주택이 지어진 곳은 모두 가장 높은 언덕마루의 가장 넓은 필지라는 공통점이 있다. 가회동 주택의 입지에 대해 에지마 키요시는 "경성부의 태반을 한눈에 바라볼 수 있으며, 시가를 사이에 두고 남산의 웅장한 모습이 보이고, 조망이나

25 — 1903년에 일본에서 학교를 졸업하고 여러 지방 관청에서 근무한 후 1921년에 조선총독부 내무부 건축과로 초빙되어 조선에 건너왔다. 1930년에 총독부를 그만둔 후 민간회사인 타다구미에 입사했고, 1941년 4월에 병사했다. 久保生, "江島さんと朝鮮建築会", 《조선과 건축》 20집 5호, 1941년 5월; 총독부 시절과 타다구미 시절 많은 주택 설계를 한 것으로 보이는데, 《조선과 건축》에만도 주택 6동이 소개되는 한편 주택 관련 글도 꾸준히 기고하고 관련 좌담회에도 초대되는 등 일제강점기 동안 활발히 활동한 건축가이다. 조선총독부 근무 당시에는 KE生이라는 별도 이름으로 활동했던 것으로 보이는데(우동선·허유진, "가회동 177–1번지 저택에 대하여" 《한국건축역사학회 춘계학술발표대회 논문집》 2012년 5월, 330쪽) 가회동 주택 설계 당시에는 조선총독부 근무 시절이었기에 KE生이라는 예명을 사용했고 계동 주택을 설계할 때는 타다구미에 소속되어 본명을 사용했다.

26 — 타다 준자부로(多田順三郎, 1881~1964)가 1916년 경성에 설립한 건설회사이다. 후에 경성 본점 이외에도 도쿄, 부산, 원산, 만주 창춘에 지점을, 성진, 나남, 만주 봉천(현 선양) 등에 출장소를 둔 규모 있는 회사로 성장했다. 타다구미는 경성재판소, 미츠코시경성지점, 메이지제과경성지점 등 경성의 주요 건물과 많은 주택을 시공했는데, 1929년 조선박람회에는 문화주택 한 동을 출품하고 경성 최고 주택지로 손꼽혔던 앵구(桜が丘) 주택지 1차 분양지에 견본주택을 지어 공급하기도 했다. 이경아, 앞의 논문, 76~77쪽

27 — 우동선·허유진(앞의 글, 324쪽)의 연구에 따르면 북촌 지역 양관의 건립연대는 다음과 같다. 윤치왕 저택(1936년, 현존), 윤치창 저택(1936년, 현존) 이준구가옥(1938년, 현존), 전용순 저택(1939년, 멸실)

가회동 주택과 계동 주택 비교

	가회동 주택			계동 주택		
위치	가회동 177-1			계동 67-1		
기공	1928년 5월			1931년 6월		
준공	1928년 12월			1931년 9월		
설계자	에지마 키요시 [총독부 소속] ※ KE生이라는 예명 사용			에지마 키요시 [타다구미 소속]		
시공자	미야모토 타스케(宮本多助)			타다구미		
양식	절충			양식		
층수	지상 2층			지하 1층, 지상 2층		
연면적	2층	96.13평 (약 317.79m²)	27.04평	55.3평 (약 182.8m²)		18.87평
	1층		69.09평			33.96평
	지층		–			2.47평
구조	벽돌조+일부 석조			벽돌조+일부 목조		
외관마감	타일(3면), 모르타르(1면), 화강석(베란다 등 일부)			모르타르(4면)		
지붕	슬레이트			슬레이트		
내부마감	오카베(大壁), 벽지, 페인트, 니스			오카베, 페인트, 니스		
난방	미야자키(宮崎)식 페치카 4호품, 카와카미(川上)식 온돌			온수스팀난방, 온돌		
기타				24~5평의 한옥 별동		

※ 《조선과 건축》에 게재된 건축 당시 개요 정리

위생이나 주택지로는 더할 나위 없는 절호의 땅"[28]이라고 평했다. 주변 어디에서나 눈에 띄는 높은 곳을 선점했다.

지금도 가회동 주택의 1928년 신축 당시 대문과 담장, 주택이 남아있다. 필지를 분할하면서 신설한 도로(현 북촌로8길)로 나 있는 대문을 들어서 경사로를 올라가면 동쪽에 현관을 두고 있는 주택 본채가 남면하고 있다. 그 남쪽으로 관상용 정원이 있다. 현재는 여러 번의 공사를 거치면서 원형은 잃어버렸으나 베란다와 내부 공간 구성을 비

---

28 — "북악 능선이 이어지는 가회동의 막다른 곳에 가까운 오른편 높은 땅이다. 원래 侍天敎 터로 경성부의 태반을 한눈에 바라볼 수 있으며, 시가를 사이에 두고 남산의 웅장한 모습이 보이고, 조망이나 위생이나 주택지로는 더할 나위 없는 절호의 땅이다." KE生, 앞의 글, 21쪽

1929년 경성부일필매지형명세도

1940년대 폐쇄지적도

시대별 필지 변화와 우종관 주택의 건설

항공사진으로 본
가회동주택과 계동주택.
출처: 서울시 항공사진

《조선과 건축》 (8집 2호, 1929년 2월)에 소개된
가회동 주택의 정문

2012년에 촬영한 가회동 주택 정문

2012년에 촬영한 가회동 주택   가회동 주택 인근 177번지 한옥군

교해 볼 때 아직 원래 주택의 위치와 규모에 기반하고 있는 것으로 보인다.[29] 가회동 주택이 들어선 주변의 177번지 나머지 필지에는 ㄷ자형 평면의 한옥이 집단으로 들어서게 되는데, 당시 지대가 낮고 규모가 작은 필지에 건설된 한옥군은 인근 언덕마루에 서양식으로 지어진 가회동 주택과 극명한 대비를 이룬다.

계동 주택 역시 1931년 건립 당시의 축대와 대문, 주택이 그대로 남아있다. 가회동 26번지와 계동 67-1 등 대규모 필지 분할 당시 진입 골목도 만들어졌다. 축대를 올라 대문을 들어서면 주택 본채가 북쪽에 있고 남쪽에는 관상용 정원이 있다. 주인실 앞쪽에는 작은 연못을 파고 동영교(東瀛橋)[30]라는 작은 다리를 조성했는데 지금도 당시 모습 그대로 남아있다. 계동 주택 역시 주변의 낮은 필지에는 한옥군이 있어 높은 지대의 계동 주택과 대비된다.

가회동 주택과 계동 주택은 대규모 필지 분할 및 신규 도로 건설 등 북촌의 도시 조직 변화와 함께 건설된 점, 분할된 필지 중에서도 지대가 가장 높고 넓은 필지를 선점하며 지어져 주변 저지대의 작은 한옥들과 대비를 이루게 된 점, 모두 남향하고 출입구는 동쪽이나 서쪽에 두고 남쪽 외부공간은 관상용으로만 조성하는 등 부지 개발방식과 주택지 선정, 건물의 배치와 동선, 외부공간의 성격 등 여러 가지 면에서 비슷하다는 점을 알 수 있다.

29 ― 우동선·허유진, 앞의 글, 326~327쪽

30 ― 다리 기둥 위에는 태극무늬와 팔괘가 새겨져 있다.

1 《조선과 건축》(11집 2호, 1932년 2월)에 소개된 계동 주택 정문
2 2010년에 촬영한 계동 주택 정문

《조선과 건축》(11집 2호, 1932년 2월)에 소개된 계동주택
정원

지금도 남아있는 계동 주택의 다리, 동영교, 2013년 촬영

계동 주택 진입부

계동 주택 인근 한옥 경관

서양식 주택을 향하여

두 동의 우종관 주택의 여러 가지 특징은 당시 조선인 상류층이 가지고 있던 서양식 주택에 대한 동경과 욕망을 그대로 보여준다. 서양식 생활에 대한 동경과 욕망은 비슷한 시기에 지어진 여타 서양식 주택에서도 그대로 드러난다.

우종관 주택의 외관을 보자. 가회동 주택은 급경사를 가진 커다란 박공 면을 전면에 내세우고 2층 서재 공간을 활용해 서쪽과 북쪽에 도머창[31]을 두었다. 배면과 비교했을 때 정면의 볼륨감을 크게 하고 돌출 부분을 많이 두는 등 매우 과시적이고 멋을 부렸다. 정면에서 보이는 동·서·남쪽의 주요 입면은 타일 마감을 한 반면, 보이지 않는 북쪽 입면은 모르타르로만 처리를 했다.[32] 서양식 주택임을 나타내는 데 중요한 역할을 하는 1층 베란다와 포치 부분은 특별히 화강석 난석 쌓기를 했다. 서양식 주택을 지을 때 정면을 매우 중요하게 여겼는데 그중에서도 서양식 공간이 있는 부분을 특별히 강조하려 했다는 것을 드러낸다.

계동 주택은 가회동 주택의 과시적 경향이 많이 완화되기는 했으나 여전히 지향점은 서양식 주택이었다. 완만한 경사 지붕에 사면을 모두 모르타르로 마감하고, 입구 포치 모서리 부분과 2층 응접실의 소파가 있는 부분에 동그란 창을 내고 그 주변에 벽돌을 노출시킨다거나 1층의 어린이방과 2층의 응접실에 돌출창을 내서 강조하고 2층의 서재 부분에는 위·아래로 긴 오르내리창 등을 둔 것이 그 증거다.

가회동 주택이 비교적 큰 규모에 급경사 지붕 위 도머창, 다양한 마감 방식의 외관을 채택했다면, 계동 주택은 작아진 규모에 완만한 경사 지붕, 모르타르로 마감했다. 가회동 주택보다 나중에 지은 계동 주택에는 시공의 편의성 및 공간의 활용도 등 경제적인 주택을 짓겠다는 의지가 반영된 것으로 짐작된다.[33]

이러한 서양식 주택의 외관은 내부 공간 마감에도 반영되었다. 가회동 주택 내부에는 1층 현관 옆에 있는 2개의 응접실과 베란다, 2층의 서양식 가구를 구비한 객실과 서

---

31 — 지붕 밑, 다락방의 채광을 위해 지붕에서 돌출된 창

32 — 벽체에는 낡은 벽돌을 사용하고 외부 마무리를 타일로 했다고 했는데, 이것은 전체 공비를 낮추기 위해 종종 행해지던 방법이다. 이경아, 앞의 논문, 129~130쪽

33 — "필요 이상의 방을 갖추거나 필요 이상의 설비를 하는 일은 사치스러운 일이므로 그 점을 신경 써서 배제하기로 했습니다. 그래서 전에 살던 집보다는 땅 크기도 건물도 반 이상 축소된 것인데, 그래도 그다지 불편은 없습니다." 우종관, 앞의 글, 29쪽

가회동 주택과 비슷한 외관의 에가시라(江頭) 주택. 출처: 《조선과 건축》 8집 7호, 1929년 7월

계동 주택과 비슷한 외관의 와타나베(渡邊) 주택. 출처: 《조선과 건축》 9집 10호, 1930년 10월

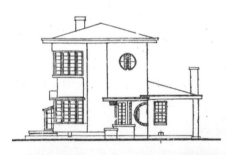

《조선과 건축》 (8집 2호, 1929년 2월)에 소개된 가회동 주택의 정면과 배면

《조선과 건축》 (11집 2호, 1932년 2월)에 소개된 계동 주택 입면과 2층 서양식 서재

2013년에 촬영한 계동 주택 입면과 1층에 있었던 온실의 현재 모습

재 등을 서양식으로 꾸몄다. 바닥에는 리놀륨[34]을 깔고 벽에는 외국산 무늬 벽지를 바르거나 카세인 도료[35]를 발랐으며 커튼을 달아 서양식 주택으로서의 분위기를 한껏 냈다. 벽에 외국산 무늬벽지를 바르느냐, 카세인 도료를 바르느냐의 결정은 방의 위계에 따른 것으로 보인다. 1층에 있는 양식 응접실 2곳에는 외국산 무늬 벽지를 바르는 반면 상대적으로 위계가 떨어지는 1층 베란다와 2층 객실, 서재는 카세인 도료로 마감했다. 전등, 전화, 초인종 등도 설치했다.

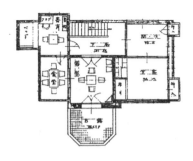

가회동 주택 1층(왼쪽)과 2층(오른쪽) 평면. 출처: 《조선과 건축》 8집 2호, 1929년 2월

계동 주택의 내부 또한 전체적으로 서양식으로 꾸몄는데, 1층 주부실과 후에 증축된 2층 화실을 제외하고는 모두 오카베(大壁)[36]에 페인트나 니스로 마감했다. 특히 2층 서재의 경우 벽에 무늬 벽지를 바르고 마룻바닥에는 양탄자를 깔았으며 창문에는 커

34 ― 1860년대에 영국에서 발명된 건자재로 주로 바닥 재료에 사용된다. 아마인유 산화물인 리녹신에 수지, 고무질 물질, 코르크 가루 등을 섞어 삼베 같은 데에 발라서 두꺼운 종이 모양으로 눌러 편 물건이다. 내구성이 강하고 청소가 쉬우며 비교적 부드럽기 때문에 도자기 등 물건을 떨어뜨려도 잘 깨지지 않는다는 특징이 있다. 질이 좋으면서도 비교적 저렴한 재료였기 때문에 발명 후 대체재가 나타나는 1950년대까지 널리 사용되었다. 특히 여러 리놀륨 조각을 상감 기법으로 합친 'inlaid' 리놀륨(1882년 발명)은 다양한 패턴을 연출할 수 있을 뿐 아니라 매우 내구성이 좋은데 우종관 주택에는 이 종류가 사용되고 있다. http://en.wikipedia.org/wiki/Linoleum

35 ― 카세인(카제인)은 우유나 치즈 등에 포함되는 인단백질로 암모니아 등 알칼리 성분으로 중화하면 수용화되어, 예로부터 도료 원료(주로 피혁용 도료)로 사용되었다. 카세인 도료는 바르기가 편하고 잘 마른다는 특징을 가지만 수용성이기 때문에 건물의 경우 실내에 사용하는 경우가 많다. http://en.wikipedia.org/wiki/Casein_paint

36 ― 大壁. 벽 전체에 회 따위를 발라 기둥을 드러내지 않는 벽 마감 방법을 말한다. 武井豊治, 《古建築辞典》, 理工学社, 1994, 32쪽. 근대기 일본에서 서양식 방에 많이 사용되었다.

틀을 달고 입식 가구와 전등 설비를 들이는 등 서양식 공간을 적극적으로 도입하려고 시도했음을 알 수 있다. 1층 주인실과 주부실 앞에 각각 선룸[37]과 온실, 2층에 베란다를 두었다. 1층 온실에 대해서 우종관은 "거실과 온실을 붙여서 사이에는 유리 장지만 세우면 시종 파릇파릇한 것을 볼 수 있고 관리도 쉽다."라고 했다. 2층 베란다에 대해서는 "주위에 유리문을 둘러 천장에 커튼을 치면 하나의 방이 되고 유리문을 열면 베란다로 사용할 수 있어 우천 시에도 사용할 수 있고 손님용 식당이나 여름 침실을 겸할 수 있다."라며 이국적 공간에 대한 자부심과 만족감을 드러내기도 했다.[38]

우종관은 서양식 주택이라는 이름에 걸맞은 서양식 내부공간도 갖추려고 노력했음을 짐작할 수 있다. 현관에서 접근성이 높은 곳이거나 밖을 조망하기 쉬운 2층에 접객이나 독서 등 비일상적인 행위가 일어나는 공간을 두었다. 내부 마감은 외국에서 수입된 벽지와 도료로 하고 카펫과 커튼, 서양식 가구와 전등을 달았다. 또한 유리와 같은 투명한 재료를 주로 활용한 선룸이나 온실과 같은 공간을 두어 방한을 대비하는 한편 이국적 생활을 즐길 수 있는 여유 공간도 마련했다.

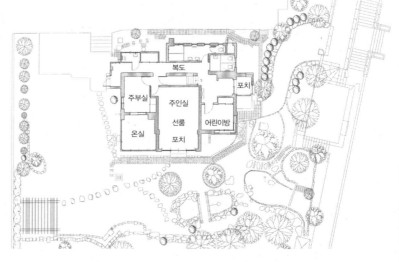

2013년 실측해 작성한
계동 주택 배치도

---

37 — 선룸은 비나 바람과 같은 기후로부터 보호받으면서도 주변의 경관을 즐기기 위해 집의 한쪽에 유리나 플라스틱 등을 활용해 만든 공간이다. 선룸은 미국, 유럽, 캐나다, 오스트레일리아, 뉴질랜드에서 유행했는데, 조망을 위해 디자인되기도 하고 난방이나 빛을 모으기 위해 만들어지기도 한다(http://en.wikipedia.org/wiki/Sunroom). 근대기 일본에서는 서양인들이 양관에서 사용하기 시작해 이후 일본의 서양식·일양절충식 주택 등에서도 채택되기 시작했으며 한국에도 선룸이나 온실 등을 채택한 사례를 볼 수 있다.

38 — 우종관, 앞의 글, 28쪽

일본식 중복도형 평면

우종관 주택은 내·외부 모두 서양식 주택을 지향했지만 당시 일본에서 유행하던 근대 일본식 중복도형 평면의 특징도 보이고 있어 흥미롭다.

가회동 주택은 벽돌조임에도 불구하고 일본의 목조 주택 모듈로 구성되어 있다. 가운데 복도를 두고 남쪽에는 응접실, 부인실, 주인실과 같은 주요 공간을, 북쪽에는 하녀실, 욕실, 화장실, 식당, 부엌, 취사장 등 부속실을 배치하는 전형적인 일본의 중복도형 평면을 가지고 있다. 이외에도 드나드는 사람에 따라 오모테겐칸(表玄關)과 우치겐칸(內玄關)으로 나누어 위계를 부여한 점이나[39] 2층에는 도코노마(床の間)와 도코바시라(床柱)[40] 등 일본식으로 꾸며진 8첩 갸쿠마(客間)와 6첩 츠기노마(次の間)[41]를 둔 것에서도 일본 주택의 영향을 짐작해 볼 수 있다.

계동 주택 역시 벽돌조임에도 불구하고 일본 주택의 목조 모듈을 가진다. 가운데 복도와 계단을 두고 남측에는 어린이방, 주인실, 주부실 등 주요 공간을 배치하고 북쪽에는 서생실, 욕실, 화장실 등 부속실을 두는 중복도형 평면을 채택했다. 2층 서재와 응접실로 연결되는 주출입구와 별도로 주부실과 연결되는 부출입구를 두고 있는 것 또한 일본 주택의 오모테겐칸과 우치겐칸 개념과 유사해 보인다. 2층 부분에 증축한 화실(和室)의 경우 도코노마와 오시이레(押し入れ)[42]를 두었을 뿐 아니라 전체적으로 목조 주택 내부 방인 것처럼 벽에 기둥을 세우고 나게시(長押)[43]를 설치하는 등 일본 주택의 영향을 직접적으로 드러내기도 했다.

이와 같이 가회동 주택과 계동 주택 모두 서양식 벽돌조 주택을 지향했으나 내부 구성은 일본식 목조주택 모듈인 900mm의 배수로 실 규모를 계획했다. 또한 중복도형

---

39 — 규모와 격식이 있는 일본 주택에는 오모테겐칸과 우치겐칸으로 현관이 나뉘어져 있는데, 오모테겐칸은 남자나 손님, 우치겐칸은 여자나 하인들이 사용했다.

40 — 도코노마와 도코와키(床脇, 도코노마 옆의 미술품 등을 장식하는 부분) 사이에 세우는 장식 기둥을 말한다. 건물의 분위기에 따라 재료나 마감을 달리한다. 武井豊治, 앞의 책, 181쪽

41 — 주요한 방과 붙어 있는 방을 말한다. 사이의 미서기문(후수마)을 개방한 한 공간으로 사용할 수 있다. 武井豊治, 앞의 책, 166쪽

42 — 일본에서 에도시대에 이불이 보급되면서 일반화된 붙박이 수납공간을 말한다. 폭 1칸, 깊이 반 칸을 표준으로 하며 내부는 2층 구조이고 앞에 후수마를 다는 것이 보통이다. 武井豊治, 앞의 책, 37쪽

43 — 주택 내부 방에서 사용될 경우 실내 의장재로 사용되는 수평재를 지칭하며, 이 중에서 주로 카모이(鴨居, 문상방) 상부 네 모서리를 따라 부착되는 화장재를 말한다. 武井豊治, 앞의 책, 181~182쪽; 川上幸生, 《古民家解体新書》, 株式会社出版文化社, 2013, 167~168쪽

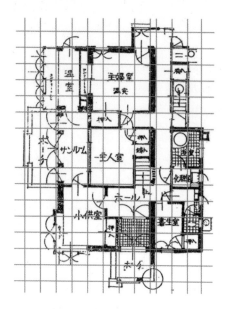
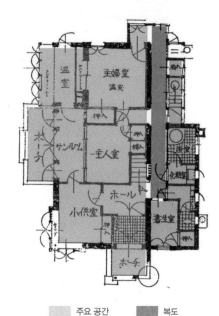

일본 목조주택 모듈과 공간구성을 따른 계동 주택 평면.
《조선과 건축》(11집 2호, 1932년 2월)에 소개된
계동 주택의 평면을 재구성했다.

주요 공간 부속공간 복도

2013년에 촬영한 계동
주택 내부.

1 중복도

2, 3 계단

4 도코노마

5 화실. 벽돌조임에도
   일본 목조를
   흉내냈다.

평면을 취하고 개별 화실을 두어 일본 주택의 영향을 그대로 드러냈다. 우종관 주택이 서양식 주택을 추구했지만 두 주택의 건립 시기가 일제강점기였다는 점, 건축가가 일본인이라는 점 때문에 나타난 현상이다.

그래도 온돌은 못 버려

서양식 주택을 추구했다 할지라도 건축주인 우종관 역시 조선인이기에 기존 생활 방식의 관성을 따르는 부분이 남아있을 수밖에 없었는데 바로 온돌이다. 가회동 주택의 1층 응접실 2개와 베란다와 같은 서양식 공간의 난방은 페치카[44]를 사용하고 주인실, 부인실, 제2응접실, 식당, 하녀실 등에는 온돌을 채택했다.

온돌의 종류는 재래식 온돌과 '카와카미(川上)식'이라는 개량온돌 두 종류가 사용되었는데,[45] 주인실이나 부인실과 같이 위계가 있는 공간에서는 개량온돌을,

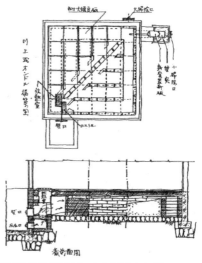

《조선과 건축》(19집 3호, 1940년 3월)에 소개된 카와카미식 온돌

제2응접실, 식당, 하녀실에는 재래온돌을 사용했다. 온돌 채택 방식에 따라 실내 의장도 다르게 했다. 개량식 온돌을 사용한 경우에는 벽에 나게시를 설치하고 외국산 벽지를 발랐으며 창에는 커튼을 달고 천장은 우물천장을 채택했는데, 이것은 서양식 공간에 사용되던 실내 의장과 유사한 것이다.[46]

44 — 가회동 주택에는 미야자키식 페치카 4호품을 사용했다고 하는데, 2공 연탄 20개 정도로 따뜻해졌다고 한다. KE生, 앞의 글, 22쪽

45 — 여기에서 채택한 온돌은 카와카미식 온돌이었다고 하는데, 강상훈("일제강점기 일본인들의 온돌에 대한 인식 변화와 온돌 개량", 《대한건축학회 논문집》 22권 11호, 2006)에 따르면 카와카미식 온돌은 온돌에 관한 전매특허와 실용신안을 득한 최초의 개량온돌로 1927년 발표된 이후 문화주택 논의와 연관되며 '문화온돌'로 알려졌다. 연료 소비 절감뿐만 아니라 내구성 면에서도 우수해서 당시 전국의 관사와 건축에서 축조를 요청받은 수가 1,510여 실에 이르렀다고 한다.

46 — KE生, 앞의 글, 22~23쪽

가회동 주택의 실별 의장

구분		바닥	벽	천장
한	주인실	카와카미식 온돌	나게시 설치 외국산 벽지 커튼 설치	우물천장
	부인실			
	제2응접실	재래 온돌	카세인 도료	–
	식당			
	하녀실			
양	응접실	리놀륨	외국산 벽지 커튼 설치	–
	베란다			
	서재		카세인 도료 커튼 설치	
	침실			
	갸쿠마		카세인 도료	
일	화실	다다미(추정)	모래 회칠	–

조선인의 서양식 주택 안 온돌방. 출처: 《조선과 건축》 20집 4호, 1941년 4월

한옥 온돌방에 우물천장을 설치한 모습. 출처: 《조선과 건축》 19집 2호, 1940년 2월

이와 같은 온돌방의 실내 분위기는 전통적인 온돌방과는 거리가 멀었는데 이에 대해 우종관은 "양선절충의 방을 갖추어 보았는데, 사용하는데 편리한 점도 있지만 건축적인 면에서 보면 방에 들어갔을 때 좋은 느낌이 아니었다."라는 소감을 말하고 있다.[47] 당시 가회동 주택의 온돌방 사진이 없어 정확한 모습을 알기는 어려우나,《조선과 건축》

47 — 우종관, 앞의 글, 27쪽

에 소개된 조선인이 살았던 여타 서양식 주택 온돌방의 절충식 의장을 통해 이를 짐작해 볼 수 있다. 예를 들어 서양식 주택 안에 온돌방을 두는 경우 기존의 조선식 주택에서 볼 수 없는 매우 높은 천장과 입면 구성으로 어색한 내부 공간이 만들어졌다. 조선식 주택 온돌방에 우물천장을 설치하고 서양식 응접세트와 등을 설치하는 것은 조화롭지 못하다. 가회동 주택에서도 이와 같은 느낌의 공간이 만들어졌을 것임을 짐작할 수 있다.

가회동 주택의 절충식 온돌방에 대해 불만이었던 우종관은 계동 주택에서는 절충식을 배제하고 본격적인 양식건축으로 하려고 했다.[48] 페치카를 선택했던 가회동 주택과는 다르게 계동 주택에서는 1층 주부실만 온돌로 하고 나머지는 온수스팀난방을 채택했다. 우종관은 온수스팀난방은 페치카에 비해 실내 공기를 평균 온도로 유지하고 있어서 온돌처럼 격렬하게 뜨겁거나 또 식어서 차가워지는 일이 없어 가족 모두 감기에 걸리지 않았다는 소감을 밝히기도 했다.[49] "공기를 데운 실내 의자에 앉거나 긴 의자에 눕는 것이 좋다는 것도 하나의 습관인데, 익숙하지 않아서 처음에는 다소 불편한 점도 있지만 2~3달이 지나면서 하등 불편을 느끼지 않게 되었다."라고 밝히며 서양식 생활방식에 자신의 생활을 맞춰갈 수도 있다는 강한 의지를 내보이기도 했다.

하지만 계동 주택에서 온돌 공간을 완전히 배제할 수는 없었다. "조선인의 습관상 감기나 기타 병에 걸렸을 때 온돌에서 뒹구는 것이 좋다는 노인의 희망에 따라" 가장 안쪽의 주부실만은 온돌을 남겨두거나,[50] 취사 문제를 해결하기 위해 본관과 분리하여

---

48 — "2, 3년 전에 양선절충의 방이나 혹은 화양절충의 방도 갖추어 보았는데, 사용하는데 다소 편리한 점도 있지만, 건축적인 면에서 보면 방에 들어갔을 때 좋은 느낌이 아닙니다. 그래서 이번에는 절충식을 배제하고 양식건축으로 하고 꼭 한옥이 필요한 사람을 위해서는 한쪽에 한옥을 세워서 완전히 별동으로 하였습니다." 우종관, 앞의 글, 27쪽

49 — "난방장치가 매우 잘 되어 있어서 가족 모두 감기에 걸리지 않았습니다. 이렇게 얘기하면 난방가게 선전처럼 되어버리는데, 실내 공기를 평균적인 온도로 유지하고 있어서 온돌처럼 격렬하게 뜨겁거나 또 식어서 차가워지는 일이 없기 때문인 것 같습니다. 매년 겨울마다 감기가 지병처럼 따라다녔던 저인데 올 겨울만큼은 덕분에 무사히 지낼 수 있었습니다. 이것은 일면 기후 관계도 있겠습니다만 스팀난방의 힘이 컸기 때문이라 생각하고 있습니다." 우종관, 앞의 글, 28~29쪽

50 — "본관에는 온돌방을 하나만 마련하였습니다. 그것은 조선인의 습관상 감기나 기타 병에 걸렸을 때 온돌에서 뒹구는 것이 좋다는 노인의 희망에 따른 것입니다. 그러나 그 외에는 되도록 이중생활을 피하였습니다." 우종관, 앞의 글, 27쪽

서측에 별도 한옥을 두었다.[51] 아쉽게도 현재 당시의 주부실 온돌방 사진이나 내부 인테리어에 대한 기록이 남아있지 않고 별동으로 했다는 한옥은 철거되어[52] 계동 주택에서 온돌 공간의 실제 모습을 확인할 수는 없는 상태지만 우종관의 글과 현 사용자의 인터뷰를 통해 당시 조선인의 서양식 주택에서 온돌 공간은 꼭 필요했다는 것이 확인된다.

결국 가회동 주택과 계동 주택은 기본적으로 서양식 주택을 지향하고는 있었으나 서양식 생활과 조선인의 실생활 사이의 괴리 속에서 온돌 공간이 지속되었다. 다만 벽돌조의 서양식 주택에 들어가는 온돌방이기에 전통 한옥의 온돌방에서 보이는 의장을 버리고 외래 양식과 결합하며 새로운 분위기의 온돌방을 만들어 내거나 별동 형식으로 떨어져 존재하는 식으로 존속되었다는 것을 확인할 수 있다.

이 같은 현상은《조선과 건축》에 게재된 여타 조선인이 살았던 서양식 주택 사진에서도 확인할 수 있다. 서양식 외관을 가진 주택이지만 내부에는 서양식 의장을 갖춘 응접실과 일본식 재료와 실 구성을 가진 일본실, 조선식 온돌방이 변형된 형태로 공존하고 있음을 알 수 있다. 이것은 당시 조선인 상류층의 새로운 주거문화 소비에 대한 열망과 함께 실생활의 현실적인 문제들 사이에서 절충점을 찾아가던 모습을 보여 준다.

조선인 상류층의 '삼중생활'

가회동 주택 및 계동 주택은 조선인 상류층이었던 우종관이 일본인 건축가 에지마 키요시에게 3년간의 시간차를 두고 의뢰해 지은 서양식 주택으로 1920년대 말 1930년대 초 조선 상류층의 서양식 주택에 대한 인식과 실체를 잘 보여주고 있다.

두 주택 모두 조선의 권문세가들이 살던 북촌의 대규모 필지 분할 및 신규 도로 건설 등 도시조직의 변화와 함께 들어선 것으로, 그동안 도시한옥 개발지로만 알려졌던 가회동, 나아가 북촌 지역의 변천에 대한 또 다른 단서를 제공하고 있다. 기존의 길에서 떨어진 높은 지대에 조성되었다는 점, 모두 남향을 하는 집중형 평면에 관상용 외

---

51 — "취사장을 본관에서 분리하여 본관 서측에 24~5평의 한옥을 두고 거기서 취사관계 일절을 취급하도록 하였습니다. 이전에는 양관 내에 취사장을 두었는데, 요리할 때마다 냄새가 실내에 들어오거나 때로는 연기까지 들어와서 좋지 않고, 또 하인은 시골 사람이나 타인에게 고용되는 사람들이기 때문에 그들을 본관 안에 같이 두면 관리하는데 힘들기 때문에, 이들은 전부 별동 한옥 쪽에 수용하여 취사관계도 일절 그쪽에서 하도록 하였습니다." 우종관, 앞의 글, 29쪽

52 — 별동의 한옥에 대한 이야기는 현 사용자의 인터뷰에서도 확인되는데 1970년대에 철거되었다고 한다.

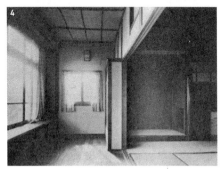

1 조선인 서양식 주택의 서양식 외관

2, 3, 4 조선인 서양식 주택의 다양한 양식 공간. 서양식 응접실, 한식
       온돌방, 일본식 화실. 출처:《조선과 건축》 20집 4호, 1941년 4월

부공간을 가진다는 공통점이 있다. 또한 당시 유행하던 서양식 외관에 서양식 가구를 들인 응접실과 서재를 두고, 전등, 전화, 초인종 등 설비와 페치카, 온수스팀난방 등 난방방식을 둔 최신식 서양 주택이었다.

하지만 두 주택은 모두 '양풍'이라는 말 그대로의 서양식 주택이 아니었다. 외관은 벽돌조의 서양식 주택이었을지라도 내부는 일본식 목조 주택 모듈과 중복도형 공간 구성을 가지고 있었으며 2층에는 화실을 두는 등 일본식 주택의 문법을 따르고 있었다. 즉 1920년대 말 1930년대 초반의 서양식 외관과는 유리된 일본식 평면을 가진 주택이었는데 이는 일제강점기라는 시대적 상황에서 일본인 건축가가 지었기 때문에 나타나는 현상이었다.

실제 조선인의 생활과 맞추기 위한 고민도 읽어낼 수 있는데, 바로 온돌방의 변형과 잔존이었다. 서양식 주택 안에 담기는 온돌방이기에 기존 한옥의 전통적인 의장은 버리고 서양식과 일본식이 절충된 모습으로 유지되거나 아예 한옥을 별채로 두어 실생활에서 오는 여러 가지 요구를 담아내기도 했다. 외관이나 평면은 외래의 것을 받아들이더라도 실생활과 직접 연관되는 부분에서의 관성은 그대로 지속되어 쉽게 바뀌지 않는 주거의 보수적인 측면이 확인되는 부분이다.

두 동의 우종관 주택을 통해 일본 중심으로 재해석되면서도 조선인의 생활을 담아내기 위한 여러 시도는 《조선과 건축》에 소개된 여타 일제강점기 조선인 상류층의 서양식 주택에서도 유사하게 확인된다. 더불어 우종관의 말처럼 '이중생활'을 피하고자 했으나 한, 화, 양 삼중의 주거문화가 불편하게 공존했던 당시 생활상도 엿볼 수 있는데, 이는 곧 일제강점기 조선인 상류층의 '삼중생활'을 의미하는 것이다.

서울의 중심,
인사동 일대의 변화와
박길룡의 조선 주택개량운동

서울의 중심, 인사동 일대

현재의 인사동은 조선시대 지명인 관인방(寬仁坊)의 인(仁)과 대사동(大寺洞)의 사(寺)가 합쳐져 일제강점기에 만들어진 이름으로 북쪽으로는 관훈동, 동쪽으로는 낙원동, 남쪽으로는 종로2가, 적선동, 서쪽으로는 공평동과 접해 있다. 하지만 통상적으로 인사동이라 하면 탑골공원에서 안국동 사거리에 이르는 인사동길을 중심으로 그 일대, 즉 관훈동, 경운동, 견지동, 공평동, 낙원동 일부를 포함한 동네를 일컫는다.

예부터 인사동은 서울의 중앙으로 인식되었다. 태조 이성계가 1395년 한양으로 천도하면서 북악산, 인왕산, 남산, 낙산을 연결해 한양도성을 쌓고 도읍의 중앙을 잡아 표지석을 세운 지점이다. 현재의 표지석은 건양(建陽) 원년인 1896년에 '서울의 중심점 표지석'으로 세운 것이다.[1] 인사동이 서울의 중심이라는 인식은 오랫동안 남아있었다. 일제강점기에 설립된 중앙예배당과 중앙유치원 등에서 '중앙'은 곧 인사동을 의미했다. 현재 표지석이 남아있는 하나로 빌딩에 중앙예배당의 후신인 중앙교회가 자리 잡고 있는 것 또한 그 흔적이라고 할 수 있다.[2] 서울의 중심점 표지석이 있는 하나로 빌딩, 즉 인사동 194번지(인사동 5길)는 원래 세종의 여덟 번째 아들인 영응대군(永膺大君, 1434~1467)의 사위인 구수영(具壽永, 1456~1523)이 왕실의 가족이 되면서 하사받은 집터로서 15세기부터 18세기까지 350여 년간 구윤옥(具允鈺, 1720~1792)을 비롯한 능성구씨(綾城具氏)의 땅이었다. 이 자리는 19세기 이후에는 세도가였던 안동김씨 김흥근(金興根, 1796~1870)의 집, 헌종(憲宗, 1834~1849)의 후궁이던 경빈김씨(慶嬪金氏)의 순화궁, 이완용(李完用, 1858~1926)의 집터였다. 또한 3·1 독립선언이 이루어졌던 태화관이 있던 자리로도 유명하다.[3]

서울의 중심이라는 별칭에 걸맞게 인사동 인근에는 인조(仁祖, 1623~1649)가 왕위에 오르기 전에 살던 잠룡저가 있었고 순조(純祖, 1790~1834)의 장녀 명온공주(明溫公主, 1810~1832)의 죽동궁, 고종(高宗, 1852~1919)의 다섯 번째 아들 의친왕(義親王) 이강(李堈, 1877~1955)의 저택인 사동궁 등 왕실의 궁가가 있었을 뿐만 아니라 조선 말기 많은 경화세족의 대가들이 즐비하던 곳으로[4] 조선시대의 정치 사회적 중심지이기도 했다.

1 — 서울미래유산(http://futureheritage.seoul.go.kr) 홈페이지 설명문 참고.

2 — 전우용, "한국 전통의 표상 공간, 인사동의 형성", 《동아시아문화연구》 60집, 2015년 2월, 18~21쪽

3 — 정정남, "인사동 194번지의 도시적 변화와 18세기 한성부 구윤옥 가옥에 관한 연구: 장서각 소장 이문 내 구윤옥가도형의 분석을 중심으로", 《건축역사연구》 17권 3호, 2008년 6월, 30~37쪽

4 — 전우용, 앞의 글, 18~21쪽

서울의 중심점 표지석. 인사동 5길 하나로 빌딩에 있다.

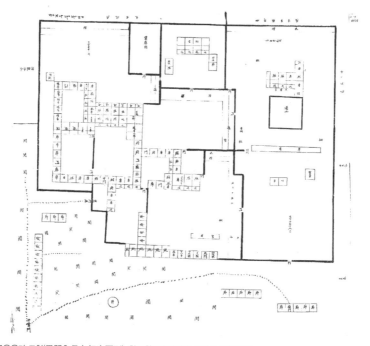

이문 내 구윤옥가 도형(里門內具允鈺家圖形). 한국학중앙연구원 장서각 소장 자료

1921년에 지어진 천도교중앙대교당(삼일대로 457)

1926년에 지어진 구 조선중앙일보사 사옥(우정국로 38)

1927년에 지어진 구 장문경 산부인과(인사동 11길 11)

일제강점기에 지어진 구 남계양행(우정국로 36)

1 1908년에 지어진 사동궁, 일명 이강공저 또는
   이건(李鍵)공저(인사동길 35), 출처: 山田勇雄,
   《大京城寫眞帖》, 中央情報鮮滿支社, 1937

2 1912년에 지어진 운현궁 양관, 일명 이준공저(삼일대로
   460), 문화재청 제공

인사동도 개항 이후 많은 변화를 겪는다. 1884년에는 박영효(朴泳孝, 1861~1939)의 집이었던 자리(삼일대로 457)에 일본공사관이 신축되었다.[5] 1897년에는 당시 탁지부 고문이었던 영국인 맥레비 브라운(John McLeavy Brown, 1835~1926)의 건의로 국내 최초의 서구식 근대공원인 탑골공원이 조성되기도 했으며 1893년에는 승동교회(인사동길 7-1)가, 1921년에는 천도교중앙대교당(삼일대로 457)과 같은 서양식 벽돌조 종교시설이 세워지기도 했다. 업무시설로 구 조선중앙일보 사옥(1926, 현 NH농협은행, 우정국로 38)이나 구 장문경 산부인과(1927, 현 관훈갤러리, 인사동 11길 11), 구 남계양행(신축연도 미상. 현 동헌필방, 우정국로 36)이 지어졌다.

인사동과 일대의 변화는 새로운 양식 주택의 등장으로 이어진다. 인근 운니동의 운현궁 양관[6]과 관훈동의 사동궁 양관[7] 건축을 예로 들 수 있다. 현재의 인사동길 주변에 있던[8] 사동궁 양관은 한옥 군락 옆인 관훈동 196번지(인사동길 35)에 서양식으로 지은 것이다.[9] 전통문화의 거리로 알려져있는 인사동길 인근에 이런 서양식 저택이 들어섰다는 것을 지금으로서는 상상하기 힘들다. 일제강점기 사동궁 양관의 사진과 인근의 운현궁 양관을 통해 그 모습을 어렴풋이 추정해 볼 수 있을 뿐이다.

20세기 초 변화가 몰아치던 인사동에서 주목하고 기억해야 할 건축물이 더 있다. 바로 우리나라 최초의 건축가로 언급되는 박길룡이 1938년 설계한 경운동 민병옥 가옥과 현재는 월계동으로 이축되어 있는 각심재이다. 1932년 조선총독부를 사직한 박길룡이 처음 건축사무소를 개업한[10] 자리는 바로 현재의 인사동길 옆 필지인 관훈동 197번

5 — 이순우, 《정동과 각국공사관》, 하늘재, 2012, 279~282쪽

6 — 흥선대원군 이하응(興宣大院君 李昰應, 1820~1898)의 궁가였던 운현궁에 이준용(李埈鎔, 1870~1917, 이후 이준으로 개명)이 1908년 경 양관 건립을 추진했다.

7 — 고종의 다섯 번째 아들인 의화군 이강(義和君 李堈, 1877~1955)의 의화군궁은 1892년 관훈동 196번지에 자리 잡은 뒤 1900년 의친왕궁으로 개칭되었고, 일반인에게는 사동본궁 또는 사동궁으로 더 잘 알려지게 된다. 정정남, "의친왕부 사동본궁을 통해 본 대한제국기 궁가의 특징", 《한국건축역사학회 추계학술발표대회논문집》, 2014년 11월

8 — 김란기, 《한국 근대화 과정의 건축제도와 장인활동에 관한 연구》(홍익대학교 박사논문, 1989, 221쪽)에 의하면 정세권이 사동궁을 사서 그곳에 한옥단지를 조성했다고 한다.

9 — 정정남, "의친왕부 사동본궁을 통해 본 대한제국기 궁가의 특징", 앞의 책. 해방 후 사동궁은 매도 강요와 공갈 협박을 받아 매도되었고, 이후 사동궁은 각종 사무실로 사용되거나 파괴되고 새 건물이 들어서는 등 그 자취를 찾아볼 수 없게 바뀌었다고 한다.

10 — 《동아일보》 1932년 6월 10일자. "소생(小生)이 금반(今般) 관직을 사(辭)하옵고 좌기(左記) 장소에서 일반건축사무(설계 및 감독)에 종사하옵기 자(玆)에 앙고(仰告)하옵나이다."

1 박길룡의 첫 건축사무소가 있던 관훈동 197번지(인사동길 31)
2 공평동의 박길룡건축사무소. 출처: 서울역사박물관, 《경성상점가》, 서울책방, 2018
3 《조선과 건축》(22집 5호, 1943년 5월호)에 소개된 박길룡

지[인사동길 31. 후에 공평동 59번지(우정국로 26)로 이전한다]이다. 이 자리에서 그는 우리 주택 개량 문제에 대해 누구보다도 치열하게 고민했다.

그동안 우리는 박길룡에 대해 우리나라 최초의 건축가라는 것에 주목했다. '최초'라는 명성에 묻혀 제대로 조명되지 못한 박길룡의 다른 모습을 주목할 필요가 있는데, 바로 우리 주택 개량에 관심 가지고 최선의 노력을 한 건축가라는 점이다. 정세권이 대규모 주택사업을 벌여가면서 우리 주택의 개량을 실천한 사람이었다면, 박길룡은 건축을 전공한 전문가로서 우리 주택을 개량해야 하는 이유를 논리적으로 설명하고 실제 설계 도면과 함께 주택 개량안을 제시한 사람이다. 정세권이 주택사업을 벌이던 초반에는 박길룡이 건축 설계와 허가를 맡아주면서 경성 내 한옥 건설에 힘을 보태기도 했던 것으로 보인다.[11] 박길룡의 주택 개량에 대한 관심은 1920년대 중반부터 세상을 떠나는 1943년까지 약 20년간 지속되었다. 신문, 잡지, 책 출간, 라디오 방송, 대중 강연 등 다양한 활동을 통해 우리 주택을 어떻게 개량해야 할까에 대해 지속적으로 설파해 나갔다. 특히 대중매체를 통해 주택 개량에 대한 논리를 전개하고 다양한 대안을 보여주며 대중을 설득하고자 했다는 점에서 눈여겨볼 만하다. 민병옥 가옥과 각심재는 바로 박길룡이 생각한 한옥 개량안 중 하나로 그의 조선 주택 개량에 대한 최종 결정판이라고 할 수 있다. 이제 우리는 두 주택을 통해 약 100년 전 일제강점기 건축가 박길룡의 우리 주택에 대한 고민과 그것을 해결하고자 고군분투했던 흔적을 찾아가 보자.

11 — 김란기, 앞의 논문, 224쪽

일제강점기 인사들의 주택 개량에 대한 고민

일제강점기 조선에서는 '생활 개선' 또는 '생활 개량'에 대한 사회적 목소리가 높았다. 의식주 문제는 물론이고 관혼상제, 관존민비, 남녀불평등, 대가족제도, 조혼, 황금숭배열, 족보열, 지방열, 노년숭배관념, 도회존상병, 노동천시, 시간관념 결여, 위생문제(두발신체정결), 낭비문제, 술담배문제, 취미생활 등 다양한 소재가 거론되었다. 주택 개량 문제도 예외는 아니어서 교수, 교사, 극작가, 기업가, 주부 등 각계각층의 인사들이 우리의 주택 개량 문제에 관심 두고 여러 가지 개선할 문제를 제기했다. 하지만 제기된 문제점이 구체적인 개선안을 도출한 것은 얼마 되지 않았다.

물론 건축가들도 우리 주택에 대한 지대한 관심을 가지고 언론에 주택 개량에 관한 글을 발표했다. 대표적인 건축가로 박길룡(朴吉龍, 1898~1943), 박동진(朴東鎭, 1899~1980), 김종량(金宗亮, 1901~1962), 김윤기(金允基, 1904~1979) 등을 들 수 있다. 《(조선문)조선》, 《실생활》, 《조선과 건축》, 《신동아》 등의 잡지와 《조선일보》, 《동아일보》, 《매일신보》, 《중외일보》, 《조선중앙일보》 등의 신문에 관련 글을 기고했다. 종종 여러 회차에 걸친 시리즈물로 게재될 만큼 주택 개량에 대한 문제는 비중 있게 다루어졌다. 그런데 건축가의 글 중에서도 박길룡의 주택 개량과 관련한 글의 수는 다른 이들에 비해서 압도적으로 많을 뿐 아니라 약 20년에 걸쳐 지속적으로 기고했다는 점에서 단연 돋보인다. 뿐만 아니다. 평면도, 단면도, 투시도 등 다양한 도면을 활용해 개량 방향을 명확히 제시했다는 점에서도 다른 건축가들과 차별화된다. 1943년 박길룡의 서거 후 《조선과 건축》에 실린 "고 박길룡군 추도기"를 보더라도 조선인, 일본인 할 것 없이 많은 사람이 그를 "전문적인 연구로 조선 온돌의 개량이나 조선 주택의 개량에 대한 많은 포부와 깊은 조예를 가지며 수많은 저술을 남긴 것으로 유명"[12]하다든지 "온갖 방법으로 주택 개량에 헌신적 노력을 기울였고 다행히 그 덕에 나날이 조선주택의 개량이 도심에서 시골의 구석에 이르기까지 그 영향을 미쳤다."[13] 등으로 기억하고 있는 것으로 보아 일제강점기 조선 주택 개량에 대한 그의 헌신과 노력을 짐작해 볼 수 있다.

박길룡의 주택 개량론이 다른 건축가들의 주택 개량론과 다른 점이 몇 가지 더 있다. 일제강점기 과학운동에 깊숙이 관여하며 조선 주택 개량의 문제를 과학운동과 연관

12 — 笹慶一, "畏友朴さんの俤", 《조선과 건축》 22집 5호, 1943년 5월

13 — 金岡敏雄, "朴吉龍兄を憶ふ", 《조선과 건축》 22집 5호, 1943년 5월

시켰다는 점과 조선 주택에 대한 피상적 이해가 아닌 실제 조선 주택을 조사했던 경험을 바탕으로 주택 개량 문제를 논했다는 것이다. 박길룡의 주택 개량의 내용을 살펴보기에 앞서 그의 과학운동 활동 내용과 조선 주택 조사 내용을 먼저 살펴볼 필요가 있다.

박길룡과 과학운동

박길룡의 과학운동에 대해 잘 정리한 우동선(2001)의 연구에 따르면,[14] 박길룡은 발명학회(1924년 조직)와 과학문명보급회(1924년 조직), 고려발명협회(1928년 조직),[15] 조선공학회(1929년 조직),[16] 과학지식보급회(1934년 조직) 등 일제강점기의 크고 작은 과학 관련 단체에서 활발하게 활동했다고 한다.

그중 발명학회는 1924년 창립된 우리나라 최초의 과학진흥단체로 창립 당시 김용관(金容瓘, 1897~1967)의 노력으로 활동을 이어가고자 했으나 곧 활동이 중단되었다. 8년 뒤인 1932년에야 다시 시작되게 되는데 바로 그때 선출된 이사장이 박길룡이었으며 결의한 장소 또한 박길룡 건축사무소였다.

이후 변호사이자 변리사였던 이인(李仁, 1896~1979)이 이사장이 되면서 발명학회의 활동은 본격화되었는데, 발명학회는 1930년대 조선의 과학운동을 전개하는 데 여러모로 중요한 역할을 담당했다. 발명학회의 임원들은 모두 공업전습소나 경성공업

《동아일보》 1929년 3월 5일자에 실린 조선공학회 창립총회 모습

14 — 우동선, "과학운동과의 관련으로 본 박길룡의 주택개량론", 《대한건축학회 논문집》 17권 5호, 2001년 5월

15 — "고려발명협회 창립총회개최", 《동아일보》 1928년 12월 25일자. 고려발명협회는 명제세, 정세권, 백홍균, 이준열, 박길룡, 김용관 등이 포함되어 있었다. 강연회 개최, 조선인 발명가들의 특허 수속 원조 등의 사업을 추진했으나 1932년 발명학회가 다시 되살아나게 되면서 고려발명협회의 활동은 점차 쇠퇴하였다. 한국학중앙연구원, 《한국민족문화대백과》 참고

16 — "조선공학회", 《동아일보》 1929년 2월 5일자

전문학교의 졸업생으로 구성되었는데, 1908년 공업전습소 학생들이 조직한 '공업연구회'와 1920년 경성공업전문학교의 졸업생이 조직한 '공우구락부'의 정신을 계승한 것이었다고 한다. 발명학회에서는 1933년부터 우리 역사 이래 최초의 과학종합잡지인 《과학조선》[17]을 발간하기도 했는데, 거기에 박길룡은 종종 글을 기고하기도 했다.[18] 특히 '생활의 과학화'에 대한 글을 여러 차례에 걸쳐 발표했다. '생활의 과학화'라는 콘셉트는 1934년 각계 인사로 조직되는 과학지식보급회[19]의 목표이자 발기문인 '생활의 과학화, 과학의 생활화'[20]에서 온 것이다. 박길룡은 이에 대한 내용으로 라디오에서 강연하거나 신문 기사로 싣기도 했는데, 기사의 서문을 보면 다음과 같다.

생활의 과학화! 과학의 생활화! 이것은 현대 과학의 정예(精銳)를 깨닫는 사람은 어느 나라 어떠한 사람이나 다 같이 부르짖는 부르짖음이다. 최근에 이르러 우리 조선 민중도 살기를 애쓰는 중에 있으며 살기를 애쓰는 까닭에 과학을 요구하게 된 바는 당연한 일이라고 생각한다. 물론 태초로부터 오늘날까지 생활을 요구하지 아니한 민족이 어디 있으랴마는 진정한 의미 하에 과학과 그 응용을 우리의 생활에 응용하여 생활을 간편화하며 모든 동작, 모든 업무에 가학적 처리법을 이용함이 필요한 소이를 절실히 느끼게 된 것은 비교적 근자부터의 일이라고 생각한다.[21]

발명학회는 1934년 4월 19일을 '과학데이'로 제정하고[22] 1938년까지 총 5회에 걸쳐

---

17 — 《과학조선》은 1933년부터 시작하여 1943년 10월호까지 통권 38호까지 발행되었다.

18 — 우동선에 따르면 《과학조선》에 기고한 박길룡의 기고 글 목록은 다음과 같다.
"창간에 제하여"(1933년 6월호, 3~4쪽), "지구생성사"(1933년 7, 8월호, 37~38쪽, 40쪽), "우주에 관한 고찰"(1935년 3월호, 7~8쪽), "생활의 과학화에 대하여—특히 아동교육을 위한 제언 둘, 셋"(1935년 6월호, 15~17쪽), "생활의 과학화에 대하여(속)"(1935년 8, 9월호, 12~13쪽, 6쪽), "생활의 과학화(제3)"(1935년 11월호, 7~9쪽), "물질의 정체"(1940년 4월호, 21~23쪽), "우주에 대한 고찰"(1940년 8, 9월호, 21~23쪽), "생활을 과학화하는 것에 대하여(2)"(1941년 11월호)

19 — "각계 인사로 조직된 과학지식보급회", 《동아일보》 1934년 7월 3일자

20 — 과학지식보급회의 발기문: 생활의 과학화! 과학의 생활화!
1. 우리의 모든 생활방법을 과학적으로 개선하자.
1. 일절 문화운동의 기초를 과학으로 다시 쌓아 올리자.
1. 다 같이 손잡고 과학조선을 건설하기 위하여 분기(奮起)하자.
"학술부대의 참모본영", 《동아일보》 1935년 1월 2일자

21 — 박길룡, "생활의 과학화에 대하여—특히 아동교육을 위한 제언 둘, 셋", 《동아일보》 1935년 4월 19일자

22 — "과학데이 4월 19일", 《동아일보》 1934년 3월 11일자

과학지식 보급을 위해 전국 캠페인을 벌였는데, 라디오 방송, 선전 자전거 행렬, 강연, 견학, 좌담회, 활동사진대회, 상담회 등 다양한 행사를 통해 각계각층의 관심을 불러 모았다. 박길룡은 라디오 방송을 포함해 각종 매체를 통해 힘을 보탰다.[23]

박길룡은 조선물산장려회의 위탁기사 역할도 했다. 건축과 관련한 상담을 한다든가[24] 조선물산장려회가 주도해 설립한 민족주의 발명 장려 단체인 고려발명협회의 회원으로 활동하기도 했다.[25] 앞으로 이야기할 김종량, 김윤기와 같은 건축가를 비롯한 많은 기술자를 망라해 조직된 조선공학회의 창립 멤버로 활동하기도 했다. 조선공학회는 '우리 공업계의 새로운 기운'으로 평가받기도 했던 단체였다.[26]

이렇게 다양한 과학운동 활동은 박길룡의 건축관, 특히 주택개량론에 깊은 영향을 준 것으로 보인다.

조선 주택 조사와 문제점 인식

박길룡이 조선 주택 개량 문제에서 기여한 또 다른 점은 당시 조선의 주택을 실제 조사하고 그 기록을 도면으로 남기고 이를 바탕으로 개선안을 제시한 점이다.

그의 초기 조선 주택 조사 내용은 의외로 일본인의 조선 주택에 대한 글에서 발견할 수 있는데, 당시 조선총독부 건축과 기사였던 이와츠키 요시유키(岩規善之)가 1924년 《조선과 건축》에 발표한 글에서다. 그는 "본문의 재료는 조선총독부 건축과 기수 박길룡군이 각 지방을 여행하여 실제로 조사하여 모은 것으로, 도면 또한 군(君)의 손으로 그려진 것이다. 본편은 오로지 이 재료들로 쓴 것이다."[27]라고 밝혔다. 박길룡은 일찍부터 조선 주택에 관심 두고 각지를 여행하며 조사했다. 그리고 이것을 이와츠키 요시유키가 조선 주택에 대한 글을 쓰는데 제공한 것으로 짐작된다. 다만 조선 주택 분류를 이와츠키 요시유키가 했는지 박길룡이 했는지는 분명하지 않다. 북선형, 서선형, 중선

23 — "과학데이의 제 행사", 《동아일보》 1935년 4월 19일자

24 — "조선물산장려회 정기대회 개최", 《동아일보》 1932년 5월 1일자; "조선인건축계의 이채(異彩) 신진기술자 박길룡씨 포부", 《실생활》 3권 12호, 1932

25 — "고려발명협회 창립기념준비", 《동아일보》 1929년 12월 13일자

26 — "공업기술가 망라 조선공학회 창립", 《동아일보》 1929년 3월 5일자

27 — 岩規善之, "朝鮮民家の家構に就いて", 《조선과 건축》 3집 2호, 1924년 2월

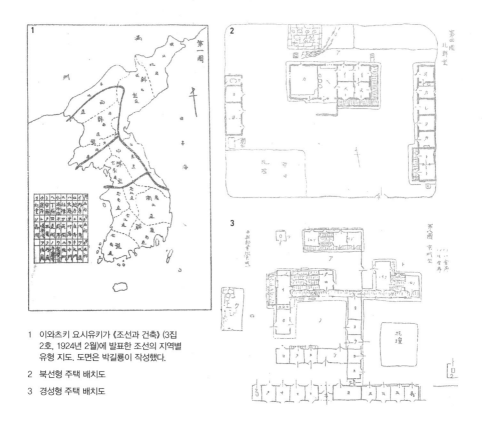

1 이와츠키 요시유키가 《조선과 건축》 (3집 2호, 1924년 2월)에 발표한 조선의 지역별 유형 지도. 도면은 박길룡이 작성했다.

2 북선형 주택 배치도

3 경성형 주택 배치도

형, 남선형, 경성형 등 5개 지역으로 나눈 뒤 각 유형별로 2개 내지 3, 4개 총 15개의 도면을 실었다.

이후에도 박길룡의 주택 조사는 계속된 것으로 보인다. 1928년 《(조선문)조선》에 게재한 "중부 조선지방 주가(住家)에 대한 일고찰(一考察)"에는 경성과 개성에서 조사한 주택을 소개하며 지역별 주택을 비판한 뒤 각각 개량안을 제시했다. 이후에도 기고하는 거의 모든 글에서 지역별 주택의 특징을 먼저 거론하고 단점을 비판한 뒤 그에 대한 개량안을 보여주는 방식을 취했다.[28] "사무소에서는 모든 설계 지휘를 하면서 틈틈이 조선가옥 개선 문제를 철저하게 하기 위해 전 조선 각도별 주택 평면을 모아 연구한 논문

28 — 김명선·이정우, "'중부지방가구법'에 대한 박길룡의 평가와 개량안: '중부조선지방주가에 대한 일고찰'을 중심으로", 《대한건축학회 논문집》 19권 7호, 2003년 7월

을 단행본으로 2회 발행했다.”[29]는 증언에서도 알 수 있듯이 박길룡의 조선 주택 조사는 단발성이 아닌 지속적인 것이었다.

조선가옥건축연구회의 설치와 주택개량운동

박길룡은 1932년 조선총독부를 사임한 뒤 박길룡건축사무소를 개업했는데, 사무소 개설을 하자마자 한 일이 바로 조선가옥건축연구회 설치다.

조선가옥건축연구회가 수일 전 시내 관훈동 197번지의 8호(박길룡건축사무소와 동일 번지)에 설치되었다 한다. 동 연구회에서는 현하 조선 사람의 경제 상태와 기타를 토대로 경제가 되고도 위생상으로나 사용에 편리한 점으로나 미관상으로 보아 개량하여 발표하는 동시에 상의에도 응하기로 되었다 한다. 상의에 응하는 것은 별 문제로 하고라도 여러 가지 양식으로 연구한 바를 소책자로 발간하여 일반에게 제공함으로써 조선 특유의 가옥미를 잃지 않게 할 작정이라 한다. 연구소는 조선 사람으로서 건축계에 권위인 박길룡씨가 총독부의 기사를 내어놓고 고공 건축과 출신 몇몇 동지와 같이 순전한 사회 봉공을 목적으로 하고 설립한 것이라 한다.[30]

기사에 따르면 박길룡은 자신의 건축사무소에 조선가옥건축연구회를 설치했는데, 조선 사람의 여러 가지 상황을 고려한 주택 개량안을 제시하는 한편, 상담도 하고 책자로 발간할 목적으로 만든 것으로 사회 봉사적 성격이 강했다고 한다. 이후 조선가옥건축연구회의 활동에 대한 구체적인 사실은 밝혀진 게 없다. 하지만 박길룡이 각종 신문과 잡지 기고, 강연 그리고 1933년과 1937년 두 차례에 걸쳐 발표한 《재래식 주가개선에 대하여》를 발간하는 데 조선가옥건축연구회의 도움을 많이 받았을 것으로 보인다.

박길룡은 1926년부터 1943년 서거하기 전까지 각종 언론 매체를 통해 거의 매해 빠지지 않고 주택 개량에 대한 글을 발표했다. 한글 매체든 일본어 매체든, 신문이든 잡지든 매체를 가리지 않고 재래 주택의 단점을 이야기하고 당시의 주택건축 현황을 비

29 — 吳英治郎, “朴吉龍先生を憶ふ”, 《조선과 건축》 22집 5호, 1943년 5월

30 — “조선가옥의 건축연구회”, 《동아일보》 1932년 6월 2일자

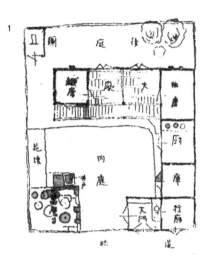

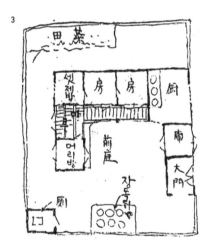

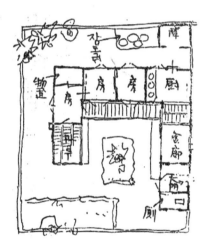

1 경성지방 가구법. 출처: 《(조선문)조선》 127호, 1928년 5월
2 경성지방 가구법 개량안. 출처: 《(조선문)조선》 128호, 1928년 6월
3 개성지방 가구법. 출처: 《(조선문)조선》 130호, 1928년 8월
4 개성지방 가구법 개량안. 출처: 《(조선문)조선》 130호, 1928년 8월

판하고 개량에 관한 논리를 펼치고 개량안을 제안했다. 개량안은 단지 말뿐 아니라 평면도, 입면도, 단면도, 투시도, 액소노매트릭, 사진 등과 함께 게재해 대중의 이해도를 높였다. 1932년부터 1933년까지 총 10회에 걸쳐《실생활》에 발표한 것이 대표적이다.[31] 그는 이미 지어진 주택에 대해서는 방의 위치를 바꾸는 것 같은 응급 조치책을 제시하고 새롭게 지어질 주택에 대해서는 전면적인 개선안을 내놓았다. 새로운 개량안으로 제시한 주택은 대체로 10평에서 20평대로 당시 도시 중산층을 대상으로 한 것이었다. 1층이나 2층 규모에 목조와 벽돌조 등 다양한 재료와 구조를 활용했다.

박길룡의 주택개량 관련 글 목록

날짜	게재지	제목	비고
1926.09.~11.10.	조선일보	우리 주가계획에 대한 나의 고찰(총25회)[32]	평면도, 입면도
1926.11.09.		10원 이내에 지을 수 있는 소주택안	평면도
1927.01.07.~08.	중외일보	의식주 개량문제: 우리 살림집의 몇 가지 결점(총2회)[33]	
1928.05.06.08.	(조선문)조선	중부조선지방주가에 대한 일고찰(총3회)	평면도
1928.10.		개량소주택의 일안	평면도
1929.01.		K군 주택의 '스케취'	평면도, 단면도, 투시도
1929.02.		L씨저(邸)의 설계개요	
1929.05.06~19.	조선일보	잘 살려면 집부터 고칩시다(총3회)	
1930.09.19.~22.		유행성의 소위 문화주택(총4회)	평면도
1931.01.01.	동아일보	벽(인용자 주: 부엌)과 뒷간을 개량하라	
1932.06.~1933.03.	실생활	소주택설계안(총10회)	평면도, 입면도, 투시도
1932.08.08.~14.	동아일보	주(廚)의 개선에 대하여(총6회)	평면도, 단면도, 투시도
1933.10.	출판(자비)	재래식 주가개선에 대하여(제1편)	평면도, 단면도, 투시도
1933.11.08.~19.	매일신보	실내장식법: 우리들이 거처하는 실내는 어떻게 장식해야 할까 (총11회)	평면도
1934.02.	신여성	능률과 합리를 목표한 개선주택시안	평면도, 입면도, 액소노매트릭
1935.05.	신가정	주가형식을 고치자	
1935.05.05.	매일신보	가정의 미화(美化)와 개량에 대하여	
1935.08.16.	조선중앙일보	생활의 과학 취미의 과학 주택과 장독대	
1935.08.	신동아	조선주택을 어떻게 개량할까	

1935.10.	조광	주택건축의 기형적 동향: 생활을 위함이냐? 매매를 위함이냐?	
1936.01.	신가정	실현가능한 개량주택의 일안	평면도, 입면도
1936.04.	여성	새살림의 부엌은 이렇게 했으면	평면도, 투시도
1936.01.01.	동아일보	조선가옥의 일례	평면도
1936.06.	신동아	개량주택의 일안	평면도
1937.08.	조선과 건축	조선식 주택 개선의 문제 (朝鮮式住宅改善の問題)	
1937.10.14.	매일신보	집주인의 문화 정도는 변소가 말한다 가옥제도를 전부 고칠 것은 아니다 이점만은 개량하자	사진
1937.12.	출판(이문당)	재래식 주가개선에 대하여(제2편)	평면도, 입면도, 단면도, 투시도, 사진
1938.01.01.	동아일보	생활개선사안, 부엌에 대하여	투시도
1938.01.	조선과 건축	온돌의 연돌에 대해서 (溫突の煙突に就いて)	입면도, 단면도, 사진
1939.01.06.	동아일보	건축가입장에서: 온돌만은 절대 유지합시다	
1940.03.	조선과 건축	조선재래온돌의 구조 (朝鮮在來オンドルの構造)	평면도, 단면도
1940.08.	실생활	주거론	
1941.04.	조선과 건축	조선주택잡감(朝鮮住宅雜感)	평면도
1941.10.		방공과 조선풍주택 (防空と朝鮮風住宅)	단면도, 액소노매트릭
1942.01.		시국과 건축계획에 대해서 (時局と建築計劃に就いて)	
1942.02.		온돌의 상좌(溫突の上座)	
1943.01.	조선사회사업	조선풍 주택 개선의 현상 (朝鮮風住宅改善の現像)	평면도

박길룡은 인쇄 매체뿐만 아니라 라디오 방송과 강연 등에서도 주택 개량에 대한 필요성과 방향을 역설했다. 아직 조선총독부에 근무하던 1929년부터 사무소를 개소한 이후인 1930년대와 1940년대까지 종종 라디오에 출연하며 주택 개량에 대한 문제

31 ― 김명선, "박길룡의 초기 주택개량안의 유형과 특징: 잡지 實生活에 1932~3년 발표한 10편의 주택
계획안을 중심으로", 《대한건축학회 논문집》 27권 4호, 2011년 4월

32 ― 1926년 9월부터 11월까지 총 25회에 걸쳐 주택 개량에 대한 글을 게재한 것으로 보이나 9월 중순부
터 10월까지 조선일보가 정간을 당하고 9월 본은 소실된 것으로 추정되어, 현재는 11월에 실린 24회
와 25회의 기사만 확인된다.

33 ― 전체는 총 8회로 정신여학교 교사 방신영이나 또 다른 건축가 이훈우 등의 기사가 먼저 실리고 박길
룡이 맡은 기사는 7회와 8회, 두 번에 나누어 실렸다.

를 다각도로 다루었다. 대중 강연을 통해서도 생활의 과학화와 조선 주택에 대한 개량의 필요성을 선전했는데,[34] 국어학자인 이극로(李克魯, 1893~1978), 목사이자 독립운동가인 김창준(金昌俊, 1889~1959), 법의학자인 최동(崔棟, 1896~1973), 가정학자인 방신영(方信榮, 1890~1977) 등의 인사들과 함께 당시 조선인의 생활개선을 위해 필요한 것을 고민해 제안했다.

박길룡의 라디오 방송 목록

날짜	제목	비고
1929.05.21.	조선주택개량에 대해서	
1933.04.10.	조선식 재래 가구(家構)에 대하여	
1933.08.04.	실내장식법에 대하여	
1933.11.25.	색채로 본 건축미	
1934.07.27.~28.	제목 미상	
1935.04.16.~18.	생활의 과학	과학데이 행사의 일환
1935.05.16.~17.	제목 미상	
1936.04.18.	발명 달성의 요소	과학데이 행사의 일환
1936.11.01.	어린이과학: 건축이야기	
1937.10.12.	건축과 생활내용	
1937.11.08.	난방장치 이야기	
1938.05.19.	주택과 정원	
1938.06.10.	주거와 인생	
1939.07.21.	주택과 환기	
1940.02.24.	전쟁과 건축	
1940.03.20.	도시생활과 주거	
1941.02.28.	생활의 신(新)설계에 대하여	

34 — 1932년 10월 18일 중앙교회 사교부가 주최한 '추계상식강좌'에서 "조선인의 주택연구"라는 제목으로 강연, 1935년 3월 26일 《신가정》과 가정부인협회가 공동 주최한 춘기여자상식강좌에서 "집을 어떻게 지을까"라는 제목으로 강연, 1936년 6월 16일 조선중앙기독교청년회에서 주최한 중앙기청(基靑)화요 강단에서 "위생과 경제로 본 우리의 주택개량에 대하여"라는 제목으로 강연 등

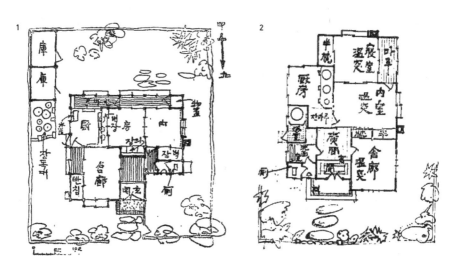

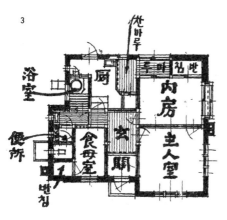

1 목조 16평형 소주택안 평면도. 출처: 《실생활》 3권 6호, 1932년 6월
2 목조 22평형 소주택안 평면도. 출처: 《실생활》 3권 11호, 1932년 11월
3 벽돌조 16평형 소주택안 평면도. 출처: 《실생활》 3권 8호, 1932년 8월
4 벽돌조 16평형 소주택안 입면도. 출처: 《실생활》 3권 8호, 1932년 8월

문화주택 비판

먼저 박길룡이 발표한 글을 통해 그의 주택 개량에 대한 입장을 구체적으로 살펴보자. 박길룡은 당시 성행하고 있던 문화주택 현상에 대해 매우 비판적이었다. 1930년《조선일보》에 4회에 걸쳐 발표한 "유행성의 소위 문화주택"이라는 글을 보면 당시 '문화주택'이라는 이름으로 유행하던 여러 형태의 주택이 왜 그 시대의 진정한 '문화주택'이 될 수 없는가에 대하여 이유를 자세히 설명하고 있다.

첫 번째로 언급한 것이 서양식 주택 유형으로 지인인 C군의 집을 예로 들어 설명하고 있다. "조선미(朝鮮味)는 조금도 찾을 수 없어", "외국인의 가정을 방문한 감"이 있는 집이라고 말하며,[35] 구미 사람들의 살아가는 방법을 배우고 모방한다는 것이 이론적으로는 합리적이라고 생각할지 모르겠으나 "장구한 역사와 유전 또 지리적 사회적 경제적 조건에서 나온 우리 생활은 서양사람의 생활용기(生活容器)에 맞을 수 없다."라고 말하며 이것을 "서양식의 맹종(盲從)"이라고 혹평했다.

이어서 북조선지방의 신주택을 이야기한다. 당시 함남지방에서 지어졌던 일양절충 또는 선일절충 양식의 주택에 대한 비판이다. 함남지방의 주택은 추운 기후에 맞는 집중형 평면이어서 "함남의 주택이 앞으로 개량되고 발전한다하여도 이 지방의 기후 등 기타 자연적 조건을 기초로 한 형식으로 발전될 것이 당연한 사실일 것"이라고 말했다. 그럼에도 "기후에 부적하며 일본인들조차 버리려고 하는 일본식을 모방하는 것은 나의 것보다 다른 것, 새로운 것을 좋아하는 일시의 호기심에서 나온 것으로 합리적인 발전이라 할 수 없고 이러한 것은 개량(改良)이 아닌 개악(改惡)으로밖에 볼 수 없다."라며 함남지방의 일본 주택 모방 현상을 강하게 비판했다.

세 번째로 든 것은 '조리 없는 불유쾌'를 느낀다는 서양식과 조선식이 혼합된 주택 유형이다. 건축 재료의 가격이 저렴해진 상황에서 같은 가격이면 양식의 집을 짓겠다는 당시의 분위기를 전한다. 그는 아무리 재료의 가격이 싸졌다고 해도 양식 집을 짓기 위해서는 공업적 가공을 거친 비싼 수입재를 쓸 수밖에 없고 그렇다면 조선식 가옥보다 싸게 짓는다는 것은 곧 "경찰서 사무실이나 학교 교실로 밖에 볼 수 없는 살풍경한 방"을 만들 뿐이라며 그 구성이 조악하여 오래 견디지 못할 것이라 예견했다. 결국 그것은 "문화주택이 아니며, 문화형식의 모방(模倣)이 아닌 모조(模造)에 불과"하다고 평했다.

---

35 — 박길룡이 방문했다는 C군의 집은 평면으로 보아 당시 미국에서 유행하던 방갈로 형식 중 하나였다.

마지막으로 '재래형식의 고집'으로 대변되는 도시형 한옥을 비판했는데, 현대 도시 생활에 결점이 많아 전세기의 유물에 지나지 않는 경성지방주가전형[36]이 주택경영업자들의 손에 의해 여기저기 지어지는 것은 "책임감 없는 무신경한 태도"라고 한탄한다. 고로 이러한 "재래형식을 고집하는 것은 건전한 발육을 저지하는 방해물에 지나지 않는 것"이며 "문화발전에 역행하는 현상"이라고 비판하고 나선다.

결국 박길룡은 당시의 문화주택 현상을 비판하고 "주가(住家)는 생활의 표현"이라고 정의하면서 생활을 유쾌하게 하고 안식과 미감을 느낄 수 있는 것이어야 한다고 했다. 이는 재래의 구문화와 앞으로의 신문화가 혼합된 합성체가 아니라 우리 자신의 오래된 생활에서 나온 것을 토대로 우리 지방의 산물을 재료로 하여 과학적인 양식의 구축법을 구성수단으로 하고 우리의 취미로 장식하여 현대 생활의 용기가 될 가구, 우리 생활의 표현이 되어야 한다는 것이다. 따라서 우리가 지향해야 할 주택은 조선의 형식에 서투른 양식이나 일본식을 그대로 혼합한 형식이 아니라고 진단하면서 서구 혹은 일본의 생활방식을 조건 없이 따르는 문화주택은 지양하겠다는 것을 분명히 했다. 더불어 당시 주택경영사업자들이 과거의 주거문화를 비판 없이 답습하며 재래의 주택을 대규모로 공급하고 있는 것도 경계했다. 기존 우리 자신의 생활을 근간으로 하긴 해야 하지만 그 위에 과학이라는 수단을 이용하여 현대 생활에 맞는 새로운 주택을 탄생시켜야 한다는 입장이었다.

중정식 배치냐, 집중형 배치냐

당시 주택의 유행에 대해 비판을 하며 그가 추구한 주택 개량 대상은 몇 가지로 요약될 수 있다. 조선 주택에 대한 조사와 함께 각종 과학운동에 참여했던 박길룡이 가장 신경을 쓴 조선 주택 개량의 대표적인 문제는 바로 부엌과 온돌이다. 그런데 부엌과 온돌 개량의 시작은 주택의 배치부터 바꾸는 것이다.

1933년 발간된《재래식주가개선에 대하여(1편)》를 보면 박길룡은 중정식과 집중식을 비교한 후, 앞으로 지향해야 할 평면배치는 개량식이자 문화식 배치인 집중식이라고

---

36 ─ 박길룡은 오랜 기간 경성지방과 개성지방의 답사를 거쳐 두 지역에 대한 주택개량안을 내놓는다. 그는 특히 경성지방 주택에 대하여 안방(내방)의 위치와 주방 및 장독대 등의 불합리한 부분을 들어 개선해야 할 사항으로 꼽았다.

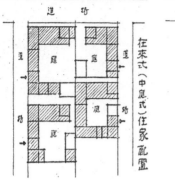

박길룡이 《재래식주가개선에
대하여(1편)》에서 언급한
재래식(중정식) 평면배치(왼쪽)와
개량식(집중식) 평면배치(오른쪽)

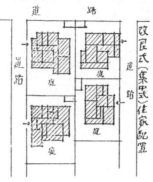

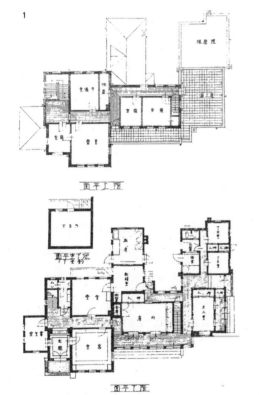

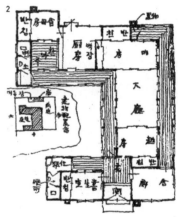

1   중정식 배치를 적용한 김연수 주택, 1929.
    출처: 《조선과 건축》 8집 12호, 1929년 12월

2   중정식을 기반으로 한 소주택안 평면도. 출처:
    《실생활》 4권 2호, 1933년 2월

말하고 있다.[37] 이 글에서 박길룡은 당시 주택상황을 "첫째는 재래 조선식을 그대로 답습하는 것, 둘째는 재래식에 불편을 느끼고 다소간의 개선을 하여가는 것, 셋째는 서양식이나 일본식을 그대로 모방하는 것"으로 나누면서, 재래식을 개선하려는 두 번째 경우에 맞추어 개선안을 이야기하고자 한다면서 각각의 평면배치법의 장단점을 다음과 같이 설명했다.

주가(住家)건물 배치에는 두 가지 형식이 있으니 그 두 가지 형식을 필자는 중정식(中庭式)과 집중식(集中式)이라 한다. 전자는 택지 경계선 상에 즉 택지 주위의 건물을 ㄱ ㄷ ㅁ 형 등의 형으로 배치하고 그 가운데 택지를 두는 즉 중정을 남겨놓는 형식이고, 후자는 택지 중앙에 건물을 배치하고 건물 주위에 공지를 남기는 형식이니 … 전자의 중정식의 특징이 농후한 서울 집을 보면 … 건물 한편은 인지(隣地)나 도로에 면하게 되어 채광할 창호란 낼 수 없고 도로인 경우에야 작은 통풍구만을 낼 수밖에 없이 된다. 그러므로 중정에 면한 부분에 출입구를 겸한 창호를 낼 수가 있을 뿐이다. … 중정은 중앙 통로로만 사용되고 완전한 정원으로는 설비할 수가 없이 되었다. 재래의 중정식은 장독대 배수구 등이 있을 뿐이어서 세탁장이나 주방에 일부 즉 '일간'이나 실과 실을 연결하는 통로로만 사용되고 가정생활의 위안을 주는 옥외실로 사용할 수가 없다. … 재래식(중정식) 건물 배치는 실과 실을 연결하는 통행로는 중정이 되었으니 중정이 정원으로 쓰지 못하게 되는 것은 물론이고 실과 실을 통행할 때면 반드시 신을 신고 뜰에 내려가야만 하게 되었다. 실내에서 신을 벗고 사는 생활 형식을 가진 우리의 주가형식으로는 불합리한 형식이다. 거주 행동이 부자유하고 비능률적이다. 집중식의 가구는 실과 실을 통행하는 부분이 옥내 낭하(廊下), 복도에 있고 통행면적이 최소한도로 축소되었으므로 실과 실을 통행할 때에 신을 다시 신을 필요가 없이 편리할 뿐 아니라 전자에 비하여 능률적이다. … 집중식은 각실의 채광과 통풍을 자유롭게 할 수 있고 남은 공지가 넓지 못하더라도 정원의 효과를 낼 수가 있다.[38]

배치에 대한 박길룡의 주장을 요약하면, 중정식은 건물 한편이 인접지와 도로에 면해 채광창을 낼 수 없고, 택지가 매우 넓지 않은 경우엔 중정도 중앙통로 역할밖에

37 — 이 글의 전체 구성은 1. 택지 면적과 건물면적, 2. 각 실의 배정, 3. 각 실의 방향, 4. 칸 단위의 통일, 5. 대문과 현관, 6. 대문과 행랑, 7. 반침과 다락, 8.장독대, 9. 변소, 10. 주방에 대하여, 11. 기초와 장대 12. 문지방으로 되어있다.

38 — 박길룡, 《재래식 주가개선에 대하여(제1편)》, 자비출판, 1933, 1〜2쪽

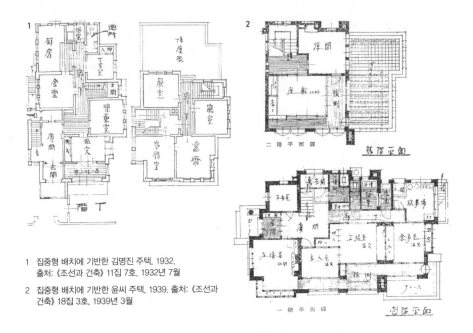

1 집중형 배치에 기반한 김명진 주택, 1932.
출처: 《조선과 건축》 11집 7호, 1932년 7월

2 집중형 배치에 기반한 윤씨 주택, 1939. 출처: 《조선과
건축》 18집 3호, 1939년 3월

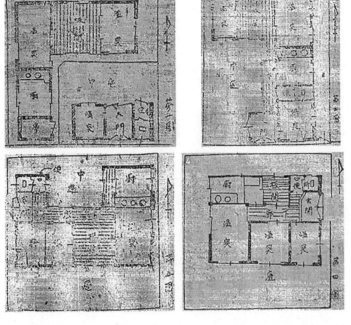

"조선풍주택개선의
현상"의 도면들.
출처: 《조선사회사업》
21권 1호, 1943년 1월

1 제1도: 개량해야 할
주택으로 제시된
ㄱ자형 중정식 평면

2 제2도: 중정에 복도를
둔 ㄱ자형 중정식 평면
개선안

3 제3도: 복도와 현관을
둔 ㄷ자형 중정식 평면
개선안

4 제4도: 중복도형
집중식 평면 개선안

하지 못해 정원으로 쓰이지 못하며, 실과 실을 통행할 때 반드시 신을 신고 뜰에 내려 가게 되어 있으므로 '부자유하고 비능률적'이라고 한다. 그에 반해, 집중식은 실과 실을 통행하는 부분이 실내에 있고 통행면적이 최소한도로 축소되었으므로 편리하고 능률 적이며, 실 간의 통행을 낭하(복도)로 연결하여 공지에 여유가 있어 건물의 채광 통풍이 자유롭고 정원의 효과를 낼 수 있다고 평했다.

중정식과 집중식의 장·단점을 따져 집중식을 장차 채택해야 할 평면배치로 판단했 지만, 실제 주택의 개량안을 제시하면서 박길룡은 두 가지 배치 모두에 대한 개선안을 내놓는다. 경성과 개성지방의 주택에 대한 개량안이나[39] 《실생활》에 발표한 소주택안 중 하나, 그리고 박길룡의 초기 주택작인 김연수 주택에서 중정식 배치를 바탕으로 단 점을 개선한 주택을 보여주고자 했음을 알 수 있다.

대표적으로 박길룡의 초기 주택작인 1929년 김연수 주택의 전체적인 모습을 보면, 현관-객실-식당-(서생실)으로 구성되는 접객 부분과 1층의 안방(內房)-노인실-주방-배선 실-하녀실-욕실-화장실, 2층의 서재-침실-예비실-옥상정(屋上庭)으로 구성되는 생활공 간으로 구분되어 있다는 것을 알 수 있다. 생활 부분의 배치가 ㄷ자형을 하고 있는데, 이 부분에서 우리는 박길룡이 문화주택에 중정형 평면배치를 적용해보려 했던 흔적을 읽을 수 있다. 안방의 전면을 드러나게 하여 채광과 통풍을 유리하게 하는 것과 주방을 비롯한 서비스 공간을 뒤로 돌림으로써 안방 전면의 외부공간이 관상용 공간이 될 수 있도록 했다. 현관과 가까운 곳에 객실을 두어 접객용 공간, 즉 사랑의 역할을 대신하 게 했는데, 생활공간이 시작되는 부분에 문을 두고 접객용 계단과 생활용 계단을 분리 함으로써 접객공간에 의해 생활공간이 침범당하는 일이 없도록 계획했다. 전체적으로 는 집중형 평면으로의 지향성을 보이고는 있으나, 중정형 평면에 대한 가능성도 실험했 음을 알 수 있다.

하지만 박길룡에게 이상적인 주택 배치는 역시 집중형 평면배치였다. 중정식에 대 한 개량안을 내놓기는 했으나 그것은 "재래의 주가를 그대로 바리고 새로운 이상적인 문화형식의 주가를 신건(新建)한다 하면 이는 여러 가지의 경제적 사정이 지장됨으로"[40] 중정식 주택에 대한 개량안을 내놓은 것이었다. 결국 그가 '문화형식'의 평면배치라 판

---

39 — 박길룡은 경성지방 가구법에 대한 구체적인 개량책으로 총 5가지를 제시했다. 1. 행랑방을 사랑으로, 2. 안방의 위치 변경, 3. 주방의 위치 변경과 구조개량, 4. 장독대의 처분, 5. 내정은 적당하게 조정할 일. 김명선·이정우, 앞의 글

40 — P生, "中部朝鮮地方住家에 對한 一考察(中)", 1928년 6월. 김명선·이정우, 앞의 글 재인용

단한 집중식 평면배치로 주택을 많이 설계한다. 매체에 발표한 대다수의 주택 개량안과 《조선과 건축》에 발표한 김명진 주택(1932), 윤씨 주택(1939) 모두 집중형 평면배치이다.[41]

1932년에 지어진 김명진 주택의 경우에는 가운데 복도를 두고 주생활영역인 온돌, 아동실과 서비스영역인 주방, 식당, 하녀실, 욕실, 변소 등을 분리해 당시 유행하던 일본의 중복도형과 비슷한 공간구조로 했다. 김연수 주택과 비슷한 점이라면 현관에 접한 접객용 계단과 생활용 계단을 분리하고 1층과 2층의 생활공간으로 진입하는 부분에 별도의 문을 두어 접객공간과 생활공간을 분리하려 하는 의도 정도이다.

이로부터 7년 뒤인 1939년에 설계한 윤씨 주택에서는 중복도형과 거의 흡사한 집중형 평면배치를 보여주고 있다. 서쪽 포치와 현관을 지나 광간(廣間)에 이르면 1층의 응접실과 2층 접객공간으로 연결되는 계단, 하녀실이 배치되어 있다. 생활공간에는 복도를 중심으로 남쪽에는 주인실, 주부실, 식사실이, 북쪽에는 취사장, 세면실, 욕실, 변소 등이 있다. 이것은 일본의 여느 중복도형 평면에서나 발견할 수 있는 실 배치인데, 2층의 도코노마를 가진 자시키나 사용자에 따라 2개의 현관으로 나눈 부분에서 그 유사점이 더 드러난다. 일본 주택에서 통상적으로 자시키와 츠기노마가 오는 부분에 주인실과 주부실을 두고 있는데, 남녀에 따라 공간을 분리한 점 정도가 다른 점이라고 할 수 있다.

이러한 중정형과 집중형 평면배치에 대한 실험은 박길룡이 사망하는 해인 1943년까지 지속되었다. 1943년 《조선사회사업》(21권 1호)에는 조선풍 주택에 대한 일반적인 재래식 주택 평면 하나와 개량안 3개 안을 게재했다. "주택은 생활의 용기이자 표현"이라고 말하고 있는 그는 재래식 주택이 "생활능률"과 "채광 통풍 환기 등 위생보건"이라는 점을 들어 비과학적이라고 말한다. 역시 앞서 중정식 평면배치가 가지고 있는 단점을 가지고 기존 ㄱ자형 배치를 비판하고 그에 대한 ㄱ자형, ㄷ자형, 집중식 배치의 개선안을 내놓았다.

이처럼 박길룡은 중정형과 집중형 평면배치 사이에서 장·단점을 따져가며 조선 주택에 적합한 평면을 오랫동안 모색하였다. 결국 편의성과 능률성이라는 면을 들어 집중형을 '문화형식'의 배치로 선택했고 그 구체적인 결과물이 그의 많은 주택작품과 제

---

41 — 《조선과 건축》에는 박길룡이 설계한 주택으로 1929년 김연수 주택(8집 12호), 1932년 김명진 주택(11집 7호), 1939년 윤씨 주택(18집 3호), 1939년 모씨 주택(18집 9호), 1941년 윤씨 주택(20집 4호) 등 총 5채가 실려 있으나 1939년 모씨 주택과 1941년 윤씨 주택은 평면 없이 사진만 소개되어 내부를 알 수 없다.

안으로 나타났다. 한편으로는 중정형에 대한 고민도 계속해나간 것으로 보인다. 민병옥 가옥이나 월계동 각심재는 기존 재래 주택의 중정형을 기반으로 한 주택 개량안으로, 집중형 배치 중심에 서양식 외관을 가진 주택 작업을 주로 하던 1930년대 후반 박길룡이 드물게 선보인 조선식 개량 기와집이라는 점에서 주목할 만하다.

부엌의 개량

주택의 배치 문제 이외에 박길룡이 가장 심혈을 기울여 개량안을 제시한 부분은 바로 부엌과 온돌이다. 부엌과 온돌은 과학운동에 헌신했던 박길룡이 주택 개량 문제와 가장 밀접하게 연결시키며 개량할 수 있는 소재였다고 생각된다.

먼저 그의 부엌 개량에 대한 생각을 알아보자. 신문과 잡지에 기고한 부엌과 관련된 다수의 글을 참고할 수 있다. 1932년 《동아일보》에 6회에 걸쳐 부엌의 개량에 대해 연재한 글은 박길룡의 부엌 개량에 대한 생각을 구체적으로 읽을 수 있는 가장 핵심적인 글이다. 이 글은 1933년 자비로 출간한 《재래식 주가개선에 대하여(1편)》에도 전문을 그대로 실을 만큼 중요하게 다루어졌다.

박길룡은 "주택을 개선함에 당(當)하여 제일 먼저 착수할 문제는 주방 개선 문제라 할 수 있다."라고 할 만큼 부엌의 개량을 중요하게 여겼다. 부엌의 개량에 대한 연재 글에서도 개량안을 제시하기에 앞서 "주(廚)가 주택에 중대성을 가진 것은 다시 말할 여지도 없다." 또는 "주택의 주체(主體)가 되고 따라서 우리 생활의 상징이다."라고 할 만큼 주택에서 부엌의 위상이 중요하다는 것을 강조했다. 먼저 그는 북조선지방과 경성지방의 재래식 부엌을 사례로 들며 우리 부엌이 고쳐야 할 점을 설명했다. 그는 북조선지방의 부엌은 '정지간'으로 불리는데 이것은 통 칸으로 구성되어있는 반면에 경성지방의 부엌은 "주(廚)가 주의 기능을 다 갖지 못하고 대청과 뜰을 방까지라도 합하여야만 주의 목적을 달하게" 된다면서 문제점을 지적했다.

그는 경성지방 부엌의 문제점을 바탕으로, K씨 주택을 예로 들며 개선책을 내놓았다.[42]

---

42 — K씨 가족은 부부 2인, 아이 2인, 식모 1인으로 구성되어 있으며 직업은 은행원에 월수입은 90원이었다고 한다. 가옥의 골자는 조선식으로 하고 수장은 양식과 일본식을 가미하였으며 건평 수가 일간팔척평방으로 십간 반이고 기타 창고(物置)가 이간이었다고 한다. 그중 부엌은 일간 반이라고 설명하고 있다. "廚에 對하야(五)", 《동아일보》 1932년 8월 13일자

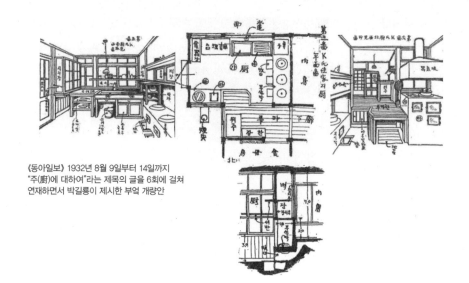

《동아일보》 1932년 8월 9일부터 14일까지
"주(廚)에 대하여"라는 제목의 글을 6회에 걸쳐
연재하면서 박길룡이 제시한 부엌 개량안

1

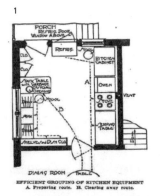

EFFICIENT GROUPING OF KITCHEN EQUIPMENT
A. Preparing route. B. Clearing away route.

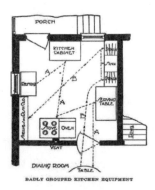

BADLY GROUPED KITCHEN EQUIPMENT

1 1915년 프레데릭의 부엌 동선.
   왼쪽이 효율적이고 오른쪽이
   비효율적 배치이다.

2 일본 《중등 교육 가사
   신교과서》(1931)에 실린 개량
   부엌

3 1920~30년대 일본에서 유행한
   '스즈키고등취사대.' 이상 출처:
   도연정, 《한국 '근대부엌'의
   수용과 전개: 가사노동의 합리화
   과정을 중심으로》, 서울대학교
   박사논문, 2018

2

3

'개선의 필요'와 함께 부엌에 대한 설계 요항을 '위치, 방향, 면적, 출입구와 창호, 구축, 기타 촌법' 등으로 나누어 자세히 다루었으며 부엌의 여러 가지 설비까지 설명하기도 했다. 안방과 연결되는 부분에 벽장 [일종의 해치(hatch)로 음식을 전달하기 위한 창구]을 둔다거나 찬마루 밑을 저장고로 쓰는 것, 나쁜 공기를 빼낼 수 있는 흡기통과 식기나 식료품 세척을 위한 싱크대를 설치하는 등의 내용이다. 이외에도 박길룡은 부엌의 위치를 주택의 뒤편에 두어야 한다든지, 환기의 문제로 부엌 위의 다락은 없애는 것, 부엌에서 취사와 난방을 분리하고 마루와 부엌의 바닥 높이 차이를 없애는 등 입식 부엌에 대한 선구적인 주장을 하기도 했다.

박길룡의 부엌 개량안은 19세기 말 20세기 초 미국의 테일러리즘과 연동된 '가사 노동의 과학적 경영'이란 개념의 등장, 1920년대 초 유럽의 '합리적 가사 운동'의 영향으로 탄생한 프랑크푸르트 키친이 제안되던 시기의 연장선에서 이해될 수도 있다. 서구에서의 부엌에 대한 개선 운동은 일본의 서양식 입식 부엌에 대한 동경과 모방으로 이어졌고 그러한 현상이 조선에까지 미치게 되면서 탄생한 것으로 추정할 수 있다.[43] 더 자세한 비교 연구가 필요하지만 박길룡은 분명 당시의 세계적 흐름에 자극을 받아 우리 주택에서 부엌만이 가지는 단점에 주목하고 그것을 요소별로 분석해 개량하고자 했던 것으로 보인다.

온돌의 개량

박길룡의 주택 개량에서 핵심은 뭐니뭐니해도 온돌의 개량이라고 할 수 있다. 그의 부엌 개량에 대한 관심이 1920년대 중반부터 서거 직전까지 지속되었다면 온돌 개량에 대한 관심은 1930년대 후반에야 본격화된 것으로 보인다. 하지만 개량에 대한 논의의 수준은 부엌 개량에 대한 내용보다 더 심화된 것이었다. 비중 면에서도 온돌은 매우 중요하게 다뤄졌는데, 1937년에 출판된 《재래식 주가개선에 대하여(2편)》은 1933년에 출간한 1편이 택지 면적에서 부엌, 변소를 포함한 총 12개 소주제에 대해 이야기를 한 것이었다면, 2편에서는 오로지 온돌의 개량에 대한 내용만 다뤘다. 또한 《조선과 건축》에

---

43 — 도연정, 《한국 '근대부엌'의 수용과 전개-가사노동의 합리화 과정을 중심으로》, 서울대학교 박사논문, 2018

"온돌의 연돌에 대해서(溫突の煙突に就いて)"나 "조선재래온돌의 구조(朝鮮在來溫突の構造)"와 같은 온돌에 대한 글을 기고하거나《동아일보》에 "온돌만은 절대 유지합시다"라는 주장의 글을 내기도 하면서 온돌 개량의 필요성과 방법을 적극적으로 알려 나갔다.

당시 온돌 개량 문제는 일제강점기 전반을 걸쳐 지속적인 관심의 대상이었다. 신문 및 잡지를 보면 온돌로 인한 화재, 폭발사건이 빈번하게 발생했다.[44] 당시 경성 부내의 화재 원인 중 60%에 가까웠다고 할 만큼 온돌은 우리 주택에서 없어서는 안 될 것이면서도 화재에 취약하여 도시적, 건축적 위험 시설로 인식되었다.[45] 일부에서는 온돌을 설치함으로써 생기는 비위생적인 면이나 비경제적인 면을 들어 '온돌 폐지론'을 주장하기도 했다. 하지만 박길룡은 온돌을 "우리 생활에서 찾아야 할 옛 정서" 중 하나로 취급하면서 "온돌만은 절대 유지하자"는 주장을 펼쳤다.[46]

나는 다른 사람과 달라서 직접 건축사업에 종사하고 있느니만큼⋯ 의견을 종합해 본다면 대개가 어떻게 하면 조선주택을 양풍화 하느냐는 문제가 제일 많았고 그 다음이 대청, 온돌, 장독대 등의 폐지 방법이었습니다. ⋯ 대체로 조선주택의 결함은 채광과 통풍이 불완전한 것입니다. 그러나 최근에 와서는 이점도 많이 보충되었고 또 폐해가 발진 되는대로 개선, 보충을 하는 터입니다. 그러나 일부 온돌 폐지론에는 나는 반대입니다. 대체로 주택이란 그 사람의 생활과 일원화가 되어야 가장 이상적이라고 생각합니다. 아무리 최근에 와서 생활이 현대화했다 하더라도 조선 사람으로서는 역시 이 온돌이 주는 위안을 무시할 도리가 없습니다. ⋯ 조선정서를 나타내기 위한 조선정서가 아니라 생활의 반영으로서 또는 생활의 표현으로서 가미되는 정서라야 정말 조선정서일 것입니다.[47]

박길룡은 자신이 건축계의 전문가임을 내세우며 조선주택의 결함으로 지적되었던 채광과 통풍문제는 많이 개선되었고 앞으로도 보충해 개량시키자는 것에 동의했다. 하

---

44 ― "仁川에 小火. 리발소 온돌에서 발화하야 집 두 채가 타버려",《동아일보》1921년 4월 10일자 기사를 포함해 온돌로 인한 화재 및 폭발사고가 매년 보고되고 있다.

45 ― 박길룡, "溫突の煙突に就いて",《조선과 건축》17집 1호, 1938년 1월

46 ― 박길룡의 온돌개량론에 대한 자세한 내용은 김정아, 앞의 논문과 우동선, "科學運動과의 關聯으로 본 朴吉龍의 住宅改良論",《대한건축학회논문집》17권 5호, 2001 참고

47 ― 박길룡, "우리 生活에서 찾아질 옛 情緖 (三) 건축가 입장에서 온돌만은 절대 유지합시다",《동아일보》1939년 1월 6일자

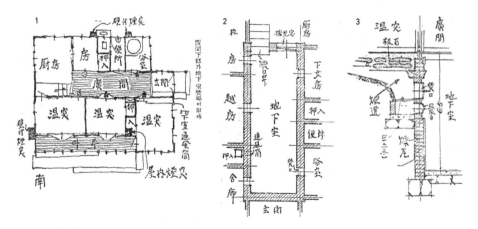

1　광간(廣間) 아래 지하 분장(焚場)을 둔 주택 평면도
2　모든 방을 난방할 수 있는 지하실 분장 평면도

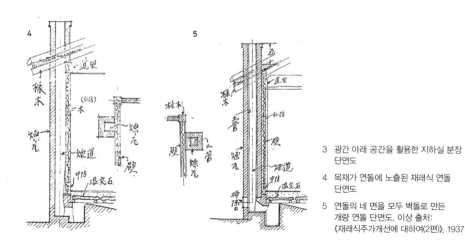

3　광간 아래 공간을 활용한 지하실 분장
　　단면도
4　목재가 연돌에 노출된 재래식 연돌
　　단면도
5　연돌의 네 면을 모두 벽돌로 만든
　　개량 연돌 단면도. 이상 출처:
　　《재래식주가개선에 대하여(2편)》, 1937

지만 사람의 생활과 일원화되는 주택을 가장 이상적인 것으로 간주할 때 조선 사람의 생활에서는 아무래도 온돌이 필요하다고 말하며, 진정한 조선의 정서란 생활의 반영이자 생활의 표현이라는 말을 덧붙이며 온돌의 필요성을 재차 강조했다.

　　《재래식 주가개선에 대하여(2편)》에서 박길룡은 온돌의 배치, 분구(焚口, 아궁이)와 연돌(煙突, 굴뚝), 연도(煙道, 고래)와 판석(版石, 구들장)으로 나누어 각 부분의 개량해야 할 부분을 조목조목 지적했다. 온돌 분구를 온돌방마다 하나씩 갖게 해야 하며 번잡을 피하게 하기 위해서는 일정한 곳에서 여러 온돌을 함께 때도록 하는 것이 합리적이라고 했다. 그러기 위해서는 온돌 분구를 부엌에 두지 않고 복도나 광간(廣間)의 지하 공간에 분장(焚場)을 마련해 그곳에서 모든 방의 온돌의 분구를 때도록 하는 것이 이상적일 것이라고 제안한다. 이것은 재래의 중정식 배치보다는 집중식 배치에서 손쉽게 할 수 있다고 하면서 실제로 집중식 배치를 가진 주택 평면과 지하 분장 평면, 단면을 보여준다. 한옥에 지하실을 파서 그곳에서 모든 방의 난방을 한번에 하도록 하자는 것은 당시로서는 혁신적인 생각이다.

분구는 난방용과 취사용을 분리하자는 주장을 했다. 재래의 온돌에서 난방과 취사를 동시에 하는 방식으로 되어 있는 것은 얼른 생각하면 일거양득인 것 같으나 의외로 연료의 허비가 많고 분구를 청소하기도 어려우며 분구가 필요 이상으로 커서 열효율이 떨어진다고 비판하면서 함실 분구 사용을 제안했다. 연돌(굴뚝) 부분에서는 화기가 직접 접하게 되는 위험한 부분인데도 불구하고 연돌을 목재로 한다거나 중방, 인방, 도리 등의 부분이 연돌에 노출되도록 하여 화재의 원인이 되고 있다면서 연돌의 재료를 바꾸고 네 면을 모두 벽돌 등의 불연재료로 감쌀 것을 주장하기도 했다.

이외에도 재래식 연도(고래)는 진흙과 잡석을 이용한 것이어서 습기에 약하고 하중을 견디지 못해 쉽게 무너지므로 물에 강한 석회나 시멘트를 활용해 튼튼하게 만들 것을 제안했다. 또한 자연석을 활용하던 판석(구들장)이 장차 콘크리트로 바뀔 것이라는 예측을 하기도 했다. 이처럼 박길룡은 온돌의 개량을 위해 요소별로 집중해 각각의 단점을 인식한 뒤 그에 대한 구체적인 개선안을 제시했는데, 온돌에만 집중한 그의 두 번째 책은 곧 박길룡의 온돌에 대한 관심과 애정을 대변한다.

박길룡의 부엌에 대한 개량안이 당시 세계적 흐름에 자극을 받아 나타난 것이었다면 온돌에 대한 개량안은 그야말로 우리 주택만의 난방방식에 대한 진지한 고민과 그에 대한 적극적인 개량 의지에서 나온 것이었다. 온돌에 대한 여러 가지 실험이 추가로 더 진행되기 전 박길룡이 서거했으며, 해방 이후 한옥이 더 이상 지어지지 않게 되면서 박길룡의 온돌 개량론이 적용될 기회가 없어지긴 했지만 분명 일제강점기 건축가라는 한계 속에서도 우리식 난방방식에 대한 다각도의 조사와 깊은 고민, 그것을 바탕으로 한 계획, 구조, 설비 등을 종합적으로 고려한 선구적인 개량안을 제안했음은 높게 평가받아야 한다.

변소를 비롯한 기타 개량

마지막으로 박길룡이 주택 개량에서 중요한 문제로 본 것은 변소의 개량이다.[48] 변소의 개량 문제는 부엌의 개량 문제와 함께 언급되곤 했다. 부엌이 인체가 외계로부터의 음식물 섭취를 위해 준비하는 장소라면, 변소는 인체가 배설물을 처분하는 장소로 제대로 된 생활을 위해서는 짝을 이룰 수밖에 없는 공간이라고 생각했기 때문이다.

인체기관의 생리조직이 외계로 식물을 섭취하는 기관이 있는 동시에 오물을 배설하는 기관이 절대조건으로 구비한 것과 같이, 주거에서도 식물을 조리하는 장소 주방이 필요한 동시에 인체와 배설물을 처분한 변소가 구비하는 것이 절대의 조건이고 주가(住家) 뿐이 아니라 어떠한 건물이든지 신의 전당이 아니고 인간을 수용하는 건축물이면 변소를 결할 수는 없다. 이 중요한 역할을 가진 변소는 주가에 잊지 못할 중대한 부분이므로 충분한 조건으로 처리될 것이다. 변소는 오물이 적체하는 관계로 불결하게 되기 쉬움으로 충분한 구조와 설비가 필요하다.[49]

박길룡은 변소의 개량을 위해서도 위치, 면적, 출입구, 구조, 부속 기구 등 다양한 면에 대한 개량 방법을 제안했다. 과거처럼 변소를 멀리 둘 것이 아니라 신을 다시 신지 않아도 되는 실내, 즉 현관 옆과 같은 곳에 둔다거나 한 칸을 활용하여 세면간, 대변소, 소변소를 분리하여 설치하도록 하고, 변조를 콘크리트나 벽돌로 만들어 방수제를 바르며 변소 바닥과 벽체를 각각 판자와 회칠로 마감하라고 말하기도 했다. 하지만 건식변소와 수세식변소를 선택하는 문제는 공사비 문제나 하수관 문제가 있으므로 건식변소를 채택하되 변조의 구조와 환기 방법을 개선하는 것으로 하는 것이 좋겠다는 등 현실적인 한계를 고려한 제안을 하기도 했다. 그러나 변소의 개량 부분은 부엌이나 온돌 수준만큼 생각을 자세하게 발전시키지 못했던 것으로 보인다.

그밖에도 박길룡은 "재래식에서 남향 대문이니 동향 대문이니 하는 종속부분인 대문을 남향이나 동향하게 하기 위하여 거주부분을 불리한 향으로 몰아 놓는 것은 비

---

48 — "변소 개량의 필요 일반의 급히 할 일 위험한 파리세계", 《동아일보》 1922년 7월 15일자
　　　"염병(染病) 유행과 변소", 《동아일보》 1927년 1월 12일자

49 — 박길룡, 《재래식 주가개선에 대하여(1편)》, 16쪽

과학적이다.'"[50]라면서 풍수상 기피했던 북쪽 대문을 제안하기도 했는데 이것은 남쪽이나 동쪽의 대문 위치를 중요하게 생각했던 오래된 우리의 주택에 대한 관념을 깨는 파격에 해당했다. 또한 "서울식 안방은 그 위치를 변경하지 않고는 상거실(常居室)로 사용할 수가 없다.'"[51]라면서 안방을 비롯한 주요 실의 위치 개량을 이야기하기도 했는데, 서울을 비롯한 경기 지방의 전통적인 ㄱ자형 평면에서 항상 모서리에 있던 안방의 채광과 통풍이 불리하므로 그 위치를 대청과 같이 좋은 향을 가지고 있는 곳으로 바꾸자는 주장을 전격적으로 하기도 했다. 더불어 "재래식 조선 가옥에는 면적 단위가 일정치 못하여 … 불통일하고 복잡하게 되었다. … 그러면 이 한 칸 단위 촌법(寸法)을 어떠한 촌법으로 일정하게 할까 하면 벽체중심선 거리를 8척으로 즉 한 칸은 8척 평방으로 하기를 필자는 제안한다.'"[52]라면서 당시 도시형 한옥으로서는 다소 넓은 8척으로의 칸 단위 통일을 요구하기도 했다. 기타 현관의 도입, 행랑의 폐지, 반침의 설치와 다락의 폐지, 장독대의 축소와 위치 변경, 튼튼한 기초 조성과 과도한 장대 지양, 낮은 문지방 설치라는 다양한 개량 안건을 다루며 해당되는 부분의 평면도와 단면도, 투시도 등을 함께 보여주었다.

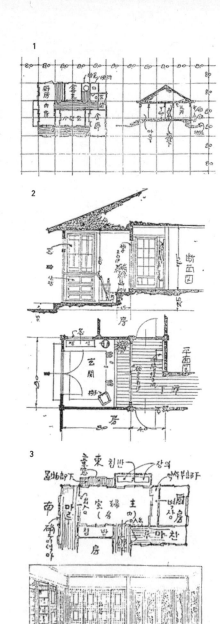

박길룡이 《재래식주가개선에 대하여(1편)》,
(1933)에서 소개한 8자 모듈 개념 설명도(1), 현관의
설치(2), 반침의 설치(3) 도면

50 — 박길룡, 앞의 책, 4쪽

51 — 박길룡, 앞의 책, 5~6쪽

52 — 박길룡, 앞의 책, 7~8쪽

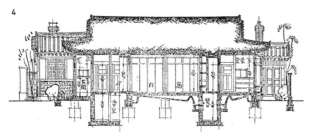

4 지상의 건물과 지하 분장의
  관계를 보여주는 단면도

5 모든 방의 난방을 할 수 있도록
  고안된 지하실 분장 평면

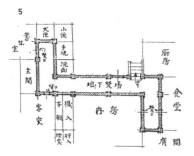

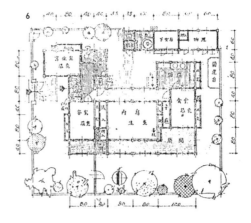

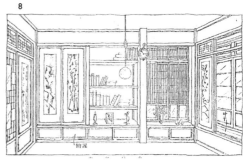

박길룡이 《재래식주가개선에 대하여(2편)》, (1937)에서 제안한 개선
주택 일안(6), 취사용 독립 분구가 있고 다락이 사라진 부엌 투시도(7),
수납용 반침과 장식용 서원(書院)을 둔 안방 벽면 투시도(8)

생활개선운동이 전개되는 1920년대와 1930년대 한반도에서 '개조(改造)'란, 재래의 봉건적 구습에서 벗어나 진보적이고 발전적이라고 생각되는 방식으로 관습과 사고를 바꾸어가는 것이었다. 이것은 열강의 침탈에서 오는 위기감과 열등감을 극복하기 위한 몸부림이자[53] 진보된 세상으로 나아가기 위해서는 꼭 겪어야만 하는 수순이었다. 박길룡을 비롯한 많은 인사에 의해 주택 개량에 대한 인식이 높아지고 있었는데, 재래 주택의 문제점을 인식하고 그것을 개선하려고 했다는 점에서 인근 일본의 주택개량운동과 연관성을 이야기할 수도 있다. 하지만 한국과 일본의 주택이 다르듯 주택개량운동의 출발점 또한 다를 수밖에 없는데, 일본 주택개량운동의 핵심이 실 구성 및 배치에 대한 개선이나 가족 본위 공간으로의 전환, 이중생활에서 탈피였던 것에 반해, 한국의 주택 개량운동은 주로 온돌로 대표되는 난방설비나 부엌, 변소 등의 위생문제 개선에 초점이 맞춰져 있었다. 서구의 주택과 비교하여 일본 재래주택이 가졌던 가변적인 실 구성으로 인한 프라이버시 결여나 접객위주의 구성으로 인한 비경제적 공간 이용이라는 문제는 한국 주택에는 해당되지 않았다. 박길룡도 역시 온돌이나 부엌, 변소 등에 주목했고 건축가라는 입장에 걸맞은 다양한 건축 계획적, 구조적, 설비적 해결책을 내놓았다.

박길룡 조선 주택 개량의 종합안

박길룡은 《재래식 주가개선에 대하여(2편)》 말미에 1편과 2편 내용을 모두 아우르는 개량 주택안 하나와 그에 대한 설명을 부록으로 실었다. 90여 평 대지에 본가와 부속가 총합 35평 규모의 기와집이다. 북쪽으로 열린 ㄷ자형의 재래식과 집중식을 절충한 배치를 가지고 있으며 칸의 크기는 8척을 기본으로 실에 따라 약간씩 변화를 주었다. 박길룡이 주장한 대로 현관과 내부에 복도를 두어 신을 신고 벗지 않아도 내부의 모든 실이 연결되며, 안방과 객실, 식당은 남쪽에, 부엌, 변소, 욕실, 서생실은 북쪽에 배치했다. 안방, 식당, 객실, 서생실은 모두 온돌방인데 모두 지하실 분장에 분구를 마련해 난방하도록 했으며, '가족의 상거실로 제일 중요한 방'이라고 강조한 안방은 기존의 대청 자리에 배치하고 남북으로 툇마루를 두어 겨울에는 따뜻하게 하고 여름에는 서늘하게 했다. 실과 실 사이에는 반침을 두어 세간과 식기 등을 수납하도록 했으며 부엌 바닥은

53 ― 김진송, 《현대성의 형성-서울에 딴스홀을 許하라》, 현실문화연구, 1999, 31쪽

6촌 정도만 낮게 하고 다락은 설치하지 않았는데, 이것은 난방용 분구와 취사용 분구를 분리했기에 가능한 일이었다. 박길룡의 오랜 조선 주택 개량에 대한 생각을 이렇게 하나의 개량안으로 제시했다.

이후 박길룡은 구조의 개량에 대한 《재래식주가개선에 대하여》 3편을 기획했던 것으로 보이나 얼마 지나지 않은 1943년 유명을 달리하게 되었고 그의 주택 실험은 여기에서 마무리되었다. 게다가 박길룡의 주택 개량에 대한 생각은 일제강점기 후반 중일전쟁과 태평양전쟁 등이 일어나면서부터 '비상시국을 위한 건축' 쪽으로 방향이 바뀌어 변질되기도 했다. 《조선과 건축》에 기고한 "방공과 조선풍 주택(防空と朝鮮風住宅)"에서는 방공이라는 관점에서 재래 조선의 주택은 일본 주택에 비해 효과적인 점이 발견된다고 하면서 조선 주택에 대해 설명한다든지[54] "시국과 건축계획에 대해서(時局と建築計劃に就いて)"에서는 문화의 일면으로서의 건축문화도 전쟁문화의 일면이라고 하면서 건축가는 자신의 직업인 건축 활동의 성격이 전쟁 행위인 것을 확연하게 인식하지 않으면 안 된다고 밝히기도 했다.[55] 또한 《매일신보》에는 연료를 절약하고 저온 생활을 할 것을 강조하는 한편, 아궁이를 작게 만든다든가 온돌을 개량하고 난방용 취구와 취사용 취구를 분리하자는 주장을 하는데,[56] 그것은 조선주택 개량이라는 취지라기보다 전시의 상황을 고려하여 나온 이야기였다. 앞서 조선주택에 대한 개선 문제에 대해 진취적으로 역설하던 것 대신에 물자가 부족하고 공습의 위험이 상존하는 전시체제 속에서 어떻게 건축을 해야 하는지에 대한 내용을 담았다. 일제의 압박 속에서 더 이상 조선 주택의 개량 문제를 발전시키지 못했던 시대적 한계였다고 보이나 그의 주택 개량에 대한 강한 의지가 일제강점기 후반까지 이어지지 못한 것은 매우 씁쓸한 부분이다.

박길룡 조선 주택 개량안의 실제, 민병옥 가옥과 각심재

1920년대 중반부터 이어온 박길룡의 조선 주택 개량에 대한 생각은 실제 경성의 여러 주택에 반영되었다. 하지만 당시는 문화주택에 대한 열풍이 몰아치던 시기였기 때문에

---

54 — 박길룡, "防空と朝鮮風住宅", 《조선과 건축》 20집 10호, 1941년 10월

55 — 박길룡, "時局と建築計劃に就いて", 《조선과 건축》 21집 1호, 1942년 1월

56 — 박길룡, "산림애호 연료절약 저온생활을 합시다 장작 가이다메는 염치없는 짓", 《매일신보》 1942년 10월 4일

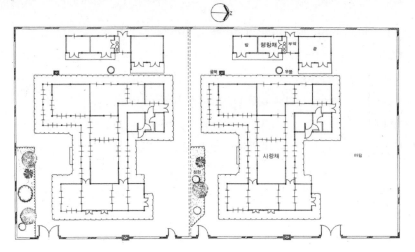

민병옥 가옥(북쪽)과 각심재(남쪽, 구 정순주 가옥) 배치도.
출처: 서울특별시, 《도성 내 민속경관 지역조사연구》, 1976

건축주의 문화주택에 대한 요구를 뿌리치고 자신의 개량에 대한 생각을 고집할 수는 없었을 것이다. 따라서 《조선과 건축》, 《실생활》 등에 소개된 주택은 대체로 서양식 외관을 가진 주택으로 그가 주장했던 주택 개량에 대한 내용은 부분적으로 밖에 반영되지 못했다. 그의 조선 주택 개량에 대한 생각을 집대성한 《재래식 주가개선에 대하여》 1편과 2편의 내용을 온전히 반영한 안을 찾기 힘든데, 민병옥 가옥과 각심재가 그의 조선 주택 개량에 대한 생각을 가장 많이 반영해 지어진 안이었다.

1976년에 조사된 민병옥 가옥과 각심재의 배치 도면을 보면 남북으로 긴 토지를 양분해 같은 모양의 평면으로 51평(168.59m²) 규모의 한옥을 나란히 지었다는 것을 알 수 있다. 이 주택은 1938년 은행가였던 민대식(閔大植, 1882~1951)이 아들 민병옥(閔丙玉)과 민병완(閔丙琓)에게 각각 지어준 주택이다.[57] 민병옥 가옥은 원형 그대로 남아있고 민병완의 가옥은 1993년 도로 개설로 인해 집이 헐리게 되자 1994년 현재의 자리인 노원구 월계동으로 이축했다. 기존 주택 자리는 주차장이 되었다.[58] 따라서 박길룡의 개량 내용을 자세히 확인할 수 있는 것은 민병옥 가옥뿐이고 원형이 훼손된 각심재에서는 추가적인 내용을 참고할 수 있을 뿐이다.

박길룡이 《재래식 주가개선에 대하여(2편)》을 낸 1937년으로부터 1년 뒤인 1938년

57 — 서울특별시 종로구, 《경운동 민병옥가옥 보수공사 실측 수리 보고서》, 2017, 106~107쪽

58 — 서울특별시 노원구, 《월계동 각심재 보수공사 실측 수리 보고서》, 2015, 103쪽

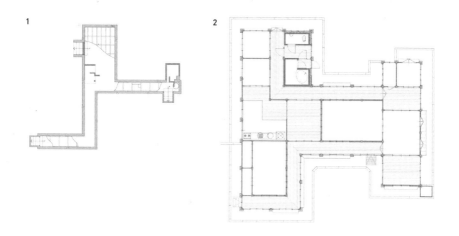

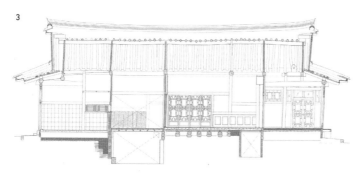

복원한 민병옥 가옥

1　지하층 평면도

2　지상층 평면도

3　지상의 건물과 지하의 분장의 관계를 보여주는 민병옥 가옥 현황 횡단면도

4　민병옥 가옥 지하층 분장 사진

5　민병옥 가옥 북동쪽 현관. 이상 출처: 《경운동 민병옥 가옥 보수공사 실측수리보고서》, 2017

에 지어진 민병옥 가옥은 그의 주택 개량 내용을 고스란히 담고 있다. 먼저 주택의 배치를 들 수 있다. 남북으로 열린 H자형이며 남북으로 2개의 대문을 뒀다. 《재래식 주가 개선에 대하여(2편)》에 실린 개선주택 일안에 비해 규모가 큰데 칸 크기는 8척 이외에도 6척, 7척, 9척, 11척 등 다양하다. 동북쪽 날개채에 현관을 두고 현관마루에서 복도를 지나 건넌방(개선주택안과 비교할 때 안방 자리로 추정됨), 대청, 부엌, 변소와 욕실이 이어지도록 했다. 응접실과 건넌방, 대청, 안방(개선주택안과 비교할 때 식당 자리로 추정됨)의 주요 실은 남쪽에, 현관, 변소와 욕실 등 부속실은 북쪽에 두었다. 응접실, 건넌방, 안방, 부엌방, 뒷방은 모두 온돌방이었는데, 안방 앞, 건넌방 앞, 부엌 아래에 지하실로 통하는 입구를 두고 지하실 분장은 남쪽 툇마루와 대청 아래에 조성되어 있다. 현재는 사라졌지만 안방과 건넌방에 반침을 두어 수납공간으로 활용했던 것으로 보이지만 폐지하자고 했던 부엌 위의 다락과 부뚜막은 그대로 시설했다.[59] 서북쪽 날개채 2칸에 변소와 욕실을 두었는데 욕조의 물은 입구의 바닥 아래에 있는 함실아궁이를 통해 데우도록 했다.

민병옥 가옥은 박길룡이 오랫동안 고민한 조선 주택의 개량에 대한 모든 아이디어를 쏟아 넣어 지은 주택이다. 《재래식 주가개선에 대하여(2편)》에 게재된 개선주택 일안과 비교하면 규모가 커지고 남쪽으로 날개채가 더 붙어 H자형이 되었지만, 중정식과 집중식을 절충한 배치, 현관의 도입, 안방 위치의 변경, 변소와 욕실의 실내화, 지하실을 활용한 분장 마련 등 유사한 점이 많다. 비록 다락의 폐지처럼 반영되지 않은 부분이 있긴 하지만 기존의 재래식 주택과 당시 유행하던 도시형 한옥과 비교했을 때는 분명 혁신적인 주택이다.

하지만 244평(806.61m²)이나 되는 대규모 대지에 50평이 넘는 민병옥 가옥은 상류층을 위한 한옥이다. 이처럼 집중식 배치의 건물과 주변의 외부공간을 두는 한옥을 짓기 위해서는 기본적으로 대규모 토지와 건물이 전제되어야 했다. 따라서 박길룡의 개량 주택은 중산층 이하를 대상으로 한 한옥으로 보편화되기는 힘들었을 것이며 결국 그가 '재래형식의 고집'으로 비판했던 주택경영업자들의 10평대 한옥이 경성 주택의 주류를 이루게 되었다.

---

59 — 《경운동 민병옥가옥 보수공사 실측 수리 보고서》에서는 1976년과 1993년 평면도와 기둥 및 벽선 귀틀 홈을 근거로 다락이 있었다고 복원안을 제시했으나, 다락으로 올라가는 입구가 불분명할 뿐만 아니라 찬마루와 부엌 마루 설치 시 높이가 확보되지 않아 다락 설치 여부는 재고의 여지가 있다. 부뚜막 또한 1976년 평면도를 근거로 있었다고 추정하나 바닥 해체 시 확인이 안 되었다는 것으로 보아 부뚜막의 존재 여부도 다시 한번 검토될 필요가 있다.

다이너마이트로 만든
삼청동 주택지와 김종량의
하이브리드 실험주택

신성하고도 수려한 동네, 삼청동[1]

삼청동의 유래에 대해서는 설이 두 가지로 나뉜다. 태청(太淸), 상청(上淸), 옥청(玉淸), 도교의 3위(位)를 모신 삼청전이라는 제사시설이 있었기 때문에 붙은 이름이라는 설. 산청(山淸), 수청(水淸), 인청(人淸), 즉 산과 물이 맑아 사람의 인심 또한 맑고 좋다는 데에서 유래했다는 설.[2] 이 두 가지 설 중에서 삼청전(三淸殿)이라는 제사시설에서 유래했다는 설이 더 자주 언급된다. 삼청동 남쪽에 왕실의 기복이나 국가의 흥망과 관련된 도교적 초제로 지내던 소격전(昭格殿)이 있었고, 북두칠성에 제사를 올릴 때 사용했다고 하는 성제정[星祭井, 명칭의 오인으로 형제우물(兄弟井)이라 불리기도 했음]이 인근에 있었다는 점이 이 유래를 뒷받침하고 있다.[3]

삼청동은 삼청동천을 비롯한 여러 물길과 골짜기와 같은 수려한 자연환경 덕분에 많은 사람이 방문해 즐기는 유상(遊賞)의 공간이었다. 유흥을 즐기거나 이곳을 방문한 사람들이 삼청동을 배경으로 한 그림이나 시를 남겼을 만큼 삼청동의 아름다운 자연환경은 유명했다. 다음은 조선시대 삼청동에 대한 사람들의 인식을 짐작하게 해 주는 글이다.

한양에서 노닐만한 곳은 삼청동이 가장 좋고,
인왕동이 그 다음이며 쌍계동, 백운동, 청학동이 또 그 다음이다.
_성현(成俔), 《용재총화(慵齋叢話)》 권1

돌 사이 샘물은 그윽한 곳에서 울음 우는 듯하고,
해질무렵 구름은 깊은 골짜기에서 생겨나니,
이를 따라 도리어 산의 문을 잠그는 듯 하네.
_이이(李珥), 〈유삼청동(遊三淸洞)〉, 《율곡전서(栗谷全書)》

---

1 — 이 글은 청계천박물관이 주관한 "백악에서 혜정교까지 물길, 삼청동천" 전시를 참고했다. 인용한 글 또한 전시에 나온 글을 재인용했다.

2 — 서울특별시, 《북촌가꾸기기본계획》, 2001, 21쪽

3 — "경성 동정명의 유래 및 금석(今昔)의 비교, 서울의 동리 이름 풀이 – 동명 하나에도 사적 유래가 있다", 《별건곤》 23호, 1929년 9월

三清村舍

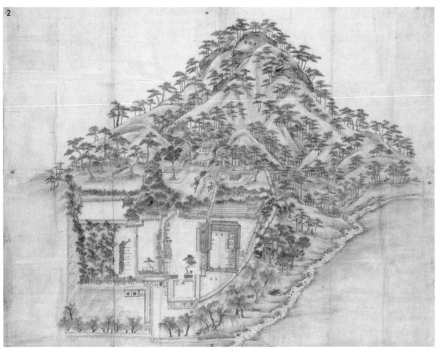

연암(燕巖, 박지원), 청장관(靑莊館, 이덕무)과 함께 삼청동으로 들어가
창문(倉門) 돌다리를 건너 삼청전 옛터를 잡았다. …
해가 넘어갈 무렵 술을 사와 마셨다.
_유득공(柳得恭), 〈춘성유기(春城遊記)〉, 《영재집(泠齋集)》 권15

삼청동 깊은 경계엔 여름 햇살이 더디 오고
천겹을 돌아가는 시내는 푸른 숲을 뚫고 흐르네.
푸른 들판과 평평한 샘물이 의당 백중세를 다투리니,
노니는 이들은 무릉도원을 다시 찾지 말게나.
_정조(正祖), "국도팔영(國都八詠)", 〈춘저록(春邸錄)〉, 《홍재전서(弘齋全書)》

　　삼청동 곳곳에는 명현이 삼청동의 풍치를 노래한 글귀가 바위 글씨로 남아있다.
19세기 최고 권세가였던 김조순(金祖淳, 1765~1832)은 삼청동에 별장인 옥호정(玉壺亭)을
짓고 그림으로 남기기도 했다.
　　이러한 조선시대 삼청동의 이미지는 일제강점기에도 이어진다. 각종 야유회가 열
리고 자유연애를 하는 남녀의 데이트 코스로 삼청동은 인기가 있었다. 특히 삼청동을
가로지르는 삼청동천은 여러 용도로 사용되었다. 여름이면 쏟아져 내리는 물을 이용한
목욕 장소이자 물놀이 장소였고, 겨울에는 얼어있는 삼청동천 위에 스케이트장이 마련
되었다. 아이들이 스케이트를 타거나 팽이 놀이를 했다. 삼청동천은 물이 맑고 수량이
풍부할 뿐 아니라 인근에 빨래 말릴 만한 장소도 넓다는 이유로 공동세탁장을 설치하
자는 계획이 나오기도 했다.[4] 1930년대에는 국유림 불하를 통한 삼청공원 설치 계획이
발표되고[5] 1940년에는 공식적으로 공원으로 지정되기도 했다. 이때 삼청공원 주유도로

1 《동아일보》 1922년 7월 25일자에 실린 삼청동천 여름 물놀이 모습
2 《동아일보》 1932년 1월 23일자에 실린 삼청동 스케이트장 모습

(현 한국금융연수원 앞에서 국립현대미술관 서울관까지)가 신설되기도 했다.[6]

다이너마이트로 만든 주택지, 갈등과 대립

일제강점기 초반까지도 신성하고 수려한 경치를 가진 곳으로 알려졌던 삼청동이 급격하게 변하게 되기 시작하는 것은 바로 주택지 개발과 함께였다. 삼청동의 주택지 개발은 당시 폭발적으로 늘어나던 경성부의 인구 증가 때문이다. 1910년대 약 25만 명이었던 인구가 1920년대에 39만 명을 넘어 1930년대에는 93만 명, 1940년대 해방 직전에는 100만에 이르게 되니 불과 30여 년 사이에 4배에 달하는 엄청난 인구 증가세를 보였다. 당시 경성은 극심한 주택난에 시달렸다. 이러한 시대적 흐름을 읽은 부동산 개발업자들은 미개발지를 수소문해서 주택지로 개발하고자 했는데 삼청동도 예외는 아니었다.

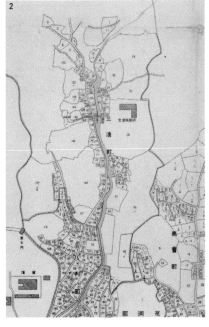

1 주택지 개발 이전의 삼청동. 경성정밀도, 1933.
  서울역사박물관 소장 자료
2 주택지 개발 이전의 삼청동. 대경성정도, 1936.
  서울역사박물관 소장 자료

4 — "공동세탁장은 삼청동에", 《동아일보》 1923년 12월 7일자

5 — "북악 동록(東麓)에 삼청공원 신설", 《동아일보》 1931년 1월 17일자

6 — "삼청공원 주유로", 《동아일보》 1937년 6월 13일자

삼청동은 한양도성 안에서 가장 풍경이 좋은 곳으로 이름난 곳이었다. 특히 삼청동의 맹현[7]이라는 현재 가회동으로 넘어가는 부분의 바위산은 인근 주민들의 산보 지대로 이용되던 천연의 공원이었다. 그런데 1925년에 이곳이 갑자기 주택지로 개발되려는 움직임이 나타나면서 일대 소란이 일어나기 시작했다. 원래 이곳은 국유지였는데 갑자기 정희찬(鄭熙燦)이란 사람이 나타나 국가로부터 이 일대 9천여 평을 평당 1원이라는 싼값에 불하받았다. 그는 다이너마이트로 불하받은 바위산을 폭파해 캐낸 바위는 석재로 팔고 그 자리에는 수백 호의 주택을 지어 막대한 이익을 챙기고자 했다.

정희찬은 1910년대부터 각종 사기 사건에 연루되어 소송 중이거나 경찰에 체포되는 등 많은 사회적 물의를 일으킨 사람으로,[8] 일제강점기 관공서와의 친분을 토대로 조선(경성, 충남 논산, 강원 양구 등)과 만주(심양)에서 무역업, 금전대부업, 토지매매업, 운송업, 잠업 등 여러 가지 사업을 벌여나가며 큰돈을 벌고자 했다.[9] 근대 교육의 삼보라고 일컬어졌던 보광학교를 폐쇄시킬 만큼 작은 것에도 손해를 보지 않는 사람이었다.[10] 삼청동 주택지 개발사업 또한 그의 사업 중 하나였다. 다음 기사는 당시 정희찬의 주택지 개발로 인한 일대의 소동을 잘 보여 준다.

인공의 시설이 도무지 없는 북부 경성에 천연의 공원을 만들어주는 맹현(孟峴)의 돌 바위를 요사이 어떠한 자가 깨뜨려낸다는 문제로 북부 주민 사이에는 일대 문제가 일어나서 삼청동, 소격동, 팔판동, 화동 네 동네에서는 총대를 파견하여 종로경찰서장에게로부터 경

7 — 조선 세종 때 좌의정을 지낸 청백리 맹사성(孟思誠)과 그의 후손으로 숙종 때 황해도·충청도 관찰사를 지낸 맹만택(孟萬澤)이 살았던 데서 마을 이름이 유래했다고 한다. 서울특별시사편찬위원회, 《서울지명사전》, 2009 참고

8 — "거부의 과부, 유산상속 재판에 보수 9천원 문제", 《매일신보》 1915년 5월 25일자; "4인 공모로 8천원 편취, 남의 토지를 팔아", 《매일신보》 1917년 3월 2일자; "폭로된 논산잠업의 추태 4군에서 4만원을 취식", 《동아일보》 1921년 8월 28일자; "허가 없는 은암소(隱岩沼) 수축", 《동아일보》 1927년 8월 2일자. 1921년 논산잠업주식회사 사기 사건은 한동안 신문에 그 추태가 연재되어 보도될 만큼 커다란 사건이었다. 정희찬은 공공기관의 공무원들을 앞세워 논산, 부여, 보령, 당진 네 곳의 부자들을 설득해 4만 여원을 받아 잠업회사를 설립했는데, 그 진짜 의도는 자신의 토지를 고가에 팔아 큰 이익을 보려 한 것이었다고 한다. 이 사업으로 인해 정희찬은 희대의 협잡꾼으로 불렸고 논산잠업주식회사는 '정희찬을 위하여, 정희찬이가 만든, 정희찬의 회사'라는 악평을 얻기도 했다. 결국 정희찬은 경찰서에 체포되었다.

9 — "봉천(奉天)의 삼성(三省)상회", 《매일신보》 1918년 2월 19일자; "조선인산업대회", 《동아일보》 1921년 7월 13일자; "500여 화전민 뜻 아닌 부담", 《동아일보》 1934년 3월 20일자

10 — "가주(家主)가 학교폐쇄 200여 아동 방황", 《동아일보》 1933년 1월 31일자

기도지사, 경성부윤에게까지 교섭하였으나 아직까지 해결을 얻지 못하고 적극적으로 총독부에게까지 교섭하리라는 바 이제 그 사건 내용을 알아본 즉 충남 논산(論山)에 원적을 두고 시방 시내 창성동(昌成洞) 151번지에 거주하는 정희찬(鄭熙燦)이란 자가 그 돌 바위를 매수하였는데 전문한 바에 의하면 정희찬은 그 돌 바위는 쪼개내서 석재로 팔고 그 자리에다가는 장차 수백호의 주택을 세워서 팔아먹으면 안팎으로 상당한 이익을 얻을 수 있다 하여 작년 12월경에 총독부 토목과에 교섭하여 면적 9천여평을 매 평 1원씩에 매수하였다는 바 수일 전에는 중국인 석공 20여명을 데리고 와서 치성제를 지내고 채석에 착수하려고 하였다고 한다.[11]

시내 삼청동 근처의 맹현동산을 얼마 전에 시내 창성동 152번지 정희찬이라는 사람이 채석을 할 목적으로 총독부로부터 사가지고 최근에 와서 근근 채석공사에 착수할 모양이라 하여 그에 관계자인 삼청동 팔판동의 주민들은 지난 13일에 동회를 열고 그 방지책을 강구한 결과 동민으로부터 교섭위원 안재묵의 네 사람을 선택하여 각 관계 당국에 탄원을 할 터이라는데 그 요지는 폭탄을 사용하여 채석하면 인접한 인가에 위험이 있을 뿐만 아니라 맹현 동산에는 예로 내려오는 삼청동문과 기타의 명승고적이 있고 근방 주민들의 유일한 공원이니 헐어버리지 말게 하여 달라 함이라더라.[12]

글에 따르면 삼청동과 인근 주민들은 북부 조선인의 자연공원과 명승고적이 무참히 파괴됨에 대해 슬퍼하며 불하 취소 운동을 백방으로 해나갔는데, 이 주변에는 인가가 밀집하고 있어 다이너마이트를 사용하여 채석하는 것은 기존 주민들의 생활을 위협하는 것이어서 더욱 극렬히 반대했던 것으로 보인다.[13]

《동아일보》 1926년 7월 19일자에 실린 맹현 피해 가옥 사진

11 — "파괴되는 북부의 자연공원 삼청, 소격, 팔판, 화동 주민 분기", 《시대일보》 1925년 7월 11일자

12 — "삼청팔판동민 당국에 진정", 《동아일보》 1925년 7월 16일자

13 — "북부 부민을 위협하는 맹현 폭파 계획", 《동아일보》 1925년 10월 8일자

삼청동과 팔판동의 동네 대표들은 관계 당국에 진정할 뿐만 아니라 채석을 반대하는 결의문을 신문에 발표하기도 했으며, 언론 측에서도 국유로 있던 토지를 군이 개인에게 불하하고 그것이 결국 개인의 사리사욕을 만족시키기 위해 쓰이게 된 것에 분개하는 기사를 연달아 실으면서 힘을 보탰다.[14] 하지만 관의 권력을 등에 업은 정희찬은 공사를 강행했고 그로 인한 담장과 집이 붕괴되고 70대 노파가 중상을 입는 사건이 벌어졌다.

시내 삼청동 맹현 동산 일대를 정희찬씨가 대부 매수하여 산을 파고 주택지로 터를 만들었었는데 공사를 할 때에 사방 공사를 하지 아니하여 이번 비에 모래가 자꾸 흘러내려 그 밑에 있는 삼청동 58번지를 중심으로 9호가 절반이나 쌓여 각호의 피해가 적지 않은 바 주민들은 정희찬씨에게 대하여 물골을 만들던지 그렇지 않으면 공사에 조금만 돌을 들여 방지를 하였으면 그러한 피해가 일반에게 미치지 않으리라고 여러 번 교섭하였으나 종시 듣지 않음으로 방금 말썽이 심하여 일반 동민은 본래부터 반항하던 터이라 매우 분개함을 마지 않는다는 바 사세가 이러함으로 종로서에서 금회(今瀨) 사법주임까지 출동하여 실지조사를 하였다 하며 주민들은 사흘 밤 째 한잠도 자지 못하고 삽과 연장을 들고 경계를 한다더라.[15]

문제 많고 말썽 많은 맹현 동산 공사는 작 5일 오전 중의 폭우로 말미암아 동일 오전 12시경에 사태(沙汰)가 시내 화동(花洞) 36번지 강래성의 집에 내려 밀려 담이 무너지고 방에 있던 전기 강래성의 어머니 78세나 된 늙은 노파는 사태에 묻혀 인사불성이 되었다는데 그 노파는 응급치료를 받았으나 생명이 위독하다더라.[16]

결국 정희찬은 공사를 일시 중단할 수밖에 없었으며 그 사이에 이 토지를 다른 이에게 넘기려고 했다. 경매에 부쳐 처분하려 하거나[17] 당초 불하받았던 가격의 10배가 넘

14 — "사리적 행위 중의를 져버리지 말자", 《동아일보》 1925년 10월 9일자

15 — "시내의 수해! 토사가 밀려 네 호가 피난", 《시대일보》 1926년 7월 17일자; "맹현주민피해", 《동아일보》 1926년 7월 19일자

16 — "80 노파 중상 맹현 동산 사태로", 《동아일보》 1926년 8월 6일자

17 — 경성부 삼청동 산1-1 임야 3町5畝20步(약 9,510평) 최저 경매가액 금 18,340원 신입인(申立人) 주식회사 남창사(南昌社) 책무자(債務者) 심우섭(沈友燮) 소유자 정희찬. "광고, 부동산경매공고", 《조선신문》 1926년 5월 20일자

1 원래 삼청동이 거대한 돌산이었다는
　것을 보여주는 삼청동 돌계단

2 주택지 조성 이후의 삼청동. 출처:
　《대경성사진첩》, 1937

3 현재(북촌로5나길로 추정) 모습

삼청동 35번지 일대 주택단지. ⓒ성태원+송인호
(서울시립대학교 역사도시 건축 연구실)

는 13만원에 조선신탁주식회사에 다시 팔려고도 했다. 하지만 소송에 휘말리고[18] 여의치 않았으며, 일반인을 대상으로 삼청동 땅을 나누어 팔려고도 했으나[19] 사겠다는 사람이 나타나지 않자 다시 다이너마이트를 사용하여 돌을 캐기 시작하면서 인근 주민들을 다시 불안에 떨게 했다고 한다.[20] 하지만 이때 현재의 삼청동 한옥이 지어진 것은 아니고 1937년 정희찬이 사망한 후 아들인 정대규(鄭大奎)가 토지의 소유권을 넘겨받은 이후 주택단지가 조성되었다.

정대규는 1934년 아버지인 정희찬이 설립한 삼화원(三花園) 주택경영사무소를 물려받아 본격적으로 주택지를 조성하기 시작한다. 1937년에 발간된《대경성사진첩》을 보면 "상수도와 하수도 등 시설이 완비된" 주택지라는 글귀[21]와 함께 삼청동 주택지인 것으로 보이는 한 장의 사진이 실려 있다. 사진 속 길은 현재 북촌로5나길로 추정되는데 길가에 가로등이 설치됐지만, 아직 주택은 들어서지 않은 채 주택지 조성 공사의 흔적만 남아있다.

삼청동의 토지는 200여 개로 분할되었는데 대부분 정대규의 소유로 남고 일부 토지는 김종량(총 18개 필지)이나 정세권(총 6개 필지) 같은 사람에게 소유권이 이전되기도 했다. 삼청동의 주택지 개발은 여의치 않아서 계속된 사건 사고에 휘말린다. 토사 붕괴로 인부가 매몰되는 사건이나[22] 여름 폭우로 석축이 붕괴되어 다수의 사망사고가 발생하면서 많은 사회적 지탄을 받았다.[23]

석축의 붕괴 또는 가옥 도괴로 인한 피해는 결국에 있어서 인위적 노력의 부족에서 파생

---

18 — "바싹 마른 이때 10만 원 소송 듣기만 하여도 풍성풍성하다. 문제 많은 삼청동 대지",《매일신보》 1930년 8월 13일자; "삼청동 주택지에 관한 13만원 사건 원고청구를 기각하는 판결 식산신탁(殖産信托) 대 정희찬",《매일신보》 1930년 11월 27일자

19 — "택지 염매",《조선신문》 1932년 3월 20, 21, 22, 23일자. "택지 염매(廉賣) 경성 삼청동 택지 9천 평 4구(區) 균분 경매 최저가액 실질상 매 평 6원 82전 3월 30일 지주 주소 경매 전부 또는 반분 매수방법 있음 상세안내서 및 도면 청구 차제 즉송 경성 종로4정목 180 지주 정희찬"

20 — "인가(人家)조밀한 삼청동 폭약의 재화(災禍)빈수(頻數)−집 짓느라고 돌을 깨치는 화약 주민의 불안이 크다",《매일신보》 1934년 6월 20일자

21 — 삼화원(三花園)주택경영사무소: 소화9년(1934) 창업, 경영자 정희찬(鄭熙燦)씨, 상수도, 하수도 특설(特設) 기타 시설도 이미 완비하고 있다(삼청정 35, 전화 광화문③1199번). 중앙정보선만지사,《대경성사진첩》, 1937, 31쪽

22 — "토사 붕괴로 인부 매몰",《동아일보》 1937년 6월 26일자

23 — "삼청정 석축 경계 200 주민이 우중 피난",《동아일보》 1940년 7월 11일자

된 바이니 바꾸어 말하면 극도의 투기심과 근시적 사리행위에 노예가 된 일부 부정 건축업자와 토목청부업자들의 죄과가 폭우라는 자연의 횡포로 인하여 백일 하에 여지없이 폭로된 것에 불과한 것이다. 생각컨대 도시주택난이 심각하여 졌음을 좋은 기회로 해서 일부 부정건축업자들이 이득 관념에만 사로잡혀 조방(粗放)한 설계와 근소한 자본과 단기간의 시일로써 응급적으로 석축 택지를 쌓아 주택지로 투매(投賣)한 것이 이번과 같은 참변을 빚어낸 근본 원인일 것이다. 만일에 건축업자로서 사회에 대한 건축봉사의 도의적 관념이 있어 모든 과학적 기술과 자본과 그리고 노동력을 동원 집결시켜 석축의 외면보다도 내면을 견고하게 하고 인가 축조에 추호도 위험이 없도록 석축을 쌓았다면 아무리 희유(稀有)의 폭우라도 금반(今般)같은 참해는 입지 않았을 것이다. 그러나 요새 소위 경성부내의 건축업자들은 오로지 개인적인 투기욕과 근시적 이득욕에 사로잡혀 응급적인 조방한 설계와 유치 소박한 기술과 소액의 자본으로써 주택지를 위장시켜 투매하는 것이 통유(通有)한 현상이다. 이것으로 써 보면 금반 폭우의 참해의 원인은 결코 폭우 그 자체에 있지 않고 부정 건축업자와 토목업자의 이득용에 있다는 것을 단언할 수 있다. 폭우라는 자연의 위대한 교사가 우리에게 부정건축업자의 죄과를 가장 냉혹하게 그리고 현실적으로 알려준 것에 불과하다.[24]

건축가이자 정치가, 언론인 김종량

삼청동 주택지 개발에 참여한 김종량과 그의 실험주택에 관해서는 백선영(2005)의 연구가 있다. 백선영의 연구에 따르면 김종량은 원래 1901년 전북 옥구에서 태어나 1928년 동경고등공업학교를 졸업하고 귀국한 유학파 건축가다. 귀국하자마자 조선총독부에 들어가 1931년까지 근무하다가 사직한 뒤 필운동에 건재상을 개업했고 1936년부터는 중학동으로 이전해 경성재목점을 열어 해방 직전까지 주택사업을 벌였다고 한다. 그는 배재학교 강당이나 진주의 성당을 설계하기도 했으나 이후에는 주로 주택단지 조성 사업에 집중했다.[25]

김종량은 혜화동을 비롯해 중학동, 삼청동, 계동, 돈암동에 많은 주택을 건설했다.

24 — "폭우이변 건축업자의 반성을 촉(促)함", 《동아일보》 1940년 7월 13일자

25 — 백선영, 《1930년대 김종량의 주거실험과 H자형 주택》, 서울대학교 석사논문, 2005, 23~25쪽

그는 건축을 전공한 사람으로서 박길룡, 김윤기 등 당시 공업기술가로 구성된 '조선공
학회'에 참여하고 주택 개량에도 관심 가졌다. 김종량 역시 조선 주택의 문제점을 인식
한 뒤 여러 가지로 개선되어야 할 점을 제안하기도 했다. 그가 아직 조선총독부에 근무
하던 1930년 잡지 《별건곤》에 발표한 "주택으로 본 조선사람과 여름"이라는 글에서는
그의 조선 주택에 대한 생각과 개선 방향을 읽을 수 있다.

그러면 주택은 무엇인가. 주택의 전 사명은 결코 방풍(防風), 방우(防雨), 방적(防敵)의 의미
에만 있지 아니하고 일광, 통풍 등을 상당히 조절하야 보건의 조건 하에서 실내의 일상생
활을 유쾌하게 하는 적극적 사명도 있다. 현대 조선 사람의 주택을 보면 대부분은 주택의
본의(本意)에 불합리한 점이 허다하다. … 조선 사람의 사망률, 나병률, 범죄율 등의 발생이
불완전한 주택에 주거함으로 원인 되는 것이 허다하다. 도시의 사망률이 농촌의 두 배 되
는 것도 불위생적(不衛生的)인 주택에 거주하는 것이 대부분이다. 그러므로 도시 계획의 진
가치(眞價値)도 주택 개선에 있다고 아니할 수가 없다. … 주택을 신축하는 것과 재래 가옥
을 우리 생활에 적응하도록 최소 조건 하에서 개축하는 것. 두 가지를 연구해야 할 것이
다. 오인(吾人)의 장래 주택을 근본적으로 개선하자면 지금부터 일반 우리가 현재 우리 주
택보다 좀 더 양호한 주택이 필요하다는 관념부터 시작되어야 할 것이다. 조선식 주택 일
본식 주택 구미식 주택 등을 물론하고 빈부귀천의 각 계급을 물론하고 자기 생활 정도에
적당한 주택이라 할 것이다. 조선 가옥도 구조 양식 등은 그냥 두더라도 방 배치는 절대로
개선하야 채광 환기를 충분히 하야 일후(日後)에 유감이 없도록 하여야 할 것이다.[26]

26 — 김종량, "조선사람과 여름―주택으로 본 조선사람과 여름", 《별건곤》 30호, 1930년 7월

글에서 보는 바와 같이 김종량은 조선주택이 여러모로 불합리하다고 하면서 많은 사회적 문제가 모두 불완전하고 비위생적인 주택에서 기인한다고 진단했다. 주택을 새로 짓거나 기존 주택을 고쳐 짓는 것 모두를 연구해야 할 것이고 자신의 생활에 적당한 주택을 지향해야 할 것이며 주택 개량의 문제 중에서도 방 배치는 반드시 개선해서 채광과 환기를 충분히 해야 한다고도 했다. 하지만 앞에서 이야기한 박길룡만큼 조선 주택 개량에 대한 생각을 구체적으로 발전시키거나 지속적으로 관심을 갖지는 않은 것으로 보인다. 그의 조선주택 개량에 대한 생각을 읽을 수 있는 글은 이 글이 유일하다.

당시 사람들이 그를 '사업만 했던 사람'[27], '목재소 했던 사람'[28] 정도로 기억하고 있는 것을 볼 때 동경

《동아일보》 1939년 5월 18일자에 실린 김종량의 경성부회 의원 출마 홍보 글

유학에서 배운 건축에 대한 지식, 조선총독부에서 근무했던 경험과 사업 수완을 연결해 주택사업을 크게 벌이고자 했던 것으로 짐작된다.

1930년대 후반부터는 정치에 뛰어들어 경성부회 의원으로 출마해 당선되기도 했다.[29] 흥미로운 것은 김종량의 출마 홍보 글에 적혀있는 추천 문구이다. 동경고공 유학과 문부성 교원양성소 수료, 그리고 조선총독부 근무 경력이 기재되어 있고 토목건축업에 종사하고 있으므로 당시의 심각한 주택 문제를 해결할 수 있는 '권위자'이자 '투사' 등으로 소개했다.

초면에도 구면 같은 김종량씨 일즉 동경고공(東京高工) 및 문부성(文部省) 임시 교원양성소(敎員養成所)를 마치고 조선총독부(朝鮮總督府)에 봉직, 그리다가 토목건축업(土木建築業)에 전출(轉出). 정견(政見)은 세민(細民) 주택 문제와 토목시설 쇄신 등 기타 많다.[30]

27 — 김란기, 《한국 근대화과정의 건축제도와 장인활동에 관한 연구》, 홍익대학교 박사논문, 1989, 212쪽

28 — 김란기, 앞의 논문, 242쪽

29 — "부정(府政)에 보내는 신의원(新議員) 금일 당선 확정자를 고시", 《동아일보》 1939년 5월 29일자

30 — "경성부의(京城府議) 당선 인물기", 《삼천리》 11권 7호, 1939년 6월

김군은 동경고등공업학교(東京高等工業學校), 문부성 교원양성소 출신으로 조선총독부에 봉직하였고 현재 주택건축, 토목설계 목재상 등을 경영하는바 사계(斯界)의 권위자로서 정부의 숙제인 교육, 토목, 주택의 확충 쇄신 문제를 관철할 투사이다.[31]

해방 후에는 손위 처남이었던 안재홍(安在鴻, 1891~1965)[32]의 영향 때문인지 《한성일보》와 《군산일보》의 사장을 역임하고 군산에 여러 개의 학교를 설립하면서[33] 주택사업에서는 완전히 손을 뗀 것으로 보인다. 따라서 그의 조선 주택에 대한 실험은 10년 남짓의 짧은 기간 동안 이루어졌다. 그럼에도 불구하고 "안채는 한식으로 하고 바깥채는 양옥 비슷하게 잘 했던 사람"[34]으로 기억될 만큼 다른 양식의 주택을 서로 결합해 새로운 주택을 짓는 흥미로운 실험을 했던 것으로 보인다.

초기 실험작, 혜화동 주택

김종량의 초기 주택 실험작은 혜화동에서 만나볼 수 있다. 혜화동 주택은 필운동에 목재소를 개업한 지 얼마 되지 않은 시점인 1934년에 동북제국대학을 졸업하고 귀국한 박동길, 신의경 부부를 위해 지은 집이다. 혜화동 22번지 일대에 H자 형태로 나란히 지어졌는데, 현재 주택 한 동은 소실되었고 나머지 한 동은 아직 남아있어 김종량의 초기 주택을 살펴볼 수 있다.

그의 H자형 주택은 김종량의 독창적인 안이라기보다 당시 주택 개량안으로 제안되었던 여러 대안 중 하나였던 ㄷ자형 평면을 변형시킨 것이다. 박길룡이 1941년 《조선과 건축》에 발표한 "조선주택잡감"이란 글에서 "7, 8년 전에 어떤 주택경영업자가 주택개선의 모범을 보일 목적으로 2, 3채를 지었다."라며 보여준 도면이 바로 H자형과 유사한

31 — "경성부회의원 입후보 김종량", 《동아일보》 1939년 5월 18일자

32 — 정치가이자 사학자로서 일제강점기 조선물산장려회의 이사와 《시대일보》 및 《조선일보》 사장을 역임한 독립운동가이다. 해방 이후 신탁통치 반대운동을 벌이기도 했고 《한성일보》 사장을 역임하기도 하고 국회의원으로 당선되어 활약하기도 하나 1950년 납북되어 1965년 사망했다.

33 — 군산중앙여자중학교(1948), 군산동중학교(1949), 군산여자고등기술학교(1951) 등이 김종량이 설립한 학교이다.

34 — 김란기, 앞의 논문, 230쪽

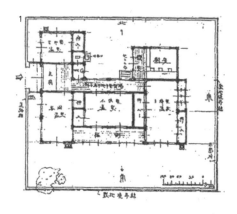
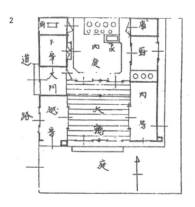

1 《조선과 건축》(20집 4호, 1941년 4월)에 소개된 주택 평면
  1933년 또는 1934년쯤 한 주택경영업자가 주택 개선의 모범을 보여주기 위해 2, 3채 지었다고 한다.

2 《조선과 건축》(20집 4호, 1941년 4월)에 조선주택 개량시안으로 제시된 7개 안 중 하나인 ㄷ자형 평면 안

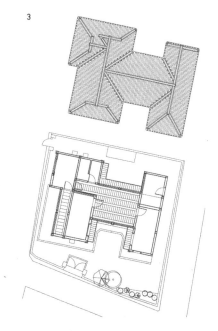

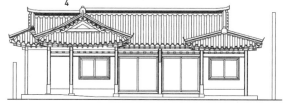

1 H자 모양을 가지고 있는 혜화동 주택
  지붕
2 날개채를 앞쪽으로 빼서 둘러싸인
  마당을 가지게 된 혜화동 주택 앞마당
3 평면도
4 정면도. 이상 백선영 제공

북쪽으로 꺾인 ㄷ자형 평면이다. 안방, 대청, 건넌방이 남쪽을 면해 채광과 통풍에 유리하고 남쪽 마당에는 수목을 심고 대문이 현관이 되도록 구성했다. 재래식 주택의 간살이를 약간 바꿔 방향을 반대로 튼 것이었는데, 이러한 평면은 박길룡이 《실생활》에 발표한 소주택 개량안 중 하나와 유사하다. 정세권이 가회동에서 한옥 지을 때 적용한 평면이기도 하다. 또한 1941년 《조선과 건축》에 "조선주택개량시안"으로 제시된 7개 안 중에 비슷한 안도 있다. 기존 주택경영업자의 안과 다른 점이라면 대청을 아예 폐지하고 그 자리에 온돌을 놓고 어린이방(子供室)으로 삼았으며 방과 방 사이에 수납공간을 마련한 점이다. 이렇듯 ㄷ자형 평면은 주택경영업자들에서부터 시작해 조선건축회 차원의 공식적인 개량안으로 제안될 만큼 지지를 받는 안이었다. 하지만 그들의 제안이 기존의 한옥만을 바탕으로 한 개량안이었다면 김종량은 양쪽의 날개채를 더 빼서 건물로 둘러싸인 안마당을 가지도록 하는 H자형 평면을 고안한다거나 건물 일부의 양식은 한옥과 다른 일본식 양옥을 채택하는 등 독특한 방식으로 ㄷ자형 평면을 이해하고 활용했다.

H자형 주택은 장점만큼 단점도 많은 평면이다. H자형 주택의 장점 중 하나는 세면으로 둘러싸인 아늑한 마당이 앞뒤로 만들어져 있다는 점이다. 앞마당은 주 출입과 관상용으로 사용할 수 있고 뒷마당은 취사를 비롯해 가사노동용으로 사용하는 등 목적에 따라 외부공간을 명확히 나눌 수 있다는 점이다. 또한 경기도 지방의 웃방꺾음집, 즉 ㄱ자형이 변형된 안채에 ㅣ자형의 사랑채를 붙여 작은 필지에서도 사랑채와 안채 공간을 손쉽게 나눌 수 있을 뿐만 아니라 안방, 사랑방, 대청 등 주요 공간을 남쪽에 두고 부엌, 화장실 등 부속 공간을 북쪽으로 빼서 공간의 성격을 나눌 수 있다는 이점도 있다. 단점은 지붕의 꺾임부가 많이 생겨서 공사가 다소 어려울 뿐만 아니라 회첨이 많이 생겨 빗물 등에 취약할 수 있다는 것, 일정 규모 이상의 토지가 있을 때만 가능한 평면배치라는 점이다.

그럼에도 불구하고 혜화동에 이러한 H자형 주택이 지어진 것은 건축주가 주택 개량에 대해 관심이 많은 당시의 지식인이었기에 가능했다. 설계한 김종량 또한 조선총독부를 사직하고 사무소를 차린 지 얼마 되지 않은 시점에 주택의 개량에 대한 관심이 많던 시절이었기 때문이다. 혜화동 주택을 건립한 시기와 이어서 이야기할 삼청동 주택지 개발에 참여한 시점 사이에 중학동에서도 주택단지 개발을 했다. 거기서 김종량은 일식 주택과 도시형 한옥을 모두 지어보게 된다. 하지만 두 양식을 하나의 필지 안에서 결합해 보려는 시도는 아직 하지 못했다. 삼청동에 와서야 비로소 실현된다.

김종량의 대표작, 삼청동의 하이브리드 주택

김종량만의 독특한 한일절충 또는 한양절충식 H자형 주택은 삼청동에서 구현되었다. 김종량은 정대규에 의해 삼청동이 개발되던 1937년 이후 동업한 것으로 보이는데, 삼청동 35번지의 200여 개 필지 중 18개 필지를 소유했다. 그중 2필지에 1층 한옥과 2층의 일명 오카베 건물을 결합한 김종량만의 H자형 주택을 짓는다. 자신이 소유한 필지 이외에 정대규 소유의 필지에도 유사한 형식의 주택 4동을 지었는데 김종량은 정대규의 의뢰에 의해 자신의 절충식 주택 기본안을 복제해 가며 삼청동 이곳저곳에 지었다.

현재는 총 6동의 유사한 형태의 주택이 남아있다. 길가에 면한 부분에는 서양식으로 보이는 2층의 오카베 주택을 배치하고 안쪽에 1층의 한옥을 배치했다는 공통점이 있다. 실의 구성이나 외부공간을 분리하는 등 혜화동 주택의 H자형 주택과 유사한 점도 많지만 길가에 면한 날개채 하나를 오카베 주택으로 변화시켰다는 점에서는 큰 차이를 보인다. 삼청동에 주택을 건설할 당시 중학동에서 건재상을 운영하던 시기였기 때문에 ㅣ자형 오카베 건물과 ㅓ자형 한옥 건물은 규격화된 부재로 지을 수 있었다. 주어진 필지의 규모와 상황에 따라 대청을 적절히 조정해 가며 맞춰지었다.

김종량 소유의 토지에 지은 H자형 하이브리드 주택, 2019년 촬영

정대규 소유의 토지에 지은 H자형 하이브리드 주택.
현재는 한옥 지붕을 올리거나 입면을 많이 변경해 원래의 모습을 상상하기 쉽지 않다. 2019년 촬영

삼청동 H자형 하이브리드 주택의 평면과 입단면도. 백선영 제공

  그런데 왜 오카베 건물을 길가에 면하도록 했을까. 당시 일본식으로 해석된 양식 건물인 오카베 건물을 도로로부터 눈에 잘 띄게 해서 주택의 상품성을 높이고자 한 것이다. 오카베 건물은 일본에서 목재를 수입해 지었으며 조선인 목수보다 1.4배에서 1.6배 정도 높은 노임을 받는 일본인 목수가 시공했기 때문에 분명 주변 한옥에 비해 높은 가격으로 지어졌을 것이다. 목재로 짓되 목재를 모르타르 등으로 감싸서 석재의 느낌을 냈고 창호와 현관 부분은 서양식 건물을 연상시켜 사람들의 이목을 끌고자 했다. 내부에는 다다미방을 들였으며 문을 열고 안쪽으로 진입하면 한옥을 만나게 되는 구조이다. 주택에는 당시 인근의 경복궁 안에 조선총독부가 들어서게 되면서 주택난을 겪던 일본인 관리들 또는 서양식 주택에 대한 환상을 가지고 있던 일부 조선인들이 살았다.[35]

  정세권의 중당식 평면이나 박길룡의 주택 개량안처럼 김종량의 한일절충식 주택 역시 널리 보급되지는 못했다. 한옥에 비해 공사비가 비쌌고 다다미방을 들인 건물은 온돌에 익숙한 조선인에게 선택받지 못했다. 김종량의 주택 실험은 삼청동에서 마무리된 것으로 보인다. 이후 돈암동의 토지구획정리사업 지구에 한옥단지를 조성할 때는 혜화동과 삼청동에서 보여줬던 여러 가지 실험적인 시도는 접은 채 일반 주택경영업자들의 방식대로 ㄷ자형 또는 ㄱ자형의 한옥을 대규모로 공급했다. ㄷ자형 또는 ㄱ자형에

35 — 백선영, 앞의 논문, 61~86쪽

삼청동 H자형 하이브리드 주택

1 외관
2 한옥과 오카베 건물이 붙어 있는 부분
3 앞마당
4 입면 상세
5 창호 상세
6 현관. 이상 백선영 제공
7 오카베 건물의 1층 천장
8 오카베 건물의 2층 천장
9 목재상의 인장이 찍혀 있는 부재

기반한 도시 한옥에 대한 대중적 인기가 여전히 높은 탓이었을 것이다. 또한 높은 가격의 오카베 건물의 장점을 부각시키지 못해 일반적인 한옥 평면으로 회귀한 것으로 볼 수 있다.

일본에 유학해 건축을 공부한 뒤 조선에 돌아와 건축을 하게 된 건축가. 일제강점기에 활동한 조선인 건축가로서 내어놓은 주택 개량안은 분명 다른 사람들과 달랐다. 하지만 그것 역시 일반인에게는 받아들여지지 못했고 결국 시장의 논리에 순응해 대중적인 재래식 한옥에 기반한 도시형 한옥을 공급하는 데에서 그의 실험은 멈췄다. 그는 친일 언론인이자 친일 단체의 회장이었던 민원식(閔元植, ?~1921)을 살해한 독립운동가 양근환(梁槿煥, 1894~1950)의 생활비를 대는 등 독립운동가를 지원하기도 했으나[36] 일제강점기 말에는 경성부의원 선거에 나서 부의원이 되기도 했다. 선거 홍보 글에서 그는 자신을 주택 문제의 '권위자'이자 '투사'로 선전했는데 부의원이 된 이후에는 어떤 주택 정책을 내놓았고 그것이 어떤 효과를 냈는지에 대해서는 알려진 바 없다. 그에 대한 연구는 추가로 진행되어 일제강점기 건축가이자 사업가였던 한 사람의 일생을 통해 일제강점기의 건축 상황과 해방 이후 건축가의 역할이 좀 더 입체적으로 밝혀질 필요가 있다.

---

36 ― 김란기, 앞의 논문, 237~238쪽

이상적 건강주택지, 후암동[1]

1 — 이 글은 이경아, 《일제강점기 문화주택 개념의 수용과 전개》(서울대학교 박사논문, 2006); 서울역사
박물관, 《2015 서울생활문화자료조사—후암동》(2016); 이경아·김하나, "1920년대 중후반 경성 학강
(鶴ヶ岡) 주택지 개발", 《대한건축학회 논문집》(33권 1호, 2017) 내용을 바탕으로 재구성한 것이다.

조선인의 가회동 vs. 일본인의 후암동

일제강점기 초반 경성 사람들은 종로를 기준으로 조선인들의 북촌과 일본인들의 남촌, 즉 식민계층과 피식민계층의 공간으로 나누어 인식했다. 1922년 《동아일보》의 "푸지고 번화한 일본인이 사는 남촌 경황, 쓸쓸코 적적한 북촌 일대"[2]와 같은 기사처럼 번화해 가는 남촌과 쇠락해 가는 북촌의 상황은 극적으로 대비되곤 했다.

하지만 시간이 지나 1920년대 중반 일본인들의 북진이 본격화되면서 북촌과 남촌으로 대변되던 식민 공간의 이중성은 희석되어 갔다.[3] 그나마 정세권을 비롯한 한국인 개발자들에 의한 가회동 한옥단지가 조성되면서 조선인들의 주거지로서의 명맥이 이어졌다.

일제강점기 조선인들에게 가회동 한옥단지가 있었다면 그에 필적할 만한 일본인들의 대표 거주지로는 어디를 꼽을 수 있을까. 바로 후암동, 당시 지명으로는 삼판통(三坂通, 미사카도리) 일대의 주택지이다.

원래 개항 이후 일본인들이 경성에 자리 잡은 곳은 남촌, 즉 남산의 북사면인 진고개 일대였다. 일본인들이 선택한 진고개 일대는 최적의 거주지여서 선택했다기보다 불안한 정세 속에서 자신들의 신변 보호와 안전, 저렴한 땅값 등을 고려한 임시 거주지에 불과했다.[4] 이 지역은 남쪽에 산을 지고 북쪽을 바라보는 지형으로 거주지로서는 문제가 많은 곳이었다. 겨울에 춥고 해가 짧아서 생기는 채광이나 보온 문제 때문에 유아 사망률이나 환자 발생빈도가 다른 곳에 비해 현저히 높았다. 1920년대 중반 이후 경성의 일본인들은 기존의 거류지였던 남촌 일대 이외에 거주 환경이 양호한 곳을 찾아 나선다.

---

2 — "신춘(新春)을 맞이(迎)하는 경성; 푸지고 번화한 일본인이 사는 남촌 경황, 쓸쓸하고 적적한 북촌 일대", 《동아일보》, 1922년 1월 1일자

3 — 이경아, "북촌과 남촌", 《한국건축개념사전》, 동녘, 2013, 461~463쪽

4 — 이연경, 《한성부의 '작은 일본', 진고개 혹은 本町》, 시공문화사, 2015, 54~56쪽. 일본인의 거류지역으로 정해진 것은 일본과 조선 정부, 그리고 청국과의 협의에 의한 것도 있었지만, 임진왜란 당시 마쓰다 나가모리(增田長盛) 장수와 일본 군대의 주둔지였다는 역사적 의미가 있는 땅이었다는 것, 일본의 공사관과 영사관이 가까워 신변 보호와 안전에 유리하다는 것, 그리고 한성부의 타 지역에 비해 상대적으로 지가가 저렴한 지역이었다는 것 또한 일본인 거류지 입지의 이유로 추정되고 있다.

건강한 주택지를 찾아서

1930년 《조선과 건축》에 어느 일본인 부인이 기고한 글을 보자. 남촌에 속하는 앵정정 (櫻井町, 사쿠라이초, 현 중구 인현동)과 황금정(黃金町, 코가네마치, 현 중구 을지로)에 살았던 경험과 함께 삼판통으로 이사 오게 된 경위에 대해 다음과 같이 밝히고 있다.

삼판통은 주택지로서 공기가 상당히 좋고 이상적 건강지입니다. 이것은 경성부의 분에게 조사를 부탁드렸는데, 길야정(吉野町, 요시노초, 현 용산구 도동) 쪽은 불건강지라고 합니다. 태양 관계인가 뭔가로 공기가 다르다고 하고, 따뜻한 정도로 상당히 다릅니다. 저는 10년 전 앵정정에 있을 때 큰 병이 들어, 슬슬 위험하다고 할 때에 이쪽으로 이주해 왔는데 그 이후 꽤나 좋아졌습니다. 그 후 남편 사업의 관계로 황금정에 이사했을 때에, 또 아이들의 건강이 나빠졌는데 여기로 돌아오면서 다시 좋아졌습니다. 전차편이 나쁘다는 것이 있지만 확실히 건강지입니다.[5]

이 글을 쓴 이는 경성 안에서 여러 번 이사 다닌 것으로 보이는데, 남촌에 속하는 인현동과 을지로 그리고 후암동에 살았던 것을 비교하면서 '공기가 상당히 좋은 이상적 주택지'로서 후암동을 들고 있다. 과거 인현동과 을지로에 살았을 때는 큰 병이 들거나 아이들의 건강이 나빠지는 등 집안에 환자가 끊일 날이 없었던 반면 후암동으로 이사를 오면서 큰 병이 좋아졌다면서 교통이 좀 나쁘긴 하지만 후암동으로의 이주에 대해 매우 만족하고 있는 것을 알 수 있다.

일본인들의 건강한 주거지에 대한 조건은 당시 주택지 개발 기준에도 영향을 준 것으로 보인다. 《조선과 건축》(4집 5호)에 실린 "경기도 고양군 한지면에 문화촌 계획(京畿道高陽郡漢芝面に文化村の計劃)"이라는 글에서는 이상적인 주택지로 '①상업의 번잡, 공업지의 불위생 등의 영향을 받지 않는 곳, ②남향의 토지로, 서북에는 산을 등지고 수목이 많아 조망이 좋은 토지, ③시내에는 가깝고 편리한 토지'를 들고 있다. 여기에서 ①의 조건은 악화된 도시환경을 벗어나 양호한 주거환경을 지향하며 개발되었던 당시 일본 교외 주택지의 개발 배경을 연상시킨다. 하지만 조건 ②와 ③은 일본의 경우에서는 보기 드문 조건으로 한반도 상황에서 새롭게 제기된 주택지 선정 조건임을 알 수 있다.

5 ― "婦人住宅談-私の考ひます事ども", 《조선과 건축》 9집 1호, 1930년 1월

당시 일본인들에게 건강에 좋은 남향의 토지이면서 시내에 가깝고 편리한 주택지로서 후암동만 한 장소를 찾기는 어려웠을 것이다. 결국 후암동은 장래의 유력한 주택지 후보 중 하나로 신문과 잡지에 자주 거론되었다.

장래의 주택지로는 삼판통, 봉래정(蓬萊町), 죽첨정(竹添町), 광희문 내 및 동소문 내에 공지가 있으(有)니…
_"경성 교외의 장래 주택지 동남으로 발전 중(京城郊外의 將來住宅地 東南으로 發展 中)",《동아일보》, 1922년 11월 14일

주택지는 지세가 높고 지미(地味)가 건조하고, 산을 등졌다는 조건뿐만 아니라, 주택과 떠날 수 없는, 각 학교 관공서 등의 위치, 또는 몰락된 조선의 우거지(偶居地)로 보아, 북부일대, 동서부, [남부도 삼판통, 남산정(南山町), 욱정(旭町), 용산도 청엽정(靑葉町) 등지는 주택으로 발전된다 함]일대외다.
_"외인의 세력으로 본 조선인 경성(外人의 勢力으로 觀한 朝鮮人 京城)",《개벽》48호, 1924년 6월

조선인의 후암동에서 일본인의 삼판통으로

하지만 후암동 일대는 1910년대 말까지만 해도 본격적인 개발이 이루어지지 않은 구릉지 또는 숲이었다. 조선시대에 이곳은 한양 도성의 남쪽, 남산의 남사면에 위치해 그다지 주목을 받지 못하던 성저십리 지역에 불과해서, 남묘, 전생서, 남단 등의 시설이 있었다는 것 이외에 별다른 기록을 남기고 있지 않다. 주변에 민가가 있다 해도 일본인들의 집은 거의 없었고 대부분 조선인들의 초가로 이루어진 부락이었으며 부락은 구불구불한 길로 연결되어 있었다고 한다. 초가에서는 돼지를 기르고 밭에서는 상추를 키웠으며 인근에는 묘지도 있었다는 것으로 미루어 보아 1910년대 후암동 일대는 한가한 농촌과 같은 풍경을 가지고 있었다는 것을 알 수 있다.

(1919년경) 교사 근처는 철조망으로 둘러쳐 있었다. 집은 고시정(古市町, 후루이치초, 현 동자동) 산 쪽이었기 때문에, 등교 시에 여러 잡초가 양쪽에 무성한 좁은 길을 올라갔다. 중간에 아카시아 숲도 있었고, 하얀 꽃이 필 무렵에는 달달한 향기 속을 걷는 것이 좋았다. 숲을

꺾어 점점 내려가면, 초가집도 있고 돼지를 키워서 길에서 돼지를 볼 때도 있었다.[6]

우리 집은 삼판 정문을 나와 제2고녀의 뒷문(당시는 아직 없었다) 변의 길을 걸어, 개울을 건너는, 학강 남쪽 아래에 있었다. 당시 주변에는 조선인 가옥이 4, 5채씩 뭉쳐서 부락을 형성하고 있었다. 구불구불한 좁은 길이 이들 집락을 이어주고 있었다. 그 사이에 일본인의 그다지 훌륭하지 않은 '우거(寓居)'가 있었다. 부락과 부락 사이 밭에는 봄에서 여름에 걸쳐 상추를 키웠다. 우리 집 근처에 서당이 있어서 조선 아이들이 선생님 앞에서 몸을 좌우로 흔들면서 글을 읽고 있었다. 지금 생각하면 그 당시 삼판 전체에 일본인 주택은 50채도 없었을 것이다. … 삼판 주변에는 조선인가옥이 밀집해 있었다. 제2고녀가 지어진 곳은 밭이었다. 꽈리, 파 등이 기억이 난다. … 이것도 대정(大正, 다이쇼) 말경이었다고 기억한다.[7]

1, 2 1930년대 삼판통 주택지 전경.
　　　출처: 《서울20세기: 100년의 사진기록》, 서울시정개발연구원,
　　　2000 (1); 모리 히데오(森秀雄) 편, 《발전하는 경성전기
　　　(伸び行く京城電氣)》, 경성전기주식회사, 1935 (2)

3 1930년대 학강 주택지 전경.
　　출처: 《경성일보》 1930년 11월 27일자

이렇듯 한촌(閑村)에 가까웠던 후암동은 1920년대부터 급격하게 변하게 된다. 서울 성벽의 남쪽, 남산의 미개발지로서

6 —　杉山悌子, "古き卒業写真に想う", 《鉄石と千草―京城三坂小学校記念文集》, 22쪽

7 —　岡村新, "大正八,九年の〈三坂〉かいわい", 《鉄石と千草―京城三坂小学校記念文集》, 24~25쪽

수목이 많고 조망이 좋아서 '공기 좋고 채광과 통풍에 유리한 건강한 주택지'라는 이미지를 가진 후암동은 그 명성에 부합하는 일본인들의 고급 주택지로 개발되기 시작한다.

1920년대 초반에 조선은행 사택지가 개발되고 중후반에는 3차에 걸쳐 경성의 3대 문화주택지 중 하나로 손꼽히던 학강(鶴ヶ岡, 츠루가오카) 주택지가 개발된다. 1920년대의 또 다른 주택지인 미요시(三好和) 주택지가, 1930년대 이후부터는 주택지 개발이 더욱 본격화되면서 삼판통(三坂通, 미사카도오리) 주택지, 삼판통주택(三坂通住宅, 미사카도오리쥬타쿠) 주택지, 신락원(神樂園, 카구라엔) 주택지, 신정대(神井臺, 신세이다이) 주택지, 일출구(日の出ヶ丘, 히노데가오카) 주택지 등 다양한 브랜드의 주택지가 개발되면서 이 일대 경관은 급속도로 바뀌기 시작한다.

농사짓던 땅이 경성 최고가의 고급 주택지로

주택지 개발은 토지 소유권과 지목 및 지가의 변화로 나타났다. 소유권의 변화와 지목의 변화는 시기적으로 차이를 보이는데, 토지 소유권은 1910년대 초반경 이미 대부분 일본인 개인이나 단체에게 넘어갔다. 반면 지목의 경우 1910년대 중후반까지 별 변화 없이 농지를 뜻하는 전(田)의 상태로 유지된다. 하지만 1920년대에 들어서면서부터 지목에도 변화가 생기는데, 후암동이 한창 개발되는 1920년대 중후반과 1910년대 말 상황을 비교해 보면 토지 대부분이 대(垈)와 도(道)로 지목이 바뀌면서 잘게 분필된 것을 알 수 있다.

경성의 3대 주택지 중 하나로 불리며 신문과 잡지에 평당 공시지가와 분양가가 계속 소개되었던 학강 주택지의 경우를 통해 후암동 일대의 지가 변동 양상을 살펴보면, 개발되기 전 해당 지역 토지의 지목이 전(田)인 1910년대 말 당시에는 평당 0.55원에서 2.6원에 불과했다. 그러던 것이 지목이 대(垈)로 바뀌면서 1.2원에서 6원까지 상승했고, 실제 분양될 때는 10원에서 36원까지 지가가 매겨졌다고 한다.[8]

이 가격은 당시 경성의 다른 주택지의 분양가와 비교했을 때 가장 높은 수준에 해당했는데, 경성 동부지역의 약수대(藥水臺), 숭사동(崇四洞), 혜화동(惠化洞), 숭일동(崇一洞),

8 — "조선토지입찰", 《동아일보》, 1925년 5월 29일자

경성정밀도(1933)에 나타난 후암동 일대. 서울역사박물관 소장 자료

후암동 일대 주택지 목록 및 위치

주택지명	개발연대	위치
조선은행 사택지		삼판통 244번지 일대
학강	1920년대	강기정, 고시정, 삼판통
미요시대가부, 분양지		고시정 35번지 일대
삼판통		삼판통
삼판통주택		삼판통
신락원	1930년대	길야정2정목
신정대		삼판통 358번지 일대
일출구		강기정

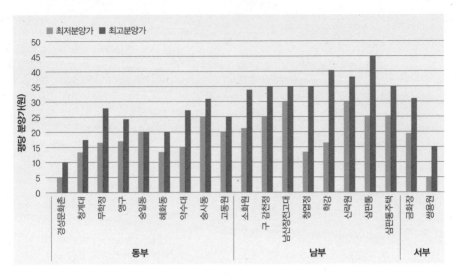

주택지별 평당 분양가　출처: 이경아, 《일제강점기 문화주택 개념의 수용과 전개》, 서울대학교 박사논문, 2006, 161쪽

무학정(舞鶴町), 앵구(桜ヶ丘) 주택지의 경우 평당 분양가가 10원대에서 20원대였고 경성 서부 지역의 금화장(金華莊) 주택지가 평당 20원대에서 30원대였던 것과 비교할 때, 후 암동의 주택지는 모두 평당 30원대에서 40원대에 육박하는 고가였다. 후암동은 당시 경성에서 최고가로 분양되던 고급 주택지로 변신하고 주택지 개발자들은 많은 수익을 올렸음을 짐작해 볼 수 있다.

후암동 주택지 개발의 시작, 조선은행 사택지

후암동에서 주택지 개발의 시작을 알린 것은 조선은행 사택지이다.[9] 선은사택(鮮銀社宅) 이라는 약칭으로 불렸던 조선은행 사택지는 조선은행 경성본점(현 화폐박물관)에서 약 30분간 걸으면 다다를 수 있는 남산의 서사면, 한양도성의 바로 바깥인 후암동 244번

---

9 ― 富井正憲, "朝鮮銀行社宅郡/ソウルー異文化が積層する旧海外居住地",《近代日本の郊外住宅 地》, 鹿島出版社, 2000, 534쪽. 조선은행은 1909년 설립된 이후부터 2차 세계대전 종결에 의한 폐 쇄에 이르는 36년간 총 109점의 동아시아 영업망을 가지고 있던 국제적인 조직이었다. 조선은행은 조 선에 경성본점 이하 24개소, 구만주(중국동북지방)에 26개소, 시베리아에 8개소, 중국 권내에 40개 소, 일본에 9개소, 그리고 뉴욕 출장소와 런던 파견원 사무소 등을 두었던 것이라고 한다.

1 후암동 타운 맵에서의 조선은행 사택지와
   학강 주택지, 출처: 《삼판 30주년 기념문집》

2 1927년 조선은행 소유 토지

3 조선은행 사택지의 시대별 모습

■ 학강 주택지   ■ 조선은행 사택지

경성부일필매 지형명세도, 1929

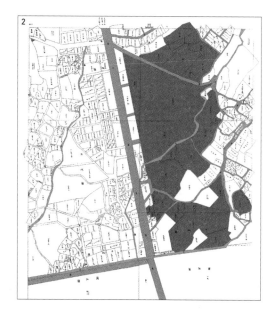

대경성정도, 1936

서울시지번도, 1969

지 일대에 1921년 12월 준공되었다. 이곳은 근처의 경성역(현 문화역서울 284)에서 걸어도 약 15분 정도에 도착할 수 있을 뿐만 아니라 현 한강대로를 따라 지나가는 전차 노선(1899년 남대문-구용산 노선 신설, 인근의 정류소는 고시정, 강기정)이나 현 후암로를 따라 개설된 버스 노선(인근의 정류소는 선은사택 앞, 삼판)과도 연결되는 교통이 편리한 지역이었다.

1913년 토지조사부와 1917년과 1927년에 발간된 경성부관내지적목록을 비교해 보면 해당 토지가 사택지로 개발되기 전인 1910년대 후반까지도 조선은행은 이 일대에 전혀 토지를 가지고 있지 않았다. 사택지로 개발되는 삼판통 244번지, 248번지, 249번지의 1917년 소유주는 만타마 케이지(萬玉啓二)라는 일본인과 권호진(權鎬辰)이라는 조선인이었다. 이것으로 미루어보아 조선은행은 이곳을 사택지로 염두에 두고 미리 토지를 확보했다기보다 사택지 개발 직전에 구입한 것으로 보인다. 조선은행은 이 일대에 약 20,000평이 넘는 토지를 소유하게 되었고 그중 절반에 해당하는 약 10,000평에 사택지를 조성했다. 그중에서 244번지는 사택지의 가장 중심에 해당하는데, 244번지라는 동일 지번을 가지면서 내부에 도로를 내서 블록을 나누고 사택을 지었다.

일제강점기에 발행된 시대별 지도 자료를 통해 필지와 도로 구성에 대한 개략적인 모습을 알 수 있다. 삼판소학교(三坂小學校, 현 삼광초등학교) 출신들이 모여 만든 삼판회의 30주년 기념문집에 실린 타운 맵은 조선은행 사택지를 포함한 후암동 일대의 분위기를 어렴풋하게나마 알려준다.

조선은행 사택지는 플라타너스 가로수가 있던 현 후암로의 상가 블록 뒤쪽으로 물러나 조성되었는데, 조선은행 소유 토지 중 가장 넓은 약 8,400평에 해당하는 244번지가 중심에 있었다. 그 안에 시소와 같은 놀이기구를 갖춘 공원을 중심으로 방사형 길을 내어 244번지를 6개 블록으로 나눴다. 그중 가장 남쪽 블록에는 테니스코트가 조성되어 있고 주변에는 벚나무가 있었다. 244번지의 아래에는 남산에서부터 흘러내리는 작은 개울이 있었는데, 그 건너편 필지 247번지, 248번지, 249번지에는 스케이트장이 있었다.

주변에는 삼판소학교(1919년 설립)와 용산중학교(1917년 설립), 경성제2공립고등여학교(1922년 설립)와 경성전기학교(1924년 설립)가 있어 교육 환경 면에서도 우수했을 뿐만 아니라 소방서, 우편소, 파출소, 시장, 약국, 빵집, 우유 가게, 쌀집, 음식점, 다다미집, 병원(내과, 치과, 산부인과, 가축병원), 사진관, 미용실, 영화관도 있었던 것으로 확인된다. 북쪽에는 남묘, 조선신궁이 조성되어 있었는데, 조선신궁의 남참도(南参道, 미나미산도)는 후암동의 참배객을 위해 특별히 신설된 도로였다.

이처럼 조선은행 사택지를 포함한 삼판통 일대는 교통이 편리했을 뿐만 아니라 관공서, 교육시설, 의료시설, 편의시설, 여가시설 등 여러 시설이 두루 구비되어 생활하기에 매우 편리한 장소였다. 이러한 양호한 거주 환경은 삼판통 일대의 주택지가 지속적인 인기를 끄는데 기여했을 것으로 보인다.

이곳에 들어선 사택 건축물은 어떤 특징과 위상을 가지고 있었을까.

조선은행 사택의 건축물 설계 및 특징에 관련해서는 준공된 지 6년 뒤인 1927년 《조선과 건축》에 미야케 키요지(三宅喜代治)의 "삼판통 선은사택에 대하여(三坂通り鮮銀社宅に就いて)"라는 글과 1972년 발행된《철석과 천초-경성 삼판소학교 기념문집(鉄石と千草 —京城三坂小学校記念文集)》이라는 사택 거주자들의 기록, 1999년 조선은행 사택을 조사 및 연구한 김영호의 석사논문《일제시대 조선은행사택의 건축적 의미에 관한 연구》와 2000년에 발간된《근대 일본의 교외 주택지(近代日本の郊外住宅地)》라는 책에 토미이 마사노리(冨井正憲)의 글이 있어서 알기 쉽다. 내용을 정리하면 다음과 같다.

조선은행 사택 설계는 조선은행 영선과에서 맡았다고 하는데, 책임자는 조선건축회의 이사도 역임했던 오노 지로(小野二郎) 과장과 노나카(野中) 기사였고 시공은 대부분 오쿠라구미(大倉組)에서 담당했다. 사택으로 건설된 주택은 총 23동 35호였다. 주택 종류는 부장급, 과장급 1호와 2호, 갑호, 을 1호와 2호, 병호 등 총 7가지 외에 합숙소가 있었다. 합숙소를 제외한 타입별 연면적은 66평에서 108평까지 다양했는데, 병호를 제외하고는 모두 지하실을 두었고 을호를 제외하고는 모두 2층 규모였다. 호별 면적으로 따져보면, 한 호당 26평에서 82평까지 다양하다. 2층의 단독주택 규모를 가지는 것은 부장급과 과장급의 주택에 한정되어 있었다. 그 외에 갑호는 2층 2호 연립, 을호는 단층 2호 연립, 병호는 2층 4호 연립으로 지어졌다. 사택이 지어지는데 든 총공사비는 72만 원이었다고 하는데, 당시 건축비로 따지자면 일반 목조의 2배 이상 비싸고 일반 철근콘크리트조와 비교해도 40%나 비싼 주택이다.

주요 구조는 철근콘크리트 블록조였으며 지붕은 모두 평지붕에 아스팔트방수, 난방은 각호가 각각 지하실에 전용 보일러를 가지는 증기난방(가장 작은 병형만 붙박이 페치카형)을 완비하고 있었다고 하며 개구부는 세로로 긴 상하창을 두고 남면에 발코니를 설치했다. 특히 한국의 기후와 풍토를 고려하여 방한 건축에 신경을 썼는데, 열 손실을 막기 위해 벽체 면적을 최소화하거나 주요실을 남향으로 배치하고 베란다를 전면에 부착하여 온실효과를 노렸으며 이중창을 사용하기도 했다. 이처럼 조선은행 사택은 구조, 의장, 설비면에서 모두 당시로서는 혁신적인 주택이었다고 하는데, 특히 구조에서

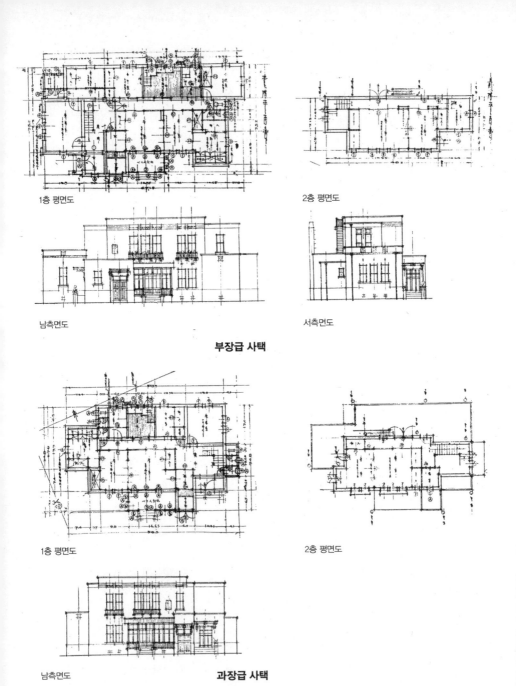

1층 평면도

2층 평면도

남측면도

서측면도

부장급 사택

1층 평면도

2층 평면도

남측면도

과장급 사택

《조선과 건축》(6집 5호, 1927년 5월)에 소개된 부장급과 과장급의 사택 도면과 갑호, 을호, 병호의 사택 도면

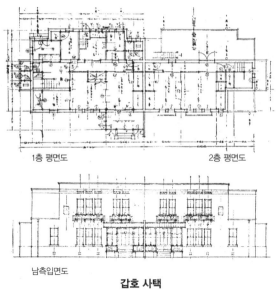

1층 평면도   2층 평면도

남측입면도

갑호 사택

을1호 사택

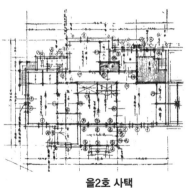

을2호 사택

1층 평면도   2층 평면도

병호 사택

일본의 첫 철근콘크리트 블록조 집합주택이 1922년 요코하마시 시영주택사업이었음을 감안해 볼 때, 조선은행 사택은 매우 참신하고 이른 시기의 시도였다는 평가를 받기도 했다.[10]

철근콘크리트 블록조 내부는 목조로 구성되었고, 응접실(큰 2개의 타입에만 있음) 외의 방은 모두 화실(和室)에 좌식으로 꾸몄으며, 2층에는 갸쿠마를 두었다. 평면은 전형적인 중복도 형식이었다. 이로 미루어 외관은 양풍, 내부는 화풍을 가지는 화양절충형 주택이었다는 것을 알 수 있다.

이러한 조선은행 사택지 주변의 환경과 건축적 특징은 당시 이곳에 거주했던 사람의 기억 속에도 잘 남아있다.

내 경우는 당시로서는 하이칼라의 집에서 자라났다고 생각한다. 선은사택은 대정시대에 지어진 양식의 2층 건물로, 옥상에는 발코니가 있고 지하는 보일러실이 있어서 집안이 증기난방을 하도록 되어 있었다. 자주 집에 석탄을 보내주는 부엌문의 구멍부터 지하실로 이동시키는 것이 어려운 작업이었다는 기억이 있다. 집 안은 응접간(應接間)만이 양식(洋式)이고 그 외에는 전부 화실(和室)이었다. 사택은 독립가옥 또는 2호가 이어져 어떤 집도 넉넉한 정원을 가지고 있었다. 나는 이 정원에서 캐치볼을 한다든지 겨울에는 물을 뿌려서 스케이트장을 만들기도 했다. 사택의 가운데에는 차가 통과할 수 있는 정도의 도로가 있었고 이 도로에는 벚나무가 있어서 꽃이 필 때에는 꽃놀이회가 자주 열렸다. 사택의 가장 가운데 테니스코트가 있어서 우리들은 코트가 비어있을 때 거기서 팀이라고 하는 야구 흉내를 내며 놀았다. … 나는 어린 시절부터 음악이 좋아서 피아노를 사서(당시 500원이었다고 생각한다) 고시정의 선생님에게 배우러 갔었는데 주 1회 배우러 가는 것이 점점 부담이 되었다. … 야구는 그 즈음 경성에서도 대단히 인기가 있어서 나는 때때로 전차를 타고 경성 운동장이나 용산 운동장에 관전하러 갔다. … 우리 집에서는 아버지가 낚시를 좋아하고 어머니는 하이킹을 좋아해서 일요일에는 때때로 교외에 나갔다. 겨울은 스케이트 이외에 스키를 타러 금강산이나 산보에 가거나 했다. … 우리 집에서는 2층이 자시키(座敷)와 공부방으로 되어 있었는데, 형이 6첩 방을, 나는 3첩 방을 썼다.[11]

하지만 조선은행 사택에 대한 일반적인 거주 평은 좋지 않았던 것으로 보인다. 조

10 — 冨井正憲, 앞의 글, 538~540쪽

11 — 瀬戸新策, "鮮銀社宅", 《鉄石と千草—京城三坂小学校記念文集》, 228~229쪽

선은행의 서무계 주임이었던 아키라 켄키치(荒木謙吉)와 국고과장이었던 이노우에 시게노리(井上重禮)의 이야기에 따르면, 콘크리트 블록과 평지붕은 여름철과 겨울철에 온도 조절이 잘 안 될 뿐만 아니라 온수난방은 선진적이고 위생적이기는 하나 너무 비싸고 서양식 외관으로 인해 바람이 잘 들어오지 않고 바깥이 잘 보이지 않아 감옥에 있는 것 같았다는 것이다.

당시로서는 참신하고 대담한 의장과 재료, 구조와 난방 방식을 채택한 조선은행 사택이었으나 실제 사용자들에게는 잘 받아들여지지 않아 실험주택에 그치고 말았던 것으로 보이는데, 이후《조선과 건축》에 소개된 주택을 보더라도 조선은행 사택과 같은 구조와 형태의 주택은 더 이상 볼 수 없었던 이유가 여기에 있다.

해방 이후 조선은행 사택지는 단체나 일반인에게 불하되었다. 1990년대 말 조사 결과에 의하면 해방 후 한국은행 관계자들을 대상으로 해서 불하가 이루어져 한동안 한국은행 관계자들이 많이 살았다고 하는데, 한국 사람들이 살게 되면서 모습이 많이 바뀌었다. 예를 들어 벽체 구획과 문을 바꿔서 일본 주택 특유의 실의 개방성을 줄인다거나 여자들과 일하는 사람들이 드나들던 우치겐칸을 폐쇄하여 수납공간으로 쓰기도 했으며 관상용 정원은 장독대와 세탁물 건조대 등 가사작업 공간으로 환원되었다.[12] 결국 일본인들을 위해 지은 건축물이 한국인들의 주생활에 맞춰지면서 바뀐 것인데, 주거 건축의 강한 관성과 지속성이 다시 한번 확인되는 부분이다.

조선은행 사택 건물은 2000년대 말까지만 해도 일부가 남아있었던 것으로 보이나 이후 모두 다세대 주택이나 상가 건축물로 재건축되어 현재는 자취를 찾아보기 힘들다.

경성의 3대 주택지, 학강 주택지

조선은행 사택지가 기관에 의해서 개발된 주택지였다면 학강 주택지는 민간에 의해 개발된 주택지이다. 앞서 언급했듯이 학강 주택지는 1925년, 1927년, 1928년 3차례에 걸쳐 개발된 주택지로서 소화원(昭和園, 1927년 개발), 금화장(金華莊, 1928년, 1930년, 1934년 3차에 걸쳐 개발) 주택지와 함께 일제강점기 경성의 3대 주택지 중 한 곳으로 손꼽히던 곳이다. 다음은 학강 주택지의 당시 명성을 짐작하게 하는 글이다.

---

12 — 김영호, 《일제시대 조선은행사택의 건축적 의미에 관한 연구》, 한양대학교 석사논문, 1999

삼판을 내려다보는 완만한 언덕 일대에 문화주택이 늘어서 있다. 이것이 이른바 학강 주택지이다. 천하의 부호 고 츠루히코(鶴彦)옹 오쿠라 키하치로 남작 애완(愛玩)의 땅이었던 것을, 1925년 5월, 조선토지신탁회사가 인수하여, 학강이라 명명하여 판매하였다. 이것이 또 굉장한 성적을 올렸는데, 77필지 평당 10원에서 36원까지인데 날개 돋치듯 팔려나갔다. 호성적을 보아, 다음은 동사(同社)의 사장 아라이 하츠타로씨의 소유지 8천8백여평을 평당 16원에서 35원, 100필로 나누어 1927년 5월 제2의 학강으로서 판매하였다. 이것도 또한 눈 깜짝할 사이에 팔렸다. 그래서 1928년 3월부터 마츠모토구미(松本組) 장인 마츠모토 카츠타로씨 소유 2천6백평을 제3의 학강이라고 하여 26필지 평당 26원에서 38원까지 분양하였다. 지금 남아 있는 것은 오직 9개 필지밖에 없다. 이 주변 2만평은 제각각의 취향에 따른 훌륭한 집들이 늘어서서 면목을 일신하고 있다.[13]

이곳은 민간에 의한 주택지 개발이 활발하게 일어나고 있지 않던 1920년대 당시 경성문화촌(京城文化村, 1925년 개발) 및 녹구(綠が丘, 미도리가오카, 1925년 개발) 주택지와 함께 일제강점기 민간 주택지 개발의 초기 모습을 볼 수 있는 곳이다. 게다가 같은 브랜드로 개발되었지만 성격이 다른 개발자들에 의해 시간차를 두고 추진되던 이력을 가지고 있는 주택지로 더 주목할 만하다.

일제강점기 주택지 개발의 초기 사례로 학강 주택지와 같은 민간에 의한 것이 아닌 관에 의한 관사(官舍)단지 또는 기관에 의한 사택(社宅)단지 개발을 들 수 있다. 관사단지와 사택단지를 통칭해서 사택(舍宅)단지라 한다. 사택단지는 관 또는 기관이 주도하여 익명의 거주자를 대상으로 집합적으로 계획하고 다량의 주택을 한꺼번에 건설하는 특징이 있어서 당시 한반도의 시장 상황이나 거주자의 요구 등에 직접적으로 대응하기는 어려웠다고 생각된다.

13 — "大倉男遺愛の地第二高女のバルコニーから見下した鶴ケ岡一帶",《경성일보》 1930년 11월 27일자

14 — 오쿠라 키하치로는 에치고(越後, 지금의 니가타현) 시바타 출신으로 1928년 사망했다. 1865년 에도 이즈미 다리 근처에 총포상을 개업하는 한편, 오쿠라구미 활동도 했으며 1874년에는 영국 런던에 지점을 개설하기도 했다. 조선에서는 오쿠라 토목 출장소를 두어서 철도를 비롯하여 관청, 은행회사 등의 대공사에 참여했으며, 러일전쟁과 함께 전북 옥구에 오쿠라 농장을 개설하고 경성에서는 선린상업학교(善隣商業學校)를 설립하기도 했다.

15 — 조선토지경영주식회사는 1919년 미요시 와사부로(三好和三郎)에 의해 설립된 토지, 가옥 대부 및 매매 회사다. 이후 요시다 히데지로(吉田秀次郎), 시노자키 한스케(篠崎半助)를 거쳐 아라이 하츠타로가 사장이 된다. 1930년에는 조선토지신탁주식회사(朝鮮土地信託株式會社)로 상호를 변경하여 1930년대 이후에는 조선토지신탁이라는 회사명으로 신문이나 잡지 등에 자주 등장한다.

반면, 학강 주택지와 같이 민간에 의해 개발된 주택지의 경우에는 당시 시장의 상황과 밀접하게 호응하며 필지의 규모가 결정되고 한반도에 유입된 일반적인 주택 트렌드에 민감하게 반응하며 지어졌다는 점에서 사택단지와 구별될 수 있다. 게다가 학강 주택지가 있던 삼판통 일대는 일찍부터 최적의 주택지로 주목받아왔던 곳으로 그러한 당시의 흐름을 알아보기에 가장 적합한 곳이기도 하다. 비슷한 시기 진행된 한옥 주택단지가 기존 한반도의 풍토에서 오랫동안 검증된 한옥이라는 주거 양식 보급을 위한 개발지였다면, 학강 주택지와 같은 주택단지는 외래의 주거 양식이 유입되어 보편화되기 시작하는 시점의 새로운 주택 평면이나 구조 및 재료에 대한 실험, 그리고 나아가 도시 경관의 변화까지 이끌어낸 주택지 사례이다.

학강 주택지는 총 3단계로 나누어 개발되는데, 1단계로 1925년 오쿠라구미의 오쿠라 키하치로(大倉喜八郞)[14] 소유였던 토지를 조선토지경영주식회사(朝鮮土地經營株式會社, 장곡천정 112번지 소재)[15]가 의뢰받아 학강 주택지라고 명명하여 토지를 판매했다. 1단계 분양이 성공적으로 끝나자 2단계로 1927년 조선토지경영주식회사 사장이었던 아라이 하츠타로(荒井初太郞)[16]가 직접 나서 동일한 명칭의 주택지로 개발하여 분양했는데 이 또한 매우 좋은 성적을 거뒀다고 한다. 마지막 3단계로 1928년 마츠모토구미[17]의 마츠모토 카츠타로[18]에 의해 추진되었는데 이 또한 호응을 얻으며 분양되었다고 한다.

1단계 학강 주택지의 토지 소유자였던 오쿠라 키하치로는 일본의 실업가로서 조선에 진출하여 철도를 비롯한 관청, 은행 등의 공사를 맡기도 했던 거물로 1910년대 이미 고시정과 강기정 인근에 약 8,000평에 달하는 많은 토지를 소유하고 있었다. 반면, 아라이 하츠타로와 마츠모토 카츠타로의 경우에는 1910년대에는 미생정(彌生町, 현 도원동)이나 원정2정목(元町二丁目, 현 원효로2가)과 원정3정목(元町三丁目, 현 원효로3가) 등 다른 곳에

---

16 — 아라이 하츠타로는 1868년생으로 도야마현 니시토나미군 출신이다. 우에노 야스타로(上野安太郞) 등과 함께 호쿠리쿠구미(北陸組)를 만들어 토목건축계에 등장했다. 1904년 경부선 공사가 추진되자, 호쿠리쿠구미의 대표자로 조선에 건너와 공사에 참여한 후 독립하여 아라이구미(荒井組)를 창설했다. 조선 내 철도와 기타 공사뿐 아니라, 만주 방면에도 손을 뻗쳐서 개발에 참여하기도 했다. 그밖에 광산업, 정미업, 양조업, 토지개간, 목축 등에서부터 여관, 온천 경영 등 여러 업종을 겸하기도 했으며, 후에 조선토지경영주식회사의 사장이 되기도 한다. 조선토목건축협회 회장, 조선건축회 이사, 조선광업회 이사, 조선축산회 부회장, 사단법인 조선경마구락부 회장 등의 요직을 맡기도 하는 등 시키 신타로(志岐信太郞), 마츠모토 카츠타로(松本勝太郞)와 함께 토목계의 '삼태랑(三太郞)'이라 불리기도 했다. 아라이 하츠타로에 대한 연구로는 김명수, "재조일본인 토목청부업사 아라이 하츠타로의 한국 진출과 기업활동", 《경영사학》(26집 2호, 2011년 9월)이 있다.

17 — 마츠모토구미는 1925년 마츠모토 카츠타로에 의해 설립된 토목건축회사로서, 히로시마현 쿠레시에 본점을 두고 청진, 경성, 창천에 지점을, 함흥, 도쿄, 다롄, 펑티엔, 나진, 흥남에 출장소를 두기도 했다.

주로 토지를 소유하고 있다가 1단계 학강 주택지가 성공적으로 분양되는 것을 보고는 1920년대에 들어서야 이 일대 토지를 대량 매입하여 2단계, 3단계 학강 주택지 개발에 참여한 것으로 보인다.

일제강점기 주택지의 개발자는 크게 개인과 일반 개발회사, 국책회사로 나눌 수 있다. 1차 개발지의 경우에는 오쿠라 키하치로 개인의 토지를 조선토지경영주식회사라는 특정 회사에 의뢰하여 개발한 사례였다면,[19] 2차 개발지의 경우에는 회사의 소유인인 아라이 하츠타로 개인이 직접 토지 매수와 개발에 뛰어들어 추진한 경우였다. 3차 개발지는 토지 소유자가 1917년에는 마츠모토 카츠타로였다가 개발되기 직전인 1927년에 소유권을 모두 마츠모토구미라는 회사로 넘긴 사실을 알 수 있는데, 이것은 1차 개발지와 2차 개발지의 개발 전·후 토지 소유자가 각각 오쿠라 키하치로와 아라이 하츠타로라는 개인 소유로 계속 유지된 것과 차이를 보이는 부분이다.

결국 학강 주택지는 3차에 걸쳐 개발되는 동안 개인과 일반 개발회사에 의해 복합적으로 개발된 사례였음을 알 수 있는데, 1차와 2차의 경우 개인이 소유한 토지를 개발하면서 그 소유권이 계속 개인에게 남아 개인이 영향력을 행사했다면 3차의 경우에는 회사 차원에서 개발하고 분양하여 앞선 1차와 2차의 경우와 구별된다.

18 — 마츠모토 카츠타로는 1874년생으로 히로시마현 쿠레시 출신이다. 집안 대대로 토목건축업을 운영해 왔으며 16세부터 가업을 도와 요시우라(吉浦) 화약고 신축, 제5사단 기병 제5연대에 병사 신축 공사에 관여하기도 했다. 러일전쟁을 겪으며 노임 및 재료 등의 폭등으로 크게 실패했으나 대만으로 건너가 다시 사업을 개시했다. 총독부의 신용을 얻어 이후 포공병의 각 병사 및 부청의 건축을 맡아 크게 성공했다. 1901년 쿠레시로 돌아와 본점을 개설하고 지점을 도쿄 및 시모노세키, 경성에 설치했다. 출장소를 오이타 츠루사키 우스키에 설치하여 목재만을 판매하는 한편 토목 청부업도 운영했다. 조선에서 관여한 주요 공사로는 경의선 속성공사 및 개량공사, 경원선 개량공사, 나남 병영공사, 국도 개수 및 교량공사 등이 있는데 매출이 1,000여만 원에 달했다고 한다.

19 — 조선토지경영회사의 학강 문화주택 설계는 이미 다 되고 오는 28일에 공사 입찰을 행할 모양인데 총 평수 7,400여 평, 공사비 약 1만여 원 예산이며 평 단가는 장소에 따라 다르나 최저 10원부터 최고 36원까지이며 가장 많은 것은 15~6원이라더라. "조선토지입찰 공사비 1만여 원", 《동아일보》 1925년 5월 29일자; 조선토지경영회사의 학강 문화주택 설계 공사는 용산 후지다 야스노신(藤田安之進)씨 낙찰 오늘 계약 성립하였으므로 즉시 설계 공사에 착수하였다. 주택지는 이미 매매 계약제가 3,663평(원주민의 우선권에 의한 것이 1,130평, 기타 2,533평)에 달하여 당장 신청할 것도 있고 좋은 성적을 거뒀다더라. "토지공사 착수 등전씨가 낙찰", 《동아일보》 1925년 6월 4일자

1단계 학강 주택지 개발을 주도했던
조선토지경영주식회사의 주택지 분양 광고.
출처: 《경성일보》 1930년 3월 26일자

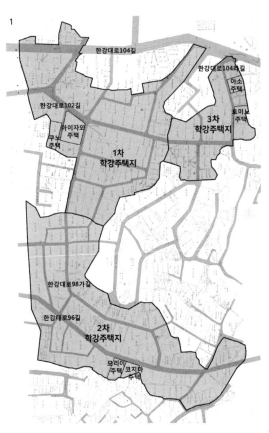

경성부 시가도, 1911

경성부일필매지형명세도, 1929

서울시 지번도, 1969

1 차수별 학강주택지 위치와 주택

2 학강 주택지로 개발되기 전과 후 모습

	위치	토지 소유자	개발자	개발 규모 (평)	필지 수	공시 지가 (원)	분양가 (원)
1차	고시정 22, 30, 38,41 강기정 1, 6	오쿠라 키하치로	조선토지경영주식회사	7,560	102	5~6	10~36
2차	삼판통 164 강기정 7, 45	아라이 하츠타로	아라이구미	8,667	116	1.8~2.4	16~35
3차	삼판통 123, 124	마츠모토구미	마츠모토구미	2,555	31	1.2	26~38

　　주택지 개발 이전에는 원래 감산(柿山)이라고 불리던 구릉지였는데 이곳을 활용해 학강 주택지가 탄생했다. 학강 주택지로 개발된 전체 토지의 규모는 21,816평이었는데, 1911년 경성부시가도에서 확인할 수 있듯이 아직 개발되지 않고 산지로 남아있던 것을 경사에 맞춰 길을 내고 주택지를 앉힌 것이다. 1차에서 3차에 이르는 개발지의 필지 분할 및 도로 조성 양상을 보면 되도록 개발지의 중심을 관통하는 도로를 내면서 격자형의 필지 구획을 위한 노력을 기울였다는 것을 알 수 있다. 차수별 개발지는 바로 인접한 다른 차수의 학강 개발지와 연결이 가능하도록 하고 있다는 점에서 그 연계성을 확인할 수 있다. 1차와 2차 개발지, 1차와 3차 개발지의 경계에 해당하는 필지의 경우 뒤에 개발되는 개발자들의 소유로 변경되는 것을 볼 수 있어 학강 주택지라는 동일한 브랜드의 명성에 기대면서 개발하고자 했던 의도가 잘 드러나고 있다.

　　길은 격자형이 아닌 구릉을 따라 굴곡을 가지게 된다. "학강 주택지란 주택지로 개발되기 시작한 이후 얼마 지나지 않아 구릉지 전체가 주택으로 뒤덮였으며"[20] 주택들은 "붉은 기와와 푸른 기와의 큰 집들이 많았다."라는 기록이 남아 있다.[21] 이것은 당시 문화주택지를 소개할 때 등장하는 상용적인 문구로서 학강 주택지가 당대의 대표적인 문화주택지 중 하나였다는 것을 반증한다.

1924년 강기정(통칭 학강)이라는 감산(柿山)을 개발한 완만한 언덕길을 따라 우리 집은 지어졌다. 그 무렵은 한 손으로 셀 만큼 밖에 집이 없었다. 북쪽에는 아직 감산이 남았고, 남쪽은 떨어져 있기는 했지만 연병정이나 제이고녀, 야포대 일대를 다 볼 수 있었다. 1년 정

20 — 大西(小笠原)兌佳子, "故山はるかに",《鉄石と千草一京城三坂小学校記念文集》, 199쪽

21 — 内田二郎, "練兵町物語",《鉄石と千草一京城三坂小学校記念文集》, 153~156쪽

도 후에 같은 길 건너편에 호리(堀)씨 집이 지어지고 온실 유리 너머로 거리에서는 담 때문에 보이지 않던 양풍 창이 잘 보였다. 건너편 급경사를 올라간 곳에는 이시구로(石黑) 씨 집이 생겨서, 어느샌가 여러 단상으로 이어지는 돌계단을 올라 올려다볼 수 있는 산 정상까지 가득 집이 지어졌다.

이곳 학강 주택지의 거주자는 교장(경성남산공립심상소학교), 교사(혜화보통학교, 배재고등보통학교, 경성제2고여, 경성사범학교, 경성고등공업학교), 교수(경성제대), 공무원(총독부) 뿐만 아니라 의사, 회사 사장, 기자 등이었다. 눈에 띄는 것은 학강 주택지 인근에 위치한 경성제2고여에 직장을 둔 사람뿐 아니라 사대문 안에 위치한 조선총독부(광화문통 소재), 경성남산공립심상소학교(남산정2정목 소재), 혜화보통학교(혜화동 소재)나 배재고등보통학교(정동 소재), 경성사범학교(황금정6정목 소재), 경성고등공업학교(동숭동 소재), 경성제대(동숭동 소재), 삼정물산(황금정1정목 소재) 등 비교적 먼 거리에 직장을 두고 있는 사람들도 이곳에 거주지를 두고 있었다는 점이다. 이를 통해 알 수 있는 것은 이곳 학강 주택지는 일제강점기의 중상류층에 해당하는 일본인들이 거주했던 주택지였다는 것이고 비교적 먼 거리의 직장인들도 이곳에 거주지를 마련했다는 것으로 보아 당시 학강 주택지에 대한 일본인들 사이의 인기를 미루어 짐작해 볼 수 있다.

그외 주택지 개발

조선은행 사택지와 학강 주택지 이외에도 삼판통 및 그 주변에서 다수의 주택지 개발이 일어났다. 구체적인 기록을 찾아볼 수 있는 주택지로는 1920년대 초반에 개발된 미요시 주택지와 1930년대 중반에 개발된 신정대 주택지를 들 수 있다.

미요시 주택지는 임대 주택지와 분양 주택지가 함께 있었던 것으로 추정되는데, 이것은 다른 주택지가 분양만 했던 것과 차이를 보이는 부분이다. 미요시 주택지가 들어선 곳은 원래 묘지가 있었던 산으로 일명 인단산(仁丹山) 또는 인체산이라고 불리던 낮은 구릉지였는데, 1920년대 초 계단식의 주택지로 개발되었다는 기록이 다음과 같이 남아있다.

우리 집에서 길야정으로 나가는 길은 부락과 부락 사이를 이어주듯 달리는 좁은 길을 지나 큰 묘지 산(편집부주=인단산)을 넘어서 가는 길이었다. 몇백 개나 있는 산소 중에는 무너져서 인간의 흑발이 나온 것도 있었다. 이 묘지 산을 무너뜨려 계단식 대주택지가 생긴 것은 대정 말년이었다(편집부주=인단산, 仁丹의 광고탑이 있던 것에 유래. 하지만 일부 사람들은 "인체산"이라 불렀다. 그것은 이 묘지군이 있었기 때문).[22]

미사카 집은 소학교 북측의 언덕에 있던 미요시주택(임대주택)으로, 통학에는 매우 편했다. 뒷문을 나오면 일면이 밭이며, 여러 채의 조선인 가옥이 있고, 간간히 콩나물 재배 건물 등이 있었다. 집 앞에는 붉은 벽돌의 성대 교수 저택이 있었고, 언덕길을 오르면 강기정에서 삼판통에 통하는 넓은 길로 나갈 수 있고, 소방서 망루가 있고, 삼판통에 닿는 곳에 '사츠마야', 오른쪽 모서리에는 '노무라주조'가 있었다.[23]

미요시 주택지는 미요시 와사부로(三好和三郎)[24]라는 사람이 개발했다. 미요시 와사부로는 1867년생 오사카 출신으로 1899년 2월 인천에 건너온 뒤, 8월에는 경성으로 옮겨 해산물 및 미곡상, 밀가루 및 설탕상, 한화(韓貨) 교환업 등 다양한 사업을 벌이다가 1919년 조선토지경영주식회사를 설립한 이후로는 오로지 가옥 개발 및 매매 관련 사업에만 주력했다고 한다.

그는 고시정(古市町, 현 동자동) 35번지 일대의 미요시 주택지 이외에 후암동의 다른 곳에도 다수의 토지를 가지고 있었던 것으로 보이는데, 1927년 경성부 관내 지적목록에 의하면 약 18,000평을 가지고 있었던 것으로 확인된다. 그중 미요시 대가부(貸家部)는 당시 인단산이라 불리던 동자동 35번지 구릉지 일대를 개발한 약 4,500평에 달하는 대규모 주택지였다. 아직 개발되지 않았던 구릉의 서사면 경사를 따라 격자 형태로 개발하여 주택을 지은 것으로 보이는데, 1929년 지적도에 의하면 토지가 분할되지 않고 하나의 지번으로 되어 있는 것을 알 수 있다. 이것으로 미루어 미요시 대가부는 말 그대로 토지를 분할해 분양했다기보다 전체 필지에 여러 주택을 지어 임대했을 가능성을 생각해 볼 수 있다. 미요시 와사부로는 미요시 대가부 외에도 삼판통과 길야정 일대에 여러 곳의 주택 분양지를 경영한 것으로 보인다.

22 — 岡村新, "大正八,九年の〈三坂〉かいわい", 《鉄石と千草─京城三坂小学校記念文集》, 24~25쪽

23 — 和田政雄, "三坂高からスポーツ人生へ", 《鉄石と千草─京城三坂小学校記念文集》, 266쪽

24 — 미요시 와사부로는 일본 거류민단의 의원으로 활동하기도 했고 1910년 강제병합 이후에는 경성부협의회 의원으로 뽑히기도 하면서 정치적 활동도 펼쳐나갔던 것으로 보인다.

미요시 주택지의 시대별 모습

경성부명세신지도, 1914

경성부일필매 지형명세도, 1929

대경성부대관, 1936

미요시 와사부로가 1927년 당시 소유했던 후암동의 토지 목록

동명	번지	지목	면적 (평)	동명	번지	지목	면적 (평)
삼판통	49	임야	597	고시정	14-31	대	12
	103-13	대	3		15-2~3		1,928
	109		340		19-1~2	임야	5,989.4
	109-1		11.3		19-3	대	76
	111~113		93		20-1	전	139.9
	118~120		333		21-1	임야	841.4
	129		104		22-5		83
길야정 1정목	130		328		28~29	대	73
	131	임야	1,703		32~34		65
고시정	14-9	대	48.5		35-1		4,061.8
	14-18		68		35-3		134.6
	14-20		301.5		36	전	859

※1927년 경성부관내지적목록을 근거로 정리

후암동의 또 다른 주택지로는 1930년대에 개발된 신정대 주택지를 들 수 있다. 이 주택지는 다카다 신지로(高田愼次郞)가 경영한 신정대고등주택지사무소(神井臺高等住宅地事務所, 길야정1정목 38번지 소재)에 의해 1932년부터 1936년 사이에 조성되었다. 위치는 현 후암동 358번지 일대인데 바로 인접한 소월로를 건너면 바로 남산공원과 이어지는 높은 지역이다.

당시 신정대 주택지의 분양공고 전단지의 내용을 살펴보면 다음과 같다.

신정대 고등주택지는 그 의미에 있어서 실로 최이상적(最理想的)이고 최위생적(最衛生的)일 뿐 아니라 그 토지는 고조(高燥)하고 멀리 한강이 보이는 조망은 실로 웅대하고 평편한 신설 도로에 고작 3, 4정(丁, 町과 같은 의미로 쓰이며 약 108m에 해당) 거리이며 조선신궁(朝鮮神宮)의 길을 따라가면 경성 중심에 가까운 욱정(旭町, 아사히마치, 현 회현동)에 접하고 남대문역은 수정(丁) 거리로 가깝고 제2고녀(과거 수도여고, 현 서울특별시 교육청 교육시설관리본부 자리)나 용산중학(현 용산고등학교)은 발 아래에 있고 뒤는 조선신궁의 성역에 접하여 영원히 부정이 드는 것을 허하지 않고 남산은 전체가 자기 집의 대정원(大庭園)과 같고 그 남단에는 옛날부터 유명한 약수가 용출하여 '라듐'의 함유가 풍부하여 자연의 영지(靈地)인 것은 신정대(神井臺)라는 이름보다 오히려 신성대(神聖臺)로서 깊은 의미를 가진다는 것을 알아야 한다. 1932년 이 땅에 고등주택지 건설에 착수한 이래 이미 4개년이 되었는데 여러 곤란과 싸우고 고심참담(苦心慘憺)하여, 자비를 들여 당당한 도로를 깔아 이미 자동차 교통이 자유롭고 부근 거주자에게 다대(多大)한 편의를 주고 있다. 장래 반드시 경성 제1의 고등주택가가 출현하는 일은 명료하다고 확신한다. 항상 이 신정대로부터 경성시가를 전망하면 연기와 먼지가 날리는 하계(下界)에 대하여 공기는 청정하고 심기는 상쾌한 천상계에 있는 기분이어서 한 번 이 쾌감을 알면 도저히 다시 연기 먼지가 오탁(汚濁)한 하계에 안주할 수 없을 것이다. 이곳은 이와 같은 성지에 거액을 투자하여 수도를 완비하여 고등주택가로서의 일절의 시설을 가하였다. 게다가 그 가격은 비위생적인 아래 동네(下町)의 반액 내지 1/3도 되지 않기 때문에 이미 발표 전 거의 반수에 가까운 매약을 하였다. 이 땅이 어떻게 호주택지인가는 최근 예약하는 분들이 대체로 그쪽 전문가 집단이라는 경향을 보면 일절의 설명이 필요 없다고 확신한다. 목하 활발히 매약(賣約)을 결정하고 있으므로 다 팔리기 전에 재빨리 보러 오셔서 영원 안주의 성지를 획득하시길 바란다. 내관(來觀)하실 때에는 조선신궁 표참도(表參道, 오모테산도)로부터 약수로 통하는 새길이 났기 때문에 자동차로 자유롭게 오실 수 있다.

전단지 내용에 따르면 신정대 주택지는 인근에 유명한 약수가 나는 이유로 신정대라는 이름을 갖게 되었는데, 개발자는 후암동에서도 높은 지대에 자리 잡아 멀리 한강

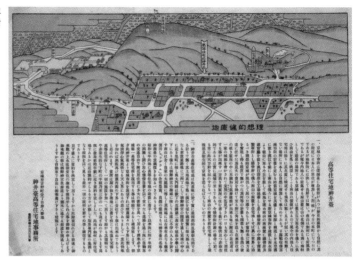

대경성정도, 1936   서울시지번도, 1969

을 바라볼 수 있는 곳으로 가장 이상적이고 가장 위생적인 주택지이자 고등주택지임을
자부하고 있다. 경성의 중심지와도 가까울 뿐만 아니라 교육시설도 잘 갖추어져 있고
조선신궁과도 가까운 것은 신정대 주택지의 또 다른 자랑거리로 생각되었던 것 같은데,
가격은 아래 지역의 여타 주택지에 비해 저렴하기도 해서 분양 성적이 매우 좋았던 것
으로 보인다.

이러한 신정대 주택지의 사정은 그곳에 살았던 주민들의 거주담에서도 유사하게
드러난다.

남산 서남록 사면에 주택지가 조성되어 그 최고점에 우리 집이 서 있었다. 여기서는 경성

149

시가의 남서 일대가 멀리 한강 철교까지 다 보였다. 또 집 뒷산에는 영천(靈泉)이 솟아서 이 지대를 신정대라 칭하였다. 이러한 환경이었으므로 나의 소학생 시절은 남산의 서측사면이 둘도 없는 놀이터로 동급생 야마구치(山口)군과 울창한 수림 안을 정상 바로 아래까지 뛰어다녔다. 정상 바로 아래에는 거석이 아이들이 4~5명은 들어갈 암실을 이루고 있어 이것도 우리들의 비밀 놀이터였다. 또 이 남산에는 조선신궁의 신역이라는 것이 설정되어 있어 정상 바로 아래부터 신궁을 둘러싸는 형태로 철조망이 죽 둘러져 있었다. 아마 남산 전면적의 1/7 정도는 차지하지 않았을까 하는데, 하루에 3번 정도는 쉐퍼드를 거느린 감시인이 순시를 하였다. 신역화 되어서인지 이 산에는 꿩, 다람쥐 각종 새들이 서식하여 아침에 우리 집 마당은 이들 동물들의 경연장이 되었다. 또 버섯도 많아 가을에는 버섯 캐기에 몰두하였다.[25]

---

25 ― 工藤泰治, "南山とわたくし", 《鉄石と千草―京城三坂小学校記念文集》, 239쪽

《조선과 건축》 (19집 12호, 1940년 12월)에 소개된 미쓰비시 경성합숙소

1 정면 2 배면 3 현관 4 각 실의 오른쪽 일본칸 5 각 실의 왼쪽 일본칸
6 1층 식당 7 2층 일본칸 객실 8 2층 오락실

　　신정대 주택지가 개발되기 전에는 조선신궁의 바로 아래 지역으로서 미개발된 서
사면의 경사지였다는 것을 알 수 있다. 지번도 현재의 358번지나 해방 직후의 30번지
를 주번으로 하는 필지들이 아닌 41번지와 42번지로 나뉜 대규모 필지였고 소유자는
1917년 정윤학, 1927년 차수천이라는 조선인이었던 것으로 확인된다. 기존의 도로체계
는 존중하면서 필지 가운데로 직교 체계로 새로운 도로를 두며 필지를 분할했는데, 그
규모는 20평에서 200평에 이르기까지 다양했다.

　　신정대 주택지는 문화주택과 같은 단독주택뿐만 아니라 1940년《조선과 건축》
12월호에도 소개되었던 미쓰비시(三菱) 경성합숙소와 같은 집합주택이 들어서는 주택지
이기도 해서 더욱 주목할 만하다. 원래 미쓰비시 사택은 후암로 서측, 현 삼광초등학교
뒤편에 있었던 것이 1933년 경성정밀도에서 확인되나 더 많은 사람을 수용하기 위해 새
롭게 개발된 신정대 주택지에 합숙소를 신축한 것으로 보인다.《조선과 건축》에 평면도
가 게재되어 있지 않아 정확히 알 수는 없지만 건물의 내외부를 보여주는 사진을 통해

각 개인실 이외에 식당, 오락실, 응접실 등의 공용공간을 갖추고 있었던 것을 알 수 있다.

후암동의 문화주택

후암동 일대의 주택지에는 문화주택이라는 일본인들에 의해 재해석된 서양식 주택이 들어서게 된다.

주택을 살펴보기에 앞서 주택지의 도로 개설과 블록 구성을 보면 몇 가지 특징이 보인다. 먼저 필지로 진입하는 막다른 길을 제외하고는 전체 길의 폭이 3m에서 4m로 넓다는 것을 들 수 있다. 이렇게 넓은 도로 폭을 잡은 것은 당시 잡지 및 신문기사 속 문화주택지에서 자동차 통행에 대한 내용이 자주 등장하는 것과 무관하지 않다. 또 다른 특징으로는 진입이 동, 서, 남, 북 구별 없이 다양하게 이루어져 도로에서 필지 진입 방식에 일정한 규칙을 찾기 어렵다는 것이다. 이것은 한옥단지에서 한옥의 대청 위치와 대문의 설정 때문에 대체로 남-북 방향의 도로를 내면서 남북 방향으로 긴 블록을 가지고 진입은 동쪽이나 서쪽으로 하는 특성과 대비되는 것이다. 장차 들어설 주택 유형에 대한 상정이 먼저 이루어지고 주택지 개발이 이루어졌음을 알려준다.

필지 규모는 약 20평대에서 300평대까지 다양하게 나타나는데 가회동 한옥단지의 필지 규모인 약 20평대에서 50평대보다 훨씬 크다. 또한 필지의 규모가 클수록 남쪽을 면하는 폭이 크게 설정되었는데, 이는 남-북으로 긴 토지보다 동-서로 긴 토지에 남쪽의 햇빛을 많이 받는 주택 건설에 유리한 것과 관련이 있는 것이다.

《조선과 건축》에 소개된 후암동 지역의 주택과 2015년 서울역사박물관에서 조사한 주택 중 학강 주택지를 중심으로 이 일대 주택의 특징을 정리하면, 대체로 100평 이상의 대규모 필지에 지어졌으며 2층 규모에 집중형 평면을 가지고 있다. 하지만 건립 연대가 1920년대부터 1930년대 사이에 지어져 일정하지 않고 목조와 벽돌조로 구조가 다르고 외관 역시 유사한 점을 발견하기 어렵다. 이것은 각각의 주택에 대한 설계 및 시공이 개별적으로 진행되었음을 말해 준다.

쿠노 주택과 아이자와 주택의 경우에는 설계자가 자신의 집을 설계한 경우인데, 쿠노 주택의 쿠노 키치사부로(久野吉三郎)와 아이자와 주택의 아이자와 케이키치(相澤啓治)는 모두 조선총독부에서 근무하던 기수였다. 이들은 퇴직 후 개인 건축사무소를 차린 뒤 사무소 겸 주택을 건설하는 주택 사업을 벌였던 것으로 보인다. 이들이 차린 회사는 각각 키치구미, 아이자와건축사무소이다. 그에 비해 1930년대 말에 지어진 아소 주택의 설계자 및 시공자는 오바야시구미(大林組)[26]였다는 기록이 남아 있는데 이 회사는 일본에 본점을 두고 해외 사업을 적극적으로 벌인 대규모 건설회사이다. 즉 일대의 주택 조성은 소규모 민간 건축사무소 뿐만 아니라 대형 건설사무소를 비롯해 다양한 주체가 참여했음을 알 수 있다.

건축주들을 살펴보면 쿠노 키치사부로나 아이자와 케이키치와 같이 건축계에 종사했던 사람들 이외에 경성고무공업소의 중역이었던 토미노 미사오(富野ミサオ), 경성제국대학 교수였던 아소 이소지(麻生磯次) 등 일제강점기 일본인 중상류층이었다. 학강 주택지의 거주자 성향을 대변한다.

서양식 주택으로 보이도록

후암동 지역의 주택들에서는 서양식 주택의 외관을 가지고자 노력한 흔적을 볼 수 있다. 목조 주택의 경우에는 모두 외벽을 모르타르로 마감한 평벽(통상 오카베로 불림)으로 되어 있다. 이러한 평벽은 일본에서 서양식 주택을 지을 때 주로 사용된다고 하여 전통적인 벽체인 심벽(통상 신카베로 불림)과 대비되는 벽의 종류로 흔히 거론된다. 당시 이러한 평벽 구조가 채택되었던 것은 일반 심벽 구조의 목조보다는 비싸지만 벽돌조나 철근콘크리트조보다는 싼 가격에 서양식 외관을 표현하기에 적합했기 때문이다. 내부에서는 일본식 목구조가 드러나 있다고 하더라도 외부에서는 벽의 마감 면을 기둥면보다 바깥에 두어 기둥을 가림으로써 외관만으로는 일본식 목구조임을 알기 어렵게 하면서 서양식 외관 느낌이 나는 주택이 되도록 했다.

후암동 일대에는 벽돌조 주택도 지어졌는데, 당시 벽돌조 주택은 목조 주택에 비해 공사비가 비쌌던 만큼 이 일대 주택지가 고급 주택지였음을 보여준다. 아이자와 주택

---

26 ── 오바야시구미는 현재도 시미즈(清水), 다케나카(竹中), 카지마(鹿島), 다이세이(大成)와 함께 일본 5대 건설업체 가운데 하나로 손꼽히는 건설회사다. 1892년 오사카에 설립된 오바야시구미는 도쿄, 요코하마, 나고야, 후쿠오카, 다롄, 펑티엔, 베이징 등에 지점을 설치하고, 교토, 고베, 히로시마 등에 영업소를 두는 등 해외 사업에도 적극적이었는데, 경성에는 1936년 남대문통2정목에 지점을 설치하면서 구 제일은행 본점, 조선식산은행 대전지점, 경교장 등의 공사에 관여한 바 있다.

후암동 목조 주택의 외관.
왼쪽: 모리이 주택, 오른쪽: 소도 주택. 2015년 촬영

《조선과 건축》 속 후암동 벽돌조 주택의 외관.
왼쪽: 아이자와 주택의 외관, 오른쪽: 토미노 주택의 외관

후암동 벽돌조 주택의 외관.
왼쪽: 아이자와 주택, 오른쪽: 쿠노 주택. 2015년 촬영

과 토미노 주택 모두 소과(燒過, 야키스기)[27] 벽돌을 이용했다는 기록이 남아 있으며 현존하는 아이자와 주택과 쿠노 주택은 네덜란드식 벽돌 쌓기를 한 것이 확인되는데, "외관은 서양풍 벽돌조로 하고…"라는 아이자와 케이키치의 언급에서와 같이 벽돌로 지어진 주택은 곧 서양식 주택임을 드러내는 것이기도 했다.

　그런데 벽돌조 주택의 경우 순전히 벽돌만 사용한 것이 아니었다. 내부는 일본식 목조로 하고 외부는 벽돌조로 한 복합 구조를 가지고 있었는데, 일본식 주택의 평면과 실 구성을 담기에 목조가 더욱 적합했을 뿐만 아니라 벽돌조보다 목조의 가격이 더 저렴했다는 것도 하나의 이유로 꼽을 수 있다. 다만 벽돌조로 된 외부에 비해 목조가 드러나 일본풍으로 보일 수 있는 내부에는 니스 칠을 하거나 평벽 처리를 해서 외부의 서양식 느낌이 내부까지 이어질 수 있도록 했다.[28]

일본식 주택 계획의 관성

후암동의 주택은 대부분 일본인의 주택이었기 때문에 일본식 주택 계획의 관성을 보이기도 한다. 진입 방식은 가로에 면한 부분에 대문을 내는 것 외에 선호되는 진입 향을 발견하기 어려웠는데, 한옥에서는 선호되지 않는 북측 진입이나 서측 진입의 경우가 나타난다. 이는 한옥에서 대청과 대문 위치에 대한 결정이 중요한 이슈였던 것에 비해 당시 일본인들의 주택에서는 진입 방향이 전혀 중요한 고려사항이 아니었음을 말해 준다. 다만, 어느 쪽으로 진입하든지 대지의 북쪽으로 건물을 배치하고 남쪽으로는 정원을 두었는데 건축물 내에서는 그쪽으로 베란다나 선룸, 응접실 등을 배치해 남측 외부 공간을 관상용 공간으로 적극 활용하고 있다는 점은 이곳 주택에서 비슷하게 나타난다.

　평면은 실이 복도를 중심으로 배치되어 있는 근대기 일본의 중복도형 평면 유형이다. 내·외의 구분, 주·부의 구분이 뚜렷하다. 예를 들어 현관에서도 일반 현관과 내현관을 두고 있는 점, 접객공간과 생활공간을 나누어 배치하고 있는 점, 거실과 같은 주요

27 — 소과 벽돌은 적벽돌의 일종으로 일반 벽돌보다 고온으로 충분히 구워낸 벽돌로서 흡수성이 낮고 강도와 내구성이 있다.

28 — "내부는 목골의 일본식으로 했지만 목골로 하고 가능한 양풍으로 보이게 하려고 고심했습니다. 즉 일본풍으로 양식으로 보이도록 했습니다. 그래서 밖에 드러나는 내부 목부는 전부 니스 칠을 했습니다. 이것만으로도 약간 양풍으로 보입니다." 相澤啓治, "(設計)設計事務所を兼ねた住宅", 《조선과 건축》 6집 10호, 1927년 10월, 15쪽

남쪽에 면해 있는 정원. 왼쪽: 모리이 주택의 정원, 오른쪽: 소도 주택의 정원. 2015년 촬영

일본의 중복도형 평면의 특성을 가지고 있는 사례

주출입구 　　　부출입구

응접실　　중복도　　베란다　　온돌방

N

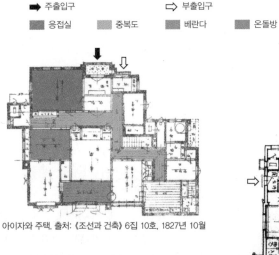

아이자와 주택. 출처: 《조선과 건축》 6집 10호, 1827년 10월

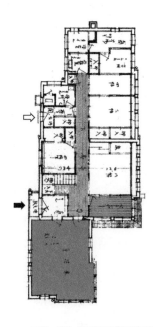

아소 주택. 출처: 《조선과 건축》 16집 5호, 1937년 5월

토미노 주택. 《조선과 건축》 8집 7호, 1929년 7월

실과 욕실, 화장실과 같은 부속실을 복도를 가운데 두고 나누어 배치하고 있는 점 등이 그렇다. 또한 내부에는 미서기문을 두어 개방적으로 구성할 수 있는 연속적 실 구성을 가지고 있거나 도코노마(床の間, 접객공간인 자시키에서 한단을 높여 꽃이나 족자, 촛대 등을 두어 장식하는 관상용 공간)를 가지고 있기도 한데 이것은 일본 주택의 전형적인 특징을 드러내는 부분이다.

1920년대 당시 일본에서는 주택개량운동의 일환으로 '이중생활의 해소', '접객 본위의 주택에서 가족 본위의 주택으로', '다다미를 배제하고 입식으로' 등이 논의되며 개선 모델로 서양식 주택이 제시되었다. 그런데 서양식 외관을 가지고는 있으나 여전히 내부는 근대기 일본의 중복도형 평면과 실 구성을 가지고 있었기 때문에 이중생활의 해소는 요원했다. 1층 현관 옆 양식 응접실이나 2층 일본식 자시키 등 여전히 접객 공간에 과도하게 할애했다. 또한 응접실이나 베란다, 식당, 부엌 등을 제외한 실제 생활공간에는 여전히 다다미가 쓰이고 있는 점에서 다다미의 배제라는 것 또한 여전히 어려운 문제로 남아있었다. 후암동의 일본인들 역시 당시 재래식 일본 주택에 대한 대안으로 제시되었던 서양식 주택을 지향했지만 결국 일본식 주택의 관성에서는 완전히 벗어나지는 못한 절충형 주택을 지어 생활했다.

일본인의 온돌 수용

마지막으로 온돌의 수용에 대한 부분을 이야기하지 않을 수 없다. 후암동의 주택들은 서양식 외관을 가지고 있지만 내부에서는 일본식 주택의 평면과 실 구성의 관성에서 벗어나지 못했다는 것을 알 수 있다. 그런데 일부 공간에서는 조선의 온돌을 수용하고 있어 흥미롭다.

1927년 《조선과 건축》에 소개된 아이자와 주택의 도면과 기록에서 식당과 베란다 사이에 페치카를 두는 것과 함께 이마(居間) 옆 6첩 크기의 온돌방이 확인된다.[29] 1937년 건립된 아소 주택의 경우 역시 다다미가 깔리고 도코노마가 있는 일본식 방 바로 옆에 온돌방을 두고 일본식 방과 미서기문으로 연접해 놓은 것을 《조선과 건축》에

---

29 ─ 현재 아이자와 주택은 다가구가 거주하고 있어 내부 확인이 어렵다. 차후 1927년 아이자와 주택이 건설되었을 당시의 온돌에 대한 정체와 그로 인한 주택 내의 구조적 배려 등에 대한 확인이 필요하다.

소개된 도면을 통해 확인할 수 있다. 게다가 아소 주택에서는 가장 안쪽에 있는 4첩 반 크기의 서재 공간에도 온돌을 들였는데, 벽에는 도코노마를 갖추고 사벽(砂壁) 처리를 했으며 천장은 사오부치(竿縁)[30] 천장을 시설하는 등 전형적인 일본식 의장을 가지고 있었다. 그럼에도 불구하고 바닥은 온돌로 하고 위에는 양탄자를 깔아서 한식, 화식, 양식 등 세 가지가 혼합된

온돌을 채용하고 있는 아소 주택의 서재. 출처: 《조선과 건축》 16집 5호, 1937년 5월

양식의 내부를 가지고 있었다는 것을 알 수 있다. 이는 한반도의 추운 겨울을 지내기 위해 일본인들이 자신들의 주택에도 결국 온돌을 들일 수밖에 없었는데 온돌을 들일 때 나름대로 양식적 혼합을 모색한 흔적으로 해석된다.

이러한 양상은 앞에서 본 조선인 상류층이었던 우종관 주택에서 한·화·양 삼중의 주거문화가 공존한 모습이 일제강점기 한반도 내 중상류 일본인들의 주택에서도 예외는 아니었음을 보여준다.

오카베집 또는 적산가옥의 변화

후암동 골목을 다니다보면 아직도 1920년대에서 1930년대 사이에 지어진 빨갛고 파란 기와지붕에 하얀 벽을 가진 주택을 만날 수 있다. 일제강점기 당시에는 흔히 '문화주택'이라고 불렸던 이 주택을 현재 주민들은 '오카베집'이라고 부르거나 '적산가옥(敵産家屋)'으로 부르고 있다. 오카베집이란 목조를 기본으로 하면서 외벽에 회칠을 한 구조를 일컫는데 일본인들이 부르던 명칭을 아직도 사용하고 있는 것이다. 적산가옥이라는 이름은 해방 이후 일본인들의 재산을 국가로 귀속시킨 후 단체와 일반인들에게 불하한 부동산을 가리키는 말로 현재도 남아 있다.

이 주택들 중 일부는 아직도 일본 목조 주택의 구조와 모듈이 내부에 남아 있어

---

30 — 긴 막대기 위에 천장판을 부착한 천장으로 일본식 방에서 가장 많이 사용되는 천장 형식이다.

후암동의 문화주택

도코노마의 변화

서 일제강점기 주택임을 알 수 있다. 그러나 해방 이후 소유주가 한국인으로 바뀌면서 내부의 실 구성에 많은 변화가 있어 내부 원형 추정이 어려운 경우가 대부분이다. 바닥 재료인 다다미를 걷어낸 것은 물론이고 내부 공간 구획을 담당하던 벽이나 문을 털어 내고 공간을 통합한다든지 우치겐칸이나 중복도 자리를 창고나 화장실로 만들어 버려 서, 오래된 거주자의 증언 없이는 원래의 모습을 알기 힘들다. 특히 일본인들에게는 중 요한 완상 공간인 도코노마의 변형이 큰데, 한국인에게는 별 의미가 없는 도코노마는

TV 받침대나 옷장 등 수납공간으로 쓰이고 있거나 싱크대를 두는 부엌의 일부 심지어 화장실로 바뀐 사례도 있다. 이것은 일본인들의 공간적 틀이 한국인들의 생활에 맞춰 재편성된 것으로 주생활의 차이가 곧 공간의 변화로 이어진다는 것을 그대로 보여준다.

그동안 후암동은 일본인들의 주거지였다는 이유로 연구가 제대로 이루어지지 않았다. 하지만 일제강점기 조선인들에게 가회동이 있었다면 일본인들에게는 후암동이 있다고 할 만큼 대표성을 가진 경성의 또 다른 주거지였으며 해방 이후 강남 개발이 본격화되는 1970년대 초반까지만 해도 정계 및 재계의 유력인사들이 거주했던 곳으로, 우리 주거문화의 변화를 고스란히 담고 있는 근현대 주거사의 현장이기도 하다.

최근 후암동 일대에서는 기존의 건축물을 새로운 시각으로 리모델링해 미래의 가능성을 보여주고자 하는 시도가 이어지고 있는데, 이러한 시도가 모여 한국 근대 주거사의 한 단면을 보여주고 있는 이곳 후암동이 재조명되고 재생되는 계기가 될 것으로 보인다.

한양도성의 훼철과
고급 교외 주택지 개발, 장충동[1]

1 —   이 글은 이경아, 《일제강점기 문화주택 개념의 수용과 전개》(서울대학교 박사논문, 2006); 이경아,
       "1920~30년대 장충단 인근 주택지 개발로 인한 지역 성격의 변화", 《건축역사연구》(27권 4호, 2018)
       내용을 바탕으로 재구성한 것이다.

조선의 수도 한양의 경계, 한양도성의 운명

한양도성은 500여 년간 조선의 수도였던 한양 도심부의 물리적 경계 역할을 했다. 도성을 쌓아 내와 외를 구분하고 내에 궁궐과 종묘, 사직과 같은 상징적 시설을 갖춤으로써 정치적, 사회적 중심 공간으로서 한양이 완성되었다. 조선의 수도 한양을 상징하던 한양도성이 훼철되기 시작한 것은 언제부터였을까? 일제강점기가 시작되기 직전인 1907년부터이다.

한양도성을 인위적으로 무너뜨린 것은 일본이다. 제2차 한일협약(을사늑약, 1905)을 체결해 대한제국을 사실상의 식민지로 만든 일본은 1907년 10월 당시 황태자인 요시히토(嘉仁)의 대한제국 황실 방문을 추진했는데 황태자의 한성 방문을 위해 남대문의 북쪽 성벽 일부를 철거한 것이 시작이었다.[2] 이후 각종 도로의 개수, 전차선 개통 등을 이유로 한양도성 철거는 곳곳에서 진행되었고 급기야 1925년에는 조선신궁과 경성운동장 건립을 이유로 성벽을 훼철했다. 이는 일제의 한양 점령을 공식화하는 정치적 제스처이기도 했다.

1920년대 말부터는 또 다른 이유로 한양도성이 훼철됐는데, 주택지 개발 때문이다. 주택지 개발을 통한 이윤 추구라는 경제적 이유와 당시 유행하던 교외 주택지 개발이라는 사회적 이유가 맞물렸다. 주택지 개발에 의한 한양도성의 훼철과 경성의 경계가 동쪽으로 확장되기 시작한 당시 장충동 일대의 주택지 개발과 변화에 대해 살펴보자.

조선시대의 미개발지, 남소동

현재의 장충동 지역은 조선시대 한양도성 내 남부 명철방 청령위계[3] 남소동[4]으로 분류되던 곳으로 일대의 주요 시설로 꼽을 수 있는 것이라고는 어영청의 분영인 남소영[5] 정

---

2 — 川村湊, 《漢陽·京城 서울을 걷다》, 다인아트, 2004, 35~37쪽

3 — 조선 세조 때 재상인 한명회의 손자 청녕위 한경침(青寧尉 韓景琛)이 중구 을지로4가 156번지 부근에 살았던 데서 유래되었다.

4 — 도성의 남소문(南小門)이 있었던 데서 지명이 유래되었다.

5 — 서울 중구 장충단(獎忠壇)의 남소문 옆에 있었는데, 터가 194칸이나 되었다. 이곳에서 날을 정해 활쏘기를 익혔으며, 초관(哨官) 1명과 향군(鄕軍) 12명이 근무했다.

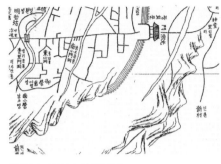

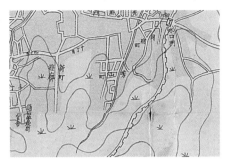

한성부지도(1901) 속 장충동 일대   경성부 용산 시가도(1909) 속 장충동 일대

도에 불과했다. 이곳은 조선시대 금산(禁山)정책으로 관리되던 사산(四山) 중 하나인 목
멱산 자락으로 소나무 벌채, 토석 채취, 경작 금지, 가옥 축조가 제한되던 금위영 관리
지역이다.[6] 이 일대에 대한 조선시대 기록은 무과 개최, 불법 경작이나 소나무 도벌에
대한 감시와 처벌 등이 주를 이루고 있다.

한양도성 내에서도 변방이었던 이 지역의 분위기는 지도에도 그대로 표현되어 있
다. 한양도성으로 둘러싸인 안쪽에 목멱산에서 내려오는 남소영천 주변으로 길이 나
있고 일부 주거지가 형성되어 있기도 했지만 대체로 비어있는 미개발의 땅이 많았다.
인근 남소문이 풍수상의 이유로 1496년(예종 1) 철거된 후 한양도성 밖으로의 출입은 광
희문을 통해서만 이루어졌다. 도로망 역시 광희문 중심으로 형성되어 있는 것을 볼 수
있다. 1900년 국가 제사시설인 장충단이 조성되면서《고종실록(高宗實錄)》과《황성신문
(皇城新聞)》등에 이 지역에 대한 기록이 등장하기도 하지만 정작 지도에서는 그 흔적을
찾기가 힘들다.

국가 제사시설 장충단이 공원으로

일제강점기에 들어서면서 장충동 일대는 남소영천을 중심으로 각각 동사헌정(東四
軒町, 현 장충동1가)과 서사헌정(西四軒町, 현 장충동2가)이라 불리기 시작했다. 러일전쟁

6 — 유교적 이데올로기와 풍수 논리로 건설된 조선의 수도 한양은 국도(國都)의 지맥을 보호하기 위한 목
적으로 백악산, 목멱산, 낙산, 인왕산 등 사산을 관리했다. 유승희, "조선후기 한성부의 사산 관리와
송금정책", 《이화사학연구》, 46집, 2013, 224쪽

(1904~1905) 당시 육군관사가 동서로 각각 4동씩 있었다는 이유로 동사헌정과 서사헌정이라는 지명이 붙을 만큼 특별한 대표 시설이 들어서지 않았던 것으로 짐작된다. 1910년 일제강점기가 시작된 뒤에도 약 10여 년 동안 이 일대는 별다른 큰 변화를 보이지 않는다. 본정(本町, 현 충무로) 일대의 일본인 거류민들도 1910년대 말까지 이곳으로 영역 확장을 하지 않았다. 본정 일대와는 다소 거리가 있었을 뿐만 아니라 야생동물이 출몰할 만큼 외져서 접근이 어려운 곳이라는 인식이 강했기 때문이었다.[7]

그런데 1910년대 말부터 큰 변화가 생기기 시작한다. 1919년에 장충단을 공원화한 것이다. 일제는 대한제국의 국가 제사시설이었던 장충단의 기능을 폐하고 그곳에 경기장, 연못과 다리, 산책로를 만들고 잔디를 깔았으며 벚나무를 심고 정자와 의자 등을 배치했다.[8] 이후 장충단공원은 일제강점기 경성의 명소로 빠지지 않고 등장한다. 꽃놀이 가거나 운동회를 하고 일본인들이 출신지별 모임을 이 근처에서 가졌다는 기록을 종종 찾아볼 수 있다.[9] 을미사변, 임오군란으로 순국한 충신과 열사를 기리던 장충단이 들어서 있던 국가 제사 공간이 일본인들의 꽃놀이 장소가 된 것이다.

요정과 유곽의 등장

심지어 1919년에는 요정과 유곽도 들어선다. 서사헌정의 서쪽 끝부분, 신정유곽과 맞닿은 일부분이 확장 개발되면서 일본인과 조선인 창기가 혼재되어있는 일명 동신지(東新地)라고 불리는 유곽이 들어섰다.[10] 신정유곽과 쌍이문동천으로 구분되었던 신정 18번지에서 22번지, 그리고 인접한 서사헌정 175번지에서 184번지 일대가 그 대상지였다.

---

7 — 서사헌정의 서쪽에 인접한 신정 유곽 초기에 대한 글을 보면, '여우의 울음소리를 들을 수 있는 적막한 곳', '풀이 우거져 낮에도 혼자서 외출할 수 없는 것은 물론 도저히 예기 혼자서 놀러나가는 것은 생각도 못하는 곳' 등으로 묘사되고 있는 것을 보아 더 동쪽에 떨어진 서사헌정과 동사헌정은 더욱 더 외진 곳으로 인식했을 것으로 보인다. 赤萩與三郎, "遊廓街二十五年史", 《朝鮮公論》, 23권, 10호, 1935년 10월, 224쪽

8 — 서울역사편찬원, 《(국역) 경성도시계획조사서》, 2016, 100쪽

9 — 大陸情報社, 《朝鮮の都市》, 1929, 38쪽

10 — 동신지 유곽은 赤萩, 大柳, 北野 등 4인이 대정토지건물회사를 만들어 건설한 것으로, 신정유곽이 일본인 창기가 있는 유곽이었다면, 서사헌정 유곽은 일본인과 조선인이 혼재하는 유곽이었다고 한다. 유승희, "근대 경성 내 유곽지대의 형성과 동부지역의 도시화–1904년~1945년을 중심으로", 《역사와 경계》, 82호, 2012, 158쪽

《조선의 도시(朝鮮の都市)》 기록과 《대경성부대관(大京城府大觀)》의 시설 분포에서 귀선, 등미가, 신청월, 화산 등의 요정과 유곽의 존재를 확인할 수 있다.[11]

같은 해 동신지와 멀지 않은 동쪽 지역에 남산장(서사헌정 192번지)이라는 유명 요정이 들어선다. 신정(新町, 현 묵정동)에서 제일루와 화산이라는 유곽을 운영하던 아카하기 요사부로(赤萩與三郎)[12]가 개업했다. 이후 남산장 주변으로 회영각과 같은

11 — 신문을 검색해 보면 이 일대에서 마약 환자 사망 사건이나 크고 작은 화재 사건, 그리고 봄철 유곽 주변의 방탕아들이 늘고 있다는 기사를 종종 접할 수 있다.

12 — 아카하기 요사부로는 1872년 이바라키현에서 태어났다. 청년 시절에는 군인이었지만 1902년 조선으로 건너와 백미, 담배 판매점(경성 본정 2정목)을 시작했다. 1904년에는 경성의 신정에 유곽 허가를 얻어 대좌부(貸座敷) 제일루(第一樓)를 개업했으며, 1919년에는 서사헌정이 개발될 때 땅을 매수하여 남산장(南山莊)을 개업했다. 만주와 조선뿐만 아니라 중국의 칭다오 및 지엔다오 지방에서도 각종 사업을 계획했을 뿐만 아니라 1920년에는 경성에 창립된 대정토지건물회사(大正土地建物會社)의 이사가 되기도 했으며 경성부회의원으로 활동하는 등 일제강점기 일본인 사회의 유력인사였다. 대정토지건물회사는 1924년 조선토지경영회사와 합병된다.

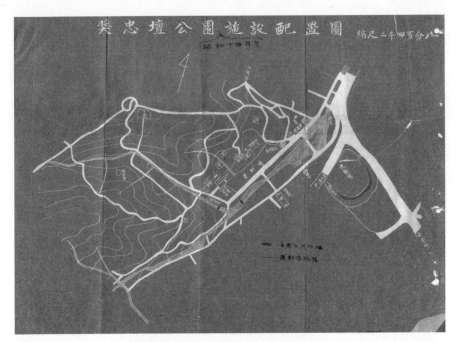

장충단공원 시설 배치도. 국가기록원 소장 자료

요정이 추가로 들어서기도 한다. 남산장은 1915년 시정 5주년 기념 조선물산공진회를 개최하면서 방매 처분되었던 경복궁 내 세자의 집무실 즉 비현각(丕顯閣) 건물을 가져다 쓴 것으로 알려져 있는데, 1929년에 남산장과 그 앞의 토지는 아카하기 요사부로에 의해 남산장전고대(南山莊前高臺)라는 주택지로 개발되었다. 바로 남산장이라는 요정 명칭이 주택지 이름으로 이어진 것이다. 동사헌정에 있던 요정 감천정[13] 일대가 구감천정(舊甘泉亭)이라는 주택지로 개발된 것도 비슷한 사례이다.

1925년부터 1926년 사이에 서사헌정에서 장충단까지 동서 방향의 도로(현 동호로 27길 일부-현 그랜드앰배서더 호텔 뒤쪽에서 동호로와 만나는 구간)[14]가 열렸다. 이 도로는 남북 방

13 — 위치는 동사헌정 57번지이며, 운영자는 후쿠오카의 현양사(玄洋社)의 지사(志士)였던 나가무라 로쿠조(永村六藏)였다고 한다. 하지만 해당 토지의 토지 소유자는 모리 야스키치(森安吉, 후에 모리 케이스케(森啓助)로 개명)였고 이후 모리 야스키치에 의해 구감천정 주택지로 개발된다.

14 — 길이는 260.4칸(약 0.47km)이었으며, 공사비는 7,477원이 소요되었다고 한다. 서울역사편찬원, 앞의 책, 2016, 117~118쪽

남산장과 일대 모습. 출처: 대륙정보사, 《조선의 도시》, 1929

향의 장충단로에 비하면 위계가 낮은 길이지만 신정유곽 및 서사헌정 유곽과 직접 통할 뿐 아니라 향후 남산장전고대 주택지 앞을 통과하는 진입도로가 되는 등 중요 역할을 담당하게 된다.[15] 이 길이 인근의 국유지뿐 아니라 신정유곽 제일루와 화산, 그리고 서사헌정의 요정 남산장의 운영자인 아카하기 요사부로 소유의 서사헌정 191번지 대지를 가로지르며 만들어진 것으로 볼 때 아카하기 요사부로와 연관 있음을 짐작하게한다. 이처럼 요정과 유곽의 운영자들이 주택지 개발에 뛰어들어 요정의 이름을 따라주택지 이름을 정하기도 했다.

교외 주택지 개발

1910년대 말 장충단이 공원으로 바뀌고 일대에 각종 요정과 유곽이 들어서면서 이 일대는 국가 제사시설이 있던 신성한 곳에서 놀고 즐기는 행락지로 이미지가 변질되게 된다. 당시 사람들은 이 일대가 한양도성 안 지역임에도 불구하고 교외로 생각했다. 교외는 대체로 한양도성 밖을 일컫지만 이곳은 풍경 사진을 찍고 자연을 즐길 수 있는 곳으로 인식했던 것으로 보인다.[16] 이러한 교외의 이미지는 곧 교외 주택지 개발로 이어진다.
　　사실 이곳에는 일찍부터 육군관사를 비롯해 경성제대 예과 관사가 들어서기는 했

---

15 — 1970년대 말 동호로(퇴계로 5가 교차로에서 장충체육관 앞 교차로)가 개통되면서 길의 일부가 소실되었다.

16 — 김하나·전봉희, "1920~1930년대 동아일보 기사에 나타난 경성의 교외", 《건축역사학회 춘계학술발표대회 논문집》, 2009년 5월, 48쪽

서사헌정, 동사헌정 및 신당리의 주택지 목록

	명칭	위치		연도	소유자	개발자	규모 (평)	필지 수	필지 규모
관사지	육군관사 (陸軍官舍)	동	187	1920s	국유	조선총독부	905	–	–
	경성제대예과관사 (京城帝大豫科官舍)	동	31–1	1924			1,612	–	–
	조선총독부관사 (朝鮮總督府官舍)	동	62	1934			1,138	–	–
	경성사범학교관사 (京城師範學校官舍)	동	31–5	미상			454	–	–
	경성전기회사관사 (京城電氣會社官舍)	동	32 33	1920s	경성전기 영선계	미상	1,758	–	–
민간 주택지	백화원 (百花園)	동	48	1924	사메구사 다이사부로 (三枝代三郞)	미상	2,200	24	30~200
	소화원 (昭和園)	광2 동	303 38	1927	국무 합명회사	조선토지 경영회사	5,300	61	30~200
	구감천정 (舊甘泉亭)	동 서	50 198	1927	모리 케이스케(森啓助) [모리 야스키치(森安吉)]	모리케이상점 (森啓商店)	1,500	20	50~200
	남산장전고대 (南山莊前高臺)	서	190 191 193	1929	아카하기 요사부로 (赤萩與三郞)	아카하기 요사부로	2,000	20	30~700
국책회사 주택지	장충단 주택지 (奬忠壇 住宅地)	서	산 4	1934	조선도시경영주식회사	시바타구미 (柴田組)	9,679	21	200~800
관사지	동척사택 (東拓社宅)	신	353	미상	동양척식주식회사	미상			
민간 주택지	경성문화촌 (京城文化村)	신		1924	후카다 테츠오 (深田哲夫)	경성문화촌 건설사무소	30,000		200
	동소화원 (東昭和園)	신	304	1930년 이전	니시오츠 네사부로 (西尾三郞)	니시오츠(西尾) 토지 경영부	2,100		
	무학정 (舞鶴町)	신	395~ 415	1930 1931 1932	시마 토쿠조(島德藏)	무학주택경영	5,600 5,100 8,900		
	송구 (松が丘, 마츠가오카)	신	366	1934	미상	오다카 에이사부로 (小高榮三郞)	20,000		
	박문대(博文臺)	신	417~ 425 822~ 830	1937	미상	박문대주택지 경영사무소	80,000	35	100
	송운대(松雲臺)	신		1938년 이전	미상	송운대주택지 사무소			
국책회사 주택지	앵구 (桜ケ丘, 사쿠라가오카)	신	330	1932 1937 1938	조선도시경영주식회사		23,529 9,954 40,000	204 89	100

※ 서: 서사헌정, 동: 동사헌정, 광2: 광희정2정목, 신: 신당리, 회색 칸은 한양도성 밖 주택지

으나 민간에 의한 주택지 개발이 시작된 것은 1920년대 중반부터였다. 1924년 동사헌 정 48번지 일대의 백화원 주택지가 시작이었다.[17] 이후 소화원 주택지(1927년 개발), 구감 천정 주택지(1927년 개발), 남산장전고대 주택지(1929년 개발)가 차례로 개발된다.

이 중 교외 주택지의 이미지를 배경으로 하는 대표적인 주택지는 소화원 주택지와 남산장전고대 주택지, 장충단 주택지를 들 수 있다. 소화원 주택지는 주택지 개발과 함 께 한양도성이 훼철된 첫 번째 주택지로 경성의 주택지 개발의 동진(東進)을 알린 주택 지이다. 남산장전고대 주택지는 유곽과 요정의 주인이었던 아카하기 요사부로가 관여 한 주택지로, 1929년 조선박람회의 출품주택을 옮겨오고 당시 사람들의 '위생' 관념이 주택에 미친 영향을 알아볼 수 있는 의사 와타나베 스스무(渡邊晋)의 주택이 세워진 곳 이다. 장충단 주택지는 조선도시경영주식회사라는 국책회사가 개발한 후부터 해방 이 후 강남 개발 이전까지 우리나라의 최고급 주택지로 자리매김한 주택지로 유명하다. 그 럼 주택지별로 하나하나 살펴보기로 하자.

주택지 개발의 동진을 알린 첫 주택지, 소화원 주택지

소화원 주택지는 앞에서 본 학강 주택지와 함께 경성의 3대 주택지로 손꼽힌 주택지였 다. 경성의 대표적인 주택지였다는 이유 이외에 소화원 주택지를 주목해야 하는 또 다 른 이유가 있다. 소화원 주택지 개발이 한양도성의 훼철 및 1920년대의 중요한 이슈였 던 경성 동부의 확장에 대한 전조를 보여주고 있기 때문이다.

소화원 주택지는 동사헌정(현 장충동1가 38번지 일대)과 광희정2정목(현 광희동2가 303번지 일대)이 만나는 언덕에 조성되었다. 소화원이라는 이름은 교외의 이미지를 연상케 한다. 당시 일본에서는 주택지를 개발할 때 유원지를 포함하거나 별장지를 이용해 만들고 이 름에 유원지의 '원(園)', 별장지의 '장(莊)'을 붙여서 홍보 및 판매했다.[18] 이런 흐름은 조선 에서도 그대로 적용되었다.

---

17 — "동사헌정 백화원 근처 토지고조(土地高燥) 조망가량(眺望佳良) 1평에 대금 15원 50평 내지 100평/본정2정목 귀옥(龜屋), 동사헌정 百花園" 《조선신문》, 1924년 9월 27일자. 백화원은 원래 종 묘장이었으나 후에 이 일대가 주택지로 개발되면서 이름을 그대로 이어받은 것으로 보인다.

18 — 片木篤·藤谷陽悅·角野幸博, 《近代日本郊外住宅地》, 鹿島出版会, 2000, 26쪽

《경성일보》 1930년 11월 26일자에 실린 소화원 주택지

　　토지의 소유자는 국무합명회사,[19] 개발자는 조선토지경영주식회사[20]였다. 1927년을 기준으로 국무합명회사가 소유한 토지는 약 8,000평을 넘었는데, 대부분 농지(田)였다. 개발되기 시작하면서 농지에서 대지로 바뀌고 그에 따라 지가도 상승했다. "원래 토지는 쿠류메시(久留米)의 국무합명회사가 가지고 있던 초원이었던 것이 완전히 바뀌

19 ─　국무합명회사(國武合名會社)의 창업자 쿠니다케 기지로(國武喜次郎)는 1847년 후쿠오카 쿠류메시에서 태어나 방적업으로 성장한 사람이다. 쿠니다케 기지로는 1906년 경기도 수원에 농장을 설치하면서 국무합명회사라는 농업회사를 설립했는데, 전국적인 토지 매수와 함께 농업, 임업, 염전사업을 벌여나갔다고 한다. 하지연, "일제시기 수원지역 일본인 회사지주의 농업경영", 《이화사학연구》 45권, 2012, 279~309쪽. 나중에 국무합명회사의 경영권을 이어받은 쿠니다케 킨타로(國武金太郎)는 일본 큐슈에 쇼엔미도리가오카(莊園綠ケ丘) 등의 주택지를 개발하기도 한다.

20 ─　조선토지경영주식회사(장곡천정 112번지 소재)는 원래 1919년 미요시 와사부로(三好和三郎)에 의해 설립된 부동산 경영, 부동산 담보 대부, 보험대리업, 부동산 및 금전신탁업을 위해 설립된 토지, 가옥 대부 및 매매 회사다. 이후 요시다 히데지로(吉田秀次郎), 시노자키 한스케(篠崎半助)를 거쳐 조선토목건축협회의 회장이자 조선건축회 이사를 맡아 일제강점기 토목계의 삼태랑(三太郎)으로 불렸던 아라이 하츠타로(荒井初太郎)가 사장이 되어 운영하던 회사이다. 1924년에는 신정(新町)유곽이 확장된 동신지(東新地) 개발을 주도했던 대정토지건물회사(大正土地建物會社)가 합병되었는데, 그 이유로 유곽 운영자였던 아키하기 요사부로(赤萩與三郎)와 키타노 젠조(北野善造) 등이 이사진으로 참여하게 된다. 1930년에는 조선토지신탁주식회사(朝鮮土地信託株式會社)로 상호를 변경하여 1930년대 이후 신문이나 잡지 등에는 조선토지신탁이라는 이름으로 등장한다.

《경성일보》 1930년 11월 20일자에 실린 남산장전고대 주택지

어 청, 적, 흑의 문화거리가 되었다."라는 신문기사로 당시 분위기를 짐작할 수 있다. "총 5,300여 평을 61필지로 나누어 평당 19원에서 32원에 이르는 가격으로 분양을 했는데 매수가 쇄도하여 눈 깜짝할 사이에 80% 정도가 팔렸다."라고 하는 것으로 보아, 높은 분양가에도 불구하고 인기가 있었음을 알 수 있다. 이후에 지가는 더욱 올라서 평당 21원부터 34원이 되었다고 하고 필지의 규모가 30~200평에 달하는 것을 봤을 때 삼판통의 학강 주택지처럼 고급 주택지로 조성되었음을 알 수 있다.[21]

　1920년에 황금정에서 장충단까지 남북 방향의 도로(현 장충단로 일부로서 현 광희동 사거리에서 장충단 앞까지의 구간)가 새롭게 나고[22] 1926년 훈련원에서 장충단까지 전차가 개통되면서[23] 소화원 주택지는 이 길 쪽으로 남, 북 입구 두 곳(현 장충단로8길과 장충단로10길)을 내게 된다. 결국 소화원 주택지는 구릉지 하나를 온전히 차지하면서, 남쪽 입구에서 통하는 동사헌정 38번지를 주번으로 하는 남사면 주택지와 북쪽 입구에서 진입하게 되는 광희정2정목 303번지를 주번으로 하는 북사면 주택지로 개발되었는데, 블록의 형태는 구릉지의 경사를 반영하며 만들어졌다.

　시대별 지도를 비교해 보면, 개발 전이었던 1910년대까지만 해도 대상 토지를 동쪽

21 ― 이경아, 《일제강점기 문화주택 개념의 수용과 전개》, 161~162쪽; 이경아, "1920~30년대 장충단 인근 주택지 개발로 인한 지역 성격의 변화", 앞의 책, 74쪽

22 ― 서울역사편찬원, 《(국역) 경성도시계획조사서》, 2016, 117쪽

23 ― "장충단에 전차 오늘부터 개통", 《동아일보》 1926년 4월 21일자

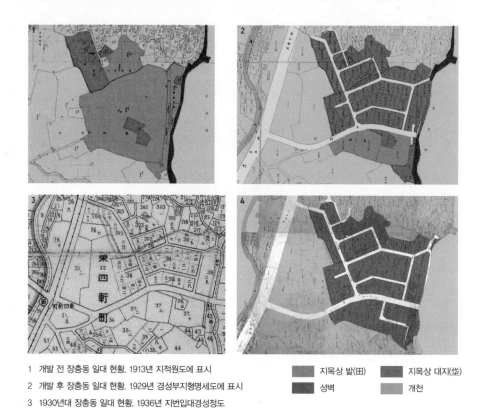

1 개발 전 장충동 일대 현황. 1913년 지적원도에 표시
2 개발 후 장충동 일대 현황. 1929년 경성부지형명세도에 표시
3 1930년대 장충동 일대 현황. 1936년 지번입대경성정도
4 1940년대 장충동 일대 현황. 중구청 소장 폐쇄지적도에 표시

지목상 밭(田)   지목상 대지(垈)
성벽   개천

한양도성이 훼철된 자리는 도로가 되거나 집이 들어섰다.
현 장충단로8길(1)과 훼철된 한양도성 위에 들어선 주택(2)의 모습

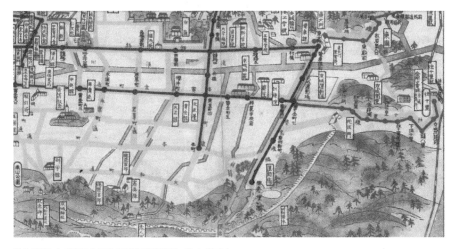

경성시가도 속 장충단과 일대. 정확한 제작 연도는 알 수 없으나
전차노선(붉은 선)으로 보아 1930년대 초반 제작된 것으로 보인다.
출처: 《서울 600년사 제4권(1910~1945)》, 1981

에서 한양도성이 단단히 감싸고 있는 것을 알 수가 있다. 하지만 주택지 개발이 시작되는 1920년대 후반부터는 성벽의 일부 구간이 허물어지기 시작하면서 도로(현 장충단로8길과 장충단로8나길)가 나고 성벽 자리는 대지(동사헌정 41-4~7)로 바뀌었다. 개발이 완료된 이후인 1940년대 지도를 보면, 북쪽과 남쪽의 성벽마저 허물어지고 그 위에 주택이 들어서거나 일부는 다시 도로(동사헌정 38-47)로 편입되면서 동쪽의 신당리와 바로 맞닿게 된 것을 알 수 있다. 결국 소화원 주택지 개발이 시작되면서 신당동 쪽으로 동서도로(현 장충단로8길-현 장충단로와 만나는 부분에서 현 신당동 청구로와 만나는 부분)가 뚫리게 되는데 주택지 개발과 함께 한양도성 성벽이 허물어진 첫 사례가 된다. 성벽이 허물어진 자리는 길이 나서 성 밖 신당리로 직접 출입이 가능하게 되었다. 또한 바로 바깥에 동소화원(東昭和園)이라는 주택지가 추가로 개발되기도 했다. 성벽 위는 대지의 지목을 갖게 되면서 건축물이 지어지기도 했다.

소화원 주택지는 다른 주택지에서 발견하기 힘든 특별한 점이 있는데, 자체적인 주택조합을 결성(조합장 中村郁一)하고 자치규약을 만들어 활동했다는 점이다. 규약의 내용은 다음과 같다.

① 가로수 부지에는 모든 종류의 건설을 못하는 것은 물론 식재한 수목 외에 적당한 식수를 할 것

② 전신주는 특별한 경우를 제외하고는 가로수 부지에 건설할 것

③ 변소 급취구 그 외 불결한 설비는 도로 또는 근접지로부터 보이지 않는 적당한 가리개를 설치할 것

④ 창은 어지간히 인접가옥의 내부가 보이지 않는 범위에 놓고 설치할 것. 단 어쩔 수 없는 경우는 타인에 피해를 주지 않는 정도로 가리개를 설치할 것

마을 사람들끼리 도로환경을 결정하는 가로수와 전신주 위치, 위생설비 설치, 프라이버시 존중 등에 대한 규약을 만들어 마을 환경을 함께 만들어 나가고자 했던 것이다. 소유하고 있는 토지의 비율에 따라 조합비를 걷어[24] 마을관리비, 위생비, 야경(夜警) 등을 충당했다. 소화원 주택지의 거주자들을 보면, 회사 사장이나 이사, 상무 등 중역과 기사, 교수, 부회의원 등 일본인 중상류층이다. 이들 중 일부는 자신의 거주지를 표기할 때 해당 번지 이외에 '소화원'이라고 병기했는데, 소화원 주택지에 거주한다는 것을 나름의 자부심으로 생각한 것으로 짐작된다.

소화원 주택지는 삼판통의 학강 주택지처럼 인근에 각종 시설이 잘 구비되어 있는 생활하기에 편리한 주택지는 아니었던 것으로 보인다. 1936년 대경성부대관을 보더라도 비슷한 시기 개발된 학강 주택지에 비해 학교나 병원, 시장과 같은 생활편의시설 등이 보이지 않는다.

소화원 주택지가 각광 받은 이유는 생활편의시설보다는 조용하고 공기가 좋은 '교외'라는 이미지였다. 비록 한양도성 내 지역이긴 하지만 일제강점기 사람들의 인식 속에 장충단 인근이 교외라는 생각이 있었다.[25] "장충단공원 근처는 조용하고(閑靜) 공기가 맑아서(空氣淸淨), 임부(姙婦)가 요양하기에 좋은 장소(靜養好敵地)"라는 표현에서 보이듯 생활편의시설은 아직 제대로 구비되지 않았지만 한적하고 깨끗한 이미지의 위생적인 주택지라는 것이 소화원 주택지의 특징으로 부각되면서 인기를 끌었던 것으로 보인다.

---

24 — 한 평당 1錢, 토지만 가지고 있는 경우는 5厘씩 걷었다고 한다.

25 — 김하나, "1920~1930년대 동아일보 기사에 나타난 경성의 교외", 《한국건축역사학회 춘계학술발표대회 논문집》, 2009

국유림 해제 및 불하와 함께 탄생한 주택지,
남산장전고대 주택지

남산장전고대 주택지는 인근 신정유곽에서 제일루(신정 11번지)라는 유곽과 남산장이라는 요정을 운영하던 아카하기 요사부로가 1929년 개발한 곳이다.[26] 장충동2가 190번지, 191번지, 193번지, 194번지 일대 약 2,000평을 20필지로 나누어 분양한 신규 주택지였는데, 지가는 평당 30원에서 35원 정도로 경성 내에서 최고 주택지로 손꼽혔던 삼판통 인근의 지가와 맞먹는 수준이었다.

남산장전고대 주택지에 주목해야 하는 이유는 바로 국유림의 해제, 불하와 함께 조성된 주택지라는 점이다. 조선시대 서사헌정 일대는 금산정책에 의해 관리되던 불가침의 땅이었다. 이러한 토지들은 일제강점기 개발 대상지로 주목을 받게 되었는데, 《경성도시계획조사서》에 따르면 1928년 기준으로 경성부의 국유지는 4,422,794평으로 전체 경성 면적의 42%를 차지했다고 한다.[27] 이에 대해 "경성부와 부근의 관유지와 국유임야는 다른 도시에서 유례를 찾아볼 수 없을 정도로 넓다."라고 하면서 "국유지 가운데 불용지를 불하하는 것이 국가가 선택할 수 있는 가장 적절한 방법"이라는[28] 국유지 해제와 불하를 촉구하는 목소리가 일찍부터 있어 왔고 국유림 해제는 일제강점기 전반에 걸쳐 일어났다.

서사헌정은 국유지 면적이 347,094평으로 당시 경성부 내에서 한강통을 제외하고 가장 넓은 국유지를 가지고 있는 곳이었고 동사헌정도 국유지를 118,345평이나 보유하

26 — 아카하기 요사부로는 남산장을 개업하고 대정토지건물회사의 이사가 되는 즈음인 1910년대 말 1920년대 초반에 서사헌정 일대 토지를 꾸준히 매입한 뒤 그를 바탕으로 남산장전고대 주택지를 개발했다. 1914년 토지조사부에서는 191번지와 193번지만 소유했고 1910년대 후반에 190번지를 추가로 매입. 1920년대가 넘어가면서 국가 소유였던 189번지 일부와 194번지를 매입하면서 남산장전고대 주택지 개발의 기반을 마련했다.

27 — 서울역사편찬원, 앞의 책, 2016, 212쪽

28 — "현재 국비 보조는 워낙 다양한 분야에 걸쳐 있어 쉽게 증액을 요구할 수 없는 상황이므로 도시계획구역 안에 있는 국유지 가운데 불용지를 불하하는 것이 국가가 선택할 수 있는 가장 적절한 방법이라고 볼 수 있다. 경성부와 부근의 관유지와 국유임야 면적은 다른 도시에서 유례를 찾아볼 수 없을 정도로 넓다. 경성부는 총면적 1,075만 평 가운데 민유지 면적이 450만 평에 불과하다. 이렇게 광대한 국유지를 보유한 경성의 도시계획구역에서 이러한 땅을 풀어 주는 것은 단지 재원이란 측면뿐만이 아니라 지리, 면적 상으로 보아도 적극적으로 고려할 필요가 있으며, 또한 도시의 미래 발전을 위해 이 땅을 풀어주어야 한다." 서울역사편찬원, 앞의 책, 2016, 210~211쪽

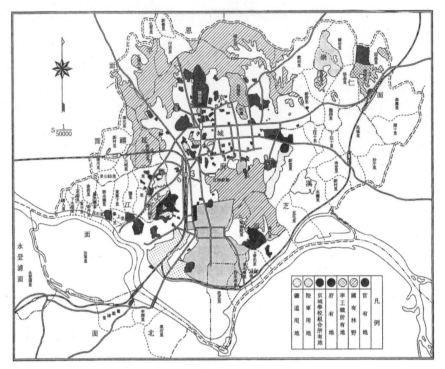

경성부와 부근 관유지. 출처: 《경성도시계획조사서》, 경성부, 1928

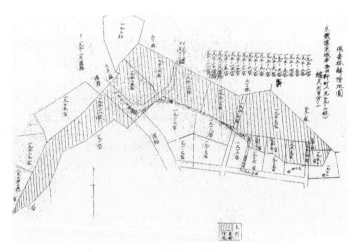

국유림 해제 조서 속 남산장전고대 부분. 국가기록원 소장 자료

고 있었다.[29] 국유지의 대부분은 국유림이었는데[30] 이러한 땅이 공식 문서에서는 보안림(保安林)이라고 불렸고 특히 이 일대 보안림은 풍치림으로 구분되어 보호되고 있었다.[31] 국유림은 해제 절차를 거쳐 일반에게 불하되는 식으로 개발이 진행되었는데,[32] 남산장전고대 주택지는 바로 그러한 과정을 통해 탄생한 주택지였다.

그런데 남산장전고대 주택지의 조성을 위한 국유림 해제 및 불하에는 석연치 않은 부분이 있다. 해당 토지에 대한 국유림 해제 조서를 살펴보면, 주택지 개발은 1929년에 되는데 해제는 3년 뒤인 1932년에 일어났고 해제 이유로 "대부분 이미 주택지가 되어서"라고 적혀 있다.[33] 국유림 해제 이전에 개발을 먼저 시행하고 후에 해제 신청을 한 것으로 보이는데, 이것은 무단으로 국유림을 훼손하며 주택지 개발을 강행한 이후에 추인받았을 가능성을 내포한 것이다. 남산장전고대 뒷부분에서 새로운 경성부윤 관사 건설을 위해 추가로 국유림을 해제하기도 하는데, 당시 경성부윤 관사의 신축 문제는 궁핍한 재정 속에서 무리하게 고급 관사 신축을 추진한다는 이유로 사회적 물의를 일으키고 있었다.[34] 그럼에도 1920년대 중반에 지은 기존의 통의동 관사가 노후화되었다는 이유로 서사헌정의 국유림 해제를 통한 관사 건설을 추진한다. 국유림 해제 조서에는 "부근에 장충단공원, 박문사 등이 있어서 풍치 유지에 대한 고려가 필요한데, 관사의 형태, 양식 및 배치 등이 적당하여 부근의 풍치에 미치는 영향이 없어서 이것을 해제하는 데 지장이 없다고 사료된다."라는 이유로 해제를 진행하기도 했다.[35]

어쨌든 이 일대의 개발로 인해 "화양절충(和洋折衷)의 남향의 햇빛이 풍부해 좋을 것 같은 집이 가득하고 연못이 있고 나무를 많이 심었으며, 작은 공원까지 만들어져

---

29 — 1928년 당시 경성부 면적은 10,629,500평인데, 그중 국유지는 4,422,794명(42%), 경성 부유지는 155,915평(2%), 민유지는 6,050,791평(56%)이었다고 한다. 서울역사편찬원, 앞의 책, 2016, 22쪽

30 — 국유지는 관유지, 육군용지, 철도용지, 이왕가 용지, 국유임야로 구분된다.

31 — 강영심, "일제시기 국유림 대부제도의 식민지적 특성과 대부반대투쟁", 《이화사학연구》(29집, 2002)에 따르면 일본은 한국 지배 초기부터 산림문제를 중시하여 산림법을 제정 공포(1908)하고 조사한 뒤 국유화했다고 한다.

32 — "총독부 산림부(山林部)에서는 경성 부근 관유지 삼 만평을 금월 이십팔일에 경매할 터인데 경매할 장소는 사직단 공원에서 행촌동(杏村洞)으로 넘어가는 송림과 남산장(南山莊) 뒤 송림과 성북동(城北洞) 산림 등으로 전부 주택지에 적당한 곳이라더라." 《중외일보》, 1929년 10월 26일자

33 — 국가기록원 문서 CJA0011578

34 — "財政은 窘乏한데 府尹官舍新築 卄九日 府議 懇談會 開催, 注目되는 不(可?)否決定", 《동아일보》 1936년 2월 29일자; "京城府尹官舍 짓기로 決定", 《동아일보》 1936년 6월 20일자

35 — 국가기록원 문서 CJA0011578

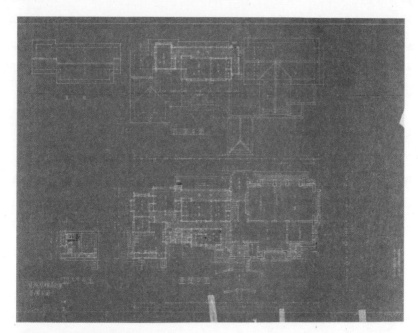

경성부윤 관사 신축 평면. 국가기록원 소장 자료

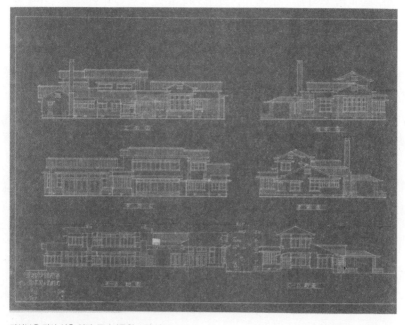

경성부윤 관사 신축 입면. 국가기록원 소장 자료

완전히 별천지(別天地) 같은 느낌이 들 정도로 좋게 되었다."[36]라는 기사가 당시의 분위기 변화를 전해준다. 특히 이곳은《조선과 건축》[37] 뿐만 아니라《경성일보》[38]에도 소개될 정도로 당대 최신의 주택에 해당했던 와타나베 스스무의 주택이 지어지기도 했던 곳으로 알려져 있다. 이에 대해서는 뒤에서 다시 자세하게 설명하고자 한다.

국책회사에 의한 초고급 주택지 조성, 장충단 주택지

민간이 개발한 소화원 주택지, 남산장전고대 주택지와 함께 또 주목해야 할 주택지는 장충단 주택지다. 소화원 주택지가 민간 회사에 의해, 남산장전고대 주택지가 개인에 의해 조성된 주택지였다면 장충단 주택지는 국책회사인 조선도시경영주식회사[39]에서 개발한 주택지이다. 장충단 주택지는 장충단 인근이 고급 주택지로 변신하게 된 결정적 계기가 된 주택지이다.

조선도시경영주식회사는 경성의 국유지를 불하받은 뒤 시바타구미(柴田組)라는 회사에게 공사를 맡겨 장충단 주택지를 개발했는데, 당시 일반적인 개인 및 민간 회사에 의한 개발과 비교했을 때 개발 규모가 10,000평에 가깝게 커진 것을 알 수 있다. 개별 필지 규모 또한 200평에서 800평에 이르는 대형 필지 21개로 분할한 것으로 볼 때, 어느 주택지와 비교되지 않을 정도의 최고급 주택지로 개발된 것을 알 수 있다.

장충단 주택지는 소화원 주택지와 마찬가지로 한양도성을 훼철하면서 조성되었다. 1934년 장충단 주택지가 개발되면서 일대 성벽은 완벽하게 헐린다. 성벽이 훼철된 자리는 대지나 도로(현 동호로20길)로 변해버려 그 흔적조차 찾아볼 수 없다. 결국 광희문 남쪽부터 현 장충체육관과 신라면세점 인근의 성벽이 모두 사라지면서 성 밖의 신당동과 연결은 더욱 가속화되었다.

장충단 주택지 조성 직전인 1929년에 장충단 전차 정류소에서 신당리로 넘어가는 동서도로[현 동호로 일부-장충체육관 앞 교차로와 약수역 사이, 폭 10칸(약 18.2m)]가 개설되었다.

---

36 — "さくらの甘泉亭 學者村−昭和園, 南山莊前 獎忠壇一帶の繁昌",《경성일보》1930년 11월 20일자

37 — 渡邊晋, "住宅談: この家を造った私の気持",《조선과 건축》9집 10호, 1930년 10월

38 — "さくらの甘泉亭 學者村−昭和園, 南山莊前 獎忠壇一帶の繁昌", 앞의 글

39 — 김주야, 앞의 논문, 94~95쪽

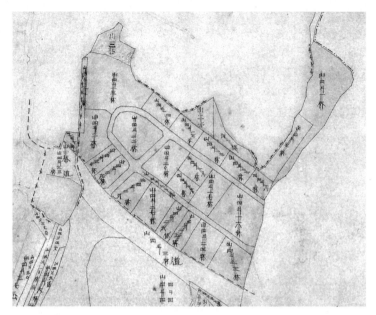

한양도성 훼철 및 국유림 불하 후 조성된 장충단 주택지. 중구청 소장 폐쇄임야도, 1940년대

한양도성 훼철 뒤 인근의 주택지 분포. 대경성부대관 지도(1936)에 표기, 검은 선은 한양도성 자리이다.

이 도로는 당시 국유지 부정 불하 사건으로 사회적 문제를 일으켰던 시마 토쿠조(島德藏)와 연관되어 만들어져, 일명 '도덕(島德)도로'라고 불리기도 했다. 이 도로의 개통으로 1934년 황금정에서 장충단을 거쳐 신당리 무학정, 앵구에 이르는 버스노선의 운행이 시작되었다.[40] 또한 이 도로는 남산주회도로로 이어져 성 안과 밖을 연결하고 경성 동부로의 확장을 가속화하는 단초 역할을 하게 된다. 이 도로가 개통된 이후 한양도성의 동쪽에 면하고 있던 신당리에서는 유사한 주택지 개발이 연이어 일어나면서 이전의 경성 외곽지역이라고는 상상할 수 없을 정도의 변화가 생긴다. 장충단 주택지 개발 이후 주택지 개발은 급속도로 성 밖으로 확산되어 나간 것이다.

최신 고급 주택의 각축장

《조선과 건축》에 소개된 서사헌정 및 동사헌정의 주택은 총 11동이다. 이 주택들이 소개된 시점은 1920년대 후반부터 1940년대 초반으로 일대 주택지 개발이 한창 일어나던 시점에 지어진 최신식 주택이다. 특히 타다 주택(서사헌정 193-12)의 경우 조선박람회의 출품주택 3동 중 하나를 이곳으로 옮겨 지은 것으로 당시 최신의 트렌드를 반영한 주택이다.[41]

필지는 대부분 100평(약 330m²) 이상의 대규모이다. 최고급 주택지였던 장충단 주택지는 필지 규모가 500평대와 800평대에 달했으며, 관에서 주도한 경성부윤 관사는 넓이가 약 2,000평에 가깝다. 세 개의 사례(오사와 마사루 주택, 타다 준자부로 주택, H주택)를 제외한 주택 모두 지하층을 갖춘 2층 높이에 100평 내외의 연면적을 가지는 대형 주택이라는 공통점이 있다.

건축주는 관사 또는 사택의 경우 미쓰비시나 경성부, 제일은행, 동척과 같은 기관이다. 이 관사 또는 사택은 표준도면을 가지고 집단적으로 지어진 일반적인 사례와 달리 경성부윤이나 경성지점장, 회사중역 등 고위급 간부들을 대상으로 한 고급사택

40 — "장충단 전차 중지 버스 운전, 《동아일보》 1934년 5월 10일자

41 — 조선건축회의 주도로 지어진 세 채의 문화주택은 연평 30평대의 단층 또는 2층 규모의 주택이다. 이 실물주택 전시는 주택이 들어설 부지를 확보한 주택건축희망자를 모집해 주택에 대해 희망하는 바를 구체적으로 반영하며 설계하고자 했다고 한다. 실제로 박람회 전시가 끝난 이후에는 해당 부지로 이축이 예정되어 있었는데, 이는 전시용에 그치는 것이 아닌 현실적으로도 기능할 수 있는 주택을 제안했다는 의미를 가지고 있다. 아쉽게도 타다 주택 이외 다른 두 주택의 이축 장소는 알려져 있지 않다.

왼쪽 페이지: 《조선과 건축》에 소개된 서사헌정 및 동사헌정의 주택

1   M주택. 출처: 《조선과 건축》 1927년 6월

2   오사와 주택. 출처:《조선과 건축》 1927년 6월

3   타다 주택. 출처:《조선박람회사진첩》, 조선총독부, 1930

4   에지마 주택. 출처: 《조선과 건축》 1930년 8월

5   와타나베 주택. 출처: 《조선과 건축》 1930년 10월

6   미쓰비시 경성지점 사택. 출처: 《조선과 건축》 1936년 5월

7   경성부윤 관사. 출처: 《조선과 건축》 1937년 7월

8   동척 중역 사택. 출처: 《조선과 건축》 1937년 3월

9   제일은행지점장 사택. 출처: 《조선과 건축》 1937년 1월

10 하야노 주택. 출처:《조선과 건축》 1937년 10월

와타나베 주택의 1930년 지어질 당시 외관과
현재(2006년 촬영) 모습

1, 2   외관

3, 4   입구

5   중복도와 2층으로 올라가는 계단

6   돌출된 포치와 응접실 밖으로 내민
    출창이 보인다.

7   소파 둘 자리를 미리 계획한 응접실
    내의 돌출부

《조선과 건축》에 소개된 동사헌정 및 서사헌정 일대 주택 목록

위치			소유자	신축연도	건축가	시공자	구조	대지 (m²)	연면적 (m²)	층수 (지상/지하)
서사헌정	미상	미상	M	1927	KE生	미야모토 (宮本)	벽돌조+목조	미상	미상	2/1
백화원 (동사헌정)	48	9	오사와 마사루 (大澤勝)	1928	나카무로 센시게 (中村專重)	미상	벽돌조	350.4	122.9	1/1
남산장 전고대 (서사헌정)	193	12	타다 준자부로 (多田順三郎)	1929	타다구미(多田組)		벽돌조	416.5	110.7	1/0
	190	12	에지마 키요시 (江島清)	1930	에지마	미야모토	벽돌조	239.7	133.9	2/1
	193	3	와타나베 스스무 (渡邊晋)	1930	타다구미		목조	806.9	212.9	2/1
동사헌정	217	–	미쓰비시 (三菱商會) 경성지점사택	1936	타다구미		벽돌조+목조	미상	341.1	2/1
서사헌정	204	–	제일은행 경성지점장사택	1937	미상	시미즈구미 (淸水組)	벽돌조+RC	미상	302.1	2/1
서사헌정	산9	–	경성부윤관사	1937	미상	지시구미 (岸組)	벽돌조	6,611.6	502.5	2/1
장충단 주택지 (서사헌정)	216	–	동척중역사택	1937	동척 영선과	나기가와구미 (中川組)	RC+벽돌조+목조	2,809.9	469.7	2/1
	223	–	하야노 류조 (早野龍三)	1937	와타나베 히토시 (渡邊仁) 오오스미 야지로 (大隅彌次郎)	타다구미	벽돌조+목조+RC	1,801.7	383.3	2/1
동사헌정	미상	미상	H	1940	오바야시구미(大林組)		목조	미상	326.6	1/0

이다. 일제강점기에는 식민지에 국책회사가 설립되어 사택을 건설했는데, 단순한 사원의 복지시설이 아닌 신시가지 건설 및 경영의 일부이자 구미열강이나 피지배주민에 대한 과시의 일종으로 일본 내에서 보다 고급으로 건설되기도 했다고 한다.[42]

일반 주택의 경우에도 타다 준자부로(多田順三郎)나 에지마 키요시와 같은 건축가 이외에 피부과 의사였던 와타나베 스스무와 경성제국대학 의과대학 교수였던 오사와 마사루(大澤勝)와 하야노 류조(早野龍三) 등 일본 중상류층의 주택이 모여 있는 최신 고급 주택지이다.

42 — 예를 들어 남만주철도주식회사는 1906년 설립된 국책회사였는데, 러시아로부터 양도받은 다롄, 뤼순-창천 간의 철도 경영 이외에 철도 부속지의 행정 등 폭넓은 사업을 전개해 나갔다. 1907년 만철은 본사를 다롄으로 이전한 후, 다롄 대광장에서 그리 멀지 않은 구릉지인 남산 자락에 벽돌조의 퀸 앤 양식[Queen Anne Style, 영국의 18세기 초 앤 여왕(재위 1702~14)시대의 건축 및 공예 양식]의 사택을 건설하였고, 남산의 동측에는 조합원을 만철 사원으로 제한한 주택조합인 다롄공영주택조합이 정원이 있는 단독주택을 건설했다고 한다. 片木篤·藤谷陽悅·角野幸博, 앞의 책, 26쪽

그중에서도 남산장전고대 주택지에 있던 와타나베 주택은 최근까지도 주택의 실체를 직접 확인할 수 있었다. 이 주택은 신축된 일제강점기부터 철거되기 전까지 단독주택의 기능을 계속 유지하고 있을 뿐만 아니라 약 80여 년 전 화제가 되었던 주택의 원형 도면 및 사진과 이후 변형된 모습을 비교해 볼 수 있었다.

'100평의 토지에 30평의 집'[43]이라는 일반적인 규모보다는 큰 규모인 연면적 212.9㎡(64.04평)의 주택으로 이 주택을 지을 때 평당 250원을 들였다는 기록이 있다.[44] 이것은 와타나베 주택이 지어지기 4년 전인 1926년 일반 목조가 평당 120~170원, 목조를 기반으로 한 목골철망시멘트조의 경우 평당 130~175원, 벽돌조는 평당 140~185원, 철근콘크리트조가 평당 215~250원이었다는 기록과 1930년대 당시 "평당 100원을 들이면 괜찮은 집이 지어진다."라고 했던 일반적 건축비와 비교해도 꽤 비싼 가격으로 지은 고급 주택이었다.

지붕에는 일본형 모르타르 기와 잇기를 하고 초록색 칠을 했으며(이후 빨간색 기와) 외부는 크림색 리소이드칠(돌 느낌이 나도록 칠하는 것)을 했다. 목조 기둥 면이 보이지 않도록 바깥에서 칠한 것인데, 이것은 일본에서는 오카베라고 불리는 방식으로 보통 서양식 주택을 지을 때 주로 사용되는 것으로 알려져 있다. 포치를 통해 내부에 들어가면 응접실 바닥에 융단을 깔고 모로코가죽으로 만든 소파를 두었으며 목포산 석재에 대리석을 더해 벽난로를 장식했다고 하는데, 이것은 건축주 와타나베가 제대로 된 서양식 공간을 갖추고 싶어 했음을 보여준다. 와타나베 주택은 "전전(戰前)의 교외 주택지에 건설된, 빨간 기와지붕에 모르타르의 외벽, 안에 들어가면 응접실과 의자식 식당이 있는 모던주택을 문화주택으로 떠올리지만 엄밀한 정의는 없다."[45]라는 일본의 문화주택 정의와 어울리는 전형적인 1930년대의 문화주택이었음을 알 수 있다.

와타나베는 의사로서 '위생'에 특별히 관심 많았다. "저는 의사이므로 위생 방면의 사항에는 다소의 관계가 없지도 않으므로 이번에 이 집을 신축하는 데 있어 어떤 생각에서 하였는지를 이야기하도록 하겠다."라고 하면서 "집을 지을 때 가장 생각했던 점은 위생적인 방면"이었고 "형식에 얽매이지 않는 위생 전문의 집을 지어보고 싶었다."라고 밝힌 것에서 '위생'에 대한 지대한 관심과 그를 실현하기 위해 많은 고민을 했다는 것을

---

43 — "都の西北金華莊 金華山下に南を受けて理想的な文化住宅",《경성일보》1930년 11월 17일자

44 — 와타나베씨의 집은 평당 250원이나 들였다는 멋진 집이다. "さくらの甘泉亭 學者村一昭和園, 南山莊前 獎忠壇一帶の繁昌", 앞의 글

45 — 小木新造 編,《江戶東京学事典》, 三省堂, 2003, 525쪽

알 수 있다.[46] 특히 부엌, 식당, 침실, 변소 등에 대해서는 자신의 의견을 고집했다고 하는데, '위생'의 문제를 비단 '청결'에만 국한하지 않고 '채광', '방한', '환기' 등으로 확장해 나름의 의견을 관철시켰다고 한다.

와타나베 주택의 부엌

예를 들어 부엌의 경우 위생설비에 많은 주의를 기울였는데, 부엌이 음식물을 취급하는 중요한 곳임에도 불구하고 그동안 등한시되어 청결한 장소가 아니라는 점을 비판하면서, 파리가 들어오지 않도록 하는 것은 물론이고 아침 햇살이 충분히 들어오고 밝은 광선이 많이 들어오도록 해서 가능한 습해지는 일이 없도록 목재를 노출하지 않고 타일을 깔았으며 그 외에는 닦으면 물이 바로 마르도록 페인트 마감을 했다고 한다. 싱크대는 목재 대신 도기를 사용해서 항상 건조한 상태를 유지하도록 했고 특별히 채소 씻는 전용 싱크대를 별도로 만들어 인분을 사용해 키우는 채소로부터 전염병이 확산되는 것을 방지할 수 있도록 하기도 했다.

인터뷰에 의하면 이곳에 살았던 와타나베 스스무는 그 인척까지도 함께 경성에 건너와 살았다고 하는데, 인척의 주택은 신당동에 있었고 그곳에 살았던 아이들은 이곳

1 2층의 도머창과 벽면 장식이 눈에 띈다.　2 서재가 있었다는 2층 선룸　3 2층 선룸 내부
남산장전고대 주택지에 지어진 또 다른 주택. 2006년 촬영

46 ─ 渡邊晋, "住宅談: この家を造った私の気持", 《조선과 건축》 9집 10호, 1930년 10월

서사헌정에 있는 외할머니 집에 종종 놀러 왔다고 한다. 이를 통해 식민지 조선에 들어와 정착하기 시작한 일본인들이 새로 개발된 서사헌정, 신당동 등 주택지에 최신 주택을 짓고 살았던 당시의 모습을 확인할 수 있다.

해방 후 고급 주택지 장충동의 위상

그동안 장충동 지역에 대한 연구는 장충단(獎忠壇, 1900년 조성)[47]이나 박문사(博文寺, 1932년 조성)[48]를 대비시킴으로써 식민지 경성의 도시적 상흔을 드러내고자 하는 것이거나 각각의 시설 조성에 대한 배경과 의미에 관한 이야기가 대부분이었다. 하지만 두 시설의 입지 시점에는 30여 년간의 시간 차이가 있어서 무조건적 대비에는 무리가 있을 뿐만 아니라 개별 시설에 대한 의미 조명만으로는 조선의 식민지화를 주도했던 이토 히로부미(伊藤博文, 1841~1909)의 추모 사찰이 어떻게 별다른 갈등 없이 이 일대에 들어서게 되었는지에 대해 설명할 수 없다. 1920년대 이후 장충단 인근이 교외의 고급주택지로 이미지가 변화하는 상황이었기 때문에 박문사와 같은 시설이라 할지라도 별 거부감 없이 들어설 수 있었으며, 앞서 경성부윤 관사 신축을 위한 국유림 해제 조서에 나오는 이유처럼 오히려 박문사가 이 일대의 풍치 유지가 잘되어야 하는 또 하나의 이유가 되기도 한다.

이렇듯 이 일대의 주택지 개발은 신성했던 지역의 이미지를 고급 주택지로 완전히 바꿔놓았으며 이러한 지역 이미지의 변화는 한양도성 훼철 이후 동쪽으로 퍼져나간 신당리의 주택지 개발에서도 그대로 이어지게 된다.[49] 결국 한양도성의 경계가 사라진 장

---

47 ─ 을미사변 때 피살된 시위연대장 홍계훈(洪啓薰)과 궁내부대신 이경직(李耕稙) 등을 기리기 위해 고종이 조성한 시설이다.

48 ─ 이토 히로부미(伊藤博文)의 이름을 딴 박문사라는 명칭에서 알 수 있듯이 이토 히로부미를 추모하기 위한 사찰이다.

49 ─ 신당리 일대에는 원래 공동묘지와 화장장이 있었는데 이곳이 고급 주택지로 개발되면서 지역의 성격 또한 완전히 바뀌게 된다. 장충단 주택지를 개발했던 조선도시경영회사는 3차에 걸쳐 앵구라는 주택지를 개발했다. 주택지 주변에는 벚나무를 심고 실물주택을 지어 주택전람회를 개최해 최신 주택 건축을 독려하는가 하면 학교나 어린이놀이터, 구락부와 같은 시설을 갖춘, 당시 "일본의 도시에서 보는 것보다 더 훌륭한 고급주택가"였다는 평가를 받기도 한다. 이경아, "경성 부외 사꾸라가오까 주택지 개발의 의미", 《한국건축역사학회 춘계학술발표대회논문집》, 2006년 5월, 141~144쪽; 김주야, 앞의 논문, 2008, 93~94쪽

충동과 신당동 일대는 그 경계를 찾아볼 수 없는 하나의 주택지로 인식되게 되었고 고급 주택지로서의 명성은 해방 이후 서울의 강남 개발이 본격화되기 전까지 계속된다. 박범신의 소설《외등》을 보면, 남녀 주인공이 당초 살던 가회동의 한옥과 연적이었던 노상규가 이사 간 장충동의 단독주택이 극적으로 대비되는데 바로 해방 직후 재벌들의 주택지로 유명했던 장충동의 분위기를 느낄 수 있다. 실제로 현재 장충동 주택지에 지어진 동척중역사택은 해방 후 삼성그룹의 이건희 회장의 집으로 쓰여 지금까지 남아 있다.

장충동은 1920년대 중반부터 시작된 주택지 개발에 의해 조선시대부터 이어져 온 지역의 이미지가 지워지고 한양도성 훼철과 국유림 해제로 인해 성곽도시였던 한양의 대표적 특성이 사라지던 모습을 보여주는 지역이다. 1920년대 초부터 논의되었던 경성 동부로의 확장 문제는 1936년 경성의 경계 확장에 앞서 장충동 일대에서 먼저 실험되고 이후 경성 동부의 신당동, 나아가 한남동 일대까지 고급 주택지로 개발될 단초를 제공했다. 장충단 일대는 해방 이후에도 추가로 국유림이 해제되고 불하되면서 국립극장이나 자유센터와 같은 새로운 시설이 들어서는 등 많은 변화를 겪는다. 이러한 변화는 일제강점기의 변화와 함께 비교 분석될 필요가 있다.

그들의 전원주택지, 신당동[1]

1 — 이 글은 이경아, 《일제강점기 문화주택 개념의 수용과 전개》(서울대학교 박사논문, 2006); 이경아,
"경성부외 사꾸라가오까(桜ヶ丘) 주택지 개발의 의미" 《한국건축역사 춘계학술발표대회 논문집》
(2006); 이경아, "경성 동부 문화주택지 개발의 성격과 의미", 《서울학연구》(37호, 2009) 내용을 바탕
으로 재구성한 것이다.

전원주택지의 탄생

《한국지명유래집》에 따르면 서울의 신당동은 원래 광희문 밖의 신당을 중심으로 많은 무당이 모여 무당촌을 이루고 있어서 신당(神堂)으로 불렸다고 한다. 그런데 갑오개혁 때 발음이 같은 신당(新堂)으로 바뀌면서 현재의 신당동이라는 이름을 갖게 되었다. 신당동은 시신을 내보내던 문이라는 뜻의 '시구문'이라는 별칭을 갖고 있던 광희문 밖 지역으로 공동묘지와 화장장이 있던 곳이다.

1 광희문 밖 공동묘지. 출처: 《성 베네딕도 상트 오틸리엔 수도원 소장 서울 사진》, 서울역사박물관, 2015

2 한양도성 밖 공동묘지와 화장장 등이 있던 신당리 일대. 1921년 일만분일조선지형도, 서울대학교 도서관 소장 자료

신당동은 일제강점기 들어 전원주택지로 대대적인 변신을 하게 된다. 다음은 당시 상황을 보여주는 기사이다.

전일에는 무데기 무데기 묘지(墓地)가 흐터져 있든 황무지로서 이 터 우에 삐죽삐죽 붉은 지붕을 한 문화주택이 들어앉을 줄이야… 잡초만 욱어져있든 이 땅이 한 평에 6, 7전 혹은 8, 9전으로도 떠맡어 가는 사람이 없든 이곳이 일략 대경성의 팽창으로 말미암아 한 평 20원으로부터 30원까지 벗석 올라 남향(南向)으로 햇빛 잘 들고 바람 잘 드는 곳을 골라 사기에 《매담》과 《레듸》 그리고 장래의 행복의 복음자리를 만들기에 아름다운 《새색시》들의 발자최가 장충단 공원과 시구문 밖으로 자저진지가 오래이다.[2]

이 3만평의 주택지역은 시마 토쿠조(島德藏)씨 경영의 신당리 토지와는 그 토질이 달라, 매우 비옥한 흑색토양이므로 전원주택지(田園住宅地)로서는 이상적인 것입니다. 알고 계신대로 광활한 지역이기 때문에, 건강상 보아도 혜택 받은 주택지가 조만간 출연할 참으로, 본사(조선토지경영주식회사)는 그 제1기 정지사업인 곳으로부터, 세심한 주의를 기울여 멋진 주택지 건설을 기대하고 있습니다. 정지공사는 5월부터 착수할 예정으로, 100평 블록이 250개가 생길 것입니다. 후에 이것이 주택건축에 대해서는 각 건축 기술가의 노력에 맡겨지는 바가 클 것이라고 생각하지만, 처음부터 플랜을 세워 건설된 이 신주택지(新住宅地)가, 모든 점에 있어서 근대 문화도시(文化都市)로서의 이상(理想)이 나타날 것이라고 희망하여 마지않는 바입니다.[3]

이와 같이 일제강점기 공동묘지와 화장장이 있던 신당리(신당동의 일제강점기 명칭, 1936년 경성부의 행정구역 확장 이후에는 신당정으로 바뀜)는 새로운 주택지로 주목받았는데, 특별히 신당리의 앵구(桜ヶ丘, 사쿠라가오카) 주택지는 '이상적인 전원주택지' 또는 '근대 문화도시'의 탄생을 예고하며 조성된 주택지였다. 그렇다면 신당동은 어떻게 무당촌, 묘지터, 화장장이 있던 곳에서 전원주택지이자 문화도시로 일대 변신을 하게 된 것일까.

2 — "享樂의 밤 깊어 가는 文化村의 新年點景, 젊은 그와 그 여자의 桃色遊戱, 大京城明暗二重奏 (二)", 《조선중앙일보》 1936년 1월 4일자

3 — 靑木大三郎, "桜ヶ丘新住宅地", 《조선과 건축》 11집 4호, 1932년 4월

전원, 전원도시, 전원주택의 개념

일제강점기 신당동의 주택지 개발 이야기를 하기에 앞서 몇 가지 단어의 역사와 정의를 짚고 넘어가자. 요즘도 '전원', '전원도시', '전원주택'이라는 단어가 종종 쓰이고 있는데, 사실 이 단어들은 생겨난 배경이 모두 다를 뿐만 아니라 일제강점기 당시의 뜻과 현재의 쓰임이 달라 구별을 하고 넘어갈 필요가 있다. 특히 신당동의 주택지 개발을 이해하기 위해서 우리에게 익숙한 전원, 전원도시, 전원주택이란 단어에 대해 다시 한번 알아봐야 한다.

세 단어 중 현재 가장 많이 사용되고 있는 것은 아마 '전원주택'일 것이다. 요즘도 전원주택이라고 하면 흔히 그 앞이나 뒤에 '꿈꾸는', '이상적인', '매력적인', '한가로운', '친환경', '웰빙'과 같은 수식어가 붙곤한다. 번잡한 도시 생활에 염증을 느껴 탈출한 근교에서 마련한 전원주택에서의 생활은 "저 푸른 초원 위에 그림 같은 집을 짓고"라는 유행가의 가사처럼 누구나 한번쯤 살아보고 싶은 일종의 이상향을 떠올리게 한다.

'전원주택'이란 단어는 과연 언제 어떤 배경에서 쓰이게 된 말일까.《표준국어대사전》에서 '전원'의 뜻을 찾아보면, "논과 밭이라는 뜻으로, 도시에서 떨어진 시골이나 교외(郊外)를 이르는 말. (유의어) 교외, 시골"이라고 설명되어 있다.

'전원'은 도시의 대척점에 있는 자연을 느낄 수 있는 안식의 공간 또는 농경을 할 수 있는 생산 공간을 의미한다. 오래전부터 '속세를 버리고 은거하는 공간'이라는 의미로 사용되었다. 단어의 역사가 꽤 길다고 할 수 있다.[4] 하지만 역사가 오래된 전원과는 달리 전원주택이란 단어는 생긴 지 불과 100년 남짓밖에 되지 않는다. 조선시대 문헌에서는 비슷한 용어로 '전가(田家)' 또는 '농가(農家)'라는 말은 찾아볼 수 있어도 전원주택이라는 말은 찾아볼 수 없다. 전원주택은 일제강점기에 일본에서 들어온 외래어이다. 우리나라에서 전원주택이라는 단어가 사용되기 시작할 당시의 자료를 보면, 전원도시라는 개념이 들어오면서 함께 유행했던 말이었음을 알 수 있다.

그렇다면 '전원도시'란 무엇일까.

전원의 뜻을 생각해 보면 사실 전원은 결코 도시란 말과 양립할 수 없는 단어이다.

---

4 — 조선시대 '전원'의 의미를 알기 위해 심경호, "茶山의 薇源隱士歌에 담긴 歸田園 意識에 대하여",
《정신문화연구》48호, 1992; 정훈, "이수광의 산수전원시 특성 연구", 《호남문화연구》(32, 33호,
2003); 신영명, "17세기 강호시조에 나타난 '田園'과 '田家'의 형상", 《한국시가연구》(6호, 2000)의 연
구를 참고했다.

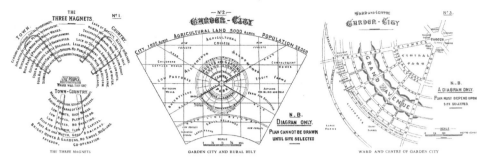

에벤에저 하워드의 전원도시 개념도. 출처: Howard Ebenezer, 미래의 가든 시티(Garden cities of to—morrow), MIT Press, 1965

번잡한 도시를 떠나 한적한 전원을 찾아왔는데 그곳이 또 다른 도시가 된다는 것이므로 두 단어가 결합되는 것은 모순일 뿐만 아니라 단어 자체로만 보면 그 정체 또한 모호해진다. 당시의 시대적 배경을 모르고는 당시 통용되던 전원도시의 뜻을 이해하기 쉽지 않다. 정확한 의미를 알기 위해서는 가깝게는 일본의 1900년대 전원도시운동을, 멀리는 영국의 1890년대 에벤에저 하워드(Ebenezer Howard, 1850~1920)의 '가든 시티(garden city)' 개념을 살펴봐야 한다. 결론부터 이야기하자면 전원도시는 에벤에저 하워드의 가든 시티를 일본에서 한자어로 번역한 것이 우리나라까지 흘러들어 온 것이다. 영국과 일본, 우리나라에서 전원도시는 다른 의미로 사용되었다.

먼저 에벤에저 하워드의 '가든 시티' 개념을 살펴보자. 영어로 전원은 도시에서 떨어진 시골이라는 의미로 'country'와 'rural', 목축 활동과 같은 생산 공간으로서의 의미로 'pastoral'이라는 단어를 떠올리게 한다. 하지만 에벤에저 하워드의 가든 시티는 기존의 전원을 연상시키는 개념과 다르다.

19세기 후반 영국의 도시는 무질서와 오염 그리고 범죄가 만연한 곳으로 인식되었고, 부유층은 이렇게 더럽혀진 도시에서 살 수 없다며 자신의 타운 하우스를 처분한 뒤 시골로 탈출하기 시작했다.[5] 도시계획가 에벤에저 하워드는 공업과 도시의 분산을 도모하면서, 건전한 도시발달을 위해 대도시 근교에 전원의 정취를 지닌 신도시(New Town)를 계획적으로 건설하자고 주장했다. 전원도시 개념을 통해 미개발지의 초원에 도시와 전원의 장점을 적절히 조화시킨 이상적 자립도시를 만들자는 것이었는데, 그의 전원도시 개념은 레치워스(Letchworth)에서 실현되었다.

---

5 — 노버트 쉐나우어 지음, 김연홍 옮김, 《집: 6,000년 인류주거의 역사》, 다우, 2004, 358쪽

하워드의 전원도시 개념은 일본에 곧바로 수입된다. 일본에서 '전원도시'라는 단어는 1907년 내무성 지방국 유지들이 《전원도시》라는 책을 내면서 널리 유행하기 시작했는데, 가든 시티를 직역한 '정원도시(庭園都市)' 또는 '화원도시(花園都市)'라는 명칭보다 더 보편적으로 쓰이게 된다.

당시 일본은 도시환경개선이 커다란 사회적 이슈로 등장하던 시기였다. 일본의 도시들이 산업도시로 전환되면서, 공장이 도시에 들어서고 일자리를 찾는 많은 인구가 도시로 밀려들면서 문제가 생기기 시작했다. 특히 산업도시화로 인한 급격한 도시인구 증가를 보인 대표적인 곳은 오사카였는데, 메이지 말 동시기 전국 수치와 비교했을 때 3배가량 높은 인구 증가율을 보였다. 또한 공업화로 인해 발생한 공해는 자연히 도시환경 악화라는 결과를 가져왔다. 도쿄 역시 1910년대가 넘어서면서부터 공장이 들어서기 시작하고 많은 노동자가 유입되었다. 갑자기 늘어난 인구로 인해 주택난이 야기되었다.[6]

이러한 사회 경제적 배경에서 일본은 하워드의 전원도시 개념을 적극 받아들이고자 했고 전원도시 개념은 민간으로 빠르게 퍼져나가기 시작했다. 하워드의 전원도시를 직접 모델로 한 일본의 대표적인 주택지로 도쿄 타마(多摩)지역에 조성된 덴엔초후(田園調布)가 있다.

이곳을 개발한 시부사와 에이치(澁澤榮一, 1840~1931)는 일본 경제의 아버지 또는 일본 자본주의의 아버지라고도 불리는 기업가로 제일국립은행을 창설하였으며 제지, 우선, 증권, 철도 등 다양한 기업에 관여한 일본 재계의 거물이었다.[7] 그는 주택지 개발 사업에도 손을 대 전원도시회사(田園都市會社, 1918년 설립)라는 회사를 세워 센조쿠(洗足, 1922년 개발), 타마가와다이(多摩川臺, 1923년 개발) 등 여러 주택지를 개발했다. 그 중 대표적인 주택지가 바로 덴엔초후이다. 시부사와 에이치의 아들 시부사와 히데오(澁澤秀雄)가 1919년 8월부터 7개월간 영국의 레치워스를 비롯한 구미의 주택지를 직접 시찰하고, 전원도시에서 영감을 받아 영국의 주택지를 모델로 1923년 탄생시킨 주택지이다.[8]

덴엔초후는 하워드의 전원도시 개념도와 같이 반원형 패턴으로 필지를 구획하고

---

6 — 小木新造 編, 《江戶東京学事典》, 三省堂, 2003, 126쪽

7 — 우리나라에서는 경인철도 부설권을 미국인 모스(Morse, J. R.)로부터 인수한 뒤 완성시켰으며 이후 경부철도주식회사를 설립하여 서울—부산 간 철도를 개통시키기도 했다. 이토 히로부미와 절친했다고 알려져 있으며, 우리나라의 경제 침탈에 앞장섰던 인물이기도 하다.

8 — 藤森照信, "田園調布誕生記", 《郊外住宅地の系譜 東京の田園ユートピア》, 鹿島出版会, 1998, 200~201쪽

근대 공업도시 오사카의 공장군. 출처: 교외주택의 형성 오사카-전원도시의 꿈과
현실(郊外住宅の形成 大阪-田園都市の夢と現実), 1992

도로망은 방사형으로 계획했다. 이것은 영국의 전원도시에서나 볼 수 있을 법한 로맨틱한 풍광을 노린 이상도시계획안의 실현이었다는 평가를 받기도 했다. 시부사와 에이치는 자신이 가진 철도회사를 통해 도쿄 도심과 덴엔초후를 연결하는 철도를 놓았다. 덕분에 덴엔초후는 교외 주택지로서의 이점을 모두 갖추게 되었다. 이곳에는 독일식 만사드 지붕(모임지붕의 한 종류로 지붕이 두 개의 경사로 이루어져 위쪽은 경사가 완만하고 아래쪽은 경사가 급한 형태를 가지고 있음)을 가진 역사(驛舍)가 건립되는가 하면 영국의 교외 주택지를 연상케 하는 이국적인 외관의 주택이 들어서도록 권고되기도 했다.

덴엔초후에 지어진 주택 중 내·외부가 잘 남아있는 오카와(大川) 주택을 통해 당시 덴엔초후에 지어진 주택의 경향을 엿볼 수 있다.[9] 이 주택은 베이지색 미늘판벽(판을 겹쳐 붙인 외부 판벽)을 가지고 파란 기와를 얹었으며 하얀 퍼걸러(정원에 덩굴 식물이 타고 올라가도록 만들어 놓은 구조물)를 전면에 두었는데, 이런 외관만으로도 기존 일본의 재래주택과는 다른 경향의 서양식 주택을 지향하고 있다는 것을 알 수 있다.

평면은 이마(居間)가 중심에 있는 이마 중심형(居間中心型)이다. 이마에는 피아노가 놓여 있고 의자식 생활에 적합한 테이블과 의자가 구비되어 있다. 벽면에는 창밖을 조망할 수 있도록 소파가 마련되어 있고 팔을 걸치고 소품을 놓을 수도 있는 돌출창이 뚫려 있다. 당시 일본의 중산층을 겨냥한 양풍주택(洋風住宅)이 어떠한 외관과 방 구성을 가지고 있었는지를 잘 보여주고 있다.[10] 이와 같이 일본 도쿄의 덴엔초후는 하워드

9 — 오카와 주택은 이츠이 이치오(三井道男)라는 건축가가 계획한 것으로서, 현재 에도도쿄다테모노엔(江戶東京たてもの園)에 옮겨져 있어 실물을 확인할 수 있다.

10 — 後藤治 외 5인, 《東京の近代建築》, 地人書館, 2000, 16쪽

덴엔초후의 배치도.
출처: 《교외 주택지의 계보—도쿄의 전원 유토피아(郊外住宅地の系譜—東京の田園ユートピア)》, 鹿島出版会, 1998

덴엔초후 역사, 2004년 촬영

덴엔초후의 주택, 2004년 촬영

1925년 덴엔초후에 지어진 오카와 주택, 2003년 촬영

의 전원도시를 모델로 일본 속에 서양식 주택단지를 만들고자 했던 대표적인 시도로 손꼽힌다.

마침 1920년대 일본은 중류계층이 새롭게 성장하고 있었고[11] 개인 소비가 늘어나던 시기여서 이러한 새로운 주택지에 대한 수요층이 꽤 두텁게 만들어지고 있었다. 또한 전력산업의 발달로 사영철도회사(私營鐵道會社, 이하 '사철'로 표기)의 새로운 철도 노선이 연이어 개통되었는데, 사철이 뻗어나가는 철도 노선에 면한 교외 주택지 개발 사업도 활발하게 추진되었다. 그들은 교외 주택지가 깨끗한 공기와 물을 얻을 수 있는 위생적인 주택지일 뿐만 아니라 교통도 전혀 불편하지 않다고 선전함으로써 새로운 주택지를 찾고 있던 중류계층을 도시 밖으로 끌어낼 수 있었다.[12] 또한 부인박람회, 결혼박람회, 가정박람회와 같은 이벤트를 열거나 백화점, 유원지, 최고급 식당을 유치함으로써 주택지를 여가의 공간으로 인식시키며 사람들을 끌어 모았다. 더불어 깨끗한 공기와 물, 풍부한 산림을 가진 교외라는 이미지는 건강한 주택지를 연상시켜 교외 주택지의 매력을 극대화했다.[13]

새롭게 성장한 일본의 중류계층은 교외 주택지에서 새로운 보금자리를 만들게 되었는데, 교외의 땅은 도심부에 비해 가격이 저렴해 같은 돈을 가지고도 더 좋은 집을 지을 수 있다는 이점도 있었다. 유일한 문제점으로 지적될 수 있었던 교통문제는 사철이 해결하면서 교외로의 진출은 유행처럼 번지고 이들이 정착한 교외 주택지에는 이국적 외관을 가진 서양식 주택이 들어섰다.

덴엔초후를 비롯한 일본의 교외 주택지가 하워드의 전원도시를 벤치마킹해서 형태적으로 유사해 보이겠지만 개념적으로는 다른 점이 있다. 하워드가 주창한 전원도시는 토지의 공유제를 기반으로 주택지 및 농업지와 공업지가 결합된 자립 도시로 직주근접과 지역 균형을 추구한다. 하워드의 전원도시라고 하면 흔히 동심원 모양의 다이어그램이 주로 조명되는데, 그런 물리적 형태보다 더 중요한 것은 전원도시의 건설, 관리, 운영에 대한 부분이다. 하지만 덴엔초후와 같은 일본의 교외 주택지는 어디까지나 토

---

11 — 1920년경 중류계층이 차지하는 비율은 일본 전국 인구의 7~8%였다고 한다. 도쿄의 경우 봉급생활자가 1903년 5.6%부터 1920년 21.4%로 증대하는 상황이었다고 한다. 内田青蔵, 《図説—近代日本住宅史 幕末から現代まで》, 鹿島出版会, 2001, 74~75쪽

12 — 内田青蔵, 앞의 책, 30쪽; 安田孝, 《INAX ALBUM 10—郊外住宅の形成 大阪—田園都市の夢と現実》, 株式会社INAX, 1992, 5~11쪽

13 — 片木篤·藤谷陽悦·角野幸博, 《近代日本の郊外住宅地》, 鹿島出版会, 2001, 10~13쪽

지의 사유제에 기반한 전용주택지였고, 직장이 있는 혼잡한 도시로부터 떨어진 한가한 주택지 즉 직주분리를 전제한다. 또한 개발회사가 영리 목적으로 만든 주택지이다.[14] 사철이라는 싸고 빠른 교통수단이 없으면 도심의 직장과 먼 일본의 교외 주택지는 성립되기 어려운 것이었는데, 시부사와 에이치와 같은 경우 철도회사와 주택지 개발 회사를 동시에 가지고 있었기 때문에 늘어나는 철도 노선을 끼고 주택지 개발 사업을 계속 확장해 나갈 수 있었다. 즉 일본의 전원도시란 영국 하워드의 전원도시를 모델로 하긴 했으나 그 안에 내재된 개념은 완전히 다른 일본식의 교외 주택지 개발이었다.

전원도시 개념의 유입

일본에 의해 재해석된 전원도시 개념은 한반도에도 소개된다. 조선총독부 기사였던 코노 마코토(河野誠)가 1922년《조선과 건축》에 두 차례에 걸쳐 기고한 "전원도시에 대해서(田園都市に就いて)"라는 글을 보면 다음과 같이 전원도시를 소개하고 있다.

인구의 도시 집중은 특히 대도시의 경우 심각한 현상을 보이고 있다. 그런데도 사람들이 이 도시에 어떻게 분포되어 있는가 하면, 먼저 생활의 편리라고 하는 것을 위해서 도시의 중심지에 가깝게 모이고 있다. 이리하여 이 부근은 과도한 인구 밀도를 보이고 있고, 도시생활의 불안이 점점 증가하고 있다. 따라서 사람들은 점점 교외지(郊外地)를 그리워하게 되어, 사정이 허락하는 범위 내에서 교외생활을 찬미하는 목소리가 점점 높아지고 있다. … 우리들은 인간이기 때문에 신도 될 수 없고 악마도 될 수 없는 이상, 신의 도시인 시골만 그리워하고 싶지는 않다. 또한 악마의 궁전인 현재의 대도시만을 찬미할 수도 없다. 그리고 그 양 극단의 가운데에 있는 인간이 살기에 적당한 도시는 없는 것일까 하고 찾기에 이르렀다. 그리하여 이 인간의 간절한 바람이 구체적으로 또한 과학적으로 연구되어 탄생한 것이 전원도시이다. 즉 이 전원도시 운동이라는 것은 간단하게 말하면 '도시의 편리'와 '시골에 사는 기분'을 합쳐 한덩어리로 만든 이상향(理想鄕)을 현재의 이 땅 위에 건설시키고자 하는 운동으로, 어떤 사람이 생각하고 있듯이 한가한 사람의 한가한 사업이 결코 아니다.

---

14 — 片木篤·藤谷陽悅·角野幸博, 앞의 책, 45쪽

이 글을 쓴 코노 마코토와 같이 조선에 건너와 있던 일본인들은 당시 과밀해져 환경이 열악해지고 있는 대도시를 벗어나되 너무 한적한 시골까지는 아닌, 교외라는 중간지대를 설정하여 '도시의 편리'와 '시골에 사는 기분'을 모두 느낄 수 있는 이상향을 만드는 것 정도로 전원도시운동을 이해하고 있었다. 이후 코노 마코토는 영국 및 독일 등 유럽의 전원도시와 함께 일본에서 시도되고 있던 주택지개발의 사례를 소개하며, 전원도시론이 도시계획의 '신기원(新紀元)'이라고 강조하기도 했다. 몇 개월 뒤인 1923년에는 조선총독부 건축과장이자 조선건축회 부회장을 맡고 있던 이와이 초자부로(岩井長三郞)도 "미국의 전원도시(米國の田園都市)"라는 글을 통해 해외의 전원도시 사례를 발표했다. 1929년에는 전 도쿄부흥국 장관이었던 나오키 린타로(直木倫太郞)가 초청 강연에서 런던이나 뉴욕의 전원도시를 예로 들면서 경성에도 역시 그와 같은 교외 주택지를 건설해야 한다고 역설하기도 했다.

하지만 당시 경성의 조선인들에게 전원도시 건설 또는 교외 주택지 조성이란 체감되지 않는 먼 이야기였다. 전원도시 개념이 유입되던 1920년대 초반만 해도 경성의 인구 증가율은 그렇게 높지도 않았고 공장이 도심 내에 많지도 않아서 도시환경 악화를 이야기하기에는 아직 이른 시기였다. 이후 인구는 급격히 늘어나지만, 그렇다고 일본에서처럼 경성의 '교외'가 매력적으로 비춰지던 곳은 아니었다. 다음은 그러한 상황을 보여주는 신문기사의 일부분이다.

그러면 다시 한 번 주택난에 고통을 받고 있는 시민이 왜? 교외지로 전주(轉住)치 않느냐고 물어보자. 그들은 곧 이렇게 대답할 것이다. 교외지역이 광활하고 공기가 신선하여 먼지(塵)와 연기를 먹으면서 시내에 사는 것보다 얼마나 위생에 좋고 경제적으로도 이상적이 아니겠는가. 그러나 교외를 나가려 하나 교외의 시설이 무엇이 있느냐. 수도, 전차, 도로, 전등 등의 무슨 시설이 있느냐. 교외에 나간다 하여도 곧 농사를 지으려고 나가는 것이 아니고 역시 도회인으로서 생활의 경제와 위생의 이득을 취하여 교외를 택하려는 것인데 도시의 연장으로 하는 시설이 없는 교외에 어떻게 살 수 있겠느냐 할 것이다. 사실 교외로 전주하려고 하여도 하등 시설이 없어 불편하여 나갈 수도 없다.[15]

15 — "住宅難중의 京城(4)−諸般施設不備로 郊外延長도 不能−면등 수도 교통 기타로 보아", 《중외일보》 1929년 11월 11일자

전통적으로 도성 밖의 공간은 도성 안에 비해 안정감이 보장된 곳이 아니었을 뿐만 아니라 도성 문을 닫으면 도성 안으로의 진입 또한 쉽지 않아서 도성 밖 거주는 선호되지 않았다. 도성 밖 교외는 전답 경작지가 많고 군데군데 부락을 형성하고 있는 농촌에 가까웠으며 오물 및 분뇨처리장, 화장장, 공동묘지 등 혐오시설이 설치되어 있어서 도시의 사각지대라는 인식이 있었다. 뿐만 아니라 수도, 전차, 도로, 전등과 같은 인프라가 제대로 구비되지 않아 교외로 나가서 사는 것은 매우 불편한 일로 여겨졌다.[16]

따라서 일제강점기 대부분의 조선인들에게 경성의 교외로 이주한다는 것은, 주체적인 의지와 경제력을 가지고 공기 좋고 물 좋은 전원주택지를 찾아 떠나는 것이라기보다 도심에서 떠밀려 쫓겨나가는 것을 의미했고, 어쩔 수 없는 상황으로 이주하게 된 경우 교외의 열악한 상황을 견디고 개척하며 살아가야 했다. 결국 일본인들이 가지고 들어온 전원도시 개념은 한반도의 상황과는 상관없이 일본에서 논의되던 것을 그대로 들여와서 그들만의 이상향, 그들만의 지상낙원을 만드는 것이었다.

국책회사에 의한 전원주택지 개발

그럼 이제 신당동의 전원주택지 개발로 다시 돌아가 보자. 앞서 언급했듯이 광희문 밖 일대는 공동묘지나 화장장이 있는 곳이자 경성의 대표적인 빈민촌이었다.

서울의 빈민촌을 차자 내라니 서울 사람 안이 조선 사람이 특수한 게급을 제해 놋코서 누가 빈민 안인 사람이 잇겟는가만은 이러케 가난한 서울 사람 중에도 할수 업는 사람은 모조리 문밧그로 몰녀 나가는 것이다. 그러나 문밧게 사는 사람이 전부가 빈민이라는 것은 안이지만은 그 중에도 서울의 빈민촌으로 대표가 될 만한 곳은 수구문(光熙門)밧 신당리(新堂里)를 손곱아도 과히 혐의 적은 말은 안일 것이다. 이 신당리는 왕십리(往十里)로 가는 큰길 연변의 불과 얼마 못되는 초옥(草屋)을 제(除)한 전 호수 2,700여 호의 반수 이상이 사람이 거처하는가 십흔 토막(土幕)들이다. 이러한 신당리에도 300석(石) 이상으로 1,000석의 추수를 밧는 부자도 잇스나 그 외에는 공장의 직공과 회사의 고용인들이고 대

16 — 유승희, "식민지기 경성부 동부 교외 지역의 실태와 도시개발-고양군 숭인면에서 편입된 지역을 중심으로", 《역사와 경계》 86호, 2013

개는 그날 그날에 몃십전식의 품삭을 바더 평균 다섯 사람이나 되는 식구를 길너 간다. 그러나 일뎡한 직업이 업시 일고용(日雇用)을 하는 사람들에게 날마다 돈버리가 잇스란 법 업서 그날의 먹을 것을 엇지 못하고 어른 아이가 주린 배를 부둥켜 안고 잇는 식구들이 또한 만타.[17]

일제강점기 신당리에 대해 관민 할 것 없이 일찍부터 개발 후보지로 지대한 관심을 보였는데, 경성부는 동부 발전책의 일환으로 왕십리와 청량리를 잇는 철도역을 신당리에 설치할 계획을 수립한다거나 이상적인 대주택지를 찾기 위해 경성부외 한강리를 측량설계하기도 했다.[18] 조선건축회에서는 문화주택부지조사위원회를 구성해 조직적인 답사를 벌이기도 했다.[19] 1925년에 신당리 일대에 3만평 규모의 경성문화촌이 조성되었는데, 경성문화촌은 일명 '문화주택지의 선구'로 일컬어지기도 했던 경성의 초기 주택지 중 하나이다.[20]

신당리 개발에 대한 관심은 지속되어 동양척식주식회사(이하 '동척'으로 표기)[21]의 경우 꾸준히 일대의 토지를 매입해서 1932년 기준 신당리에만 50만 평의 토지를 가지게 된다. 이는 동척이 경성부 및 주변부에 가지고 있던 약 100만 평 토지의 절반에 달하는 넓은 면적이었는데, 1931년 방계회사로 조선도시경영주식회사를 설립한 뒤부터 주택지 조성 사업을 본격적으로 추진해 나간다. 경성부 내에 조선도시경영주식회사가 조성한 주택지로는 앵구 주택지(1932~1938년 동안 3차에 걸쳐 개발, 약 100,000평), 장충단 주택지(1934년

---

17 ― "대경성의 특수촌", 《별건곤》 23호, 1929년 9월

18 ― 경성부 당국에서는 이에 비추어 첫째는 도시계획의 자료로서, 둘째는 사회정책을 가미하여 적당한 주택지를 찾아내려 계획 중이었는데, 부 토목과에 의해 드디어 광희문(光熙門) 밖의 한강리(漢江里)에 이상적인 주택지를 마련하려 측량설계에 착수하고 있다. "京城光熙門外に理想的大住宅地建設", 《조선과 건축》 3집 11호, 1924

19 ― "文化住宅敷地調査委員會", "住宅候補敷地實地踏査", 《조선과 건축》(4집 4호, 1925년 4월)에 의하면 1925년 3월 11일 문화주택부지조사위원회를 구성하여 부지선정 및 구입 방법, 시설의 구체적인 안을 논의한 뒤, 13일 실제 주택후보지를 답사한 것으로 되어 있다.

20 ― "水道のない水の村 光熙門外大峴山のほとり 文化村のさきがけ", 《경성일보》 1930년 11월 23일자

21 ― 1908년 일본 정부가 조선의 토지와 자원을 수탈할 목적으로 설립한 회사. 회사가 설립되자 한국 정부로부터 토지 1만 7714정보를 출자받고, 1913년까지 토지 4만 7148정보를 헐값으로 매입하였다. 토지조사사업이 완료된 이후인 1920년 말에 회사 소유지는 경작지의 3분의 1에 해당하는 9만 7천여 정보에 달하였다. 이와 더불어 일제는 국유지를 강제로 불하하여 막대한 면적의 산림을 가로채어, 1942년 말 16만여 정보의 임야를 소유하였다. 도쿄에 본점을 두고 경성, 마산, 대구, 목포, 이리, 대전, 원산, 사리원, 평양, 펑티엔, 다롄, 하얼빈, 칭다오 등에 지점을 두었다.

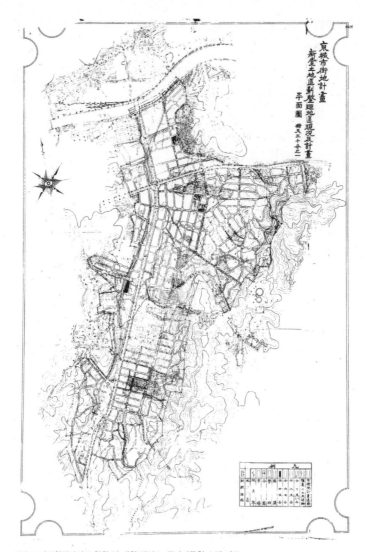

신당 토지구획정리지구 현황 및 계획 평면도. 국가기록원 소장 자료

개발, 약 10,000평), 용곡(龍谷) 주택지(1936년 개발, 약 15,000평), 앵구 임간 주택지(1938년 개발, 약 4,700평), 안암 주택지(1944년 개발, 약 3,700평), 왕십리 주택지(1944년 개발, 약 9,000평) 등이 있는데,[22] 그중 가장 규모가 크고 오랜 기간 공 들여 조성한 주택지가 바로 앵구라고 불리

---

22 — 김주야, "조선도시경영주식회사의 주거지계획과 문화주택에 관한 연구", 《주거환경》 6권 1호, 2008

던 주택지였다.

이전에 민간 주도의 주택지 개발이 대부분 1만 평을 넘지 않는 소규모 주택지 개발에 불과했고 개발된 위치와 지형을 보더라도 아직 도심부를 벗어나지 않은 구릉지에 조성한 준격자형 주택지였다면, 앵구 주택지는 규모가 약 10만 평에 달하고 비교적 평탄한 지형에 격자형 구획과 하워드의 전원도시 다이어그램을 연상시키는 반원형 구획(이후 계획이 다소 변경되어 현재는 정확한 반원형 구획을 하고 있지는 않음)으로 계획된 주택지라는 점이 다르다. 1934년 조선시가지계획령 및 1936년 토지구획정리지구가 발표된 이후 개발된 10만 평 이상의 주택지와 비교해 보면, 앵구 주택지가 1920년대에서 30년대, 40년대로 이어지는 주택지 개발 사례 중 규모나 위치, 구획 방식 등 모든 면에서 그 중간 기점을 차지하고 있는 주택지라는 것을 알 수 있다. 게다가 앵구 주택지는 국책회사가 개발 주체였기 때문에, 개발 규모와 방법 등이 이후 일어날 주택지 개발에도 많은 영향을 미쳤으며 1939년 신당 토지구획정리지구가 지정될 때에는 근간이 되는 주택지 역할을 하기도 했다. 그 외에도 앵구 주택지는 개발 당시 여러 가지 사회적 이슈를 몰고 다녔다는 점에서 좀 더 자세하게 살펴볼 필요가 있다.

먼저 개발 경위를 살펴보자. 앞서 말했듯이 신당리는 일찍부터 일등주택지로 바뀔 것으로 전망되는 한편, 유곽의 이전지 및 1929년에 개최될 조선박람회의 개최지로 거론되던 곳이었다. 따라서 일본의 부유층 중에는 이곳의 조속한 불하를 바라고 있는 사람들이 많았는데, 실제로 1925년 동부발전책의 일환으로 왕십리와 청량리를 잇는 철도역을 신당리에 설치할 계획이 있자, 1928년 방규환(方奎煥)[23]은 동척의 간부인 후쿠시마(福島)를 앞세워 오사카의 부호 시마 토쿠조에게 신당리 매각을 중개하였다.

1평당 3원 20전으로 약 15만 평, 총 대금 46만 6천 원으로 신당리는 매각되었는데, 경성부는 장충동에서 신당리로 가는 동서도로[현 동호로, 폭 10칸(약 18.2m)]와 신당리를 남

23 — 방규환은 1889년 서울 출생으로 1901년 양사동소학교(養士洞小學校)를 중퇴한 뒤, 1908년 일본 오사카에서 약재무역에 종사했다. 1914년에는 약재무역상인 동아상회(東亞商會)를 설립하고 1913년에는 소의상업학교(昭義商業學校), 1923년 남대문상업학교, 1931년 동성상업학교로 개칭)를 설립하기도 했다. 1925년에는 2개월 동안 일본과 중국을 시찰했는데, 시찰 중에 상해의 독립운동단체인 청년동맹회의 공격을 받기도 했다. 1920년부터 3차례에 걸쳐 경성부협의회 의원으로 활동하다가 1929년 사직했는데 아마도 신당리 토지 문제 때문이었을 것으로 보인다. 1931년에는 무학주택경영합자회사를 설립했고 1933년에는 동방농사합자회사(東方農事合資會社)를 세웠으며 1937년부터는 만주국 동아은행(東亞銀行)의 은행장을 역임하기도 했다. 해방 이후 방규환은 반민특위로 체포되어 만주국 밀정혐의로 조사를 받았으나 무혐의를 언도받았다. 염복규 외 7인, 《일제강점기 경성부윤과 경성부회 연구》, 서울역사편찬원, 2017, 486쪽

북으로 가로지르는 도로[현 다산로, 폭 12칸(약 21.8m)]를 1929년 5월 25일까지 개설해줄 것을 약속했다.[24] 이에 따라 1928년 말경 이곳에 있던 조선인 공동묘지는 동소문 밖 고양군 한지면 길음동으로, 일본인 화장터는 은평면 홍제내리로 이전될 것이 결의되었다.[25]

그런데 이 매각 건은 곧 문제를 일으킨다. 2개 도로에 대한 개설비 99,440원이 경성부 1929년 예산안에 올라가 부 협의회의 심의에 상정된 3월, 협의회를 비롯한 여론은 그 부적절함으로 인해 소란스러워졌다. 도로 개설비에 대한 건이 사회적 문제가 되자, 이를 해결하기 위해 이노우에(井上) 경성부 회계과장은 일본에 있는 시마 토쿠조를 만나러 가 해결을 보려고도 한다. 하지만 시마 토쿠조는 기존의 계약조건만을 내세우며 전체 매입 대금 중 13만 원을 경성부로 보내 자신의 입장을 관철시켰다.[26] 계약 당시 부윤이었던 우마노(馬野)[27]가 과실을 사죄하고 당시의 부윤인 마쓰이(松井)[28]가 양해를 구하기도 했으나, 이후에도 이 건은 '경성부 개시 이래 처음 보는 대혼란'을 야기하다가,[29] 결국 추가예산안 형식으로 도로 개설비에 대한 안건이 최종 통과되어 도로 공사가 착공되었다. 당시 사람들은 이 도로를 시마 토쿠조의 도덕(島德)과 발음이 비슷한 '도둑'이라는 단어를 연상케 하는 '도덕 도로'라고 부르기도 했다고 하는데, 이것은 이 일대의 개발에 대한 당시의 곱지 않은 시선을 반영하는 것으로 볼 수 있다.

그러나 도로 공사가 착수되면 잔금을 치르겠다던 시마 토쿠조는 도로가 거의 완

24 — 손정목, 앞의 책, 282~283쪽

25 — "京城府墓地決定─동소문 밧과 서소문 외로", 《중외일보》 1928년 11월 28일자

26 — "島德藏氏는 代金까지 換送, 府當局唐皇罔措, 문제의 도로 예산은 위원부탁, 光熙門外土地問題 其後", 《동아일보》 1929년 4월 1일자

27 — 6대 경성 부윤으로 1925년 6월 15일부터 1929년 1월 20일까지 재직했다. 1919년 경기도 경찰부장이 되어 조선으로 왔으며 전형적인 경찰 관료 성향으로 고압적이며 조선인에 대한 편견이 강했던 것으로 전해진다. 신당정 토지 문제에 대한 잘못된 처리는 우마노에게 계속 꼬리표처럼 따라다녔는데, 이후 7대 마쓰이(松井) 부윤, 8대 세키미즈(關水) 부윤까지도 신당정 토지 문제로 골머리를 썩었다고 한다. 김대호, "1920~1933년 경성부윤과 주요 정책", 《일제강점기 경성부윤과 경성부회 연구》, 서울역사편찬원, 2017, 65~67쪽

28 — 7대 경성 부윤으로 1929년 1월 21일부터 1929년 12월 10일까지 재직했다. 1881년 교토에서 태어나 1909년 도쿄제국대학 법과를 졸업한 후 1911년 조선으로 부임했다. 경성 부윤 이후에는 함남지사가 되는데, 1930년에는 한남지사에서 물러나 미곡창고주식회사 사장이 되었다. 김대호, 앞의 글, 68쪽. 《조선과 건축》 12집 2호에 실린 숭인동의 마쓰이 주택이 그가 살았던 집으로 추정된다.

29 — "島德藏 土地問題로 府議員 蹴席退場, 부정당국의 소료한 바와 딴판으로 원안의 반대파가 대다수를 점령해 議場은 空前大混亂", 《동아일보》 1929년 5월 2일자

성되어 감에도 불구하고 남은 대금 23만 원을 치르지 않아,[30] 부윤이 그를 직접 찾아가게 만드는 등 이후에도 계속 문제를 일으켰다.[31] 결국 1년 반이 지난 1930년 11월까지 시마 토쿠조는 나머지 대금을 치르지 않고 대신 신당리 토지를 조선은행에 담보로 하고 돈을 꾸어 갚는 형식으로 마무리하였다.[32] 하지만 시마 토쿠조는 1평당 3원 20전에 구입한 땅에 대한 잔금 지불 및 등기도 하지 않은 채 주택 용지로 분할을 시작, 1평당 15~30원을 받고 매각함으로써 거액의 이익을 챙겼다고 한다.[33]

일본인 재벌 한 사람에 의해 경성부조차 농락당하는 희대의 사기사건으로 기록된 신당리 토지 매각 사건은 그 토지들이 다시 동척에 넘어오게 되면서 일단락된다. 동척은 방계회사인 조선도시경영주식회사[34]를 1931년 10월 자본금 50만원으로 세우고 주택지 개발 사업을 본격화해 나갔다. 조선도시경영주식회사는 동척의 전무였던 아오키 다이자부로(靑木大三郞)를 사장으로, 나카노 타사부로(中野太三郞)와 마사키 한지(正木範二)[35]를 이사로, 타부치 이사오(田淵勳)와 한상룡(韓相龍) 등을 감사로 하는 회사이다. 마사키 한지는 만주에서 시가지 경영을 전문으로 하고 있었던 동척의 자회사인 홍업공사

---

30 — 총 대금 46만 원 중 초기 지불금 13만 원과 최종잔금 23만 원 외 10만 원의 지불 시기는 밝혀져 있지 않다.

31 — "매수자 島德藏氏 수감으로 공중에 뜬 23만원, 약속한 도로는 거의 끝이 났건마는 남은 돈 이십만원 바들길이 아득, 문제 많은 신당리 토지", 《동아일보》 1929년 12월 3일자

32 — "島德藏의 代金支佛은 銀行貸帳改訂, 긔한대로 현금을 안내어 新堂里土地代金問題", 《동아일보》 1930년 11월 25일자

33 — 이러한 현상에 대해 "問題にお構ひなし 島德さんの'舞鶴住宅地' 東部門外へ延びる", 《경성일보》 1930년 11월 21일자에서는 다음과 같이 말하고 있다. "장충단의 동쪽 일대에 부의 소유지 14만6천 평을 단지 한마디에 매수해버렸다. 그러나 여러 가지 문제가 나왔다. 아직 정리되지 않았다. 게다가 島德藏씨라고 부르는 사람이 없이 島德島德이라고 불러버려 아무래도 평판이 좋지 않다. 그것은 그렇다 치고 이 島씨의 토지가(아직 돈을 전부 지불하지 않았고 등기도 하지 않았다) 요즈음 분할 위양을 시작했다."

34 — 靑木大三郞, "桜ケ丘新住宅地", 《조선과 건축》(11집 4호, 1932)에서 사장인 아오키 다이자부로는 조선도시경영주식회사의 설립목적에 대해 다음과 같이 말하고 있다. "조선도시경영주식회사는 소화 6년(1931) 10월 동척의 방계회사로서 경성에 창립된 것인데, 조선에 있는 도시의 토지건물에 대한 건설매매, 대차, 관리, 처분 그 외 경영에 관한 일절의 행위, 위탁에 의한 전항(前項)의 사항 및 대리점업무를 하는 것을 목적으로 하고 있습니다."

35 — 그에 대한 더 자세한 이력은 다음과 같다. 후쿠오카 태생인 마사키 한지는 1910년 나고야고등공업학교 토목과를 졸업한 뒤, 동년 4월 한국에 건너와 1919년까지 조선총독부 기수로 있었다. 1920년부터 1921년까지 칭다오 동양염업주식회사(東洋鹽業株式會社) 기사를 거쳐 1922년부터 동양척식회사 기사 겸 주식회사 홍업공사의 기사가 되었다. 1932년에는 조선도시경영주식회사 이사 겸 기사에 임명되었다. 朝鮮人事興信錄編纂部, 《朝鮮人事興信錄》, 1935, 433쪽

앵구 주택지 개발 관련 사건 연표

연도	사건 개요
1925	동부 발전책의 일환으로 왕십리와 청량리를 잇는 철도역을 신당리에 설치 계획 수립
1928	오사카의 부호 시마 토쿠조가 신당리 토지 약 15만평을 1평당 3원 20전, 총 대금 46만 6천원에 매입
	경성부는 2개 도로(현 동호로 및 다산로 일부) 개설을 약속
	조선인 공동묘지는 길음동으로, 일본인 화장터는 홍제내리로 이전 결정
1929	2개 도로에 대한 개설비 99,440원이 경성부 1929년 예산안 심의에 상정되어 물의 일으킴
	시마 토쿠조 총 대금 중 13만원 지불함으로써 기존 계약조건을 관철
	추가 예산안으로 도로 개설비에 대한 안건 최종 통과
1930	시마 토쿠조 신당리 토지를 조선은행에 담보로 하고 잔금 처리
1931	동양척식주식회사의 자회사 조선도시경영주식회사 설립
1932	1차 분양(23,529평, 공사비 17만원 소요, 204구획, 평당 17~24원)
	앵구 주택지 분양안내 팸플릿 발간
	타다공무점 벽돌조 주택(27평)을 견본주택으로 제시
1933	아동 유원지 설치 계획 수립
1934	《문화주택도집(文化住宅圖集)》 발간
	주택전람회 개최(40평 규모 7동)
1937	2차 분양(9,954평, 89구획, 평당 38원)
	동척 구락부 준공
	앵구소학교(현 청구초등학교 자리) 준공
1938	3차 분양(40,000평)
1939	남산주회도로(南山週廻道路, 현재의 6호선 신당역과 삼각지역을 잇는 다산로~이태원로) 개통

※ 이경아, 《일제강점기 문화주택 개념의 수용과 전개》(서울대학교 박사논문, 2006); 김주야, "조선도시경영주식회사의 주거지계획과 문화주택에 관한 연구", 《주거환경》(6권 1호, 2008); 청계천박물관, 《장충단에서 이간수문으로 흐르는 물길 남소문동천》(2018)을 바탕으로 정리했다.

흥업공사에서 개발한 중국 다롄과 창춘의 문화주택지. 출처: 《동양척식주식회사30년사》, 1939

(鴻業公司)[36]의 기사였다. 마사키 한지가 가진 중국에서의 이력은 앵구 주택지를 개발하는데도 영향을 끼쳤을 것으로 생각되는데, 앞서 언급했듯이 앵구 주택지가 개발될 당시 조선도시경영주식회사는 경성 부근인 용두리, 신설리 및 안암리에 50만 평의 토지를 가지고 있었고[37] 그 땅을 주택지로 개발하는 데에도 일정 부분 참조했을 것으로 보인다.

다음은 앵구 주택지의 개발 규모와 방법에 대해 살펴보자. 앵구 주택지의 제1차 분양분으로 나온 것은 약 2만4천 평이었는데, 이는 당시 개발된 주택지들이 대개 1만평 미만이었던 것에 비해 비교적 큰 규모의 개발이었다. 제1차 분양 주택지는 현 신당역 사거리 일대였는데, 1932년 5월부터 17만원을 들여 정지작업이 시작되어 100평 규모의 택지 200여 개로 분양되었다. 주택지 안에는 3칸(약 5.5m)[38] 내지 4칸(약 7.3m) 폭의 격자형 도로가 나고 하수 및 수도 등 시설이 완비되었으며, 미관을 위해 벚나무 천 그루를 심은 뒤 '벚나무 언덕'이라는 의미의 '앵구'라는 이름을 붙였다.[39]

앵구라는 명칭은 당시 일본의 세츠(攝津)나 미노(箕面)의 교외 주택지 이름이기도 한

앵구 주택지 개발 전인 1932년 모습(1)과 후인 1938년 모습(2). 출처: 《동양척식주식회사30년사》, 1939

데, 전원주택지라는 이미지와도 잘 어울릴 뿐만 아니라 기존의 공동묘지 및 화장장, 빈민촌의 이미지를 희석시키기에 충분한 명칭이었다. 토지는 평당 17원에서 24원(1932년 기준)에 분양되었는데, 이는 기존 땅값과 비교했을 때 약 10배가량 오른 값이었고, 매각은

36 — 손정목, 앞의 책, 286쪽

37 — 靑木大三郎, 앞의 글

38 — 1칸은 시기별, 지역별로 조금씩 달리하지만 대체로 1.8~2m 정도의 길이를 말한다.

39 — "京城府住宅經營地狀況", 《조선과 건축》 11집 9호, 1932년 9월

3년, 5년, 7년 연부(年賦)에 연 1할의 이자를 붙여 연 2회의 균등 상환하는 방법을 취했다. 주목할 만한 것으로는 새로운 주택지에 어울리는 주택을 알리기 위해《문화주택도집(文化住宅圖集)》이라는 주택 도면 및 사진집을 발간한다거나 주택전람회를 개최하고 실물주택을 토지와 함께 팔기도 했다는 것이다.

앵구 주택지는 국책회사가 주도하여 경성부 외의 광활하고 비교적 평탄한 토지에 개발한 주택지로서, 여타 민간 문화주택지들이 경성부 내의 산자락으로 들어가 소규모로 개발되었던 점과 달랐다. 경성부 외의 동부 즉 신당리, 청량리, 왕십리 등 지역이 앞으로 급속히 발전하리라는 것이 전제된 상태에서 진행된 것으로, 1934년 시가지계획령에 의한 경성 주변부의 대규모 주택지 개발의 기준이 될 수 있는 조건을 가지고 있었다. 실제로 이곳은 경성부 대도시계획에 포함되는 지역이었는데,[40] 이곳에서 행해지는

40 ─ 염복규, 앞의 논문(15~18쪽)에 의하면 일본의 도시계획은 도시의 확장과 확장된 도시에 대한 국가적 통제라는 개념이 결합된 것으로 사회 전체의 파시즘화와 맞물려 군사적, 국가주의적 성격을 강하게 띤다. 이것이 조선에서는 도시유산층의 자생적 요구에서 출발한 도시계획이 아닌 "국책 수행을 위한 수단으로서의 도시계획"이 시행될 가능성으로 연결되었다. 朝鮮經濟調査機關聯合會, 《朝鮮經濟年報》(1942, 99쪽)을 재인용해보면 조선의 시가지계획령에 대한 특징을 더욱 확실히 알 수 있다. "내지에서의 도시계획은 도시의 발전계획으로서 한계에 도달했는데, 종래 도시계획의 폐해를 시정한 조선 도시계획은 선진적으로 지방계획의 사상을 반영하여 종합적 개발계획의 일부로서 시국과 국책의 요구에 부응하고 시대에 卽應하는 신방향으로 나아갔다." 이렇듯 일제가 '선진적'이라 표현했던 도시계획이 원활하게 실시될 수 있었던 것에는 조선이 식민지였다는 사실이 바탕이 되었다. 坂本嘉一, 《朝鮮土木行政法》(1939, 325쪽)에는 "일본에서는 조합이 시행하기 때문에 의론이 백출하여 사업이 지지부진한데 조선에서는 국가 시행이기 때문에 원활한 사업진척이 기대된다."고 하는 기록이 남아있어 그 사실을 뒷받침한다. 외곽지향, 확장 지향적이었던 경상의 시가지계획은 경성의 새로운 편입구역으로 동부, 한강 이남, 서부 등 세 지역으로 나누고 이를 다시 여덟 개의 소지역으로 세분하여 개발의 기본구상을 수립했다고 한다.

것은 장래 경성부 도시계획의 기준이 될 수도 있을 것이라 예측하는 당시의 기사에서 앵구 주택지의 위상을 확인할 수 있다.[41]

다음으로 성벽을 무너뜨려 삐져나온 것인데, 신당리(新堂里)의 무학정(舞鶴町) 방면에서 그 근처를 보면 지금과 같이 발전해가는 대경성(大京城)의 모습이 여실히 보인다. 2, 3년 전까지 광희문(光熙門) 밖은 대부분 전답(田畑)이었던 것이 전차선로를 따라 3분의 2까지 집이 늘어서, 언덕이나 산림 가운데에는 무수한 문화주택(文化住宅)이 근교(近郊) 같은 기분을 내고 있다. 게다가 동대문 밖도 완전히 급속한 발전을 하여, 청량리까지의 반절은 집이 늘어서서 이 상태라면, 2, 3년을 기다리지 않고도 청량리를 잇는 일이 가능해질 것이다.[42]

경성부 당국의 경성 대도시 계획에 호응하여 동척은 작년 부외 사유지 45만 평 처분을 기획하여, 자본금 50만 원의 방계 조선도시경영회사 설립. 착착 산재지의 처분과 집단지의 시가지 경영에 임해 있는데, 이 정도로 신당리 12만 평의 대시가지 경영의 제1계획으로서 장충단 동쪽 5정(丁)의 땅에 3만 평의 정지를 완료하고 미를 위하여 벚나무 천 그루를 심어 앵구(桜ヶ丘)라고 이름을 지은 뒤 분양을 개시하였다. 여하튼 이 지역은 경성부 대도시계획(大都市計劃)에 있어서 주택지역에 포함되고 있는데, 시가지경영업(市街地經營業)도 경성부의 양해를 얻는 것만으로, 장래 경성부 도시계획의 기준이 될 것으로 보인다. 특히 가까운 장래에 있어 왕십리·신당리 간과 신당리·용산 삼각지를 연결하는 전차선 건설이 실현되는 날에는 이상적 시가지(理想的市街地)의 실현을 볼 것이라 기대되고 있다.[43]

결국 일제에게 앵구 주택지는 단순한 주택지 개발이 아닌 국책회사에 의한 '새로운 도시의 탄생'을 염두에 둔 사업이었다. 식민지였던 조선 땅은 일본인의 이상 속에 존재하던 도시상을 구현해볼 수 있는 기회의 땅이었다. 이것은 '근대 이상적 전원도시(田園都市)'이자 '근대 문화도시(文化都市)', '이상적 시가지(理想的市街地)' 등의 단어로 포장되어 선전되었다.

41 ─ "京城府住宅經營地狀況", 《조선과 건축》 11집 9호, 1932년 9월

42 ─ "大京城市住宅地伸展狀況", 《조선과 건축》 13집 2호, 1934년 2월

43 ─ "京城府住宅經營地狀況", 앞의 책

모델하우스 전시와 분양 팸플릿, 주택도집 발간

앵구 주택지가 다른 여타 주택지들과 구별되는 또 다른 점은 일본에서 교외 주택지를 개발할 때처럼 주택전람회를 개최하는가 하면 주택지 분양안내 팸플릿, 주택의 도면과 사진을 포함한 도집을 발간해 새로운 주거문화를 적극적으로 소개하는 장으로 활용했다는 점이다. 앵구 주택지 분양안내 팸플릿은 현재 확인되는 몇 안 되는 주택지 분양안내 팸플릿이다. 1차 분양 시점인 1932년에 발간된 것으로 보인다. 팸플릿의 앞표지에는 앵구 주택지가 가지는 이점을 소개하고 있다.

1. 앵구는 경성의 이상적 주택지
1. 앵구는 동부발전의 중심지
1. 앵구는 도로가 넓어서 각호에 자동차 출입 자유

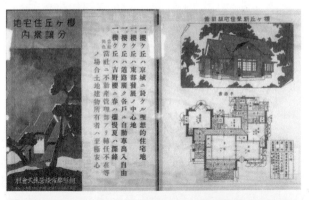

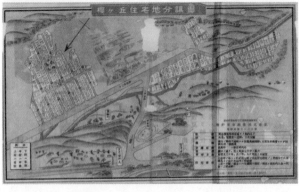

앵구 주택지 분양안내 팸플릿 앞면과 뒷면. 출처: 《장충단에서 이간수문으로 흐르는 물길 남소문동천》, 청계천박물관, 2018

1. 앵구는 왕벚나무로 봄에는 만발(爛慢), 여름에는 깊은 녹음(深綠)

[당사 특색] 당사(當社)에 부동산 관리부가 있어 전임(轉任), 부재 등의 경우 토지건물소유자는 지극히 안심

　　앵구 주택지가 당시 동부 발전을 주도하는 이상적인 주택지라는 것과 자동차를 소유할 만한 계층을 위한 도로망이 구비된 주택지, 벚나무를 심어 봄과 여름에 경치가 아름다운 주택지라는 것을 전면에 내세우며 홍보하고 있다. 게다가 조선도시경영주식회사에는 부동산 관리부가 있으니 안심하고 거래해도 된다는 것을 선전한다. 뒷면에는 표 형식으로 소개한 분양개요와 함께 주택지 전체 지도가 있는데, 표 내용은 다음과 같다.

경성부 황금정2정목(동척조선지사 내) 조선도시경영주식회사(전화 본선 3185번)

위치	장충단 전차 정류장에서 동쪽으로 약 5정(丁)(약 545.5m)
설비	수도, 전등과 도로, 하수 완비
환경	남산의 송림(松林)을 전정(前庭)으로 하여 위치가 고아한정(高雅閑靜), 토질양호청정(土質良好淸淨)하여 전원생활(田園生活)의 모범인 장소
분양면적	30,000평, 1필당 100평 내외
매매가	도시(圖示)한 것과 같음, 다만 소화7년(1932) 중으로 한정
매각방법	즉매(卽賣) 및 3개년, 5개년, 7개년까지 연부(年賦) 매각
주택매각	80평의 토지 위에 약 27평의 문화주택 건축은 가액(價額) 4,500원까지로 10개년 이내의 연부(年賦) 매각[10개년 연부의 경우에는 월액 40원 정도로 분할. 단 계약 내 입금은 대금의 3할(割) 전납(前納)]

◎ 토지의 매매가는 당분간 50필에 한하여 할인

　　1926년 개통된 장충단 전차 정류장으로부터 불과 545.5m밖에 떨어지지 않은 곳이라고 위치를 설명했는데, 지도에는 새롭게 생긴 넓은 도로망(현 동호로 및 다산로 일부)과 현재의 장충동에서 신당동으로 넘어가고 있는 버스까지 그려 넣어 교통이 편리하다는 것을 강조했다. 수도와 전등, 하수는 완비되어 있고 남산의 소나무 숲을 앞 정원으로 한 높고 조용하며 토질이 좋고 깨끗한 곳으로 전원생활을 즐길 수 있는 곳이라는 등 편의성과 양호한 거주환경을 어필하기도 했다. 인근의 주요 시설로 장충단공원과 박문사, 장충체육관 자리의 운동장, 한양도성을 그리고 주변에는 녹지와 연못, 나무를 그려서 교외 지역이라는 것을 은연중에 암시했다.

　　지도에서는 격자 모양의 도로망을 갖춘 주택지의 모습을 볼 수 있는데 2칸(약 3.6m)

에서 4칸(약 7.3m)의 도로로 10개 내외의 필지가 하나의 블록을 구성하는 체계를 가지고 있는 것을 알 수 있다. 개별 필지에는 각각 번호(번지는 아직 부여되지 않은 것으로 보임), 평수, 단가가 기재되어 있는데, 50평대에서 200평대까지 다양하지만 가장 많은 수를 차지하고 있는 것은 100평대 필지였다. 가격은 평당 17원에서 24원이었는데 대로변일수록, 도로에 많이 접할수록, 동서 방향의 블록에서는 남쪽 필지의 경우가 가격이 높았음을 알 수 있다. 총액으로 보면 필지 당 1천 원대에서 4천 원대에 걸쳐 있었는데, 가격을 1932년으로 한정해서 앞으로 토지 가격이 더 오를 수 있음을 시사하고 있다. 매입 방법은 즉시 매입, 3개년, 5개년, 7개년까지 연부 매입 중 선택할 수 있도록 했고 50필지에 한정해 할인 가격으로 살 수 있다며 구매자의 구매욕을 부추기는 문구도 볼 수 있다. 6개 필지에는 주택을 지어서 팔기도 한 것으로 보이는데 설명에는 '80평의 토지 위에 약 27평의 문화주택' 매각액으로 4,500원을 제시하고 있다. 이것은 당시 문화주택의 가격이 평당 100원 내외로 제시된 것과 거의 비슷하다. 팸플릿의 가장 뒷면에는 해당 주택을 투시도와 평면으로 보여주고 있는데, 벽돌조 단층 건물에 수도, 전등, 초인종(呼鈴), 문, 담, 창고 등이 부대시설로 갖추어진다는 것이 명시되어 있다. 이 주택을 약간 변형한 평면과 실제 준공 사진은 1934년에 발간되는 《문화주택도집》에도 실렸다.

앵구 주택지에서는 민과 관 할 것 없이 새로운 전원주택지의 출현에 발맞춰 새로운 양식의 주택을 견본주택으로 소개했다. 먼저 민간에서의 움직임을 살펴보면 제1차 분양이 이루어지던 1932년 타다공무점이 견본 주택을 선보였다. 타다공무점은 일제강점기 경성재판소와 같은 경성의 주요건축물뿐만 아니라 1929년 조선박람회 문화주택 실물 주택 설계 및 시공을 맡은 유명 건축사무소로 이전부터 경성에서 다수의 주택을 설계 및 시공한 경험을 바탕으로 앵구 주택지에 걸맞은 새로운 견본 주택을 제안했다.

타다공무점이 제시한 견본주택은 약 27평에 단층 규모 벽돌조로 가격은 4,800원으로 책정되어 있었다. 평면은 가운데 복도를 두고 주생활공간(客間, 次の間, 溫突)과 부생활공간[台所(부엌), 浴室, 便所, 女中室(하녀실), 應接室]을 나눈 전형적인 일본의 중복도형 평면이었는데, 츠기노마(次の間)를 뒤로 물려 그 앞에 선룸을 두고 있는 것과[44] 응접실 부분에 출창을 내어 입면에서는 캐노피로 강조하고 있는 등 서양식 주택 요소를 적용하려 한 것이 눈에 띈다. 이 주택은 "조선박람회(朝鮮博覽會)에 조선건축회(朝鮮建築會)가 출품한 주

---

44 — 도면에는 선룸이라고 표기되어 있지만 이는 엔가와의 일부가 잔존하고 있는 것과 다르지 않다. 이처럼 엔가와를 두고도 '선룸'이나 '베란다'와 같은 서양식 명칭을 붙이는 것이 당시의 유행이었다.

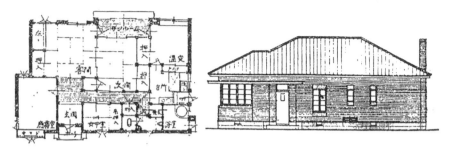

앵구 주택지 1차 분양 시(1932) 타다공무점이 설계 시공해 견본으로 제시한 주택의 평면과 입면.
출처:《조선과 건축》 11집 4호, 1932년 4월

택으로서 많은 찬사를 받았던 것에 준하는 몹시 살기 좋은 문화주택"이라며 기존의 주택을 벗어난 새로운 형식을 추구하면서도 실생활에 적합한 주택으로 평가받기도 했다.[45]

앵구 주택지의 개발자인 조선도시경영주식회사도 견본주택을 제안한다. 1934년에 자체적으로 주택전람회를 개최해서 새로운 주거문화를 소개했는데, 1934년 11월 20일부터 21일까지 앵구 주택전람회를 개최하며 총 7동의 실물 주택을 전시했다. 그 중 3동은 전시기간에 이미 팔릴 만큼 인기가 있었으며 나머지 주택도 택지와 함께 6천 원에서 9천 원 정도의 가격을 붙여 내놓았다. 규모는 40평 주택이었다고 하는데,[46] 1차 분양 시 제시되었던 주택과 함께 생각해 볼 때 모두 30평에서 40평 사이의 규모에 평당 건축비는 100원에서 180원 정도였다는 것을 알 수 있다. 당시 고급주택으로 여겨지던 주택이 하급관사 건축비 정도에 해당하는 평당 100원 내외로 지어졌던 사실과[47] 같은 시기의 도시형한옥 건축비가 평당 약 70원 정도였다는 사실을 생각해 볼 때,[48] 앵구 주택지의 견본주택들은 고급 주택에 해당하는 것이었다. "당시로 봐서는 일본의 도시에서 보는 것보다 더 훌륭한 고급 주택가"였다는 앵구 주택지에 대한 기록이 이러한 사실을 뒷받침한다.[49]

조선도시경영주식회사는 주택 도면 및 사진집을 발간해 국내외의 주택을 소개하

45 — 青木大三郎, 앞의 글

46 — "都市經營社桜ヶ丘住宅展",《조선과 건축》 13집 11·12호 합본, 1934년 11·12월

47 — 당시의 신문을 보면, 평당 100원 정도면 고급주택이 들어선다는 기사를 종종 접할 수 있다.

48 — 박철진,《1930년대 경성부 도시형 한옥의 상품적 성격》, 서울대 석사논문, 2002; 김명숙,《일제시기 경성부 소재 총독부 관사에 관한 연구》, 서울대 석사논문, 2004

49 — 友邦協會,《東洋拓殖株式會社》, 1976, 손정목, 앞의 책, 286쪽에서 재인용

기도 했다. 1934년에 《문화주택도집》이라는 제목의 도집을 펴냈는데,[50] 총 56동의 주택이 실려 있다. 그중 55동은 중국 다롄에 지어진 주택이고 앵구 주택지에 지어진 주택 1동이 소개되었다. 앵구 주택지에 지어진 사례는 앞서 1932년 1차 분양 때 제작된 분양 안내 팸플릿에 실린 주택을 약간 변형한 것으로 조선도시경영주식회사가 직접 설계 및 시공을 담당했다. 30평 단층 규모의 벽돌조 주택이다. 가운데 복도를 두고 주생활공간 (客間, 居間, 溫突)과 부생활공간(台所, 浴室, 女中室, 便所, 書齋兼應接室)을 나눈 일본식 중복도형 평면을 가지고 있었다. 전면에는 갸쿠마(客間) 앞에 히로엔(廣椽)과 테라스를 마련하였고 현관 앞에는 포치를 두었으며 이마(居間), 서재 겸 응접실에는 출창을 내고 지붕은 몇 개로 분절해 입면에 변화를 주는 등 전체적으로 서양식 주택을 모델로 한 단독주택이었다.

현재는 앵구 주택지 조성 당시 건축된 주택이 거의 사라지고 당시 주택으로 추정되는 주택이 하나 남아있다. 등록문화재 제412호로 등록되어 있는 신당동 박정희 가옥(신당동 62-43번지)이다. 앵구 주택지 계획 당시 반원형 블록 구획이 예정되어있던 지역에 지어진 지상1층 지하1층, 연면적 128.93m²(약 39평) 규모의 목조 주택이다. 현재는 포치 옆 부분(현재 도슨트실, 관리인실, 화장실이 있는 부분)과 부엌 부분(현재 영상실 및 휴게공간으로 쓰이고 있는 부분)이 증축되고 기존의 동쪽 대문 이외에 남쪽 대문을 새롭게 내면서 진입 방향도 거실 쪽으로 바뀌었다. 하지만 평면 구성으로 봤을 때 중복도를 사이에 두고 남쪽의 주생활공간과 북쪽의 부생활공간을 구분한 전형적인 일본의 중복도형 평면이다. 현재 거실로 사용하고 있는 부분에 남아있는 도코노마를 통해 과거 이 방이 다다미가 깔린 갸쿠마와 같은 일본식 방이었을 것으로 추정이 되며, 서재와 자녀 방에 남아있는 오시이레를 통해서 목조 주택의 모듈을 확인할 수 있다.

《문화주택도집》에 소개된 견본주택과 박정희 가옥을 비교해 보면 벽돌조가 아닌 목조라는 점 이외에 매우 유사한 평면 구성을 가지고 있음을 알 수 있다. 《문화주택도집》의 도면 좌우를 바꿔 박정희 가옥의 증축 전 추정 평면과 비교해 보면, 실의 규모와 구성이 거의 같은데, 전체적으로 일본식 중복도형 평면에 서양식 외관을 가지는 등 당시 유행했던 전형적인 문화주택 모습이다. 1934년에 앵구 주택지의 주택전람회에 제시되었던 주택은 40평 규모를 가지고 있었다는 기록으로 미루어보아 박정희 가옥과 비슷

---

50 — 도집의 앞 장에 '贈呈 朝鮮總督府 總督宇垣一成閣下 昭和九年一月 朝鮮都市經營株式會社'라는 글귀가 적혀 있어 발간일이 적어도 1934년 1월 이전임을 알 수 있었다.

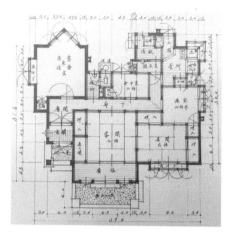

조선도시경영주식회사가 앵구 주택지에 지은 주택의 평면과
외관. 출처: 《문화주택도집》, 1934

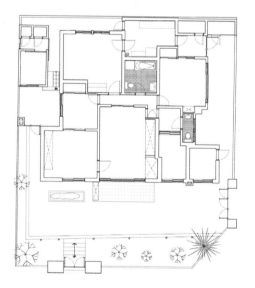

신당동 박정희 가옥 배치도. 출처: 《박정희대통령 가옥 원형복원공사
수리보고서》, 서울시, 2011

앵구 주택지 조성 당시 건축된 것으로 추정되는 박정희 가옥

1 전경

2 퍼걸러가 있는 앞마당

3 과거 일본식 방이었을 것으로 추정되는 현재 거실

4 전시공간이 된 도코노마의 흔적

하거나 약간 규모가 큰 평면 구성과 외관을 가진 주택이었을 것으로 추정된다. 견본주택을 바탕으로 유사한 주택이 이 일대에 많이 지어졌을 것으로 짐작해 볼 수 있다.

조선도시경영주식회사는 새로운 주택지에 걸맞은 새로운 주택 이외에도 학교나 어린이 놀이터와 같은 시설을 구비하는 것에도 신경을 썼다. 당시 교외 주택지가 비판받은 가장 큰 이유가 편의시설이 제대로 갖춰지지 않아 여러모로 불편하다는 점이었다. 앵구 주택지에는 구락부나 소학교 같은 시설을 배치해 그런 우려를 불식시키려 했다. 《조선과 건축》 기사에 따르면 1937년 340번지에 2층 96평 규모의 벽돌조로 동척구락부가 신설되었고,[51] 같은 해 주택 개발지 중 부지 4천 평과 신축비 10만원을 마련하여 철근콘크리트조 3층 규모로 앵구소학교를 지었다고 한다.[52] 이러한 시설들 덕분에 앵구 주택지에 대한 평판은 더욱 더 좋아졌을 것이며 새로운 재료와 구조를 사용한 최신 건축물은 이 일대의 경관을 변화시켰다.

앵구 주택지에 들어선 철근콘크리트조 3층 규모의 앵구 소학교.
출처: 《조선과 건축》 16집 12호, 1937년 12월

벽돌조와 목조 2층 규모의 동척구락부. 동척
건축계에서 설계하고 오미구미(近江組)에서 시공했다.
출처: 《조선과 건축》 16집 5호, 1937년 5월

전원주택지 탄생의 명과 암

경성문화촌, 앵구 주택지를 비롯한 각종 주택지가 일대에 개발되면서 신당리에 대한 사람들의 인식 또한 바뀐다. 신당리의 주택지들은 신당리 문화촌으로 불리기도 했는데, 다음은 이 일대에 대한 사람들의 인식 변화를 엿볼 수 있는 기사들이다.

51 ─ "東拓俱樂部新築工事槪要", 《조선과 건축》 16집 5호, 1937년 5월
52 ─ "龍山と東部に小學校新築", 《조선과 건축》 15집 3호, 1936년 3월; "俄然學校爭奪戰新堂里と東
       小門とに分れ", 《조선과 건축》 15집 4호, 1936년 4월; "京城府公立桜ヶ丘小學校校舍全景", 《조선
       과 건축》 16집 12호, 1937년 12월

… 그 뒤에 그는 무슨 까닭인지 양행(洋行)을 중지하고 그의 〈라버-〉 홍씨(洪氏)와 더부려 서울 시외 신당리 문화촌(市外 新堂里 文化村)에다가 무용연구소를 창설하여 노코 제가 교사가 되어 조선소녀 십여명에게 날마다 춤과 음악을 가르키고 잇다. 나는 두달 전부터 〈딴스홀〉이 되엇다는 말을 듯고 7월 어느 일요일에 신당리(新堂里) 정류장에서 던차를 버리고 송림(松林)이 욱어진 남쪽 산골우 양풍(洋風)으로 된 그 문화촌(文化村)을 차진 터이다. … 동구압까지 나오다가 도리켜다보니 그 연구소의 빨간 양옥집이 마치 동화에 나오는 무슨 신비한 고성(古城)가치 보이엇다."[53]

… 5,6년 전, 서울 시구문밧 신당리(新堂里) 낙낙창송이 울창이 드러선 산벌애에 이층 문화 주택이 잇고, 그 부근에 사시장철, 출출 흘너나리는 시내가 잇고, 그 시내까에는 너르나너른 푸른 잔디벌판이 잇섯는데, 아츰 여덜시만 되면 이 잔디벌 우에 아래위로 소복 단장한 아담한 소녀 십여명이 푸른 하늘을 향하야 춤도 추고, 노래도 불느며 그야말로 불란서에 잇는 천사원(天使園)가튼 아름다운 풍경이 잇섯다. 이래서, 신당리 문화촌에 사는 모든 주민(住民)들은 누구나 이 집 부근을 도라다니며, 그 아름다운 소녀의 무리를 보기를 한가지 낙을 삼엇다. …[54]

이와 같이 문화촌이라는 주택지로 변신한 신당리는, 서양의 음악이 흘러나오고 아름다운 소녀들이 춤을 추는 '동화에 나오는 신비한 고성(古城)' 또는 '불란서의 천사원(天使園)'과 같은 곳으로 묘사되기도 했는데, 이전에 이곳이 공동묘지나 화장장, 빈민촌이 있던 곳이라고는 상상할 수 없을 정도의 파격적인 인식 변화였다.

하지만 이러한 전원주택지의 탄생 이면에는 조선인 토막민들의 고통과 희생이 전제되어 있었다. 공동묘지와 화장터, 빈민촌을 주택지로 개발한 회사들은 상류층을 대상으로 한 고급 주택지 조성 사업을 벌여나갔고 회사들도 고급 주택을 몇 백 채씩 가지고 있으면서 상류층을 대상으로 한 주택임대사업을 벌이기도 했다.[55] 이러한 고급 주택

지 조성 및 임대 사업은 당시 경성의 인구 증가[56]로 인한 주택난[57] 완화 문제와는 전혀 상관없이 진행되는 것이었고 오히려 하층민들의 주거를 빼앗아 가며 추진되는 것이었다. 도시의 혐오시설 옆에라도 주거를 마련해야만 했던 하류층의 주거지는 고급 주택지 개발로 인해 계속 철거되었고 토막민들은 자꾸만 도심에서 먼 곳으로 내몰리는 상황에 처하게 된 것이다. 이러한 상황에서 개발회사와 토막민들 사이의 갈등은 첨예해졌는데 다음 기사는 그러한 상황을 여실히 보여주고 있다.

시외 신당리(新堂里)에 잇는 동양척식회사(東洋拓殖會社) 소유 토지에 오래전부터 토막을 짓고 살어오든 중 요지음 동척에서 철거를 만일 듣지 안는 때에는 강제로 집을 헐겟다고 말을 하자… 최후까지 동척에 대항해서 철거요구를 일축하자는 것으로 여러 가지 구체적 방책을 토의하야 그대로 나가면 진전이 험악하게 될 염려가 잇엇는데 이것을 탐지한 신당리 주재소(新堂里駐在所)원이 중지시키는 동시에 즉시 본서로 급고하야 동서 고등게 사법게원이 급파해가지고 그중 주동자로 인정되는 장봉산 외에 4명을 인치하야 유치시켯는 바…[58]

결국 개발업자에게는 막대한 이익을 가져다주고 일부 상류층에게는 새로운 문화를 향유할 수 있도록 한 고급 주택지 개발은 도시의 하층민이었던 토막민들에게는 생활 터전의 박탈을 의미할 뿐이었다. 더욱 비참한 것은 밀려난 조선인들이 기존의 거주지에서 아주 먼 곳으로 이주하기보다는 인근의 미개발 구릉지를 찾아들어가 다시 토막을 짓고 거주함으로써 새로운 토막촌과 고급 주택지인 문화촌은 극명한 대조를 이루게 되었다는 점이다.

토굴(土窟)을 가진 토막민의 수십채 움집이 언덕 위에 늘어선 이층 삼층의 산뜻한 문화주

---

56 — 조선시대 내내 20만 내외로 정체되어 있던 경성의 인구는 1920년대부터 들어서면서 급격한 증가를 보이게 된다. 1920년 18만여 명에서 시작한 인구는 10년간 10만 명이 늘어 1930년에는 28만 명이 되고 1940년에는 93만여 명, 해방 직전에는 100만에 육박하게 된다. 일본의 1940년 도시인구로 봤을 때 인구 100만이 넘는 대도시는 도쿄, 오사카, 나고야, 교토, 고베 등 5개 도시에 불과했다. 전 세계적으로도 인구 100만을 넘는 대도시는 50개 정도에 불과했다고 한다. 손정목, 《일제강점기 도시사회상 연구》, 일지사, 1996, 284쪽

57 — 1930년대 전반기는 10~15%, 1930년대 후반기는 20%의 주택 부족률을 보인다. 1944년이 되면 주택난은 더욱 심해서 40.25%라는 가공할 만한 주택 부족률 수치를 기록한다. 손정목, 앞의 책, 247쪽

58 — "신당리 동척토지 토막철거로 분규, 회사측에 대항책 협의타가 동민 5명은 경찰에 피검", 《동아일보》 1935년 4월 14일자

택 말 아래 깔려 있다. 내리 쪼이는 석양의 사양(斜陽)이 질서 없이 덮힌 함석지붕 위에서 이글이글 타오른다. … 이것이 현대가 꾸며놓은 너무나 심각하고 참담하고 〈그로테스크〉한 대조가 아니고 무엇이냐.[59]

물려준 유산의 혜택으로 이렇게 호화로운 문화주택에서 손에 물한번 묻히지 않고 이마에 땀 한번 흘리는 일 없는 사람들의… 이는 이세기가 나흔 행복자라 할가. 그러치 않으면 이세기가 만들어 놓은 인형(人形)이라 할가? 그는 한 푼 어치 생활을 위해 노력함이 없이 잘 입고 잘 먹고 잘 노는 세기말적 벌어지에 지나지 않는다. … 빈민굴과 문화촌… 이 차이가 몹시도 신판《컨트라스트》…이 잔혹한 《컨트라스트》를 잇고저 쉬이지 않고 움직인다.[60]

　　빈민굴인 토막촌과 전원주택지인 문화촌의 불편한 공존은 조선인들에게 심한 박탈감과 좌절감을 안겨주었을 것이다. 하지만 이러한 현상은 비단 신당리에서만 벌어지는 참극이 아니라 새로운 주택지가 개발되는 곳이면 경성 어디에서나 벌어지는 갈등의 모습이었고, 공동묘지나 화장장을 대상으로 개발했기 때문에 살아서 뿐만 아니라 죽어서까지도 편안하게 눈을 감지 못할 지경이라며 탄식의 목소리가 높아만 갔다.

날로 발뎐하는 대경성도시계획은 마츰내 죽은 사람까지 멀리 내여조차 이사하지 아니치 못하게 하엿다. 이번에 광희문 밧 신당리(新堂里) 외 공동묘디를 폐지하게 됨에 따라 그 곳에 잇는 백륙십오개의 분묘는 모다 새로히 설치되는 고양군(高陽郡) 은평면(恩平面) 홍제내리(弘濟內里)와 수강면 수텰리의 두 공동묘디에 개장하기로 결뎡하엿는데 조선사람의 분묘 팔십이개는 수텰리 공동묘디에 이전하고 일본사람 팔백팔십삼개는 홍제원내리 공동묘디로 이전할 것을 경성부고시로 일반에게 알리우고 오는 십일월이십일까지의 분묘 외 관계가의 신고를 보아서 수차로 개방케하고 제수가 업는 분묘는 무연고지(無緣墓地)로 하야 경성부 내서 뎍당히 개장하기로 되엇다는데 이에 드는 경비 약 천원은 경성부에서 지출할 예뎡이라더라.[61]

59 — "아이러니도 가지가지(3) 홍록강의 문화주택 토막민의 고열이 인접", 《조선일보》 1930년 8월 22일자

60 — "享樂의 밤 깊어 가는 文化村의 新年點景, 젊은 그와 그 여자의 桃色遊戲, 大京城明暗二重奏(二)", 《조선중앙일보》 1936년 1월 4일자

61 — "신당리 묘지에서 추방되는 근 1,000 망령, 수철리와 홍제원으로 이장할 터, 이유는 경성시가의 팽창 관계로, 주택난은 사지(死地)에까지", 《중외일보》 1928년 8월 20일자

그것은 그들이 이 마을을 철거해야 할 처지에 잇는 것이다. 장차 그들의 먹을 것은 어데 잇스며 움을 팔 곳은 어데이냐? 엇그제 백골의 도시(都市) 수천수만의 해골덩이가 지하에 서 고히 누어 수백의 봄을 격더니 시가지 정리라는 뜻하지 안은 변을 당하야 이 도시는 폐허가 되고 마럿다. 다시 그 자리 그 구뎅이에 거적 한 겹을 지붕 삼고 산송장의 신음소 리가 떠나지 안는 이 날이 봄을 못넘기고 또다시 허무러닐 경우에 처해 잇다. 명일의 어따 는 무엇이냐? 붉고 푸른 집웅의 문화주택이 이 언덕을 채울 것이 아니냐. 오! 봄봄은 왓 다. 그러나 이 봄은 그들의 깁붐을 여지업시 깨트리고 마는 봄이다.[62]

이와 같이 새로운 문명의 혜택을 받을 수 있는 행복의 보금자리이자 지상낙원으로 그려지던 고급 주택지는 신음소리가 떠나지 않는 비참하고 열악한 빈민촌의 상황과 대 비되면서 식민지 조선의 비참한 현실을 또 다른 방식으로 드러내는 현장이었다. 언제 철거될지 모를 빈민굴에서 불안하게 삶을 이어나가야 했고 죽은 자조차 편안히 몸을 누일 수 없었던 암울한 상황은 조선인들에게 커다란 절망과 심한 박탈감을 안겨주었다.

남산주회도로 부설과 한남동 개발

신당동의 전원주택지 조성 사업은 이후 한남동의 고급 주택지 개발 사업으로 이어진 다. 한남동의 고급 주택지 개발 사업은 신당리와 한강리를 잇는 일명 남산주회도로(南 山週廻道路 또는 南山周廻道路, 현재의 6호선 신당역과 삼각지역을 잇는 다산로-이태원로)의 개통 및 남 산의 국유림 불하건과 함께 본격화되었다.[63] 남산주회도로 개설은 1920년대 초부터 1930년대 말까지 오랜 기간 꾸준히 제기되었던 안건으로, 그 안에는 용산과 경성 동부 지역의 거리를 획기적으로 단축시켜 일본인 커뮤니티의 공간적 확장을 꾀하려는 의도

62 — 홍석주, "춘색 삼천리-옛 북망산의 봄-빈민굴의 스냅-", 《별건곤》 50호, 1932

63 — "南山麓의 新京城建設協議", 《조선과 건축》 8집 1호, 1929년 1월; "南山週廻住宅地의 踏査", 《조 선과 건축》 9집 4호, 1930년 4월; "南山麓住宅地計劃陳情", 《조선과 건축》 9집 5호, 1930년 5월; 酒井謙治郎, "京城都市計劃と地域", 《조선과 건축》 9집 6호, 1930년 6월; "大京城實現の硏究 問題", 《조선과 건축》 10집 3호, 1931년 3월; "京城府南山麓事業計劃", 《조선과 건축》 10집 5호, 1931년 5월; "都市計劃重要事項陳情", 《조선과 건축》 11집 7호, 1932년 7월; "南山麓通貫大道 路出現", 《조선과 건축》 12집 10호, 1933년 1월; "京城都市硏究會南山麓視察", 《조선과 건축》 14집 11호, 1935 11월; "南山周廻道路愈よ實現の域へ進む", 《조선과 건축》 15집 2호, 1936년 2월

漢南土地區劃整理地區現況及計畫平面圖

縮尺三十分之一

한남 토지구획정리지구 평면도. 국가기록원 소장 자료

가 담겨있는 사업이었다.[64]

남산주회도로 부설은 당시 청계천 정비 등 시급하게 해결해야 할 여타 문제들이 있었음에도 불구하고 우선 예산 배정을 받아 추진되는 등 경성부가 추진하던 역점 사업 중 하나였다. 1936년 남산주회도로 부설 계획안이 가결된 이후 1937년 경성시가지계획으로는 한강리(현재의 한남동 일대)를 고급 주거지로 설정하였고 1939년에는 일부를 한남지구(현재의 삼성미술관 리움 및 주한벨기에 대사관, 현대카드 뮤직라이브러리 소재지 일대)라는 명칭의 토지구획정리지구(12만4천평, 총 사업비 825,000원)로 지정하며 주택지 개발을 본격화해 나갔다.[65]

64 ― 염복규, 《서울의 기원 경성의 탄생》, 이데아, 2016, 254~260쪽

65 ― 김주야·石田潤一郎, "경성부 토지구획정리사업에 있어서 식민도시성에 관한 연구", 《대한건축학회논문집》 25권 4호, 2009

당시 한남동은 "남산을 등지고 맑게 흐르는 한강변에 접해 있어 풍치 또한 뛰어난 이상적인 주택지"로 선전되며 개발되기 시작해 1943년에 완공을 보게 되는데, 한남동이 개발되던 시기가 바로 중일전쟁(1937)과 태평양전쟁(1941~1945) 등이 발발하여 모든 부문에 엄격한 통제가 이루어졌던 때임을 생각한다면, 당시 진행된 한남동의 고급 주택지 개발은 모든 면에서 예외를 인정받아 무리하게 추진된 사업이었음을 알 수 있다. 이곳에서도 신당동 주택지 개발에서와 같이 공동묘지의 이전, 토막의 철거와 토막민들의 이동이 일어났으며 고급 주택지 개발과 강압적인 주거 박탈이라는 현상은 반복되었다.[66]

66 — "세궁민은 쫓겨나고 문화주택만 증설, 남산 주회도로(週廻道路) 부근에", 《조선일보》 1938년 11월 29일자

경성의 학교촌과 조선인의 문화촌, 동숭동과 혜화동

서울의 오래된 학교촌, 그리고 조선인의 문화촌

현재 서울 한양도성 안에는 총 7개 대학이 있다.[1] 그중 4개 대학은 바로 혜화문 안 대학로 인근에 몰려있다. 이곳에 이렇게 상급 교육기관이 밀집하게 된 것은 꽤 오래된 역사를 가지고 있다. 조선시대 최고 국립교육기관이던 성균관을 시작으로 대한제국기에는 공업전습소와 의학교가 들어서고, 일제강점기 중반인 1920년대에는 경성제국대학이 자리하면서 유명세를 지금까지 이어오고 있다. 일제강점기 초반인 1910년대에는 성 베네딕도회에서 주도한 숭공학교와 숭신학교가 세워졌고, 일제강점기 중반 이후에는 관립학교로서 경성의학전문학교, 경성고등공업학교, 경성고등상업학교, 경성공업학교가, 사립학교로는 보성전문학교, 불교중앙학원 등이 들어서게 되면서 이 일대는 명실상부한 학교촌이 되었다.

혜화문 안은 당시 《별건곤》에 '조선인(朝鮮人) 문화촌(文化村)'으로 특별히 거론되던 신규 주택지여서 더욱 주목할 만하다.[2] 1920년대 중반 이후 경성에서 본격화된 주택지 개발이 일본인에 의한 문화주택지이거나 조선인에 의한 한옥주택지로 공급자와 소비자가 대체로 구분되었다면 이곳은 조선인, 일본인 구분 없이 주택지를 공급했다. 그리고 그 위에는 한옥과 문화주택을 결합한 주택처럼 흥미로운 사례가 많다.

조선시대 최고의 국립 교육기관 성균관의 소재지

조선시대 성균관이 들어섰던 혜화동과 명륜동 일대는 한양도성의 동궐이라 불리던 창덕궁과 창경궁의 서쪽이자 사소문 중 하나인 동소문 안쪽 지역이다. 동소문은 홍화문 또는 혜화문의 다른 이름으로, 북대문인 숙정문과 동대문인 흥인지문 사이에 위치하면서 한양과 가깝게는 양주와 포천, 멀리는 함경도를 연결하는 중요한 관문 역할을 담당했다.

성균관의 소재지는 조선시대 행정구역 상 동부 숭교방(현 명륜동 일대)으로, 동쪽으

---

1 — 배화여자대학교(필운동), 숭의여자대학교(예장동), 동국대학교 서울캠퍼스(필동), 서울대학교 의과대학(연건동), 한국방송통신대학교(동숭동), 가톨릭대학교 성신교정(혜화동), 성균관대학교 인문사회과학캠퍼스(명륜동)

2 — "대경성의 특수촌", 《별건곤》 23호, 1929년 9월

1 경성제국대학 본부. 출처: 《대경성사진첩》, 1937 　 4 경성고등상업학교. 출처: 《조선과 건축》 7집 3호, 1928년 3월
2 경성의학전문학교. 출처: 《조선의 도시》, 1929 　 5 숭신학교, 1910년대. 출처: 《동소문별곡》, 2014
3 경성고등공업학교. 출처: 《대경성사진첩》, 1937 　 6 숭공학교, 1910년대. 출처: 《동소문별곡》, 2014

로는 숭신방(현 혜화동, 동숭동, 이화동 일대), 남쪽으로는 건덕방(현 연건동 일대)과 연화방(현 원남동 일대)과 접하고 있다. 그 외 주요시설로는 장헌세자(莊獻世子, 일명 사도세자)와 그의 비 헌경왕후(獻敬王后, 일명 혜경궁)의 사당인 경모궁, 관우(關羽)의 신위를 모신 사당 중 하나인 북묘 등이 있었다.

성균관 앞에는 성균관의 기능을 보조하며 과거 응시자의 여관촌이자 유생들의 하숙촌으로 이용되었던 반촌이라는 마을이 있었다.[3] 또한 경모궁이 들어선 것을 계기로

3 — 양승우, "동소문 일대 역사 및 공간 변천", 《동소문별곡》, 서울역사박물관, 2014, 146~147쪽

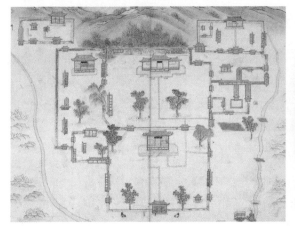

태학도에 표시된 성균관. 《태학계첩》, 1747. 서울역사박물관 소장 자료

경모궁. 출처: 《(국역)경성부사》 1권, 2012

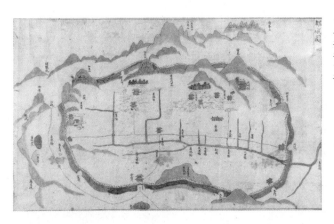

1750년대 도성도에 표현된 성균관. 창덕궁, 창경궁, 종묘와 구릉으로 구분된 외진 곳에 위치하고 있다. 《조선강역총도》, 1750, 서울대학교 규장각한국학연구원 소장 자료

1760년대 한양도에 동소문과 혜화문이란 이름이 병기되어 있다. 서울역사박물관 소장 자료

19세기 중반 조선경성도에 나타난 성균관과 경모궁. 서울역사박물관 소장 자료

실시된 조선 정부의 적극적인 모민 정책에 따라 명륜동 4가 일대와 연건동 일대에 마을이 형성되기도 했다.[4] 하지만 반촌과 모민 정책에 의한 마을을 제외한 대부분의 명륜동 및 연건동 일대, 혜화동, 동숭동, 이화동 등은 조선시대 내내 한적한 곳으로 남아 있었다. 인근의 창덕궁과 창경궁 내부를 들여다 볼 수 있다는 이유로 인가 형성을 정부 차원에서 제한해 왔기 때문이다.[5]

선인문(宣仁門) 안에 담을 가로로 쌓으라. 또 함춘원(含春苑) 동쪽부터 시작하여 비껴 이어 가서 동으로 동소문까지 쌓고 그 모퉁이에 문을 만들어서 내원(內苑)으로 통하게 하라. 또 동소문까지 바깥담을 쌓으라. 또 그 밖의 인가 뒤에 민호(民戶)로 하여금 각자 담을 쌓아 올라가서 내원을 바라보지 못하게 하라.[6]

경복궁이 내려다보이는 곳과 타락산(駝駱山) 밑의 인가를 다시 살펴본 뒤에 철거하고, 우선은 이현(梨峴)에 문을 세우며 궁궐 담을 높이 쌓도록 하라.[7]

이렇듯 한양도성 내에서도 변방에 해당했던 이 지역 분위기는 지도에도 그대로 표현되어 있다. 경모궁이 들어서기 전 상황을 보여주는 도성도(1750년대)를 보면 18세기 중반까지 이 일대의 유일한 주요 시설이었던 성균관이 인근의 창덕궁, 창경궁, 종묘 등과 높은 구릉으로 구분되어 따로 떨어져 표현되어 있다. 그로부터 몇 년 뒤 상황을 보여주는 한양도(1760년대)를 보면 한양도성으로 둘러싸인 안쪽에 북악산과 낙산에서 내려오는 물줄기가 합쳐져 흥덕동천을 이루었고 그 주변으로는 몇 가닥의 길이 나 있었으나 매우 헐거운 도로망을 형성하고 있어 이 일대가 개발되지 않은 땅이었음을 보여주고 있다. 이 일대에서 한양도성 밖으로의 출입은 혜화문(일명 동소문)을 통해서만 이루어졌는데, 가깝게는 양주와 포천, 멀리는 함경도와 연결하는 중요한 관문 역할을 담당했음에도 불구하고 도로 역시 그다지 발달하지 않았다.

4 — 유슬기, 《서울 도성 안 동북부 지역의 신흥 부촌 형성 과정》, 서울대학교 석사논문, 2017

5 — 주상훈, "일제강점기 경성의 관립학교 입지와 대학로 지역의 개발 과정", 《서울학연구》 46호, 2012

6 — 《연산군일기》, 연산 10년 7월 23일

7 — 《연산군일기》, 연산 9년 11월 18일

백동수도원으로부터 시작된 천주교 타운의 형성

이 지역은 1910년대까지만 해도 조선시대의 미개발지 모습을 그대로 유지하고 있었다. 큰 변화로 꼽을 수 있는 것은 바로 '잣나무골(栢子洞)'이란 뜻의 '백동(栢洞)' 일대에 1909년 베네딕도회의 백동수도원이 들어선 것이다. 성 베네딕도 상트 오틸리엔(St. Ottilien) 수도원에서 소장하고 있는 사진을 보면, 멀리 혜화문과 한양도성이 보이고 혜화문 너머에 3층 규모의 서양식 건물이 보이는데 이 건물이 바로 백동수도원 건물이었다. 현재도 서울의 대학로를 따라 올라가다 혜화동 로터리의 동측 언덕을 바라보면 가톨릭대학교 성신교정과 동성중고등학교, 혜화동성당 건물이 군락을 이루고 있는 것을 볼 수 있는데, 모두 카톨릭과 연관이 있다. 1909년 백동수도원이 들어섰던 때로부터 따져보면 이 일대에 천주교 타운이 형성된 역사는 100년이 넘는다.

백동수도원과 부속학교는 독일의 성 베네딕도회에서 설립했다. 1908년 귀스타브 뮈텔(Gustave-Charles Marie Mütel, 1854~1933) 주교는 한국에 와줄 수도회를 물색하러 유럽으로 떠났고 상트 오틸리엔(St. Ottilien) 수도원에 가서 노르베르트 베버(Norbert Weber, 1870~1956) 총원장에게 수도원 건립 사업에 대한 설명을 했다고 한다. 마침내 1909년 독일의 성 베네딕도회로부터 한국 수도원 설립 허가를 받았다. 수도원 건립의 사명을 띤 보니파시오 사우어(Bonifatius Sauer, 1877~1950) 신부[8]와 도미니코 엔스호프(Dominicus Enshoff, 1868~1939) 신부가 파견되었다. 1909년 서울에 도착한 두 신부는 수도원과 학교 부지를 찾기 위해 여러 곳을 물색하고[9] 최종적으로 동소문 안 백동[10] 일대로 결정했다.

---

8 — 1877년 독일 출생. 1899년 성 베네딕도회 상트 오틸리엔 수도원에 입회하여 1903년 사제 서품을 받았다. 1909년 한국으로 건너와 백동수도원과 숭공학교, 숭신학교를 설립하였고 1913년 백동수도원이 아빠스좌 수도원으로 승격되면서 초대 아빠스(대수도원장)가 된다. 1921년 주교 수품을 받았으며 1927년 덕원으로 성 베네딕도 수도원과 신학교를 옮기는 일을 하기도 했다. 1949년 북한 정치보위부에 의해 덕원수도원에서 체포된 후 1950년 평양 인민교화소에서 천식과 영양실조로 순교했다. 서울역사박물관, 앞의 책, 62쪽

9 — 백동수도원 부지 매입 과정이 꽤 어려웠던 것으로 보인다. 현재 가회동과 삼청동 사이의 언덕 일대인 맹현(孟峴) 일대는 경복궁과 창덕궁 사이에 있는 땅이었기 때문에 불허되었고, 청운동(靑雲洞) 일대에 있던 김가진의 땅을 매입하고자 하나 당초 2만 엔이 아닌 3만 5천 엔을 불러 결국 결렬되기도 했다고 한다. 또한 광희문(光熙門) 인근과 북아현동에 위치한 의령원(懿寧園) 일대가 검토되기도 했으나 모두 무산되어 현재의 혜화동인 백동 일대에 자리를 잡게 되었다고 한다. 서울역사박물관, 앞의 책, 2014, 23~26쪽

10 — 조선 초기 태종 때 명신 박은이 잣나무를 많이 심고 백림정(柏林亭)을 지은 것에서 유래한다. 양승우, 앞의 글, 146쪽

먼저 1909년 단층의 임시수도원 건물을 완공한 뒤 4년제 기술학교인 숭공학교(1910)와 2년제 사범학교인 숭신학교(1911) 건물을 신축해 개교했으며[11] 같은 해 3층 규모의 백동수도원 본관을 완공(1911)해 백동수도원의 대체적인 배치를 완성했다.

　　당시 백동수도원 배치도를 보면 동소문으로 통하는 길(현재의 대학로 및 창경궁로)의 동쪽 구릉을 차지하며 건축물이 경사를 따라 배치된 것을 알 수 있다. 한양도성 성곽(städtmauer)에 가장 가까운 높은 곳에 수도원 건물(kloster)을 배치하고 그 아래로 목공소(schreinerei), 대장간(schremiede) 등으로 이루어진 숭공학교[12]를, 그 맞은편에 숭신학교(seminar)[13]를 배치했다. 동북쪽에서 서남쪽으로는 작은 개울이 흘렀던 것으로 보이는데 그 좌우로 과수원(obstgarten)과 채소밭(gemüsegarten)을 넓게 두어 각종 채소를 심고 가축을 길렀다고 전한다. 이러한 시설들의 구성과 배치는 성 베네딕도 수도회의 "기도하고

11 — 김정신, "근대 초기 분도회의 기술교육에 관한 연구", 《한국건축역사학회 추계학술발표대회논문집》, 2009; 김정신, "선교 베네딕도회 수도원의 배치 외 건축양식에 관한 연구—백동수도원, 덕원수도원 및 왜관수도원의 비교", 《한국건축역사학회 추계학술발표대회논문집》, 2015

12 — 숭공학교는 1910년 개교하여 1923년 폐교할 때까지 465명의 장인을 배출했다고 한다. 독일 도제식 교육과정을 따랐는데 교육 기간은 4년(매일 이론 2시간+실습 8시간)이었으며 기능교육 외에도 이론 교육을 병행했다. 제1차 세계대전으로 수사들이 징집되면서 운영에 어려움을 겪고 일제가 적국의 재산이라 하여 재산을 몰수하려 하기도 했다. 서울역사박물관, 앞의 책, 47쪽

13 — 숭신학교는 2년제 사범학교를 지향하며 1911년 개교하여 1913년 폐교했다. 개교한 지 불과 2년 만에 폐교를 하게 된 이유에는 한국인에게 고등교육을 허용하지 않으려는 일제의 교육정책과 한국인 교사의 양성을 원하지 않았던 일제의 탄압 때문이었다. 서울역사박물관, 앞의 책, 57쪽

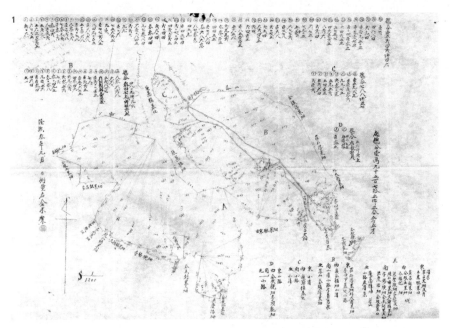

1 백동 측량도
2 백동수도원 배치도

3 혜화문 북쪽에서 바라본 백동수도원 본관의 1910년대 모습
4 낙산에서 바라본 백동수도원, 1910년대 풍경. 이상
출처 《동소문별곡》, 서울역사박물관, 2014

일하라(Ora et Lavora)!"라는 정신에 부합하는 하나의 마을과도 같은 모습이다.

하지만 한국인에게 고등교육을 허용하지 않으려는 일제의 탄압으로 인해 숭신학교는 개교한 지 2년만인 1913년 폐교되었고, 원산 인근인 덕원으로 수도원 이전이 결정된 후인 1923년 숭공학교마저 폐교되었다. 1927년 수도원을 옮긴 후 백동수도원 부지는 서울대교구가 매입하였고 이 자리에는 약현성당, 명동성당에 이은 서울의 세 번째 성당인 백동성당(혜화동 성당의 전신)이 들어서게 된다. 또한 1929년에는 서소문 밖에 있던 남대문상업학교가 이곳으로 이전하여 동성상업학교로 이름을 바꾸었는데, 해방 이후인 1950년에는 동성중학교와 동성고등학교로 이어지게 된다. 용산의 대신학교가 혜화동으로 이전함에 따라 1947년에는 성신대학으로, 1959년에는 다시 가톨릭대학으로 교명을 바꾸면서 오늘날까지 가톨릭대학 성신교정으로 쓰이고 있다.[14]

14 — 서울역사박물관, 앞의 책, 67쪽

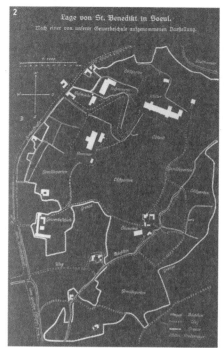

경성제국대학의 건립과 그 영향

일제강점기 초반 천주교 측에서의 교육시설 건립 시도가 불과 10년 남짓의 기간 만에 좌절된 뒤, 이 일대에는 일제에 의한 교육시설이 대거 들어서게 된다. 이 일대에 관립학교가 들어선 것은 1907년 농상공학교에서 분리된 공업전습소가 현재의 동숭동에 지어진 것이 시작이었으나,[15] 일제강점기가 시작된 직후인 1912년 같은 부지에 중앙시험소가 건립된 이후 본격화된다. 1916년에는 공업전습소가 경성공업전문학교로 바뀌고 경성의학전문학교가 연건동에 들어서며, 1920년에는 명륜동에 경성고등상업학교가 자

---

15 — 공업전습소는 5,000여 평의 부지를 가지고 조성되었는데, 동서(東署) 숭의방(崇義坊) 내 민가와 전원을 매입하면서 마련되었다. 일제의 식민지 공업화 정책의 일환으로 기존의 4년제 농상공학교에서 독립하여 2년제 학교로 바뀌었고 근본적인 기술 교육보다는 단순한 하급 기술인력 양성에 중점을 두었다고 한다. 주상훈, 앞의 논문, 146~147쪽

리를 잡고, 1924년부터 1930년까지 동숭동과 연건동에 걸쳐 경성제국대학의 법문학부와 의학부가 각각 만들어지게 된다. 이렇게 이 일대에 관립학교가 밀집하게 된 것은 기존에 입지했던 시설들과의 연계성 확보와 저밀도의 싼 지가 때문이었다고 한다. 그렇게 들어선 관립학교 가운데 이 일대의 가장 큰 변화를 야기한 것은 뭐니뭐니해도 경성제국대학의 설립이었다.[16] 다음 기사는 경성제국대학이 들어서게 되면서 생기게 된 이 일대의 변화를 잘 그리고 있다.

경성대학건축공사는 기존에 보도한 것과 같이 지난 12월(舊臘中)에 그 부지 선정을 완료하고 예산 결정과 함께 대정 14년(1925)도 의학부 교사 일부의 기공을 시작(發)해 대정 16년(1927)도 중에 전부를 준공할 예정인 바, 설계도에 나타난 바에 의하면 근세식(近世式) 반(半) 철근연와(鐵筋煉瓦) 건축물 의학부 본관 3층 860평, 별관 해부학 교실 단층(平家) 100평, 의화학 교실 2층 130평, 법문학부 본관 300여 평, 별관 심리학실 단층 100평, 대학 본부 2층 150평, 대강당 단층 220평, 도서관 및 교수실 및 연구실 4층 400평, 서고 100평 등이 주가 되는 건축으로, 다시 난방기계실 50평 및 대학 관사 20여동의 부속 건축이 있어 건평 총수는 약 2,500여 평인데, 배치 모양을 보건대 대학 예과 교사대의 의학부 본관과 별관은 총독부 병원 정신병실에 접하여 건축되고 이어서(繼) 대학, 본부, 대강당, 도서관 및 연구실이 즐비(櫛比)하여 병릉(兵陵) 일면에 미관을 주게(呈) 되어 법문학부는 종로 5정목 전차 정류장에서 좌측으로 꺾이는 도로를 끼고 중앙시험소(中央試驗所)의 북측 즉 의학부와 상대하고 본관 및 별관이 20여 동의 교수 관사와 함께 적막한 산록(山麓)을 장식하게 될 것이다.[17]

1910년대까지만 해도 허허벌판과도 같이 논과 밭이 있던 땅에 '근세식(近世式)' 건축물이 속속 들어서면서 경성제국대학 캠퍼스로 완성될 예정이었고 이것은 인근의 낙산을 배경으로 일대의 새로운 경관 변화를 불러오는 일대 사건이었다.

이 일대에 학교를 비롯한 여러 시설이 들어서면서 가로 체계에도 변화가 생겼다.

16 — 공업전문학교 후면에 19,000여 평을 매수하고, 경기도립상업학교 부지로 예정되었던 8,000여 평을 매수 교섭하였으며, 기존 총독부 병원의 65,000여 평을 대학 부지로 전환하여, 총 92,000여 평에 달하는 부지를 마련하였다고 한다. 경성제국대학 의학부 및 법문학부의 계획은 1923년경 설계가 시작되어 1930년대 초까지 계속 변화했는데, 제1기 공사가 4개년 연속 공사로 1924~27에 진행되었고 제2기 공사가 1928~30년 초반까지 이루어졌다. 주상훈, 앞의 논문, 150쪽과 161쪽

17 — "경성대학 신축과 부근 토지 가격 폭등 예상", 《동아일보》 1925년 1월 14일자

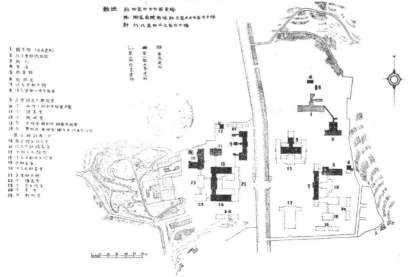

1 경성제국대학 배치도. 출처:
　《경성제국대학일람》, 1943

2 흥덕동천(현 대학로)의 시구개수
　전(1925)과 후(1929) 모습.
　출처: 《경성시구개정사업
　회고20년》, 1930

1912년 중앙시험소가 설치되면서 현재의 대학로를 따라 내려오던 흥덕동천 동서로 나 있던 길 중 동쪽 길은 중앙시험소가 확장되면서 그 기능을 상실했다. 1916년 경성공업 전문학교와 경성의학전문학교가 들어서면서 도로와 개천의 정비가 이뤄지는데 경성제 국대학의 건설 공사와 함께 더욱 가속화되었다. 1932년에는 1912년 경성시구개수안부 터 논의되었던 현재의 대학로가 개수되었고 당시 논란이 많았던 종묘관통선(현재의 율곡 로)도 완공되면서 이 일대는 커다란 변화의 전기를 맞이하게 되었다.[18]

이렇듯 1900년대 말부터 1920년대에 이르기까지 많은 학교들이 이 일대에 들어서 게 되면서 일명 학교촌을 형성하게 되는데, 이러한 변화로 인해 이 일대 토지 가격은 폭 등을 맞게 된다. 다음의 신문기사는 당시의 상황을 잘 보여주고 있다.

경기도 상공 당국의 말을 들은 즉 근래 동 방면의 중심지라고 볼만한 효제동(孝悌洞), 연건 동(蓮建洞), 숭사동(崇四洞), 동숭동(東崇洞) 부근 토지 시세는 근래에 돌연 폭등(暴騰)하야 대 정 12년(1923) 도립상업학교(道立商業學校) 부지를 매수할 즈음 매 평 5~6원 하던 것이 일약 26~7원 내지 30원대를 넘어 앞으로 점차 앙등(昂騰)의 경향이나 가옥은 도리어 재계 불황 과 부근이 시가화 될 염려로 조선건물 와즙(瓦葺) 한간(一間)에 300원대에서 200원 내외로 떨어지는 상황인 바, 대학건축 공사가 거의 준공됨을 따라 토지 가옥의 매수열(買收熱)이 중개인의 선동(煽動)을 점차 높여가는 중이라 한다. 원래 동 방면은 학교 부지로 최적(最適) 함으로 현재에는 의학, 공업, 상업 각 전문학교를 위시(爲始)하야 중등 정도로는 공업, 상업 의 관공립에 버금가서 조선인 측의 경신학교(儆新學校), 경학원(經學院), 불교중앙학원(佛敎中 央學院) 등 사립학교 보통학교 등의 모든 학교 설립이 있고 더욱이 경성대학(京城大學) 공사 가 완성하면 제복제모(制服制帽)의 학생이 충일(充溢)할 터이며 따라서 문방구점, 서적점, 하 숙, 여관 등 상가의 즐비(櫛比)와 함께 더욱 더 번창하게 될 것이 분명하다고.[19]

이와 같이 경성제국대학이 지어지기 시작한 1925년 당시 기존의 평당 5~6원 정도 였던 지가가 5~6배 뛰어 평당 26~30원을 호가하게 되었는데, 각종 학교가 들어서게 됨에 따라 그 학교의 학생들을 대상으로 한 문방구, 서점, 하숙, 여관 등의 상가가 들어 서 더욱 번성하게 될 것으로 예견되었다. 그로부터 1년이 흐른 1926년의 신문기사를 보

18 — 주상훈, 앞의 논문, 144쪽

19 — "경성대학 신축과 부근 토지 가격 폭등 예상", 《동아일보》 1925년 1월 15일자

면 실제로 신시가지가 조성되었다는 것을 알 수 있는데, 다만 이 일대에 학교 등 주요 시설이 들어섰음에도 불구하고 이 일대의 교통은 꽤 오랫동안 매우 불편한 채로 남아 있었던 것으로 보인다.

시내 동소문(東小門) 부근 일대는 근년에 이르러 갑자기 번창하여 옛날과 면목이 다르게 되었으며 더욱이나 숭일(崇一), 숭이, 숭삼, 숭사, 혜화(惠化), 동숭(東崇), 연건(蓮建)동 등지에는 경성대학, 고등상업, 고등공업, 도립상업, 경학원(經學院) 등 학교와 기타 기관이 있어 학교촌을 이룬 형편으로 2,000여 호에 10,000명이나 살고 통학하는 학생만 하더라도 2,000명 이상에 이르러 어디로 보든지 손색이 없는 신시가를 이루었으나 교통기관 기타 모든 것이 지금까지의 관계상 불비된 점이 매우 많아 주민의 불편이 적지 않을뿐더러 장래 그 이상 발전하는데도 장애가 적지 않다하여 대정 15년(1926) 이내로 창경원(昌慶苑)부터 동소문 밖 삼선평(三仙坪)까지 이르는 길을 확장하고 전차를 부설하도록 전기회사에 지정하여 달라는 진정서를 그 지방 주민 중의 유력자 52명의 연명으로 어제 오전에 경성부윤과 조선 총독에게 제출하였다더라.[20]

실제로 이 일대의 도로 개설 및 개수는 시설의 입지와 함께 정비되거나 시설이 들어선 이후 한참이 지난 1920년대 말에 진행되었고 1930년대 말이 되어서야 전차가 놓였다. 이것은 비슷한 시기 주택지 개발의 붐이 일었던 경성의 동남부 장충단 인근 지역에서는 도로와 전차의 개설이 주택지 개발과 함께 또는 먼저 이뤄졌던 상황과 대비가 되는 부분이다.

관립학교에서 개발한 관사지

1900년대 말 공업전습소와 1910년대 중앙시험소, 1920년대 경성제국대학과 경성고등공업학교 설립에 이르기까지 각종 관립학교가 일대에 설립되면서 그 구성원들을 위한 관사지가 먼저 개발된다.

---

20 — "동소문 부근 주민 발전책을 진정, 도로와 전차를 확장하라고 그 지방 주민이 당국에 진정", 《동아일보》 1926년 2월 26일자

먼저 공업전습소와 중앙시험소의 소장과 직원들을 위한 관사가 1910년대에 가장 먼저 들어선 것으로 보이는데, 동숭동 199번지와 같이 공업전습소 및 중앙시험소 부지 내 일부 토지를 이용하여 조성하기도 하고, 이화동 5번지와 40번지 및 동숭동 192번지와 같이 인근의 토지를 활용해서 만든 경우도 있었다. 국가기록원에 남아있는 동숭동 199번지의 관사 배치도를 보면, 중앙시험소 소장 관사의 경우에는 중앙시험소 부지 내에 가장 큰 규모로 일반 관사들과 따로 떨어진 동쪽의 높은 언덕에 만들어졌다는 것을 알 수 있다. 자세한 평면형식과 규모는 알 수 없지만 남향을 하며 앞뒤로 넓은 정원을 두며 배치된 것으로 볼 때 꽤 고급 주택으로 건립된 것으로 보인다. 그 외 관사들은 1호부터 14호까지 남쪽에 집단적으로 구성되어 있다. 단독 주택 형식의 관사와 집합 주택 형식의 관사가 혼재되어 있으며 소장 관사에 비해 규모가 작고 서향을 하고 있어 차이를 분명히 드러내고 있다. 이화동 5번지의 관사 역시 집합 주택 형식의 1호부터 10호의 관사가 서향과 동향으로 배치되어 있다.

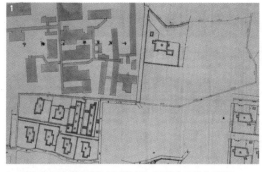
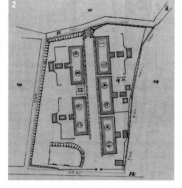

1 공업전습소 및 중앙시험소 부지(동숭동 199번지) 내 관사 배치도.
국가기록원 소장 자료

2 공업전습소 및 중앙시험소 인근 부지(이화동 5번지) 관사 배치도.
국가기록원 소장 자료

이 일대에 관사지 개발이 본격화 된 것은 경성제국대학의 건립과 함께였다. 1920년대 후반부터 1940년대까지 대학 총장과 교수, 직원들을 위한 관사가 동숭동 일대에 계속 지어졌는데, 경성제국대학 관사가 설립될 때마다《조선과 건축》에 소개될 정도로 세간의 주목을 받았다.

경성제국대학 관사 역시 단독 주택 형식의 관사부터 집합 주택 형식의 관사까지 다양한 형태를 가지고 있었다. 그중 가장 고급 관사는 역시 경성제국대학 총장 관사였는데, 연면적이 114평이나 되는 지상2층, 지하1층 규모의 벽돌조 주택이었다. 1층 내부

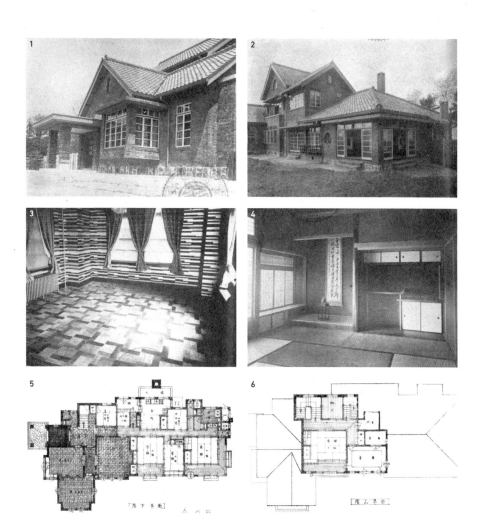

경성제대 총장관사. 출처: 《조선과 건축》 11집 5호, 1932년 5월
1. 현관   2. 외관   3. 1층 제 1응접실   4. 2층 일본식 갸쿠마   5. 1층 평면도   6. 2층 평면도

에는 현관 옆에 제1응접실과 제2응접실 등 서양식 응접실을 2개나 두고 넓은 식당을 마련해 놓았다. 반면 안쪽에는 일본식 다다미를 들인 이마와 차노마, 부엌을 들였으며 2층에는 일본식 갸쿠마와 서재를 만들어 놓았다. 전체적으로 내부는 일본식 중복도형 평면이지만 외관은 서양식을 가진 주택으로, 총 공사비가 24,720원이었다고 하니 이것을 평당 공사비로 환산해 보면 216원이나 들어간 고급 주택이었음을 알 수 있다.

경성제대의 일반 관사도 1920년대 말에서 1940년대 초반까지 지어지는데, 관사

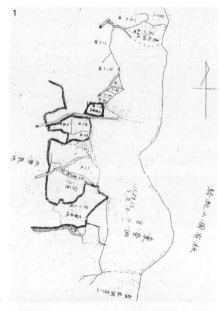

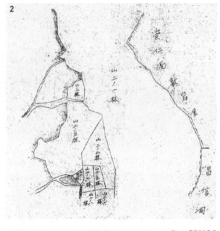

1 1932년 국유림 관련 문건 속 동숭동 산 2-1번지와 혜화동 산 1번지. 국가기록원 소장 자료

2 1933년 보안림 해제조서 속 동숭동 산 3번지. 국가기록원 소장 자료

3 경성제대 관사(동숭동 187번지 및 산2번지) 배치도. 국가기록원 소장 자료

4 경성제대 7호 주임관사(36.7평). 《조선과 건축》 10집 2호, 1931년 2월

5 경성제대 합동관사(독신자용, 6인 거주용). 《조선과 건축》 10집 2호, 1931년 2월

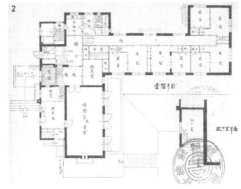

경성제대 이공학부합동숙사. 《조선과 건축》 20집 4호, 1941년 4월
1　외관
2　1층 평면도
3　식당

에 대한 수요가 많아짐에 따라 기존의 학교 부지 이외에 인근의 국유림을 해제해 관
사지로 개발하기도 했다. 낙산의 서사면이 그 대상이었는데 국유림의 해제와 개발은
1930년대 들어 본격화 된 것으로 보인다. 이렇게 개발된 관사지에는 30~40평대의 단
독 주택형 관사에서부터 독신자들을 위한 합동 숙사까지 다양하게 들어섰다. 단독 주
택형 관사는 일본의 전형적인 중복도식 평면을 가지고 있었으며 합동 숙사의 경우에는
응접실, 부엌, 식당, 화장실은 공유하면서 각각의 침실과 이마(또는 서재)를 개인 공간으
로 가지고 있었는데, 이러한 형식은 당시의 독신자형 아파트 평면과 유사한 것이다.

경성제국대학 교수들의 문화주택지, 약수대

관립학교의 관사는 학교 주변에 계속해서 건립되었다. 하지만 관사의 공급은 수요를
따라가지 못한 것으로 짐작된다. 결국 민간에 의해 개발된 주택지에 의존할 수밖에 없
는 상황이 되었는데, 1920년대 초반부터 시작되었던 민간 주택지 개발은 1920년대 후

반이 되자 급격한 속도로 진행된다. 이렇게 해서 나타난 대표적인 주택지로는 숭일
동 주택지(숭일동 46번지 일대, 1925년 개발)와 혜화동 주택지(혜화동 15번지 및 22번지, 74번지 일
대, 1928년부터 1935년까지 개발), 약수대(동숭동 201번지 일대, 1930년 개발), 숭사동 주택지(숭사동
206번지 일대, 1931년 개발)가 있었는데, 다음의 기사는 당시 이 일대 주택지 개발 상황을
잘 보여주고 있다.

금화장(金華莊)처럼 아직 세간에 잘 알려져 있지 않지만, 대학병원 뒤의 숭사동, 고상(高商)
뒤의 숭일동, 혜화동 주택지는, 도시의 동북의 문화를 등에 업고 만들어지고 있다. 그러나
금화장과 같이 고급은 아니지만 이 주변은 살기 좋아서, 역시 전도(前途)가 있다고 하는 것
이다. … 이 주변에 전차가 없는 것이 불편하다. 그러나 그것도 요즈음은 버스가 다녀서
어느 정도 편리하게 되었고, 고공, 대학 앞을 통과하는 20間(약36m)의 대로가 만들어졌기
때문에, 자동차가 계속 다녀서 오히려 이후가 편리하다. 게다가 이후 동소문까지 전차가
다니면 좀 더 편리하게 될 것이다. 제국대학(帝國大學)이 있고, 고공(高工), 고상(高商), 의전(醫
專), 공업학교(工業學校), 남대문고상(南大門高商, 이후 동성상업학교로 변경)이 있다. 학교가(學校街)
로 대비하여 주택지가 부쩍부쩍 만들어지고 있는 것은 당연하다.[21]

　　금화장이란 경성의 서부에 해당하는 죽첨정(현재의 충정로) 인근에 개발되어 경성의
3대 주택지로 거론되던 곳 중 하나를 말하는 것인데, 그와 비교할 때 사정은 좀 못하지
만 제국대학을 비롯한 각종 학교들이 들어섬에 따라 주택지가 계속 만들어지고 있는 상
황이고 앞으로 이곳은 전도유망한 지역이 될 것이라는 것이다. 전차가 다니지 않아 교통
은 좀 불편할지 몰라도 대로가 뚫리고 버스가 다니면서 상황은 많이 나아지고 있다는
것에서 앞서 이곳의 교통 상황이 한동안 좋지 않았다는 것을 다시 한 번 상기시켜준다.
　　이 주택지에는 회사의 임원을 비롯한 다양한 사람들이 거주했는데, 특히 경성제대
의 법학부와 의학부 교수들이 많았다. 1941년《삼천리》에 소개된 경성제대 교수 명단
을 대상으로 거주지를 추적해 보면[22] 총 101명 중 약 30%에 해당하는 30명이 학교 근
처에 살고 있었고 가장 비율이 높은 지역이 바로 동숭동이었다. 그중 동숭동에는 특별

21 — "住宅點景(二) 學校街のほとり 惠化, 崇四, 崇一 各洞の此頃 電車が通れば滿點",《경성일보》
1930년 11월 18일자

22 — "경성제대의 전모",《삼천리》 13권 3호, 1941년 3월 1일

1 쿠보 주택. 출처: 《조선과 건축》 10집 7호, 1931년 7월
2, 3, 4   타카쿠스 주택. 출처: 《조선과 건축》 10집 8호, 1931년 8월

히 약수대라는 주택지가 있었는데 이 주택지는 다음과 같이 소개될 정도로 교수들이 집중 거주하고 있는 주택지로 유명했다.

성대(城大, 경성제국대학을 지칭)의 의학부장인 타카쿠스(高楠)박사가 약수대(藥水臺)의 경승지를 사서 산뜻한 주택을 지었다. 이것이 유명해져서 약수대의 주택지가 번성하게 되어, 성대, 고공을 아래로 내려다보고, 혜화동의 모던한 주택과 마주보는 이곳 동숭동의 고대(高臺)는, 동에는 낙타산(駱駝山)을 등지고 남산을 바라보는 자락에는 청냉옥(淸冷玉)과 같은 약수가 나온다. 그래서 약수대라고 하는 것으로 어쨌든 좋은 곳이다. 도보쿠야(土木屋)의 이시다 사다지로(石田定次郎)가 하나조노 사키치(花園佐吉)로부터 매수하여 정지하고, 올해 봄부터 약수대라고 이름을 붙여 팔았는데, 13필지 중 벌써 5필지는 팔려서 파란 지붕, 빨간 기와의 모던주택으로 변하고 있다. 성대의 쿠보(久保)교수, 고상(高商)의 요시카와(吉川)교수, 사범(師範)의 히카사(日笠)교유(教諭) 모두 학교가(學校街)가 가까운 것만큼 선생들이 독

점하고 있다.[23]

실제로 《조선과 건축》에도 약수대에 경성제국대학 교수가 지은 주택 2채가 소개되기도 했다. 그중 쿠보 키요지(久保喜代二)는 경성제대의 정신과 교수였으며 타카쿠스 사카에(高楠榮)는 경성제대의 산부인과 교수였다. 둘 다 약수대 주택지가 개발된 다음해인 1931년에 지었는데 모두 2층 규모의 서양식 문화주택으로 각각 벽돌조와 철근콘크리트조 등 당대 최신의 구조로 지어졌다. 특히 타카쿠스의 주택은 평당 200원이나 들인 고급주택이었는데, 내부에는 서양식 응접실과 일본식 자시키를 모두 갖추고 있었다.

이 주택들은 해방 이후 어떻게 되었을까. 적산가옥이라는 이름으로 일반인들에게 불하되었는데 박완서의 《그 남자네 집》을 보면 동숭동은 아니지만 인근의 이화동에 남아있던 적산가옥에 대한 해방 전후 한국인들의 인식을 알 수 있다.

이화동에 그때까지도 많이 남아있던 적산가옥을 복덕방 영감은 오까베(평벽) 집이라고 했다. 오까베 집은 건물 값은 별로 안 나간다고 했지만 대지가 넓었다. 꽤 넓은 마당이 달린 이층집이었다. 아래층에 있는 방들은 다 온돌방이었지만 이층에 있는 방 두 개는 다다미가 여덟 장이나 깔린 넓은 방이었다. 남향의 이층은 온 동네가 다 내려다보이게 전망이 좋고 볕이 잘 들었다. … 복덕방이 꼬시지 않아도 마당에 꽃과 나무를 심을 수 있는 양지 바른 이층집은 내가 꿈에 그리던 집이었다. … "아, 참 집 구경해야지 우리 이층집이다. 난 어려서부터 이층집에 사는 게 소원이었어. 그때는 일본사람이나 이층집에 사는 줄 알았는데 나도 이렇게 살아보네." … 지대가 높아서 시장 갔다 올 때 숨이 차기는 해도 담 너머로 푸르른 나무들과 커튼 친 이층 창문이 보이는 내 집을 바라보며 걷는 맛은 더할 나위 없이 느긋해서 이런 게 바로 살림재미로구나, 느낄 정도로 주부로서의 관록이 붙어가고 있었다.[24]

박완서의 소설 속 집은 이화동의 지대가 높은 곳에 있었다고 밝히고 있는데, 이는 낙산의 경사지에 기대어 개발되었던 동숭동 약수대 주택지 인근으로 추정된다. 이 글

23 ─ "住宅點景(三) ローマの鬪牛場 そのままのアパート 光熙門側にそびゆ", 《경성일보》 1930년 11월 19일자

24 ─ 박완서, 《그 남자네 집》, 현대문학, 2005, 258~263쪽

에시 우리는 당시 조선인들이 넓은 대지에 커튼을 친 이층 창문을 가지고 있는 2층 집은 일본사람들이나 사는 집으로 여겼으며 해방 후 그런 양지바른 이층집에 살게 된 것을 신기하게 생각했던 해방 전후의 문화주택에 대한 조선인들의 인식을 읽을 수 있다. 이렇듯 동숭동과 그 일대 학교촌 주변에 개발된 주택지와 그 안의 문화주택은 해방 이후에도 한동안 그 명맥을 유지하며 사용되었다.

조선인들의 문화촌 형성과 실험적인 주택

동숭동과 연건동에 학교 구성원들을 위한 주택지가 개발되었다면, 그보다 더 북쪽에 위치한 혜화동과 명륜동 일대에는 조선인의 문화촌이라 일컬어질 만큼 조선인이 많이 모여 산 신주택지가 조성되었다. 다음은 《별건곤》에 '대경성의 특수촌' 중 하나로 소개된 이 지역에 대한 묘사이다.

문화촌(文化村)이라면 소위 문화생활을 하는 사람들, 문화생활이라면 송판(松板)쪽을 붙여 놓았더라도 집은 신식 양옥으로 지어놓고 피아노에 맞춰 독창 소리가 아니면 유성기관의 재즈 밴드 소리쯤은 들려 나와야 하고 지붕 위에는 라디오 안테나가 가로 걸쳐있어야 할 것은 물론이거니와 하루에 한 번씩은 값싼 것일망정 양요리 접시나 부셔야 왈 문화생활이라고들 한다. 그러나 한간 셋방이 어렵고 한 그릇 콩나물죽이 어려운 형편에 있는 조선 사람이 더구나 찌들고 쪼들리는 서울 사람이 문화생활을 하고 있는 사람이 누구일 것이냐. 장안이 넓고 인간이 많다 해도 이러한 여유 낙낙한 문화생활을 하고 있는 사람은 앉아서라도 손꼽을 수가 있다. 따라서 그들만이 모여서 사는 소위 문화촌이란 문화촌을 찾아내기도 어렵다. … 그러면 조선사람 만이 모여서 문화생활을 하고 있는 소위 문화촌은 어디냐. 동소문(東小門) 안 근방을 칠까. 그러나 문화생활이라고 반듯이 양옥을 짓고 위에 말한 것 같은 그러한 생활이 문화생활이라고만 할 수는 없다. 한간 초옥에 들어앉았더라도 조선 재래의 가족제도에서 벗어나 팥밥에 된장을 쪄서 먹더라도 재미있고 화락한 생활을 하는 것을 문화생활이라고 하기에 넉넉하다. 동소문 안 근방을 문화촌이라기에는 얼른 보아서 너무 쓸쓸하다. 그러나 그들의 살림은 대개가 간단하고도 정결하다. 대개가 회사원이거나 그 외 타 여러 곳에서 월급쟁이로 다니는 사람이 많고 식자급(識者級)의 사람들이 한적한 곳을 찾아 그 근방에 새로이 주택을 짓고 간편하고 깨끗한 살림을 하고 있다. 아직

1972년 항공사진에 나타난 혜화동과 명륜동. 현재는 대부분 철거되어 자취를 찾아볼 수 없지만 당시만 해도 대부분 한옥으로 이루어진 동네였음을 알 수 있다.

은 전부랄 수가 없으나 앞으로는 그 근방은 교통도 더 편리해지면 조선 사람의 문화촌으로 이곳 밖에는 없고 다른 좋은 곳들은 다 빼앗겼다.[25]

1920년대 중반 이후 경성에서는 주택지 개발이 본격화되었다. 주택지가 개발되면서 많은 토지가 일본인에게 넘어가게 되었는데, 그로 인해 조선인은 경성의 토지를 모두 일본인에게 빼앗기고 말거라는 위기의식을 가졌던 것으로 보인다. 다른 좋은 곳은 다 일본인 차지가 되었지만 동소문 안 지역인 혜화동과 명륜동 일대만큼은 조선인의 문화촌이라고 부를 수 있을 만한 곳으로 살아남았다. 다만 다른 점이라면 서양식 주택을 지어놓고 그 안에서 피아노나 레코드판 소리가 흘러나오거나 양요리라도 먹어야 하겠지만 그렇지 못하고 팥밥에 된장을 먹더라도 재미있고 화락한 생활 정도의 간단하고 정결한 살림 정도에 그쳤다. 어쨌든 그 정도의 생활이라도 하는 사람들은 회사원이거나 월급쟁이, 또는 식자급의 사람들이었다고 하는데, 실제 당시 이곳에 거주한 사람들을 조사해 보더라도 학교 교장이나 교사, 변호사, 경찰의 직업을 가진 조선인이 많았다.

이들이 살았던 주택은 어떤 모습이었을까. 해방 이후인 1972년 항공사진을 통해

25 — "대경성의 특수촌", 《별건곤》 23호 1929년 9월

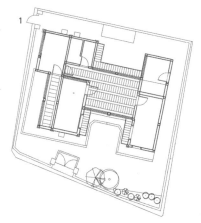

1   김종량의 혜화동 H자형 한옥 평면
2   김종량의 혜화동 H자형 한옥 외관. 이상 백선영 제공

혜화동과 명륜동 일대의 상황을 살펴보면, 대규모 시설이 들어가 있는 몇몇 필지를 제외하면 모두 한옥이 빼곡히 들어차 있는 것을 알 수 있다. 한옥의 배치를 보면 대부분 ㄷ자형 또는 튼ㅁ자형을 가지고 있어서 비슷한 시기 다른 지역에 지어진 도시 한옥과 별반 다름이 없는 것처럼 보인다. 하지만 자세히 보면 당시 '조선인의 문화촌'이라는 신규 주택지의 명성에 걸맞는 새로운 형식을 시도한 주택을 종종 발견할 수 있다.

예를 들어 혜화동 22번지의 한옥은 건축가 김종량에 의해 1934년에 지어진 것인데, 주변의 여타 한옥과 달리 특이하게도 H자형 평면을 가지고 있다. 이 주택은 일본 유학을 마치고 돌아온 박동길(朴東吉),[26] 신의경(辛義敬)[27] 부부의 부탁으로 지어진 것인데,

---

26 — 박동길은 1897년 생으로 동북제국대학(東北帝國大學)을 졸업한 일본 유학생 출신이었는데, 귀국 후 경성광산전문학교(京城鑛山專門學校) 교수 겸 중앙시험소(中央試驗所) 기사로 근무하면서 경성고등공업학교(京城高等工業學校)와 연희전문학교(延禧專門學校), 수원고등농림학교(水原高等農林學校) 등에서 강의했다. 해방 후에는 서울대학교 교수, 대한지질학회 회장이었으며 인하공대의 명예교수가 되기도 했다. 국사편찬위원회 인물 정보 참고

27 — 신의경은 1898년 생으로 1919년 3.1운동당시 정신(貞信)여학교 교사로 근무하면서 경성애국부인회(京城愛國婦人會)를 조직하여 독립운동을 지원하였고 같은 해 10월 19일 김마리아 등과 더불어 대한애국부인회를 조직, 경기도지부장으로 활약하다 징역 1년형을 받아 복역하기도 했다고 한다. 해방 이후에는 이화여대 교수로 재직했다. 1990년에 독립유공자로 추서되었다. 공훈전자사료관(http://e-gonghun.mpva.go.kr) 독립유공자 공적조서 참고

당시 해외 문물을 접하고 돌아와 주거에 대한 관심이 컸던 지식인 부부가 건축주였기에 이러한 실험적인 주택을 지을 수 있었던 것으로 보인다.

김종량의 H자형 한옥을 연구한 백선영의 논문에 따르면 1930년대 당시는 ㄷ자형, 튼ㅁ자형 등으로 한옥이 상품화되어 경성부에 대량 공급되기 시작하던 때였는데, 건축가 김종량은 일반적인 한옥이 아닌 H자형 한옥을 대안 주택의 평면으로 제안했고 그 초기 실험작이 바로 혜화동에 지은 두 채의 한옥이었다는 것이다. H자형 평면의 이 한옥은 경제적인 면에서는 비효율적이어서 널리 받아들여지지는 못했지만, 앞뒤 마당을 성격별로 구분할 수 있고 도시 가로에 대응하는 부분과 그렇지 않은 내부로 공간을 구획하는 등 한옥의 새로운 방향을 모색해 봤다는 점에서 큰 의의를 가지고 있다.[28] 이러한 김종량의 주택 실험은 삼청동 등 다른 지역에서도 계속 이어지는데, 김종량의 우리 주택의 개량에 대한 관심과 의지가 처음 발현된 곳이 바로 이곳 혜화동이었다.

또 다른 주택은 명륜동에 위치한 장면 가옥이다. 이 주택은 건축가 김정희(金貞熙)[29]에 의해 1937년에 신축된 것인데, 안채로 사용되었던 ㄷ자형 한옥과 사랑채로 사용되었던 ㄴ자형 양옥이 결합된 보기 드문 절충식 주택이다. 이 주택의 주인인 장면(張勉, 1899~1966)[30]은 미국 유학파로서 이 주택에 살기 전에는 익선동에서 정세권이 설계한 한옥에 한동안 살다가 이곳에 새로운 주택을 지어 이주한 것으로 보이는데, 익선동의 주택이 그랬듯이 이곳 명륜동의 주택 또한 우리 주택에 대한 새로운 시도가 엿보인다.

장면 가옥을 연구한 김승배·장명학은 이 주택이 건축가 김정희 자신의 근대적 건축 사고를 표현하는 동시에 건축주 장면이 요구한 신 주거문화의 수용을 적극적으로 반영한 결과라고 해석한다. 예를 들어 안채 내부에 고정식 수납공간이나 화장실과 욕실을 두도록 한 것, 입면의 위계에 따라 차별화된 의장 처리를 한 것, 사랑채에 입식 거

---

28 — 백선영, 《1930년대 김종량의 주거실험과 H자형 주택》, 서울대학교 석사논문, 2005, 90~91쪽

29 — 김정희는 장면 박사의 부인인 김옥윤 여사의 넷째 오빠로서 장면 박사에게는 손위 처남이었다. 그는 정식으로 건축을 배우지는 않았지만 혜화동에 소재한 신학대학 재학 중 독일인 신부에게 건축을 배웠다고 한다. 그의 대표작으로는 장면 가옥 이외에도 명동성당 구 문화관(1939~40)과 동성고등학교 구 강당(1940), 혜화동 자택 등이 있다. 김승배·장명학, "장면 가옥의 근대 건축적 특성과 의미에 관한 연구", 《대한건축학회 논문집》 24권 5호, 2008 참고

30 — 장면은 1899년생으로 미국 뉴욕 맨해튼 대학을 졸업하고 귀국한 뒤, 가톨릭교 평양교구(平壤敎區)와 서울동성상업학교(東星商業學校) 교장으로 활동하다가 해방 후 정계에 입문했다. 초대 주미대사를 거쳐, 1951년 국무총리가 되었으나 이후 자유당에 맞서 야당 정치인으로 부통령에 당선되기도 했다. 4·19 이후 의원내각제인 2공화국의 총리를 역임했다. 네이버 지식백과에서 제공하는 한국민족문화대백과와 인물 정보 참고

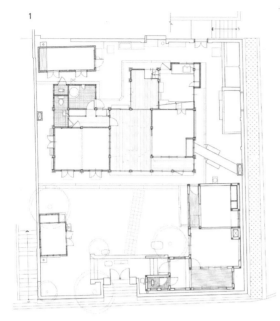

장면 가옥. 출처: 김승배·장명학, "장면 가옥의 근대 건축적 특성과
의미에 관한 연구", 《대한건축학회 논문집》 24권 5호, 2008

1 배치평면도
2 사랑채 외관
3 안채 외관
4 안채 부엌

실 개념을 도입한 것, 실용적이고 근대적인 평면 구성을 위한 지붕구조를 설계한 점, 목
구조의 형식과 크기를 단순화하는 대신 개수를 추가하여 큰 부재를 대체한 점 등 여러
면에서 경제성과 실용성을 추구했다는 것이다.[31] 아쉽게도 건축가 김정희는 1950년 납
북되어 생사를 알 수 없게 되었고 그의 건축을 더 이상 볼 수 없게 되었지만 장면 가옥
에서 보이는 것은 분명 우리 주택에 대한 새로운 해석과 변화의 시도였다.

　　이와 같이 혜화동의 H자형 한옥이나 장면 가옥은 모두 해외 경험을 한 건축주가
우리 주택의 개량과 변화를 실험하는 당대의 건축가에게 의뢰해 탄생한 실험적인 주택

31 ― 김승배·장명학, "장면 가옥의 근대 건축적 특성과 의미에 관한 연구", 앞의 책

이다. 이것은 혜화동이라는 공간이 '조선 재래의 가족제도에서 벗어난' 신식자(新識者)들이 모여 살던 '조선인의 문화촌'이었기 때문에 가능했을 것이다.

　해방 후에도 혜화동과 명륜동은 "한집 건너 사장 아니면 이사였다든지, 그룹 회장들의 집이나 장·차관, 국회의원들의 집이 많았다."라는 증언에서도 보이듯 우리나라 정·재계를 움직이는 사람들이 많이 모여 살던 동네였다.[32] 하지만 강남이 개발되고 많은 사람들이 빠져나가면서 이곳의 한옥은 다세대 주택 등으로 대체되어 과거의 분위기를 연상하기 힘들게 되었다. 하지만 아직도 골목길만은 한옥이 빼곡하게 들어차 있던 조선인들의 문화촌 모습을 그대로 간직하고 있다.

---

32 — 온공간연구소, 《성곽마을 혜화명륜: 성곽마을 혜화명륜권 생활문화기록》, 서울특별시, 2016, 150쪽

한양도성 밖 첫 한옥 신도시, 돈암지구

의외의 한옥단지

많은 사람이 서울의 한옥단지하면 십중팔구 가회동이나 인사동, 익선동을 떠올린다. 조선 시대 한양도성 내 궁궐 인근이라는 지리적 이점과 함께 가장 한옥 밀집도가 높은 지역이기 때문이다. 하지만 간혹 신문기사로 등장하는 '파란 눈의 한옥 지킴이, 피터 바톨로뮤'가 살고 있는 한옥단지 또는 박완서 작가의 소설《그 남자네 집》에서 묘사되는 한옥단지는 가회동이나 인사동, 익선동이 아니다. 바로 한성대입구역 주변의 동소문동과 성신여대 인근의 동선동에 있다. 한옥에 관심 있는 사람이라면 성북동에도 한옥단지가 있다는 정도는 알고 있다. 하지만 한성대학교가 있는 동네 삼선동, 성신여대 인근의 동선동, 고려대학교 주변의 안암동과 보문동 일대가 과거 거대한 한옥 신도시였다는 사실을 아는 이는 드물다. 이 일대를 돌아다니다 보면 아직도 군데군데 한옥단지의 흔적이 남아있다. 그중에는 건축사적으로 매우 의미 있게 눈여겨봐야 할 한옥도 많다. 과연 이곳의 한옥단지는 정확히 언제 생긴 것일까? 어떤 배경에서 이곳에 한옥단지가 들어섰을까? 원래부터 한옥단지로 계획된 동네였을까?

이 일대는 '돈암지구'라고 불리던 지역으로 1937년에 토지구획정리지구로 지정되고 1940년대에 개발되었다. 지금은 5개의 행정동(성북동, 삼선동, 보문동, 동선동, 안암동), 28개의 법정동(성북1가, 동소문 1가~5가, 삼선동 1가~5가, 동소문동 6가 및 7가, 동선동 1가~5가, 보문동 1가~7가, 안암동 1가~4가)으로 복잡하게 나뉘어져 있다. 미아리고개 너머 일대만을 돈암동으로 부르고 있는 현대의 공간적 범위와 '돈암지구'로 불리던 시절의 지역적 범위에는 차이가 있다. 이곳에 한옥 신도시가 만들어지게 된 이유를 알기 위해서 1930년대 중반 이후 조선, 특히 경성에서 벌어진 도시계획 사업을 먼저 살펴보자.

조선시가지계획령의 공포와 경성의 토지구획정리사업

일제는 1910년대부터 도시계획의 초보적 개념인 시구개수('시구개정'으로 불리기도 한다)사업을 실시해 도심부의 도로망을 정비하기 시작했다. 건축물에 대해서는 '시가지건축취체규칙'을 제정해서 건폐율과 건축선, 건축재료 등에 제한을 두었다. 1919년 일본에서는 '도시계획법'과 '시가지건축물법'이 제정되었지만, 조선에서는 1934년에 '조선시가지계획령'과 '시행규칙'을 별도로 제정한 뒤에야 본격적인 도시계획이 시행되었다.

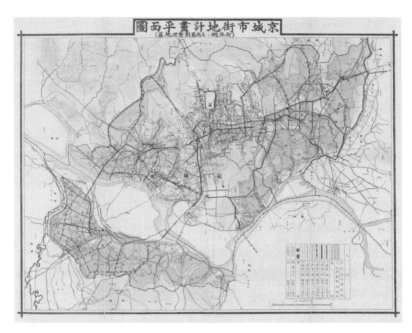

1936년 경성시가지계획평면도. 노란색칠한 부분이 토지구획정리지구이다. 서울역사박물관 소장 자료

1938년 경성시가지계획가로망도. 서울역사박물관 소장 자료

조선시가지계획령에는 당시 전쟁을 벌여나가며 한반도를 병참기지로 만들고자 했던 일본의 '국책적 의제로서의 도시계획'이라는 의미가 내포되어 있었다.[1] 조선시가지계획령에 근거한 토지구획정리사업은 계획의 시행에서 민간이나 민간 조합이 참여할 수 있는 길은 완전히 봉쇄해 버린 채 도시계획의 구역과 내용에 관한 결정이 총독 고유권한으로 되어 있던 철저하고도 강력한 행정 주도형 사업이었다.[2] 토지구획정리를 실시해 농지를 택지로 전용하는 것은 소작인에게는 '농지에서의 추방' 즉 '소작권의 박탈' 또는 '생존권의 박탈'을 의미하는 것이었다.[3] 또한 관에 의한 토막의 공식적 철거 집행이 가능했다. 시가지계획위원회라는 자문기구가 있었으나 실질적인 이해 당사자가 참여하는 길이 막혀있었기 때문에, 일본에서는 절차상의 지연이나 사업 추진상의 번잡함 등으로 쉽게 해 볼 수 없었던 계획을 식민지 조선에서는 마음껏 실행해 볼 수 있었다. 당시 일본인 도시계획가들은 "진정한 의미의 도시계획 정신은 조선에 있다."라고 평가를 할 정도였는데,[4] 그들에게 식민지 권력의 입맛에 맞는 도시계획안을 수월하게 밀고 나갈 수 있는 근거가 되는 조선시가지계획령과 관련 사업은 '선진적'인 것으로 비춰졌을지 모르겠지만 역으로 생각해 보면 조선과 조선인들에게는 '식민지성'을 드러내는 것이기도 했다.[5]

조선시가지계획령과 시행규칙 내용을 현재의 법령으로 따져보면 '국토의 계획 및 이용에 관한 법률', '건축법', '도시개발법' 등의 기본적인 내용을 복합적으로 담고 있는 법으로 기존 도심부와 건축물에 대한 '관리'와 신규 편입지역에 대한 '개발' 내용을 모두 포괄하고 있다. 그중 총독부가 중점을 둔 것은 '개발' 사업이었다. 개발 사업은 사업 대상 구역 토지를 전면적으로 선매수한 후 정비하는 '매수 방식'과 토지 소유자의 소유권을 인정하면서 조금씩 토지를 제공 받아 정비하는 '환지 방식' 두 가지로 구분된다. '일단(一團)의 주택지경영사업'이 '매수 방식'이라면, '토지구획정리사업'은 '환지 방식'이

1 — 염복규, 《서울의 기원, 경성의 탄생》, 이데아, 2016, 190~191쪽

2 — 손정목, 《일제강점기 도시계획연구》, 일지사, 1990, 261쪽

3 — 손정목, 앞의 책, 266쪽

4 — 木島粂太郎, "諸家の新年ごと挨拶", 《區劃整理》, 1939; 김주야·石田潤一郎, "경성부 토지구획정리사업에 있어서 식민도시성에 관한 연구", 《대한건축학회 논문집》(25권 4호, 2009)에서 재인용

5 — 염복규, 앞의 책, 170쪽. 조선시가지계획령의 식민지적 특징에 대해 처음 언급한 사람으로는 손정목이 있는데, 그는 《일제강점기 도시계획 연구》(186~196쪽)에서 제40조 '조선 총독이 필요하다고 인정할 때에는 시가지계획구역 내에 있어서 구역을 지정하고 본 장의 규정의 일부를 적용하지 않을 수 있다.'라는 조항이 근거가 되어 부회(府會)나 읍회(邑會)의 의견 청취가 생략된 사례가 많았다고 밝히고 있다.

다. 사전에 막대한 투자를 요하는 '매수 방식'과 달리 적은 재원으로도 사업 시행이 가능한 것이 바로 '토지구획정리사업'이었다. 토지구획정리사업은 독일의 영향을 받은 것으로 1891년 독일에서 처음으로 법제화되었다. 1902년 프랑크푸르트의 프란츠 아디케스(Franz Adickes) 시장에 의해 일명 아디케스법이라고 불리는 법[6]이 제정된 이후 토지구획정리사업이 널리 시행되기 시작했다.[7] 일본은 독일의 토지구획정리제도를 받아들여 발전시켰는데 1897년 '토지구획개량에 관한 건'이라는 이름으로 토지구획정리사업을 법제화시켰다. 1919년 '도시계획법'을 제정할 때에도 토지구획정리사업 관련 규정을 마련했으며 1923년 관동대지진 이후 진재 부흥사업을 벌이면서 '특별도시계획법'과 함께 토지구획정리사업을 본격적으로 실시했다.[8] 이러한 일본의 토지구획정리사업 제도는 우리나라에도 영향을 미쳐 1934년 '조선시가지계획령'의 조문으로 반영되었다. 1934년 남만주철도의 종단항구로 만주 침략의 요충지였던 나진에 가장 먼저 적용한 이후 경성부를 비롯한 41개 도시에서 실행되었다.[9]

경성부는 1930년대 말부터 10년간 경성에서 총 30개 지구에 대한 토지구획정리사업을 실시하고 그들을 잇는 가로망을 부설하고자 했다. 먼저 1936년에 기존 부역의 3.5배에 해당하는 면적으로 행정구역을 확대했으며 이를 바탕으로 약 30년 뒤인 1965년에는 인구 110만을 목표로 하는 '경성시가지계획'을 결정해 발표했다. 지구별로는 주거지역과 공업지역, 상업지역을 설정해 그 성격에 맞게 지구를 개발하고자 했는데, 1945년 해방되기까지 총 12곳의 토지구획정리지구가 지정되고 그중 5곳(돈암, 영등포, 대현, 번대, 한남)이 완공되었다. 여기서 이야기하고자 하는 돈암지구는 경성부의 토지구획정리지구 중 가장 먼저 계획되고 개발이 완료된 지구로, 토지가 분양되고 주택이 들어서면서 신규 개발지구로서의 면모를 제대로 갖춘 첫 사례였다.

---

6 — 이 법의 정식 명칭은 '프랑크푸르트암마인 토지구획정리에 관한 법률(Gesetz betreffend die Umlegung von Grundstücken in Frankfurt am Main)'로 당초에는 프랑크푸르트 시에만 적용되다가 1918년 '연방주택법'에 의해 전 도시에 적용되었다고 한다. 서울특별시, 《서울 토지구획정리 백서 (상)》, 2017, 9~10쪽

7 — 서울특별시, 앞의 책, 8~9쪽

8 — 서울특별시, 앞의 책, 10~11쪽

9 — 손정목, 앞의 책, 195~200쪽

경성의 첫 토지구획정리지구, 돈암

조선시대까지만 해도 돈암동 일대는 한양도성 밖 숭신방에 속했던 곳으로 환자를 무료로 치료해 주던 동활인서와 무과 시험이 행해지던 삼선평에 대한 기록 정도가 남아있는 농경지에 불과했다. 일제강점기에 들어서면서 이 일대는 고양군 숭인면 돈암리, 안암리, 신설리로 편재되었는데, 1936년 경성부의 행정구역 확장과 함께 경성부 영역 안에 포함되면서 일대의 명칭이 돈암정, 안암정, 신설정으로 바뀌었다. 다음은 1937년 토지구획정리사업지구로 지정되기 직전 이 일대를 묘사한 글이다.

동소문(東小門) 밖으로 빠지니 이곳서부터 새로이 편입(編入)될 신 구역이다. 옛날 병마(兵馬)가 달리던 삼산평(三山坪) 넓은 마당엔 거의 토막(土幕)에 가까운 주택들이 즐비하게 늘어서서 옛날의 삼산평은 간 곳 없이 사라져 가는 곳에 자동차는 잠깐 머물러 발전의 자취가 뚜렷이 보이는 성북동(城北洞)을 들여다 보았다. 동북으로 으슥하게 들어앉은 이곳에 최근 신축 가옥(新築家屋)의 사태가 날 만큼 새집이 굉장히 많이 들어앉아 있으나 이곳에 수도(水道)가 없어 급수난(給水難)에 처해 있는 것은 물론, 도로(道路)의 개수(改修)가 제일 급무로 되어 있다. 차는 다시 굴러 포천 가도(抱川街道)로 들어서서 돈암리(敦岩里)를 지나 재작년 신축한 길음교(吉音橋)에 이르렀는데 북쪽에서는 부로 편입되는 곳이 이 다리까지 한계선(限界線)이 되어 있다. … 안암리에는 그윽한 산 속에 웅자(雄姿)를 보이는 보성전문학교(普成專門學校)의 큰 건물이 흘연(屹然)히 솟아 있었고 여름 한창 풍류객을 불러들이는 영도사(永導寺)가 길가 저 속으로 들여다 보이는 것 같았다.[10]

글처럼 돈암동 일대는 넓은 삼산평 들판에 토막이 늘어서 있던 곳이었고 인근의 성북동 정도에 신축 가옥이 들어서고 있기는 했으나 아직 수도는 공급되지 않았고 도로 또한 개수되지 않았던 곳이었다. 다만 남쪽으로 일찍이 자리를 잡은 보성전문학교와 영도사라는 사찰만이 이 일대의 지표가 될 만한 건물로 언급될 수 있을 정도였다.

이렇게 한적하던 돈암동이 가장 먼저 선정된 이유는 아마도 1920년대부터 이슈가 되었던 동부 발전책의 연장선으로 신당동이 개발된 이유와 비슷할 것이다. 기존 도심으

10 — "4월 1일부터 대경성될 신 구역 타진 순례(2) 청량리 왕십리의 연결도로 도로 개수가 급선무", 《조선중앙일보》 1936년 3월 10일자

1 돈암리의 1894년 당시 모습. 출처: 《(국역)경성부사》 3권, 2014

2 토지구획정리사업 이후의 돈암동, 1955. ©임인식

로의 접근성이 강한 한양도성 인접 지역이었을 뿐만 아니라 동쪽 지역 중에서도 상대적으로 개발이 덜 된 지역이었다는 것도 이유가 되었을 것이다. 게다가 지형 또한 성북천 주변의 비교적 평탄한 곳이었기 때문에 개발하기에도 수월할 것이라 판단했던 것으로 보인다. 경성의 외곽에 해당했던 돈암동을 개발하게 된 바탕에는 다른 지역들과 마찬가지로 조선인들을 교외로 이주시키고자 한 의도가 깔려있었는데, '한발 바깥으로 나가면 도로에 면하고, 집안으로 들어서면 본래 산이 지닌 모습을 정원을 통하여 만끽할 수 있고, 밖을 바라보면 이웃들은 녹지에 둘러싸여 있고, 거주자가 안주할 수 있는 지역' 즉 일본식의 전원 교외 주택지를 목표로 하며 개발해 조선인들이 교외로 스스로

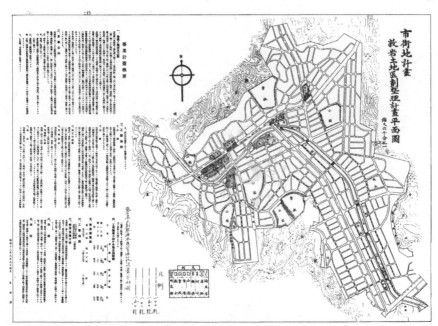

돈암토지구획정리계획 평면도. 국가기록원 소장 자료

이주하도록 의도된 것이기도 했다.[11]

　　총독부는 1937년 2월 20일에 돈암지구와 영등포지구를 첫 토지구획정리사업지구로 지정하면서, 토지 소유자들에게 1937년 3월 30일까지, 즉 단 1개월의 시간을 주고 토지구획정리 인가신청을 하도록 고시했다. 이것은 명목상 신청 기간을 준 것에 지나지 않은 것으로 예상대로 정해진 기한까지 신청이 없자 기한 만료 불과 이틀 뒤인 1937년 3월 22일(총독부 고시 제196호)에 총독명의 시행 명령이 내려졌다.[12] 이렇게 급하게 추진될 수 있었던 것은 앞에서 이야기했던 관 주도의 전격적인 도시계획이었기에 가능했으며 경성부의 첫 번째 토지구획정리사업이었던 만큼 가시적인 성과를 빨리 보고자 했기 때문이었던 것으로 보인다.

　　당시 토지구획정리사업지구는 '도시계획조사자료 및 가로망, 지역, 토지구획정리심

11 — 椎名實, "京城土地區劃整理事業の體驗", 《區劃整理》 1938. 김주야·石田潤一郞, 앞의 논문에서 재인용

12 — 현재 도시정비사업의 경우에는 정비구역으로 지정 고시된 날부터 3년까지 조합설립인가를 하게 되어 있고 조합설립인가를 받은 날부터 3년이 되는 날까지 사업시행 계획인가를 신청하도록 되어 있다.

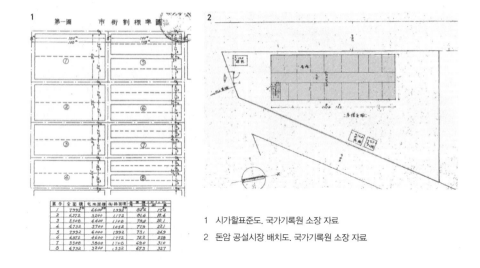

1 시가할표준도. 국가기록원 소장 자료
2 돈암 공설시장 배치도. 국가기록원 소장 자료

사 결정 표준'(1928)과 '토지구획정리설계표준'(1933) 등에 근거한 '시가할표준도'에 의해
토지가 분할되었다. 돈암지구에 적용된 바를 요약하면 동서 방향을 장변으로 하는 장
방형 블록 구성을 하는데 주거지역의 경우 장변이 100m 내외의 3급 또는 4급, 즉 소
규모 주택을 짓기에 적당한 규모로 계획했고 도로 폭은 6m 이상으로 했다.[13] 현재 돈
암지구에서 격자형 블록을 찾아볼 수 있는 보문동과 안암동의 블록 크기가 90~110×
30~40m로 되어 있고 도로 폭이 6m 또는 8m 이상으로 되어 있는 것은 당시 도시계획
의 흔적이다. 그런데 이러한 블록구획은 일본에서 만들어진 표준을 그대로 적용한 것
으로 동서 방향을 장변으로 하는 블록 구성은 북쪽 진입을 지양하고 대청이 남향을
하도록 해야 하는 한옥을 짓기에는 부적당한 것이었다. 따라서 처음에는 돈암지구에
한옥단지가 들어설 것으로 예상되어 계획한 것이 아니었음을 알 수 있다. 오히려 당시
는 내선일체(內鮮一體)를 주장하던 시절이었기 때문에 조선인과 일본인이 함께 사는 마
을을 지향하며 일본에서 쓰이던 구획 방식을 그대로 가져와 적용했던 것으로 보인다.
    돈암지구는 서양의 도시계획 이론인 페리(Clarence Arthur Perry, 1872~1944)의 '근린주
구론'이 적용되었다는 점에서도 주목할 만하다. 페리의 근린주구론은 1929년 개발되어
현재까지도 적용되고 있는 도시계획이론인데, 초등학교 1개가 필요한 인구 규모의 주택

13 — 정인하, "일제강점기 시가지계획 결정 이유서에 나타난 '시가할표준도'에 관한 연구", 《대한건축학회
       논문집》 25권 12호, 2009

을 공급하는 것으로 근린주구의 외곽은 넓은 간선도로로 둘러싸여 있고 차도와 보행로는 분리하며 소공원과 공공시설, 근린상점을 배치하는 것을 요점으로 한다.[14]

　　근린주구론은 일본의 도시계획자들에게도 영향을 준 것으로 보이는데, 돈암지구에서도 그 흔적을 볼 수 있다.[15] 넓은 간선도로가 중심을 지나가도록 해 단지와 간선도로와의 관계는 페리의 근린주구론과 배치되지만, 11곳의 공원 부지, 2곳의 학교 부지, 2곳

14 — 클래런스 페리 지음, 이용근 옮김, 《근린주구론, 도시는 어떻게 오늘의 도시가 되었나?》, 커뮤니케이션북스, 2013, 19~20쪽

15 — 권용찬, 《대량생산과 공용화로 본 한국 근대 집합주택의 전개》, 서울대학교 박사논문, 2013

1 욱구공립중학교 자리의 현 경동고등학교
2 돈암소학교 자리의 현 돈암초등학교
3 성북동 공원 부지의 현재
4 보문동 공원 부지의 현재
5 공원 부지가 주상복합으로 개발된 사례

6 청사 부지에 초등학교가 들어선 현재
7 시장 부지가 아파트로 개발된 현재
8 공원 부지에 주민센터가 들어선 현재
9 시장 부지가 주상복합으로 개발된 현재
10 공원 부지가 아파트로 개발된 현재

의 시장 부지, 1곳의 청사 부지를 함께 계획했다는 점에서 영향을 짐작해 볼 수 있다.

당시 계획된 부지 가운데 일부는 계획되었던 시설이 그대로 들어서기도 했지만, 일부는 변경되어 현재는 구청이나 경찰서, 주민센터와 같은 관공서, 민간 개발에 의한 주상복합건물과 아파트가 들어서 있는 상태다.

그중 돈암초등학교와 경동고등학교 자리는 계획 당시부터 학교 부지로 지정된 곳이었는데, 돈암초등학교 자리에는 원래 돈암소학교가 1944년에 들어섰고, 경동고등학교의 경우에는 1940년 욱구공립중학교[16]로 문을 열었다. 특히 욱구공립중학교는 경성의

16 — 욱구공립중학교는 벽돌조 2층 건물로, 경기도 영선계에서 설계하고 동아공업(東亞工業)에서 시공했다. 1940년 7월에 기공하여 1941년 10월에 준공했는데, 당시 사진과 도면을 보면 전체적으로 ㄴ자형 건물에 모서리 부분의 현관을 강조하며 설계했음을 알 수 있다.

다섯 번째 공립중학교로 위상이 컸는데, 개교 당시부터 내선일체를 표방하며 세워진 학교로서 앞서 돈암지구 개발이 일제의 내선일체 구현이라는 정치적 의도와 맞물려 진행된 곳이었다는 것을 다시 한번 보여 준다.

계획이 수립되고 필지 가격이 결정되자 경성부는 돈암지구에 대한 대대적인 선전을 펼쳤다. 팸플릿, 포스터, 입간판, 신문광고, 전차 내 광고, 전람회 개최, 종이 연극(紙芝居) 상연, 강연회 개최 등 각종 매체를 동원해 구획정리사업의 이점과 택지로서의 매력 알리기에 나섰다.[17] 많은 호응을 얻었던 종이 연극의 제목은 "대지는 미소짓는다(大地は微笑む)"였다. 내용은 남편들끼리 한 회사의 동료이고 친구 사이인 두 쌍의 신혼부부 중 한 쌍은 교외의 구획정리지구 내의 땅을 싼값에 사서 신축 이주하여 행복하게 살게 되었고 다른 한 쌍은 도심의 셋집에 그대로 살아 부인은 병들고 남편은 술주정뱅이가 되었다[18]는 다소 웃지못할 줄거리이다. 이 종이 연극은 큰 성과를 거뒀고 대대적인 선전 덕분인지 1939년에 토지 전부가 매각되었다고 한다.

한양도성 밖 첫 한옥 신도시의 탄생

앞에서도 말했듯이 일제가 이곳 돈암지구를 처음부터 한옥 신도시로 계획한 것은 아니었다. 오히려 일제는 조선인과 일본인이 함께 사는 마을을 꿈꾸었다. 때문에 돈암지구의 블록구획은 한옥과 전혀 맞지 않다. 일제가 처음부터 조선인들의 한옥단지를 구상했다면 사대문 안 가회동, 봉익동, 와룡동 등처럼 남북도로를 기반으로 동서 방향으로 대문을 낼 수 있도록 했을 것이다. 하지만 이 일대에 대한 도시계획에는 그러한 내용이 담겨있지 않다. 주로 동서도로를 기반으로 한 블록 구성으로 한옥에서 기피하는 북쪽 대문이 날 수밖에 없는 필지 구조였다.

그러나 돈암지구의 실제 주택에 대한 수요에서는 조선인이 많았기 때문에 한옥이 대거 들어서게 되었다. 이것은 일제의 기대와 완전히 어긋나는 것이었다. 한옥에 맞지 않는 필지 구획을 재조정해서 되도록 대문이 남쪽이나 동쪽으로 나도록 바꿨고 필지 규모를 재분할해서 최소한의 ㄷ자형 한옥이 들어설 수 있는 구조를 만들었다. 하지

---

17 — 손정목, 앞의 책, 285～287쪽

18 — 葱青公, "區劃整理物語—大地は微笑む",《區劃整理》1940. 손정목, 앞의 책, 285쪽에서 재인용

1 돈암지구 동소문동의 한옥. 현재 사찰로 사용되고 있다.
2 돈암지구 동소문동의 한옥. 현재 치과와 카페로 사용되고 있다.
3, 4 돈암지구 안암동(3)과 동소문동(4)의 한옥단지. 동서로 긴 블록 안에서 남과 북으로 출입구를 마주 낸 모습이다.

만 어쩔 수 없는 경우에는 집값이 싸지는 것을 감수하며 기피하던 북쪽으로 대문을 내기도 했다. 아직도 돈암지구에 들어선 한옥단지의 들어선 필지 형태를 보면 다른 지역과는 달리 깃대 모양의 필지를 많이 볼 수 있는데, 안쪽으로 앉혀진 한옥으로 진입하기 위해서 개인 소유의 길을 만들기 위해 나타난 것이었다. 또한 어쩔 수 없는 경우에는 골목을 사이에 두고 남쪽 대문을 마주보며 북쪽 대문을 내기도 했다.[19] 물론 일부에는 민간에 의한 문화주택, 조선주택영단이 매입한 땅에는 영단주택이 들어서기도 했지만,[20] 일대에 가장 많이 지어진 것은 한옥이었다. 결국 임인식이 항공 촬영한 돈암동처럼 거대한 한옥 신도시의 모습을 가지게 되었다.

19 ─ 김영수, "돈암지구(1940~1960) 도시한옥 주거지의 도시조직", 《서울학연구》 22호, 2004

20 ─ 김영수, 앞의 논문; 富井正憲, 《日本 韓國 臺灣 中國の住宅営団に関する研究》(도쿄대학교 박사논문, 1996. 369쪽)에 의하면 돈암동에는 249채, 안암동에 125채, 신설동에 65채의 영단주택이 지어졌다고 한다.

돈암지구 한옥단지의 개발자들

돈암지구에 한옥단지를 개발한 사람은 누구였을까. 가회동 한옥단지를 개발한 정세권과 삼청동 한옥단지를 개발한 김종량도 일부 한옥을 개발했다. 정세권의 아들인 정용식 씨의 중당식 한옥이 지어진 곳이 바로 돈암 토지구획정리사업지구 내에 속한 성북동이었다.[21] 김종량이 혜화동과 삼청동에서의 한옥 실험을 마친 뒤 대규모 한옥 사업을 벌였던 곳도 역시 돈암 토지구획정리사업지구 내인 동선동3가 일대이다.[22] 하지만 그동안 거론되지 않았던 새로운 한옥단지 개발 주체들이 등장한다. 바로 조선공영주식회사와 동경건물주식회사이다.

조선공영주식회사는 1939년 '중소주택경영을 주요 사무'로 하는 회사로 돈암 토지구획정리사업이 마무리되는 시점에 설립되었다. 이 회사는 일제강점기 조선인 도지사 42명 가운데 한 명이었던 한규복(韓圭復, 1881~1967)을 회장으로 하고, 그 밑에는 정치인이자 경제인인 한상룡[23]과 한상룡의 사위로 이후 조선공영주식회사의 사장이 되는 이민구[24]가 있었다.[25] 그야말로 친일파였던 관과 정·재계 유력인사들이 모여 발 빠르게 회사를 설립한 뒤 돈암지구 내 주택사업에 뛰어든 것이다. 이곳에 근무했던 장기인의 증언에 의하면 조선공영주식회사는 "경성부와 깊은 관계를 가지고 이문을 많이 받았던"[26]

21 — 김란기, 《한국 근대화과정의 건축제도와 장인 활동에 관한 연구》, 홍익대학교 박사논문, 1989, 217쪽

22 — 김란기, 앞의 논문, 236~238쪽; 백선영, 《1930년대 김종량의 주거실험과 H자형 주택》, 서울대학교 석사논문, 2005, 34~37쪽

23 — 1880년 서울 태생으로 가회동 93번지(현 가회동 백인제가옥)와 가회동 178번지(현 가회동 한씨가옥)에 거주했다. 관립 영어학교에서 수학하고 일본에 유학을 하다가 귀국한 뒤 한성은행, 동양척식주식회사의 간부로 근무하였다. 일제강점기 대표적인 친일파 정치인이자 경제인이었다.

24 — 1905년 서울 태생으로 183번지[1920년대 한상룡이 살았던 주택(현 가회동 한씨가옥) 인접 필지]에 거주했다. 한상룡의 사위로도 알려져 있는 이민구는 동경제국대학 경제학부를 졸업하고 조선은행, 평안북도청, 경기도청, 경성세무서에서 근무한 바 있으며 조선공영주식회사가 설립된 이후 상무를 거쳐 사장이 되었다. 한국사 데이터베이스 한국근현대인물자료를 참고하여 정리

25 — 중소주택경영을 주요 사무로 하는 주식회사(지본금 100만원 1/2 불입)는 30일 오후 4시 은행집회소에서 창립총회를 개최하고 창립에 관한 제 사항을 부의 가결 후 산회하였는데 중역 씨명은 다음과 같다. 취체역 회장 한규복(韓圭復), 사장 구창조(具昌祖), 상무취체역 이민구(李敏救), 취체역 한상룡(韓相龍), 암뢰량(岩瀨亮)씨 외 감사역 2인을 합하여 중역 총수 16인. "조선공영창립 사장에 구창조 씨", 《매일신보》 1939년 10월 1일자

26 — 우동선·안창모, 《2003년도 한국 근현대예술사 구술채록연구시리즈 24: 장기인(1916~)》, 한국문화예술진흥원, 2004, 53쪽

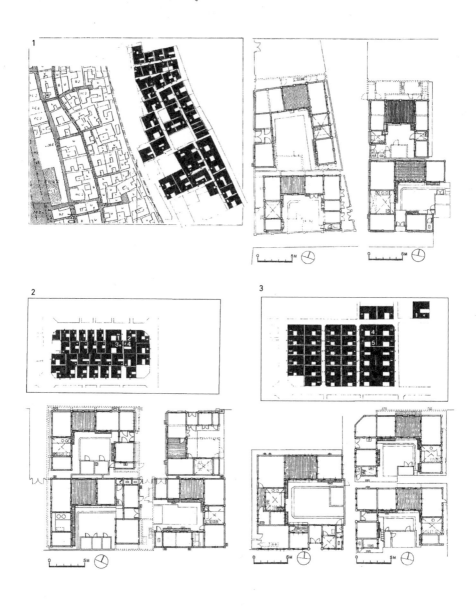

1 1930년대 사대문 안 봉익동과 와룡동에 조성된 한옥단지

2 1930년대 말~1940년대 초 사대문 밖 돈암지구의 보문동에 조성된 한옥단지

3 1960년대 사대문 밖 용두동에 조성된 한옥단지. 이상 출처: 송인호, 《도시형 한옥의 유형 연구: 1930년~1960년의서울을 중심으로》, 서울대학교 박사학위 논문, 1990

회사로서 경성부에서 건축 설계 인력이 지원되기도 할 만큼 관과 유착되어 있던 회사였다.

조선공영주식회사는 돈암지구 중에서도 특히 안암동 쪽에 주택 공급을 많이 했다. 넓은 토지를 사서 10~20채 정도의 ㄷ자형 주택을 주로 공급했다고 한다. 땅에 맞게 평면을 조금씩 바꾸고, 사람들이 대문이 북쪽으로 나는 것을 싫어해 대문 위치를 조정하기도 했다. 도로는 3m 정도로 했으며 7자를 한 칸으로 해서 10평에서 20평 정도의 규모가 되는 한옥이 들어갈 수 있도록 필지를 나누었는데, 보통 한옥이 들어가는 규모보다 큰 필지였기 때문에 다시 한번 분할해서 한옥을 지었다.[27]

조선공영주식회사는《동아일보》와《매일신보》에 지속적으로 돈암지구 내 주택 분양에 대한 광고를 실었다. 다음은 1940년과 1941년에 실린 광고로 시간이 지남에 따라 회사의 분양 내용이 달라지고 있어 찬찬히 살펴볼 필요가 있다.

고급주택 희생적 염가, 조선공업주택회사 책임경영주택 제1기 준공
[교통] 돈암정 정류장서 5분, 경마장 입구서 10분, 경성부 돈암구획정리지구 안이요 도심 종로에서 30분, [수도] 시국 하 물자난을 극복하고 각호에 완비하였습니다. 전등도 물론 완비하였습니다. [개황] 배후에는 녹음이오 남경사(南傾斜) 일광과 공기 청량하며 경성부 구획정리 주택지이므로 도로와 하수가 완비하여 있으며 부근은 소학교, 중학교, 전문학교 등이 있어서 자제 교육상 최우량지입니다. [건축] 당사가 제일로 자랑할 점은 7척 사방 1칸을 존중하고 실생활과 건축미를 항상 세심(細心)하여 지은 집입니다. 제2로는 경성부 구획정리 주택지역이므로 도로, 하수 완비하였습니다. [가격] 1호 9.5칸부터 15.5칸까지 한칸당 460원부터 498원까지 건평 1평당 370원 신청소(申請所): 경성부 종로2정목 8번지(장안빌딩 3층) 조선공영주식회사 전화 광화문 3127, 984[28]

저리 연부 매출
국책적 사회봉사의 염가!! 수도 공사 중, 전등 완비!!
[현지 설명] 돈암정 전차 정류장에서 5분 경마장으로부터 10분, 돈암정 구획지 안인데, 도심(화신 앞)에서 약 30분 걸립니다. ① 부지 27평, 건평 14.25평, 건평 단가 360원 ② 부지

27 — 우동선·안창모, 앞의 책, 2004, 54~57쪽

28 — "안암장 주택 매약(賣約) 개시, 《동아일보》 1940년 6월 2일자

1 《동아일보》1940년 6월 2일자에 실린
조선공영주식회사의 돈암지구 내 주택지
안암장 주택 매약 개시 광고

2 《매일신보》1940년 9월 22일자에 실린
조선공영주식회사의 돈암지구 내 돈암정
구획정리지구 주택 분양 광고

3 《매일신보》1941년 9월 21일자에 실린
조선공영주식회사의 돈암지구내 조선식
개량주택 분양 광고

29.2평, 건평 13평 반, 건평 단가 385원 [계약] 일시불: 계약할 때에 1할의 착수금을 받고
잔액은 등기할 때에 받음, 연부불: 계약할 때에 1할의 착수금을 받고 등기할 때에 4할을
받고 그 잔액 5할은 연부로 상환함(기한 3년, 5년, 7년)
조선공영주식회사 영업소: 경성부 계동정 147-24 전화 광화문 3127, 4365, 984[29]

금융조합연합회 조선생명보험회사 사택으로 2기 일부 매상
조선식 개량주택 분양
돈암정에 전차 개통, 종점 정류장에서 5분, 전등, 수도 완비

29 — "돈암정 구획정리지구 주택 분양", 《매일신보》1940년 9월 22일자

경성부 계동정 147 조선공영주식회사 전화 광화문 4326, 3127번 구내 7번[30]

　　먼저 사업을 시작한 직후인 1940년 중반의 광고를 보면, 안암장(安岩莊)이라는 별도의 주택지 이름을 달았을 뿐만 아니라 교통이 편리하고 수도 및 전등이 완비되어 있으며 녹음으로 둘러싸여 공기가 좋고 인근에 학교가 있어 교육 여건이 좋다는 점을 강조하고 있다. 이것은 그 이전에 있었던 여타 주택지 개발의 광고 문구와 별반 차이가 없는 것으로 일반적인 교외 주택지로서의 매력을 부각했다. 다만 7척 사방을 지켜 지은 집이라는 것과 칸당 가격과 함께 평당 가격을 제시하고 있는 점이 이전과는 달라진 점이라고 할 수 있다. 당시 칸의 너비를 줄여 칸의 수만 늘려 비싸게 팔던 상황에서 자신들의 회사는 비교적 규모 있는 주택을 공급한다는 것, 칸수 기준이 아닌 제대로 된 면적당 가격을 받는다는 것을 내세우고 싶었던 것으로 보인다.

　　그로부터 서너 달 이후 광고에서는 내용이 약간 달라진다. 광고에 두 종류의 평면을 제시하며 규모와 가격을 제시한 것이다. 바로 가운데 중정을 둔 기존의 중정식 주택과 당시 새롭게 시도되고 있던 중당식 주택을 함께 보여주고 있다. 가격은 중당식 주택이 중정식 주택보다 비싸게 책정되어 있는데, 마치 요즘 아파트 광고에서 규모별 평면을 보여주며 가격을 제시하고 있는 것과 유사하다.

　　1941년 광고를 보면 다른 설명은 모두 빠진 채 전체 배경에 한옥 그림을 깔고 '조선식개량주택분양(朝鮮式改良住宅分讓)'이라는 문구를 전면에 내세웠다. 돈암지구에서 분양되는 주택으로 '조선식 개량주택'으로 대변되는 한옥이 주류로 자리 잡았음을 보여주는 사례이다. 일부 토지의 경우에는 금융조합연합회나 조선생명보험회사의 사택지로 매각되었던 것으로 보이는데, 그 사택지에 어떤 양식의 주택이 들어섰는지에 대해서는 밝혀진 게 없다.

　　다음으로 살펴볼 개발회사는 동경건물주식회사이다. 이 회사는 도쿄에 본점을 둔 부동산 회사로 1912년에 경성에 지점을 설치했다. 동경건물주식회사는 일찍이 경성에서 경성전기주식회사 토지 등 각종 토지에 대한 매매 사업을 벌이거나 서사헌정, 동사헌정, 명수대(明水臺, 현 흑석동 일대) 등의 일본인 거주지역에 고급주택을 지어주는 사업을 했다.[31] 1930년대 후반에는 돈암지구에서 '순조선식주택(純朝鮮式住宅)' 분양까지 나섰다.

---

30 ─ "조선식 개량주택 분양", 《매일신보》 1941년 9월 21일자

31 ─ 김란기, 앞의 논문, 244~245쪽

일본인을 대상으로 하는 것보다 조선인을 대상으로 하는 주택이 잘 팔릴 것이라는 판단이 섰기 때문일 것이다. 경춘철도주식회사의 일본인 기술자가 조선인 건축가에게 한옥을 배운 것처럼 동경건물주식회사에서도 그런 식으로 한옥을 배우거나 조선인 건축가를 고용해 공급했을 것으로 추정된다.[32] 동경건물주식회사 역시 《매일신보》에 다음과 같이 주택 분양 광고를 실었다.

동산장 조선주택 대분양
[위치] 돈암정 경성부 도시계획구역 [부지] 1구획 25평 이상 [건물] 순 조선식 주택 [매출 기간] 10월 25일부터 11월 5일까지 [매가] 1구(ㅁ) 4,000원부터 [매각방법] 즉시불(卽時拂), 월부불(月賦拂) 좋은 때를 놓치지 말라
황금정 2-55 동경건물주식회사 경성지점 분양부 전화 ② 1381, 1681[33]

동산장 제2기 조선식·문화식 주택 분양
좋은 기회를 놓치지 말라!! 경성부 선정 모범적 주택지, 건축 기술의 높은 다년의 경험, 대자본의 동원에 의한 고급 염가, 월부의 특전
교통지편(交通至便) 고조한아(高燥閑雅) 이상건축(理想建築) 설비완전(設備完全) [매출 기간] 9월 26일부터 10월 5일까지
고급시가지 출현!! 빨리 신청해 주세요!!
[부지] 30평 이상 73평 [건물] 조선식 고급, 문화식 고급, 수도 전등 욕실 설비 [매가] 조선식 1칸당 500원 이상 560원(부지 포함) 문화식 460원(부지 포함) [계약] 계약금 1할 기일 2, 3할 입금 잔액 월부
동경건물주식회사 분양부 황금정 2-55 전화 (본) 1681, 1381[34]

동경건물주식회사 역시 돈암지구 내 토지에 동산장이라는 별도의 브랜드를 가진 주택지로 홍보했고 경성부가 보장하는 모범적 주택지이자 다년의 경험과 대자본을 바탕으로 한 주택 분양임을 강조했다. 교통이 편리하고 수도, 전등, 욕실 등 설비가 완비되

32 — 우동선·안창모, 앞의 책, 2004, 240∼241쪽

33 — "동산장 조선주택 대분양", 《매일신보》 1939년 10월 28일자

34 — "동산장 제2기 조선식·문화식 주택 분양", 《매일신보》 1940년 9월 27일자

어 있는 좋은 주택지라는 것 또한 홍보문구로 사용되었다. 건물은 '순조선식'이나 '문화식' 두 종류였는데, 두 양식에 대한 더 이상의 구체적인 정보가 제시되지 않아 정확히는 알 수 없으나 앞서 조선공영주식회사에서 내세웠던 중정식 주택과 중당식 주택 정도가 아니었을까 추측해 볼 수 있다. 이처럼 일본에 뿌리를 두고 있는 일본의 부동산 개발회사가 일제강점기 후반이 되면 조선인들을 대상으로 한 한옥 사업에까지 뛰어든 것을 확인할 수 있는데, 그것은 바로 북촌과 같이 기존의 조선인 밀집 거주지역이 아니라 도성 밖에 신시가지로 조성된 곳이었기 때문에 가능했을 것으로 짐작된다.

돈암지구는 이와 같은 개발자들에 의해 불과 2~3년 남짓한 짧은 기간 동안 대규모의 한옥 공급으로 만들어진 한양도성 밖 첫 한옥 신도시가 되었다.

돈암지구 내 주목할 만한 한옥: 2층 한옥, 연립한옥, 돈암장

돈암지구에 공급된 한옥은 ㄷ자형의 일반적인 도시 한옥이었다. 그럼에도 이 일대에서 특히 주목해야 할 한옥이 있는데, 2층 한옥과 연립한옥, 그리고 돈암장이라는 궁궐목수가 지은 한옥이다.

2층 한옥을 먼저 보자. 도로에 면한 2층 상가용 한옥과 안쪽의 1층 주거용 한옥이 결합된 2층 한옥이 현 보문로를 따라 다수 지어진 것으로 보인다.[35] 본래 서울의 2층 한옥은 20세기 초부터 등장하는데 새로운 시대적 요구와 재료 및 구법의 발달로 나타났다.[36] 돈암지구의 2층 한옥은 문간채 부분에만 2층 상가용 한옥을 두고 그 뒤에 웃방겸음집의 주거용 한옥을 둠으로써 기본적으로는 ㄷ자 도시 한옥의 형태를 따르고 있다. 주목해야 할 부분은 이러한 2층 상가용 한옥과 1층의 주거용 한옥의 결합 형태가 단일 사례로 끝나는 것이 아니라 하나의 블록에서 연속된 여러 필지에 유사하게 지어졌다는 점이다.[37] 이는 한양도성 안에서 2층 한옥이 개별적으로 지어졌던 것과는 구별되는 현상으로 같은 개발자에 의해 동시에 지어졌을 가능성을 생각해 볼 수 있다. 한옥 구조는 아니지만 일본식 목구조를 활용한 2층 건물이 전면에 지어진 사례도 발견된다. 이렇듯 돈암지구 내에서도 특히 보문로를 따라 2층 건물이 늘어선 것은 도시의 미관을 위해 "간선도로 변에는 2층 이하의 건축 금지"라는 조항의 영향으로 보인다.[38] 돈암지구의 2층 한옥은 단층을 넘어서 중층의 한옥도 표준화하여 집단적으로 지어지면서 하나의 건축 유형으로 완성되어가는 과정을 보여주고 있을 뿐만 아니라 도시의 미관을 형성하는데 일정 높이 이상의 건축 규모가 도시 관련 규정으로 요구되었던 당시의 상황을 읽을 수 있도록 해 준다는 점에서 중요하다.

그에 비해 연립한옥은 여러 채의 한옥이 벽체와 지붕을 공유하면서 ㄱ자형이나 ㄷ자형 평면을 이어 결과적으로는 ㄲ자형 또는 ㄸ자형 평면을 이루는 한옥을 말한다. 연립한옥은 60~90m² 안팎의 좁은 필지에 지어진 것으로 매우 밀도가 높은 한옥이다.[39] 연립한옥은 개별적으로 개발해서는 형성될 수가 없는 유형으로 큰 필지를 한꺼번에 개발하며 동시에 한옥을 지을 때만 가능한 것이다. 최대한 필지를 압축적으로 이용하며 표준화시켜 극도의 경제성을 고려한 주택이라는 점에서 도시 한옥의 취지가 최대

---

35 — 윤주항, 《1940~1950년대 2층 목조상점의 건축적 특성에 관한 연구》, 명지대학교 석사논문, 1997; 문정기·송인호, "삼선동5가 이층한옥상가에 대한 조사연구", 《대한건축학회 학술발표대회 논문집》 2003

36 — 양상호, 《2층 한옥상가에 관한 사적 연구》, 명지대학교 석사논문, 1985; 문정기, 《이층한옥상가의 유형연구》, 서울시립대학교 석사논문, 2003; 조은주, "1920~30년대 남대문로 상업가로변의 한옥 연구", 《대한건축학회 논문집》 23권 7호, 2007; 조은주, "경성부 남대문통과 태평통의 이층한옥상가에 관한 연구", 《서울학연구》 30호, 2008

37 — 문정기, 앞의 논문, 84쪽

38 — 문정기, 앞의 논문, 82쪽

39 — 송인호, "도시한옥", 《한국건축개념사전》, 동녘, 2013, 299~300쪽

315

316

318

320

322

323

356

0m   5m   10m   20m

AA' 단면

BB' 입면

1 전면에 一자형 2층 상가용
   한옥을 배치하고 뒤쪽에
   ㄱ자형 1층 주거용 한옥을 두어
   전체적으로 ㄷ자형을 이루는
   사례

2 일본식 목구조를 활용한
   2층 건물을 전면에 둔 사례

3 현 보문로 변을 따라 지어졌던
   2층 상가형 한옥 배치도
   ⓒ문정가+송인호

한 반영된 형식이었다고 말할 수 있다. 같은 평면의 주택이 연이어 지어졌기 때문에 매우 규칙적이면서도 외부에 대해 극히 폐쇄적인 입면을 가지게 되는데, 이것은 그 골목 안에 사는 사람들에게 일종의 동질감과 소속감을 느낄 수 있도록 했으리라 짐작할 수 있다.

돈암지구에서는 대규모 한옥이 지어지기도 했다. 그중 하나가 돈암장(등록문화재 제91호)이다. 이 건물은 조선시대 마지막 궁궐목수라 불리는 배희한(裵喜漢, 1907~1997)이 궁궐 내시인 송성진[40]의 요청으로 1938년부터 1939년 사이에 건립한 것이다. 이 건물은 돈암 토지구획정리사업이 한창 진행되고 있던 당시에 지은 보기 드문 대규모 한옥으로, 한때 이승만 초대 대통령이 약 2년간 거주했던 한옥으로도 유명하다.[41]

정면 7칸, 측면 2칸에 정면과 좌우 측면에 각각 반 칸씩의 툇간이 있는 ㅡ자형 평면을 가지고 있는데, 원래는 행랑채와 별채, 양옥 등의 건물이 주변에 있어 더 웅장한 모습이었을 것으로 보인다. 배희한이 창덕궁의 대조전과 희정당 중수에 참여했던 경험을 바탕으로 돈암장을 지었기 때문에 궁궐 건축과 유사한 것으로 알려져 있다. 굵은 데다 옹이 하나 없이 좋은 춘양목으로만 지은 대궐 같은 집이었다고 한다.[42] 전체적인 건물의 비례나 기초와 설비 방식에서는 창덕궁의 대조전이나 희정당과 비슷한 점을 찾아볼 수 있지만 세부적인 가구 구성이나 마감 기법 등은 간소화되고 단순화되어 궁궐 건축만큼의 완성도를 보여주고 있지는 못하다.[43]

배희한은 해방 이후에도 경복궁, 덕수궁 등의 굵직한 공사에 참여했으며 1970년대 서울 성북동에 화가 서세옥의 주택을 창덕궁에 있는 연경당 사랑채를 본떠서 짓는 등 궁궐이나 궁궐을 모델로 한 작업을 계속했다. 돈암장은 배희한의 목수 이력 중 30대에

40 ─ 송성진은 충남 천안 사람이었는데 일찍이 육백만장자 라세환(羅世煥)의 양손자이자 라세환의 양아들 김규풍(金奎豊)의 양아들로 들어갔다고 한다. 그런데 양부인 김규풍이 죽자 라세환의 재산상속인이 되어 엄청난 재산을 물려받게 되었다. 송성진은 돈암장 이외에 가평에도 커다란 집을 가지고 있었으며 경기도 도회의원으로 당선되고 정치 쪽에도 관여했던 인물로, 금광 부자였던 최창학이나 박기호와 친분을 쌓기도 했다. 배희한의 증언에 따르면 송성진은 돈암장을 지을 때 당시 무척 까다로웠던 허가 없이도 공사를 진행할 수 있을 만큼 일제와 밀착되어 있었는지 8·15 해방 당시 정무총감이 송성진의 가평 별장에 피난을 올 정도였다. 그런데 해방이 되자마자 종이에 태극기 수백 개를 그려서 나눠주며 연설을 하기도 하는 등 시대의 변화에 빠르게 영합하며 자신이 가진 것을 지키고자 했으나 결국 한국전쟁 때 북한으로 잡혀가 생사를 모르게 되었다고 한다. 배희한 구술, 이상룡 편집, 《이제 이 조선톱에도 녹이 슬었네》, 뿌리깊은 나무, 1981, 136~137, 145~148쪽

41 ─ 성북구청, 《서울 돈암장 해체보수공사 수리보고서》, 2017, 3쪽

42 ─ 배희한 구술, 앞의 책, 137쪽

43 ─ 김덕선·장헌덕, "서울 돈암장과 창덕궁 내전 건축의 건축적 특성에 관한 비교 연구", 《한국건축역사학회 추계학술발표대회 논문집》, 2018

돈암장. 원래는 남측에서 진입하는 것으로 지어졌으나 현재는 북측 입구를 출입구로 사용하고 있다.

지은 건축물로 새로운 변화를 맞이한 조선시대 목수들이 궁궐 공사 경험을 바탕으로 어떻게 명맥을 유지했는가를 밝히는 데에 중요한 역할을 할 수 있는 건물이다. 또한 기존에 돈암지구가 단순히 ㄷ자형이나 ㄱ자형의 표준화된 일반 도시 한옥만 빼곡히 지어진 곳으로 알려져 왔지만 한편에서는 이와 같은 궁궐을 모델로 한 대규모 주택을 지어보려는 시도가 있었다는 점도 눈여겨볼 만하다.

돈암지구에 대한 기억

다시 돈암지구의 주택분양 광고를 보자. 한옥 한 채의 값이 4천원에서 5천원에 육박한다. 이 금액은 당시 전문학교, 고등보통학교를 졸업하면 30~40원 정도의 샐러리맨이 되는 1930년대 중반의 물가를 고려해 볼 때,[44] 이들이 소유하기에는 결코 만만치 않은 금

---

44 — 전문학교 고등보통학교 등 졸업하여도 겨우 삼사십 원 정도의 샐러리맨에 붙으나 마나 한 비참할 청년들은 애당초 장가들 생각을 말아야 옳을 것 같다. "내가 이상하는 신랑후(新郎候) 조건, 서울 모 여자고보 졸업반 규수 제안", 《삼천리》 7권 1호, 1935년 1월

액이다. 이곳에는 조선인 중에서도 어느 정도 재력이 있는 중산층이 모여 살 수밖에 없었을 것이다. 광고에도 등장하듯이 이곳은 1941년 혜화동에서 돈암정(현재 동소문로를 따라 성신여대입구역 근처를 종점으로 하는 노선)까지 전차가 연결되어 도심부로의 접근이 편했고, 현 삼선교로16길을 따라 버스가 운행되는 등 교통망이 잘 갖추어져 있었다. 뿐만 아니라 제반 시설 역시 잘 갖추어져 갔고 주변은 야트막한 산으로 둘러싸여 공기 좋고 경치 좋은 신흥 교외 주택지였다. 때문에 조선인 중산층은 이곳으로 속속 이주해 들어왔다. 다음의 글은 그러한 당시의 상황을 그대로 보여주고 있다.

내가 현재 살고 있는 이 돈암정은 모조리 집장사들이 새 재목을 들여다 우지끈 뚝딱 지어 놓은 것으로 이르고 본다면 그야말로 전통이 없는 개척촌과 같이만 보일 수밖에 없다. 서울 살림이 자꾸 불어만 가기로 작정이니까 하는 수 없이 혹은 당연한 추세로 예까지 살림이 분가한 것인데 그래서 그런지 여기서 가는 사람도 대개는 식구도 단출한 단가사리, 아들로 치면 둘째, 셋째의 살림난 지차치들 … 놀라운 것은 청사진 두서너 장의 설계로 지은 집단 주택이 한 번지 안에 60호 가까이나 된다. 사방에서 몰려와서 일제히 너는 40호 나는 20호로 아파트 방 차지하듯 일제히 이사 온 집 … 교원, 회사원, 음악가, 화가, 각기 그럴듯한 직업을 가진 젊은 아버지들은 혹 전차 안에서도 만나면 정다웁게 인사를 하면서…[45]

그야말로 '그럴듯한 직업을 가진 사람'들이 '일제히 이사를 온' 핵가족 구성의 중산층이 모여 사는 신도시가 이곳 돈암지구에 만들어진 것이다. 이 동네는 조선공영주식회사와 같은 집장사들이 청사진 두서너 장으로 우지끈 뚝딱 지은 '전통이 없는 개척촌'처럼 보였을지 모르겠지만 시간이 지남에 따라 한옥마을로서 자리를 제대로 잡아가게 된다. 내선일체를 구현하고자 했던 일제의 의도는 완전히 빗나간 채 조선인 마을이 된 돈암지구는 해방으로 일본인들이 물러간 이후에는 품위있는 조선 기와집 동네의 이미지까지 갖게 된다. 다음은 소설가 박완서가《그 남자네 집》이라는 소설에서 묘사하고 있는 해방 이후 돈암지구(현 동선동 일대)의 모습이다.

45 ─ 팔보, "서울 잡기장", 《조광》 1943년 1월; 염복규, 《일제 하 경성도시계획의 구상과 시행》, 서울대학교 박사논문, 2009, 202쪽에서 재인용

내 처녀 적의 마지막 집도 성신여고와 성북경찰서 사이에 있었다. … 돈암동은 외진 동네가 아니다. 도심에서 멀지도 않다. … 한 번 떠난 후 다시는 안 가봤기 때문에 오히려 생생하게 그 동네를 떠올릴 수가 있었다. 얌전하게 쪽 찐 노부인처럼 적당히 품위 있고 적당히 퇴락한 조선 기와집 동네를. … 안감내(安甘川)만 찾으면 그 집을 쉽게 찾을 줄 알았다. 성북동 골짜기에서 발원하여 삼선교 돈암교를 거쳐 우리 동네 앞을 흐르던 개천을 우리는 그때 안감내라고 불렀다. … 나의 옛집은 바로 신선탕 뒷골목에 있었고, 그 남자네 집은 천주교당 뒤쪽에 있었다. 천주교당도 신선탕도 천변길에 있었다.[46]

소설에서 돈암지구는 도심에서 멀지 않은 얌전하게 쪽 찐 노부인 같은 조선 기와집 동네, 성북동에서 흘러내린 안감내라 불렀던 개천이 흐르던 동네로 묘사되고 있다. 소설 뒷부분에는 '코딱지만 한 집'이었지만 '반듯한 조선 기와집으로 갖춰야 할 체통을 온전히 갖춘 집', '춘양목으로 지은 부연 달린 집'들이 늘어서 있던 마을이었다고도 말하고 있는데, 도시 한옥이라 불리는 ㄷ자형 목조 주택을 그렇게 그리고 있는 것으로 보인다. 소설 속 주인공은 종암동 양기와집[47]으로 이사를 간 뒤에도 계속 그 집을 그리워했고, 결혼 후 이화동 문화주택에 살게 되었을 때, 그리고 강남의 아파트로 옮겨갔을 때조차도 돈암지구는 그리운 한옥 마을로 남아있을 정도였다. 돈암지구가 일제강점 말기의 내선일체 강요로 인한 상처로 얼룩진 마을로 기억되기보다 꽤 사회적 지위가 있는 도시 중산층이 모여 살던 고즈넉한 동네로 기억되고 있는 것은 그곳에 의도치 않게 많은 한옥이 들어섰고 조선인들의 마을로 조성되었기 때문이었을 것이다.

46 ─ 박완서, 《그 남자네 집》, 현대문학, 2004, 11~15쪽

47 ─ 소설에서 언급된 종암동 양기와집은 전차가 안 다니는 동네여서 집값이 그리 비싸지 않았고 나왕으로 지은 오리목집이었다고 한다. 이 집에는 방이 8개나 되고 이 집에서 하숙을 친 것으로 묘사되고 있는데 '반듯한 조선 기와집으로 갖춰야 할 체통은 온전히 갖춘 집'이자 '춘양목으로 지은 부연 달린 집'이었던 돈암동의 집과 여러모로 비교되는 격이 떨어지는 집이어서 마음에 들지 않는 집으로 그려지고 있다. 하지만 기역자로 된 안채에 방 세 개와 마루 그리고 부엌으로 되어 있어 한옥의 기본 형태를 갖추고 있었다고 한 것으로 보아 역시 경기도의 웃방꺾음집에 기반을 하고 있는 집이었음을 알 수 있다. 박완서, 앞의 책, 2004, 61쪽

한강 너머의 이상향, 흑석동 그리고 토지 투기의 확산

노량진과 동작진의 사이, 흑석리

조선시대 한성부는 한양도성 안과 도성 밖 약 10리에 해당하는 성저십리를 관할했다. 현재의 한강 이남 지역은 한강(조선시대에는 경강으로 불림)[1]을 경계로 한양이 아닌 경기로 분류되었듯 한강은 한양과 그 밖을 나누는 지리적 경계의 역할을 담당했다.

여기서 이야기하고자 하는 흑석리는 한강 건너편 남쪽에 위치한 나루와 마을로 노량진과 동작진 사이에 있었다. 노량진은 시흥, 동작진은 과천을 거쳐 수원으로 연결되는 길목이었고 더 나아가 삼남(충청도, 경상도, 전라도)으로까지 이어지는 교통의 요지였다. 노량진은 관에서 관리하는 관진(官津)이자 정조가 수원 화성으로 행차할 때 배다리를 놓고 행궁 역할을 했던 용양봉저정(龍驤鳳翥亭)을 뒀던 곳으로 유명했다.[2] 동작진은 민간에서 나룻배를 운영하는 사진(私津)으로 인근의 흑석리 또한 때때로 나루터로 사용되었다는 기록이 있다.

한강 주변은 아름다운 경관으로 유명해서 조선 후기 사대부들이 별서와 정자를 짓기도 했는데, 흑석리를 포함한 노량진과 동작진 일대도 예외는 아니었다. 이 일대의 아름다움을 그림으로 표현한 사람으로는 정선(鄭敾, 1676~1759), 김석신(金碩臣, 1758~?), 장시흥(張始興) 등이 있다. 정선은 〈동작진〉에서 흑석리를 포함한 동작진을 북쪽에서 남쪽을 바라보며 그렸다. 정선의 그림에는 가운데에 빼곡하게 들어서 있거나 산줄기 뒤에

---

1 — 현재 우리가 부르는 한강이라는 명칭은 원래 514km의 전체 한강을 가리키는 것이 아니라 한강진(漢江津) 주변의 강, 즉 한남대교 지역을 흐르는 강줄기를 일컫던 것에 불과했다. 조선시대 한양 지역을 흐르는 강줄기의 명칭으로는 지금은 사용되지 않는 경강(京江)이라는 용어가 쓰였다. 경강 또한 생활권을 기반으로 명칭을 달리했는데, 용산지역의 강줄기는 용산강(龍山江), 마포지역의 강줄기는 서강(西江)이라고 불렸다. 경강을 '삼강(三江)'이라고 부를 때는 한강, 용산강, 서강을 일컫는 것이었다. 18세기 중반부터 경강 주변 상업 공간이 확장되면서 마포, 망원정(양화진)을 포함하여 '오강(五江)'이라 부르기도 했고 18세기 후반부터는 두모포, 서빙고, 뚝섬을 포함해 '팔강(八江)'이라 하기도 했으며, 19세기 초에는 연서, 왕십리, 안암, 전농을 더해 '십이강(十二江)'으로 확대되기까지 했다. 고동환, "조선 후기 경강과 경강 상업", 《경강, 광나루에서 양화진까지》, 서울역사박물관, 2018, 209~210쪽

2 — 정조는 사도세자의 능인 수원의 현릉원(顯陵園)에 매년 두 차례씩 능행(陵幸)을 다녔는데, 현릉원에 가기 위해서는 한강을 건너야 했다. 때문에 노량진에 배다리인 주교를 설치했다. 경강의 많은 진(津) 중 노량진이 선택된 이유는 양쪽 언덕이 높고 유속이 빠르지 않을뿐더러 강폭도 좁아서 배다리를 설치하기에 최상의 조건을 갖추고 있었기 때문이다. 배다리는 경강대선(京江大船) 36척을 이은 다음에 그 위에 장송과 박송을 깐 뒤 모래와 잔디, 황토를 펴고 좌우에 난간을 쳤으며 양 끝과 한가운데 홍살문을 꽂는 등 그 모습이 대단했다. 《원행을묘정리의궤(園幸乙卯整理儀軌)》와 〈화성능행도병(華城陵行圖屛)〉에 남아있는 그림을 통해 당시의 상황을 상상해 볼 수 있다. 《경강, 광나루에서 양화진까지》, 서울역사박물관, 2018, 148~151쪽

1 　정선의 〈동작진〉, 1744년경

2 　김석신의 〈금호완춘〉,
　 18세기, 이상 출처: 《경강,
　 광나루에서 양화진까지》,
　 2018

숨어있는 기와집들이 있다. 조선시대 세력가들의 별서와 정자였다고 추정된다. 특히 오른쪽에 보이는 높은 언덕은 망신루(望宸樓)가 있던 취선대(醉仙臺)로 추정되는 곳으로, 이곳은 명수대(明水臺)라는 주택지가 들어선 곳의 옛 이름이다. 흑석리 앞의 한강은 '여호(黎湖)' 또는 '금호(琴湖)'라고 불리기도 했는데, '여호'는 '검은 강'이란 뜻으로 흑석리 앞의 한강을 지칭했으며 '금호'는 '강변의 갈댓잎이 바람에 흔들릴 때마다 비파(琴)소리 같은 아름다운 소리를 낸다'는 데서 유래되었다고 하니 조선시대 이 일대의 풍경이 눈앞에 그려지는 듯하다.[3]

3 —　이종묵, "경상의 그림 속에 살던 문인, 그들의 풍류", 《경강, 광나루에서 양화진까지》, 서울역사박물관,
　 2017, 204~211쪽

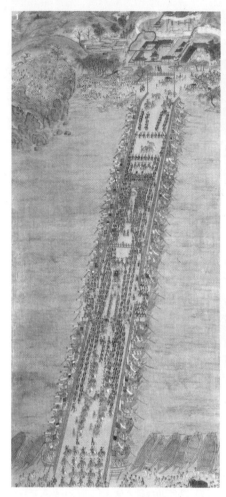

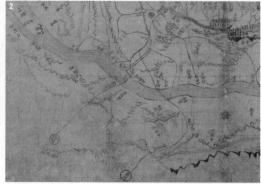

1 화성능행도병 속 주교도. 국립고궁박물관 소장 자료

2 한양도성에서 금천(衿川)과 과천(果川)을 거쳐 삼남
   지방으로 통하는 길목에 위치한 노량진과 동작진, 그리고
   그 사이의 흑석리. 한양도, 1760년대. 서울역사박물관
   소장 자료

3 노량진의 용양봉저정. 출처: 《(국역)경성부사》 1권, 2012

한강철교와 한강인도교, 한강신사의 건립

조선시대 삼남으로 통하는 길목이자 사대부의 별서와 정자가 있어 유상(遊賞) 공간 역
할을 하던 흑석리는 20세기 초에 큰 변화를 맞게 된다. 우리나라 최초의 철도 노선인
경인선의 개통⁴ 및 1900년 한강철교, 1917년 한강인도교(현 한강대교의 전신, 1936년 개축되면
서 그 위로 전차 노선이 신설되어 노량진까지 연결되었다)의 준공과 함께였다.

한강철교의 개통으로 더 이상 나루터를 이용하지 않고도 한강을 건널 수 있게 되

1 한강철교. 출처: 《조선철도여행안내》, 1924

3 한강신사

2 현재의 한강철교와 한강대교

4 한강신사 자리에 세워진 효사정

었다. 이후 사람과 차량이 건널 수 있는 한강인도교가 생기면서부터는 한강의 북쪽과 남쪽의 육상 연결이 더욱 강화되어 강 사이의 심적 거리감이 줄어들었다. 다리의 개설 전후로 일대에서 크고 작은 변화가 생긴다. 한강인도교의 공사를 맡았던 시키구미(志岐組)라는 회사의 대표였던 시키 노부타로(志岐信太郎)[5]는 공사의 안전과 회사 발전을 기원하기 위해 흑석리에 1912년 한강신사(현 효사정 자리, 옹진신사로도 불렸음)를 건립했다.[6] 그는 일대의 개발에도 주목했는데, 그중 하나가 시키구미의 직원이었던 키노시타 사카에(木下榮)가 조성한 명수대 주택지이다.

4 — 1896년 경인선의 부설권을 가지게 된 미국인 모스(Morse, J. R.)가 공사를 시작했으나 결국 공사는 일본인의 손에 넘어가게 된다. 일본은 1899년 노량진에서 인천 간 노선으로 최초의 영업을 개시했고 1900년 한강철교 완공과 함께 경성역에서 인천역 전 구간이 개통되었다.

5 — 1869년 도쿄 출생으로 1900년에 조선으로 건너왔다. 일찍이 1896년에 시키구미(志岐組)를 창립해서 일본, 대만, 북해도 등에서 철도공사를 했으며 조선으로 건너온 이후에는 경부철도속성공사, 경의선, 경원선, 호남선, 청회선(淸會線), 만철선 등의 공사를 맡기도 했다. 경성에서는 히노데마치(日の出町) 13번지에 거주했다. 1920년에는 경성부협의회 의원으로 활동하기도 했다.

장수촌이자 별장 주택지를 지향한 명수대 주택지

흑석동에 가 보면 아직도 명수대현대아파트, 명수대한양아파트, 명수대삼익빌라 등 아파트나 빌라의 이름에서 '명수대'라는 이름을 어렵지 않게 볼 수 있다. 1990년대 초반까지만 해도 명수대가 붙은 이름은 더 많아서 흑석초등학교는 명수대초등학교, 흑석동성당은 명수대성당, 흑석동교회는 명수대교회로 불렸다고 하니 이 일대를 지칭하는 대표 명칭으로 명수대라는 이름은 꽤 오랫동안 남아있었다. 명수대 주택지에 대한 대표 연구로는 수나모토 후미히코(砂本文彦) 연구가 있다. 그에 따르면 《서울지명사전》에 기재된 "일본인 부호가 이곳에 별장을 짓고 놀이터를 만든 다음, 맑은 한강 물이 유유히 흐르는 경치 좋은 곳이라고 하여 붙인 것인데 해방 이후에 철거되었다."라고 한 것은 와전된 것으로 해방 이후 식민지 시대 잔재 청산의 일환으로 한강신사가 철거되거나 명수대정회(明水臺町會)에서 세운 기념탑이 없어지게 된 것과 혼동되었을 가능성이 크다고 밝히고 있다. 명수대는 일제강점기에 개발된 주택지의 명칭이었는데, 신당동의 앵구 주택지의 경우 해방 직후 청구라는 이름으로 바뀌었듯이 서울 안에 일제의 잔재라 여겨졌던 명칭을 일제히 바뀌던 해방 이후에도 명수대 주택지라는 이름만은 살아남아 반세기도 더 사용되었으니 다른 명칭들에 비해 '명수대'라는 이름에 대한 거부감은 상대적으로 덜했던 듯하다. 명수대 주택지는 과연 어떻게 개발되었고 이 주택지가 의미하는 바는 무엇이었을까.

명수대 주택지는 키노시타 사카에라는 일본인에 의해 1920년대 말부터 계획되었다. 경성의 여타 주택지가 한양도성 안팎의 미개발지를 중심으로 1920년대 중반부터 개발되었던 것에 비하면 저 멀리 한강 너머에서 1920년대 후반부터 주택지 개발을 생각한 것은 꽤 이른 것이다. 키노시타 사카에는 1887년 후쿠오카 출생으로 후쿠오카현 립중학 전습관을 거쳐 도쿄외국어학교에서 영어를 배우고, 한국에 건너와 경성전수학교에서 러시아어를 배우는 등 다양한 외국어 능력을 갖추고 국내외 정세에 밝았던 사람이다. 선배이자 시키구미의 대표였던 시키 노부타로의 인정을 받아 1911년 시키구미에 입사해 다롄, 칭다오, 경성, 도쿄 등에서 근무했다. 이후 조선천연빙주식회사나 시키

---

6 — 노량진 흑석리에 있다. 제신은 관원도진공(菅原道眞公), 궁지악태신궁(宮地岳太神宮), 금평태신궁(錦平太神宮) 세 신으로 하여 시키 노부타로(志岐信太郎)씨 독력(獨力)으로 창업한 신전을 건립, 지역은 19,000평, 한강에 면한 풍경절가(風景絶佳)의 땅에 있다. 제일(祭日)은 5월 4일, 11월 3일. "漢江神社(熊津神社)", 《朝鮮の都市》, 大陸情報社, 1929, 28쪽

1, 2 명수대 주택지의 흔적이
       남아있는 명수대 아파트와
       명수대 삼익빌라

3 명수대 주택지를 개발한 키노시타
   사카에. 출처: 《조선공론》 24권
   7호, 1936년 7월

4 여러 개의 골짜기를 끼고
   있는 1930년대 흑석리 지형.
   서울역사박물관 소장 자료

5 1936년 대경성정도 속에 나타난
   명수대 일대. 대경성정도, 1936.
   서울역사박물관 소장 자료

공업주식회사의 임원이 되고 나중에는 경성부회의원으로 당선되어 정치 활동을 하기도 했다. 그는 왜 한강 이남의 흑석동에 주목했을까? 왜 이미 개발의 여지가 보이고 있던 영등포 근처가 아닌 흑석동에 주택지를 개발했을까?

조선시대부터 아름다운 경치로 유명한 곳이었을 뿐만 아니라 한강철교와 한강인도교의 개설로 강북에서 다리를 이용해 건너오면 바로 만날 수 있는 곳이 바로 이곳 노량진 흑석리였기 때문이었을 것이다. 그리고 영등포는 이미 경공업을 중심으로 한 공업지대로 성장이 예고되고 있었기 때문에, 당시 유행하던 '경치 좋고 공기와 물이 깨끗해 건강에도 좋은 교외 주택지이자 전원주택지'의 이미지는 이곳 흑석동에 더 어울렸을 것으로 보인다. 게다가 흑석동은 아직 본격적으로 주목받고 있던 지역이 아니었기 때문에 토지 가격도 상대적으로 저렴했을 것이고, 철도가 지나가는 인근, 인도교가 개설되어 자동차와 전차까지 연결되면 교외 주택지로서 이보다 더 좋은 입지는 없었을 것이다. 장차 경성의 경계가 한강 이남까지 확장될 것을 고려한다면 토지 가격의 상승을 기대하기에도 좋았다. 명수대 주택지의 홍보 글을 보면 입지 선정의 이유를 짐작하게 한다.

도회의 진애(塵埃)에 흐려진 공기를 마시고, 번극(繁劇)한 생활을 이어가고 있는 거리의 사람들이 최근 그 안식소인 주택지를 교외로 선정해 온 것은 문화의 향상에 따른 필연의 사상(事象)으로, 인류 생활의 일진전(一進展)이라고도 말해야만 할 것이다. 지금의 경성에 수많은 주택지 중 단연 콘디션 100%의 건강 장수촌으로서 압도적인 절찬(絶讚)을 받아, 일약 주택지의 왕좌(王座)를 점하게 된 명수대는, 경성의 남부 경승지에 있다. 한강교의 바로 앞 한강신사의 남서부에 인접한 완만한 경사 송림(松林)에 둘러싸여 있다. 호수와 같은 한강의 청류(淸流)를 끌어들여, 경도(京都)와 같이 고아(高雅)한 그리고 대자연의 은총(恩寵)을 쬔 산자수명(山紫水明)의 경지(境地)로, 토지고조(土地高燥), 양지바르고, 공기 수질이 나무랄데 없으며, 겨울에 따뜻하고, 여름은 시원한 이상적이라고 이야기되고 있어 판신(阪神, 大阪과 神戶의 줄임말) 지방의 별장지에 비해야 할 것이다. 교통은 경전(京電) 한강신사 입구 정류소(명수대, 한강을 건너 뒤 첫 번째 만나는 정류소이자 노량진 정류소 직전 정류소)부터 동쪽으로 5분, 도심에서 겨우 10분 자동차 거리로 전등, 전화의 시설이 완비되어 있고 각 집의 문 앞까지 자동차를 대는 것이 가능한 곳이다.[7]

7 ─ "跳飛躍大京城の長壽村!! 明水臺を觀る", 《조선공론》 23권 6호, 1935년 6월

1 한강 쪽에서 본 명수대 주택지. 출처: 《대경성사진첩》, 1937
2 언덕 쪽에서 본 명수대 주택지. 출처: 《발전하는 경성전기》, 1935

　혼탁하고 번잡한 도시의 생활을 떠나 '콘디션 100%의 건강 장수촌'으로 홍보된 명수대 주택지는 일본의 별장지에 비교될 수 있는 '주택지의 왕좌'라고까지 불렸다고 한다. 하지만 주택지를 처음 계획했을 때의 예상과는 달리 이곳이 경성의 일부분으로 포함되고 전차가 연결되는 데에는 시간이 꽤 걸렸다. 처음에는 키노시타 사카에를 비롯한 시키구미의 임원 모두 명수대 주택지 조성에 관여했던 것으로 보인다. 흑석동 일대가 경성의 도시계획 구역에 포함되지 않은 것에 대한 유감을 가지며 경성 부윤을 찾아가 향후 이 일대 지역이 경성부에 편입될 수 있도록 촉구하기도 했다. 관에 대한 압력은 전차가 한강 이남까지 연장되도록 한다든가 정부의 보조금을 타내 관악산의 공원화 사업을 추진하는 것 등으로 계속되었다.

경성의 남쪽, 한강의 푸른 물줄기를 왼쪽으로 따라, 일찍부터 풍광명미(風光明媚)라고 하는 한강신사의 부근에 이번 시키 노부타로, 다나카 슈이치로(田中秀一郎), 오자키 카츠사부로(尾崎勝三郎) 등의 제창으로 일대 문화촌을 건설하기 위해 지금 착착 공정을 진행하고 있는데, 힘써 계획 중인 그 부근이 경성도시계획에 편입되지 않은 것을 유감으로 생각하여, 26일 오전 10시 시키구미의 이사 키노시타 사카에씨 외 앞의 두 명은 경성부청에 세키미즈(關水) 부윤[8]을 방문, 같이 사정을 말하여 이것이 편입되도록 간청했다. 그곳의 계획 개요는 총평수 30,000평을 3기로 나누어 약 150호의 문화주택을 건설하고 아울러 유람장(遊

8 — 　제8대 경성부윤으로 1929년 12월 11일부터 1930년 11월 11일까지 재임했다. 1883년 가나가와현에서 태어나 1911년 도쿄제국대학 법과를 졸업하고 1919년 조선총독부 도사무관으로 조선에 와서 각 도의 내무부장을 역임했다. 김대호, "1920~1933년 경성부윤과 주요 정책", 《일제강점기 경성부윤과 경성부회 연구》, 서울역사편찬원, 2017, 69~70쪽

覽場) 등도 계획하여, 경성 부근에 있어 일명 승지(勝地)를 만들 목적인데, 제1기 50호분은 이미 대부분 정지를 완료하여 현재 주택 건설 중이라고.[9]

경성의 구역 안에 아직 포함되지는 못했지만 교외 주택지의 이미지를 앞세워 1932년 33,000평에 대한 1차 분양이 이루어졌다. 흑석동의 지형은 동쪽, 서쪽, 남쪽이 구릉으로 둘러싸이고 북쪽 한강을 통해 열린 형태였는데 1차 분양은 한강인도교에서 가까운 서쪽 구릉을 중심으로 진행되었다. 키노시타 사카에는 주택지 홍보를 위해 신문 기자들을 초청해 설명회를 열고 답사를 진행했다.[10] 다음 글은 잡지《조선공론》에 실린 명수대 주택지에 대한 글로 1차 분양 당시의 분위기를 보여준다.

이번 봄 분양을 공표해 압도적 인기를 올리고 있는 교외 노량진 명수대와 같은 것은 그 위치, 품위, 조망과 함께 넓은 면적으로 말해도 장래에 경성의 표현관(表玄關)에 상응하는 신주택지라고 말해야 할 것이다. … 이 신주택지를 만든 사람이자 한쪽으로 경영의 임무를 맡은 사람은 예의 경성 명물남(名物男)의 일인인 키노시타 사카에씨로 경판(京阪, 京都와 大阪의 준말), 대련(大連), 청도(靑島) 등의 가장 진보한 경영을 바탕으로 계획을 세워 33,000평의 동남 방향의 경사 송림을 먼저 제1기로 분양을 개시하는 일이 되어 종횡의 도로망 연장 1,800간(間)(약 3.24Km) 도로, 부지 약 5,000평을 깎아 각자의 문 앞에 자동차를 직접 대는 것이 가능한 설계가 되어 있다. 봄이 오면 신축된 문화주택이 쭉 24, 5채 더욱 속속 증가하고 있는데 이 적, 흑, 청색 많은 지붕의 배합은 가을이 한창인 명수대의 가을 색을 점철하여 한층 더 풍취를 더하고 있다. 그럼 명수대 위의 사람이 되어 사방의 풍광을 전망할까 그 웅대하고 아득한 평양 모란대(牡丹臺)를 능가하는 산수의 배치, 경룡(京龍, 京城과 龍山의 준말) 시가의 부감(俯瞰), 한강 강상(江上)의 돛(眞帆片帆)이 왕래하여 바야흐로 조선 내에서 드물게 보는 절승(絕勝)으로 경성 도심으로부터 겨우 12, 3분의 자동차 거리로 이런 조망이 있을까라고 생각될 정도이다. 또한 지구 내를 언뜻 보면 구불구불하게 된 수풀 사이의 도로는 흡사 공원의 소요(逍遙)도로로 채광, 공기, 수질 우량을 위해 소나무의 푸른 빛이 넘쳐 흐르는 것과 같이 100호가 안 되는 마을에 8, 90세의 노인 17쌍이

9 — "漢江神社文化村の建設",《조선과 건축》9집 5호, 1930년 5월; "漢江神社附近に文化村の建設 關係者ら府尹を訪問",《경성일보》1930년 4월 29일자

10 — "明水臺住宅地, 經營の披露",《조선신문》1932년 4월 24일자

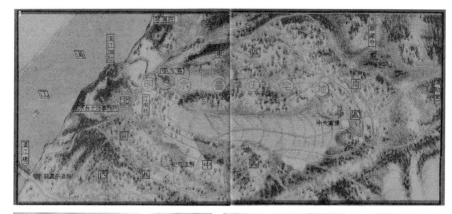

1 대경성부대관에 나타난 명수대 주택지.
출처: 《대경성부대관》, 1936

2 명수대 주택지 전면 광고. 출처: 《경성일보》 1935년 9월
28일자

3 주변에 벚꽃과 꽃창포를 심어 명수대 주택지의 중심에
조성한 명수호. 출처: 《경성일보》 1935년 6월 26일자

나 생존하는 것도 내력이 있구나 라고 수긍하게 되었다. 시험 삼아 분양 신청한 사람의 얼굴을 보니 공무원(官公吏), 회사은행원, 국회의원(代議士), 군인, 교육가, 문사, 변호사, 의사, 신문기자, 화가, 음악가, 비행가, 실업가가 있어 흡사 재미있는 하나의 작은 사회를 만들고 있어 1, 2년 사이에 100호를 넘어서리라 예상이 된다. 키노시타씨의 이야기에 따르면 다시 제2, 제3의 계획도 있어 장래 30여만 평의 이 마을 전체를 일대 유원(遊園) 주택지화하여 적어도 10년 사이에 수백 호의 전 조선 제일의 규모 문화촌(文化村) 건설의 포부를 가지고

있다고 상당히 쾌활하게 말하고 있다.[11]

도로망이 잘 갖추어지고 적, 흑, 청색의 문화주택이 들어서며 평양의 모란대를 능가하는 아름다운 경치를 가졌다는 것을 어필하면서 도심에서도 가깝고 깨끗한 공기와 물이 흐르는 장수마을로 선전된 것이다. 중상류층 인사들이 하나의 사회를 만드는 '조선 제일의 문화촌'을 지향하며 분양되었다는 것을 알 수 있다.

장수촌이자 별장 주택지로서의 이미지는 1934년에 이루어진 2차 분양(45,000평)과 1935년의 3차 분양(80,000평)에서 더욱 강화된다. 1935년 《경성일보》에 실린 명수대 주택지의 전면 광고 중 '명수대주택지 및 유람지대 일람'이라는 배치도를 보면, 명수대 주택지는 총 다섯 개 구역(동구, 서구, 남구, 북구, 중구)으로 구분되어 있는데 앞서 말했듯이 1차 분양과 2차 분양은 서쪽 구릉을 중심으로, 3차 분양은 서쪽 구릉의 일부와 동쪽 구릉을 중심으로 이루어졌다.

명수대 주택지의 접근은 서구에서 북구 쪽으로 이루어졌다. 용산역에서 중도공원을 지나 한강교를 건너 한강신사 명수대 입구 정류장과 접하는 서구가 명수대 주택지의 입구 역할을 하고 있었다. 정류장에서 멀지 않은 곳에 이정표가 될 한강신사가 표기되어 있고 명수대 주택지 안으로 들어서면 가장 낮은 저지대에 명수호(明水湖)라는 호수가 중심을 차지하고 있으며, 이곳을 기준으로 기존의 구릉을 따라 길을 내고 블록 구성을 했다. 길에는 소나무거리(松通), 대나무거리(竹通), 매화나무거리(梅通), 영광의 거리(榮通, 키노시타 사카에가 자신의 이름을 따서 지은 것으로 보임), 국화거리(菊通), 벚나무거리(櫻通)라는 각종 나무 이름을 딴 명칭을 붙이고 군데군데 광장을 두었다. 주요 시설로는 명수대 주택지를 찾아오는 사람들을 안내하기 위한 명수대토지사무소와 명수대사무소출장소, 용봉정온천과 기문온천이라는 온천시설, 미륵당이라는 종교시설, 명수각이라는 전망대, 그리고 용도를 알 수 없는 강남장과 금포장이라는 것이 표시되어 있다. 더불어 명수대소학교, 유치원, 경성상공학교와 같은 교육시설이 들어설 부지, 그리고 대곡본원사, 경도유곡관음과 같은 종교시설 예정지 위치도 표기되어 있는 것을 알 수 있다. 편의시설은 아직 갖추어지지 않았지만 온천과 종교시설 등 심신을 쉬게 할 수 있는 각종 휴양시설이 갖추어져 있는 것으로 보아 장년층 또는 노년층을 타깃으로 한 장수촌, 여유가 있는 중상류 계층의 별장지로 어필하기에 충분했다. 더욱 재미있는 것은 명수대 주택지에

11 — YX生, "大京城に相應しい明水臺の郊外新住宅地を觀る", 《조선공론》 20권 11호, 1932년 11월

서 시작하여 6km도 더 떨어져 있는 관악산까지 동원하여 하이킹 코스를 그려 넣은 것인데 그 이유는 다음 글에서 확인된다.

도시계획에 따른 대경성 실현의 새벽은 경성, 용산, 영등포의 3구제(區制)가 되어, 인구 70만 내지 100만을 포함하는 정치 상공업의 중심지가 되는데, 경성 시민의 요구는 이것에 어울리는 대공원의 현현(顯現)일 것이다. 명수대 촌장 키노시타 사카에 씨는 이에 맞추어, 10년 후의 제2단의 공작으로서 경기(京畿) 금강(金剛)으로 이름이 있는 시흥군(始興郡) 관악산(冠岳山)의 ?봉을 머지않아 오게 될 대경성의 공원지가 될 수 있도록 착착 준비를 진행해, 명수대부터 남쪽 약 1리(里) 반, 관악산 자락까지 연속적으로 토지 약 100만 평을 매수하였다. 이 계획은 자가(自家)용 토지로 전용 등산 자동차 도로를 설치해, 드라이브하는 것은 경성에서 약 2, 30분, 도보 등산자라도 1시간여로 쉽게 관악산 자락까지 도달하여 산중에 점재(點在)하는 십수 개소의 절에서 절로 순배탐승(巡排探勝)시켜, 1일의 거리로 소금강(小金剛) 등산 행락지로서 12분의 호연(浩然)의 기를 기르는 것이 가능한 계획이다. 이미 이 땅에 심은 산 벚나무 약 10만 그루는 싹이 나서 자라 작년 봄 파종했는데, 이 계획에는 관청 관계 방면에서는 비상한 찬성을 표하고 있으며, 수십 년 후에는 반도 중앙도의 일대 승지로서 경룡(京龍, 京城과 龍山의 준말) 시민은 물론, 일반 관광객이 당일치기 등산 탐승지로서 칭찬되기에 이를 것이다.[12]

위대한 한강의 자연미는 대망(待望) 몇 천 년 동안 오래토록에 걸쳐 경성 부민에 그 고운 모습의 전망을 불러, 부근의 구릉 또한 그 유적대가 될 수 있도록 불러들였다. 시대는 흘러 도인사(都人士)도 야외에 신체를 단련하고 정신의 향상을 꾀하는 건강 제일 하이킹 유행의 세상이 되었다. 이곳에서는 이를 반영해 명수대 유람지대라고 이름을 박아넣어 한강 중도공원(中ノ島公園)에서 시작해, 한강신사, 강남장(江南莊), 명수호(明水湖), 금포장(琴浦莊), 월궁전(月宮殿, 현재 건축 중), 명수각(明水閣), (머지않아 건축을 착수할 전망대) 기문온천(紀文溫泉), 용봉정온천(龍鳳亭溫泉) 등을 엮는 '가족적 하이킹 코스'를 신설하여 부민 당일치기의 피크닉식 하이킹에 갖추어져 부근 일대의 천연의 풍광을 소개하는 일이 되고 단체 하이커에는 안내인을 붙였으므로 척척 이용이 있기를. 중도공원은 배로의 연결 코스도 만들어 하루에 산과 강의 행락이 가능하여 일가(一家)가 모여 신사나 사찰에 참배하고 쾌활하게 야산

12 ― "冠岳山大公園の計劃 櫻を植るドライブ道路を新設", 《조선공론》 23권 6호, 1935년 6월

을 올라 피곤한 신체를 온천에 담그고 즐겁게 저녁밥을 단란하게 한다고 하는 것도 인간 생활의 즐거움의 하나가 아닐까.[13]

키노시타 사카에는 멀리 있는 관악산을 연결해서까지 명수대 주택지의 유원지 혹은 별장지로서의 성격을 드러내고 싶었던 것으로 보이는데, 관악산을 '경기금강' 또는 '소금강'으로까지 부르며 향후 대공원으로 만들 생각이었다. 그는 관악산 자락까지 100만 평의 토지를 매입해 벚나무를 10만 그루 심고 드라이브 도로를 신설할 계획까지 가지고 있었다. 또한 주택지 내의 하이킹 코스와 인근 중도공원에서의 뱃놀이, 신사와 사찰의 방문을 엮는 유람 코스를 제시하기도 했다. 심지어 명수대를 찬양하는 시나 단가, 하이킹 노래까지 만들어 게재하고 일본의 가루이자와(輕井澤) 별장지에 비유하기도 했던 것을 볼 때 휴양지이자 유람지라는 것은 명수대의 가장 큰 대표 이미지였던 것이 분명하다. 이에 대해 수나모토 후미히코의 연구에서는 이와 같이 키노시타 사카에가 명수대 주택지에 일본적인 풍경을 재현 또는 연출하고자 했던 것은 정년퇴직 후에 일본으로 돌아갈까 말까 망설이는 경성의 일본인 중간층이나 봉급생활자들을 대상으로 명수대 주택지 분양에 대한 수요를 일으키고자 했던 의도라고 해석했다.[14]

계획의 변경, 학원도시의 조성

또 한 가지 주목해야 할 것은 바로 1차 분양에는 언급되지 않았던 교육시설이나 종교시설 유치에 대한 내용이 2차, 3차 분양 광고에서 추가된 것이다. 기존의 장수촌이자 별장주택지의 이미지에 일본에서 유행하고 있던 학원도시의 이미지를 더한 것이다. 이렇게 주택지 조성의 방향을 선회한 것은 사실 명수대 주택지 분양이 그다지 원활하게 이루어지지 않았기 때문이다. 학교를 유치해서라도 학생들을 대상으로 한 하숙이나 각종 편의시설이 들어서면 주택지 분양에 도움이 되지 않을까 판단했던 것으로 보인다.《경성일보》의 전면 광고 속 배치도를 보면 현재의 중앙대학교 및 중앙대학병원이 들어선

13 — "住宅地の王座 百パセントの健康長壽鄕 明水臺 第三分讓地八萬坪 壓倒の待望裡に愈愈分讓開始 家族的ハイキングコース新設",《조선공론》 23권 11호, 1935년 11월

14 — 砂本文彦, "경성부의 교외 주택지에 관한 연구─명수대주택지를 둘러싼 언설과 공간을 중심으로",《서울학연구》 35호, 2009년 5월

키노시타 사카에가 자신의 이름을 딴 영광의 거리(현 흑석로)에서 본 명수대소학교를 비롯한 학교시설 예정지의 현재 모습. 현재 중앙대학교와 중앙대학 병원이 자리하고 있다.

저지대 부분을 학교가 들어설 자리로 지정했다. 명수대 주택지에 학교를 유치한다는 홍보 내용은《조선공론》에 1935년과 1936년에 실렸는데 그 내용이 살짝 달라 주목할 필요가 있다.

키노시타씨는 다시 제4, 제5 분양을 계획하고 있는데, 소유의 주택지 23만 평을 바탕으로 부근 일대 30만 평을 일대 별장 주택지화시켜, 적어도 10년 사이에는 호수 2,000호의 조선 제일의 규모의 이상향답게 될 수 있도록, 흑석 언덕(黑石ヶ丘)의 정상 3,000평을 봐서 경도(京都) 류곡(柳谷) 관음사, 대곡파(大谷派) 본원사(本願寺), 진언종(眞言宗) 고야산(高野山), 조선선사(朝鮮禪寺) 등의 사원에 무상 제공하기로 예약했다. 또한, 중앙의 작은 언덕 약 3,000평에는 소학교 및 유치원을 세우기로 약속되어 있다. 거기다 한강을 면해 부근을 물의 유원지화하기 위해, 건너편에 3개년간에 산벚나무 10,000그루를 기증하여 이미 식재에 착수했기 때문에, 수년 후에는 명수대는 벚꽃에 둘러싸여 한강의 수색(水色)에 비치는 벚나무의 신명소가 되어 경룡 인사의 산책에 흥취를 더할 것이다. 바야흐로 경성 부내 편입도 목전에 임박했고, 기다리던 오래된 한강 인도교의 개축도 착수되었다. 내년 봄 경까지는 준공하여, 새로운 인도교에는 복선 전차가 개통하여 명수대 서구(西區) 길 앞까지 통하는 것이 된다. 공업지 영등포 방면의 발전과 맞물려 명수대 주택지의 전도(前途)는 실로 밝은 것이다.[15]

15 — "跳飛躍大京城の長壽村!! 明水臺を觀る",《조선공론》 23권 6호, 1935년 6월

평탄한 부분에는 경성상공학교(京城商工學校), 유치원, 중앙보육학교(中央保育學校), 여자전문학교(女子專門學校), 명수보통학교(明水普通學校), 양복재봉학교(洋服裁縫學校), 명수대 소학교 등이 조만간 각각 건축되어, 가을쯤부터 약 2,000명 학생이 명수대에 통학할 예정으로 유명한 보물(名寶)인 동시에 이상경(理想境)이라고 봐야 한다.[16]

명수대 주택지에 학교를 유치한다는 이야기는 크게 다르지 않다. 하지만 1935년과 1936년의 홍보 글에서 언급되고 있는 학교의 종류와 명칭이 다르다. 1935년까지만 하더라도 키노시타 사카에가 생각했던 학교는 명수대소학교(明水臺小學校)와 같은 일본인을 주 대상으로 한 학교였다. 하지만 그것도 여의치 않은지 지방에서 경성으로 몰려들고 있던 조선인들을 대상으로 한 학교 쪽으로 방향을 다시 바꾼 것으로 보인다. 일단 재정난에 허덕이고 있던 은로학교(恩露學校)를 인수하여 명수대 주택지 안으로 이전시켰고 경성상공학교(京城商工學校)를 유치했으며 중앙보육학교(中央保育學校)가 이전할 수 있도록 토지를 기부하면서 이곳에 학교가 속속 들어서게 되었다.

30여 년의 장구한 역사를 가지고 이래 많은 인재를 육영하여오는 노량진(鷺梁津) 은로학교(恩露學校)는 원래 역사도 길고 넉넉하지 못한 동리 사람들의 미약한 힘을 모아 경영하여 내려오던 관계상 언제나 파란이 그칠 사이 없고 항상 경영난에 빠져 몇 번이나 교문을 닫았던 일이 있었으나 교주 유억겸(俞億兼), 이응삼(李應三), 차정환(車正煥), 이강호(李康灝) 등 제씨와 이학수(李鶴秀), 유지 이석진(李錫眞) 외 제씨의 열성으로 오늘날까지 끌어 내려오는 동안에 4,000여 원의 많은 채무를 지고 도무지 갚을 길이 막연할 뿐 아니라 교사가 협착하여 해마다 신학기가 되면 물밀 듯 밀려 들어오는 아동을 도무지 수용할 수가 없어서 언제나 유감으로 여기던 터인데 금번에 노량진 명수대 목하영(木下榮)씨가 자진하여 학교 부채 4,000여 원을 변상하기를 쾌락하는 동시 토지 2,500평을 기부하고 학교를 명수대로 이전 신축할 것과 종래의 교주들과 협력하여 장래 영구히 동교 경영의 책임을 지기로 이미 모든 수속을 완료하였으므로 이로써 존폐 기로에서 헤매는 동교에 일조의 서광이 비치어 장래 제2세 국민 교육상 큰 도움이 되었다고 하여 일반은 새로 취임한 교주 목하영

16 — "斷然王座として輝く 明水臺住宅地 大京城の誇り 健康と長壽の理想鄕", 《조선공론》 24권 7호, 1936년 7월

씨의 특지를 감사히 여긴다는 데…"[17]

토거산양(土居山洋)씨를 원장으로 한 시내 연건정(蓮建町) 경성상공학원(京城商工學院)은 금년 4월 중에 시내 흑석정 명수대에 부지 3,700여 평을 선정하고 이래 신축 공사 중이던 바 수일 전에 그 공사가 완성되어 27일 이전식을 거행한 후 계속하여 가을부터 제2기 공사로 본관 건축에 착수하리라는 데 동학원은 상업, 전기, 건축 기타 각 과로 나누어 현재 700여 명의 많은 생도를 교육하는 중이며 동지대에는 현재 공사 중에 있는 경성중앙보육학교(京城中央保育學校)를 비롯하여 은로학교(恩露學校) 양복학교(洋服學校) 기타 각종 학교가 착착 건축될 터이므로 큰 발전을 예기한다고 한다.[18]

시외 노량진 명수대(明水臺)는 산자수명(山紫水明)한 곳으로 교육기관을 설치하기로는 최적지로 이미 경성상공학교(京城商工學校)가 건축에 착수하고 그 외 유치원, 보통학교 등도 속속 건설할 계획이 있는 터인데 금번에 또다시 현재 경성 중앙보육학교장(中央保育學校長) 임영신(任永信) 여사가 총 경비 10만 원으로 명수대에 기지 11,000평을 구입하여 중앙보육을 이전하는 동시에 새로이 여자전문학교를 설치하려고 신춘(新春)부터 공사에 착수하기로 하였다. 그런데 그 기지를 명수대 목하영(木下榮)씨에게 교섭하여 샀는 바 사회사업가인 그도 임 교장의 열성에 감격하여 기숙사(寄宿舍) 부지 1,500평을 기부하였다. 이로써 명수대 일대에는 보모(保姆)들을 양성하는 별세계의 이상향을 이루리라 한다.[19]

키노시타 사카에의 판단은 맞아 들어 학교가 들어서는 1930년대 중반 이후 명수대 주택지의 인구는 급격히 늘어났다. 대부분은 조선인이었다. 1940년대에는 일본인 가구보다 조선인 가구가 더 많아졌는데, 이들은 2기나 3기 분양지에 들어가 살게 되었고 이 지구는 구획 정리가 제대로 되지 않은 상태였기 때문에 화장실이 없는 등 위생적으로 문제가 많은 주택이 지어지기도 했던 것으로 보인다.

결국 명수대 주택지는 일본인과 조선인이 혼재되어 살아가는 마을이 되었는데, 이러한 명수대 주택지의 이미지는 1930년대 말 중일전쟁과 태평양전쟁이 발발하던 상황

17 — "은로교에 서광", 《동아일보》 1936년 3월 19일자

18 — "명수대에 신축한 경성상공학교", 《동아일보》 1936년 6월 29일자

19 — "한강 건너 '명수대'에 중앙보육교 신축", 《동아일보》 1936년 1월 16일자

에 일제가 내선일체를 강화하고 홍보하는 상황에 이용되기도 했다. 다음은 명수대 주택지의 촌장이 된 키노시타 사카에가 명수대 주택지에 대해 가졌던 생각과 거주자들을 대상으로 했던 활동 내용이다.

도의(道義) 조선을 확립하는 것에는, 먼저 스스로는 참으로 황국신민(皇國臣民)이라고 하는 인식을 갖게 하는 것이라고 생각한다. 그러면 자연히 책임 관념도 끓어 올라와, 훌륭한 대일본 제국의 신민으로서의 책임 의무도 이행되기에 이른다고 생각한다. 이러한 의미로, 나의 마을, 나의 직장에서는 종래부터 내선(內鮮)의 구별을 두고 있지 않다. 내선은 옛날부터 이어진 것, 동종동근(同種同根)이라는 것, 신대시대(神代時代, 일본의 역사상 神武天皇 이전 시대)의 왕래의 상황 등을 기회가 있을 때마다 강조하여, 내선일체(內鮮一體)의 기조를 설득, 지도해 온 것이다. 지난번 고이소(小磯) 총독이 부임했을 당시, 일본의 기원은 신무천황(神武天皇) 즉위 이래 2,602년이었다. 천손(天孫) 강림의 건국 기원에 구한다면, 그것은 실로 아득히 먼 1,795,000년이 되어, 황국이야말로 세계 인류의 대조국(大祖國)이며, 물론 내선의 근원이라고 하는 의미의 학설을 삼가 보는 것과 더불어, 한층 그 신념을 깊게 하여, 이후 총독 각하의 학설의 일부를 인용하여 황민화의 지도에 매진하고 있다. 국어(일본어) 상용 운동에 있어서는, 진짜 일본 정신을 체득하는 것으로, 국어를 통하지 않으면 안 된다며, 나의 마을에서는 작년도 2개소에 강습회를 열어, 남녀 약 300명의 수료자를 냈고 올해도 같은 모양으로 약 300명의 강습을 할 것으로 12월에 각각 수업이 이루어질 것이다.[20]

키노시타 사카에는 명수대 주택지가 원래부터 조선과 일본의 구분을 두지 않았다고 자랑하면서 거주자들을 대상으로 황국신민을 만들기 위한 일본어 교육을 매년 실시하기도 했다는 것이다. 그 대상은 분명 대부분 조선인이었을 것이며 이에 따라 명수대 주택지는 또 다른 의미에서 '그들이 생각하는 이상향'으로 해석되기도 했던 것으로 보인다.[21]

명수대 주택지에 이주해 온 조선인 중에는 꽤 재력이 있는 사람도 있었던 것으로 보

---

20 — "斯の信念", 《조선공론》, 1942년 10월

21 — 키노시타 사카에는 1943년과 1944년 두 차례에 걸쳐서는 조선 등지에서 모은 불상 500여 점을 어뢰 제작을 위해 해군에 헌납하는 등 전쟁 수행에 적극 협력하기도 했다. 양지혜, "전시체제기(1939~1945년)경성부회의 구성과 활동", 《일제강점기 경성부윤과 경성부회 연구》, 서울역사편찬원, 2017, 389, 483쪽

조선인 재력가로 추정되는
시미즈 카즈노리의 주택.
출처: 《조선과 건축》 21집 8호,
1942년 8월

이는데, 《조선과 건축》에서 그 사례를 볼 수 있다. 시미즈 카즈노리(淸水―泳)라는 사람이 1942년에 지은 주택인데, 시공자가 오공무소였을 뿐만 아니라 방 명칭도 안방을 뜻하는 내방(內房)이 쓰인 것으로 보아 창씨개명을 한 조선인의 집이었을 것으로 추정된다.[22]

주택 설명에는 "경성부 흑석정(명수대 주택지)"에 위치하고 있으며 "본 건물 2층에서 보면 한강신사에서 상류 한강 기슭 일대가 눈 아래에 보인다. 참으로 조망이 좋은 곳이다."라고 소개되어 있는 목조 주택이었다. 부지는 210평에 연건평 55평의 2층 주택이었는데, 외부는 전체적으로 양식을 지향하며 하늘색을 칠한 오카베 벽에 스페니쉬 기와를 올렸고 1층 응접실 전면에는 테라스와 퍼걸러를 두었다. 그에 비해 내부는 벽난로를 둔 양식 응접실과 함께 온돌방인 안방, 그리고 다다미를 깐 침실과 객실을 함께 두어 전형적인 한-일-양 절충식 주택이었음을 알 수 있다. 모든 물자가 통제되고 있던 시절에 이런 주택을 지었다는 것은 건축주가 상당한 재력과 영향력을 가진 사람이었을 것으로 보인다.

22 — 국사편찬위원회 한국근현대회사조합자료를 검색해 보면 자선당제약(慈善堂製藥)이라는 회사의 사장 이름이 1939년 판에서는 김일영(金―泳)이었다가 1942년판에서는 시미즈 카즈노리(淸水―泳)로 바뀌어 있는데, 이를 보아 자선당제약의 사장이었던 김일영의 집이었을 가능성이 있다.

현재 명수대 주택지의 대부분이 주택재개발구역으로 지정 개발되어 당시의 흔적을 찾기는 어렵다. 간간이 당시의 주택으로 보이는 낡은 건물이 군데군데 있긴 하지만 그토록 경성 제일을 외치며 주택지의 왕좌임을 자처했던 명수대 주택지의 모습은 찾아보기 힘들다. 하지만 남쪽의 서달산에 올라 유유히 흘러가는 한강을 바라보고 있자면 키노시타 사카에가 왜 이곳을 주목해 장수촌이자 별장 주택지를 지향하며 개발했는지가 이해가 되기도 한다.

병참기지정책에 따라 서쪽으로 번지는 토지 투기 열풍

명수대 주택지에서 시작된 한강 이남의 주택지 개발은 1930년대 말 대륙침략을 위한 조선반도의 병참기지화 정책에 따라 서쪽의 인천 쪽을 향해 번져나갔다. 중일전쟁에서 태평양전쟁으로 침략전쟁이 확대되는 가운데 일본은 일만지(日滿支, 일본·만주·중국)를 대상으로 한 국토개발계획을 확립하고자 했고 이에 경성과 인천 사이 지역은 중국 침략을 위한 모든 물자가 오가는 중요한 길목이 되었다. 이에 따라 경성에서 인천으로 이어지는 지역에 대한 시가지계획을 만들게 되는데, 1939년에 제출된 경인시가지계획안을 보면 약 1억 평의 계획 구역이 결정되어 총 11개의 개발 지구가 포함되었다. 그중 경인선에 인접해 있는 구역으로는 구로, 오류, 괴안, 소사, 부평 일대가 있었는데 이 중 많은 면적이 주택지로 개발될 예정이었다.[23]

이러한 분위기를 사전에 감지한 일본의 토지개발회사는 경성에 지점을 내며 주택지 개발에 적극적으로 뛰어들었다. 일본의 개발 회사들은 각종 전쟁특수를 기대하면서 조선에 들어와 사업을 벌여나갔는데, 이 일대에서 눈에 띄게 개발에 앞장섰던 회사로 일본 도쿄에 본점을 둔 대서척식주식회사[24]를 들 수 있다. 대서척식주식회사는 일본의 하카다, 나고야, 오사카, 히로시마, 센다이, 그리고 대만에 영업소를 두고 활동하던 기업이었다. 전쟁을 맞아 '애국적 토지 급행 대분양', '사무라이 혼을 행동력에 쏟은 애국적 토지분양' 등 자극적인 선전 문구와 함께 노량진, 신길정, 오류동, 소사동 일대에서 동시다발적으로 주택지 개발을 벌여나갔다. 대서척식주식회사는 자신들의 사업이

23 — 염복규, 《서울의 기원 경성의 탄생》, 이데아, 2016, 335~354쪽.

24 — 사장은 오오니시 세이시(大西靜史)로 경성부 태평통 2정목 102번지에 사무실을 두었다.

일제의 국익에 기여하고 있다는 자긍심마저 가지고 있었던 것으로 보이는데, 적게는 1, 2만 평에서부터 많게는 10만 평에 이르는 대규모 개발을 해 나가며 이 일대에 커다란 영향력을 행사했던 것으로 보인다. 이외에도 전쟁 이전에는 보이지 않았던 토지개발회사들이 속속 나서 이 일대에서 주택지 개발에 참여했던 것을 알 수 있다.

개별 주택지들에 대한 도면을 비롯한 정확한 정보를 알 수 있는 자료는 아직 발굴되지 않아 확실하게 알 수는 없으나, 1930년대 말부터 1940년대 초까지 《경성일보》와 《매일신보》에 실린 토지 분양 광고를 보면 한강 이남의 주택지 개발 열풍의 분위기를 짐작할 수 있다. 한강을 건너자마자 만나게 되는 노량진부터 시작해 동쪽으로 번대방정 (현재의 대방동), 신길정(현재의 신길동), 영등포(한때 영등포역이 남경성역으로 바뀌면서 남경성으로 지칭되기도 했다), 오류동, 소사동(현재의 부천시 소사동) 등 경인선과 인접한 토지들이 주택지 개발의 대상지였다. 광고 내용을 보면, 이들 역시 이전의 주택지들처럼 도심의 매연을 피해 삼림에 둘러싸여 조용하고 햇빛과 공기, 수질이 좋을 뿐만 아니라 교통도 편리한 교외 주택지라는 것을 강조했다. 그런데 이전에는 등장하지 않던 목적을 들어 토지 구입을 장려하고 있는 것이 눈에 띈다. 바로 '투자 목적'으로 토지를 구입하라는 것이다. 다음의 1930년대 후반부터 1940년대 초반에 걸쳐 한강 이남에 개발된 주택지들의 광고 속에 있는 관련 문구들이다.

이 토지는 대륙 전진의 병참기지인 반도의 심장부로서 종방(종연방적주식회사), 동양방(동양방적주식회사)을 시작으로 조선 맥주, 기린 맥주 등 죽 늘어선 커다란 굴뚝에서 자욱한 흑연을 내뿜으며 약진산업 일본의 전형적 생산도시의 장비는 도시계획 진행과 맞물려 착착 완성에 가까워지고 있다. 해당 토지 일대의 지가는 더욱 앙등할 것이며, 주택난, 사택난의 목소리가 날이 갈수록 높아지고 있고, 도시 팽창의 위력을 제지할 방법이 없다. 전 기업가의 사업욕은 이 토지에 집중되어, 장래의 발전은 단연코 의심할 여지가 없다. 호기를 놓치지 말라. 오늘의 머뭇거림은 천년의 후회[25]

거짓 사기 절대 배격! 다가오는 대륙 개척을 앞에 반도의 산야를 남김없이 개발하자. 천연자원의 개발 애호에 불타는 애국의 열정을 바칩시다. 앞으로 드디어 본격적으로 토지는 마구마구 싹이 날 것이다. 화식(貨殖, 재화를 늘림)과 건강의 두 가지 길로 국민 다 함께 나아

25 — '愛國的土地急行大分讓', 《경성일보》 1938년 10월 8일자

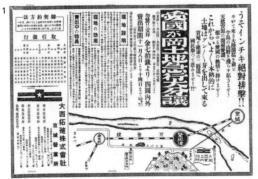

가자!! … 일확천금을 꿈꾸는 주식투자도 비상시 통제하에서는 이제 묘미가 감소 되었다. 현재 투자물 중 왕좌는 단연 토지다. 토지는 미래 영원히 불멸하고 견고하여 절대 안전하고 확실하다. 주택난, 매연, 소음을 피해서 교외로 매년 몰려 나가는 큰 파도와 같은 사람을 보라!! 이 땅은 반도 2천만 대중의 희망을 모아 후방 유일 무쌍의 투자적 건강지로 만천하의 절찬(絶讚)을 받고 있다. 반도의 비보(祕寶), 투자계의 큰 철문이 갑자기 개방되었다. 호기를 놓치지 말아라!![26]

26 — "愛國が岡土地急行大分讓",《경성일보》1938년 11월 7일자

1 노량진 애국강주택지 분양 광고. 출처: 《경성일보》 1938년 11월 7일자
2 오류동 중앙주택지 분양 광고. 출처: 《경성일보》 1939년 12월 16일자
3 남경성(현재의 영등포) 정송원 주택지 분양 광고. 출처: 《경성일보》 1940년 5월 4일자
4 남경성 송학원 주택지 분양 광고. 출처: 《경성일보》 1940년 6월 22일자
5 영등포 건설구 주택지 분양 광고. 출처: 《경성일보》 1940년 9월 7일자
6 소사역 부근의 수락장 주택지 분양 광고. 출처: 《경성일보》 1940년 9월 13일자

총후(銃後) 보건과 참된 주택지는 오류동 중앙주택지로! 사실 분은 지금 곧. 해가 바뀌면 구할 수 없다. … 경인선 오류동역에서 하차, 경인 버스 가도(街道)로 3, 4분! 기정지(旣整地), 미정지(未整地) 2종이 있습니다.[27]

약진 대경성 교외 제일의 주택지 대개방! 주택으로, 투자로, 별장으로, 최적지(最適地)! 백 문이 불여일견 먼저 와서 보시라.[28]

27 — "京仁沿線 梧柳洞中央住宅地速賣", 《경성일보》 1939년 12월 16일자

28 — "南京 城靜松園住宅地大速賣", 《경성일보》 1940년 5월 4일자

글에서와 같이 1930년대 말 한강 이남에서 벌어졌던 주택지 개발은 주택을 짓는 목적 이외에 전쟁의 불안한 상황 속에서 토지 투기 목적을 가진 사람들을 대상으로 한 것이기도 했다. 실제로 당시는 모든 물자가 제한되기 시작했던 때로 토지를 구입한 사람들 대부분은 당장 주택을 건축한다기보다 토지 구입을 통한 자산 보전 목적이 강했을 것이다. 때문에 분양되는 토지에는 정지가 된 땅(旣整地)도 있었지만 정지가 되지 않은 땅(未整地)도 있었다. 1930년대 말 이후 일제에 의한 전쟁의 소용돌이에 휘말렸던 조선의 경성 주변에서의 주택지 개발은 토지 투기와 연결되는 일이었고 이것은 이전에 한강 이북에서 한양도성 주변의 미개발지를 대상으로 했던 단순한 주택지 개발과는 다른 것이었다.

최신 주거문화의 전시장, 충정로

'최초'라는 수식어가 많이 붙는, 한양도성의 서쪽

조선시대의 한양하면 한양도성의 남대문인 숭례문을 가장 먼저 떠올리는 사람이 많다. 그 만큼 숭례문의 위상은 지대해서 흔히 조선시대 한양의 남쪽 지역이 다른 어떤 곳보다 번화했을 것이라 짐작한다. 하지만 서울의 옛 지도에서 한양의 동서남북 안팎을 비교해 보면, 남쪽보다 더 복잡한 도로망을 가지고 있을 뿐만 아니라 동네와 시설의 명칭이 가장 조밀하게 기재된 곳은 바로 서쪽이다. 그 서쪽의 안팎을 구분 짓는 문이 바로 서대문인 돈의문과 서소문인 소의문이다. 돈의문과 소의문 밖의 길을 따라가다 보면 한강의 마포, 서강, 양화진과 이어질 뿐만 아니라 조선시대 1번 국도인 의주로와도 바로 연결되어 평양, 의주를 거쳐 중국과도 통할 수 있다. 돈의문 밖에 경기감영을 둔 이유도 여기에 있다. 이처럼 한양의 서쪽 지역은 각종 물자가 유통되던 곳이자 새로운 사상과 문물이 유입되던 곳이었다. 한강을 통해 운송된 삼남 지역의 물산이 반입되는 통로여서 여러 관영창고가 위치했을 뿐만 아니라 조선 말 한양의 대표적 시장 중 하나인 소의문 밖 시장이 설치되는 등 교통과 상공업의 요지였다. 많은 사람이 오가는 길목이었기 때문에 군중에게 경각심을 심어주기 위한 사형 집행도 서소문 밖 네거리에서 이루어졌다고 한다.[1]

한양도성의 안과 밖은 개항 이후에도 가장 역동적으로 변화했다. 외국 공사관과 영사관이 서대문 내외에 밀집해 외교의 중심지로 부상하게 된다든가 새로운 시대를 꿈꾸며 만들어진 새 궁궐인 경운궁이 그 가까운 곳에 자리잡는 것, 그리고 한양도성의 4대문과 4소문 중 돈의문과 소의문이 가장 먼저 훼철되면서 500년 넘게 이어온 조선시대의 도시구조가 깨지기 시작하는 등 이 일대는 요동쳤던 우리 근대기의 도시 변화를 그대로 보여주고 있다.[2] 같은 맥락에서 이 일대에는 '최초'라는 수식어가 따라붙는 시설도 많이 분포했다. 최초로 전차(1899년, 서대문~청량리)가 운행되고 최초의 기차역(1900년, 중구 의주로1가와 서대문구 미근동 일대, 처음에는 경성역으로 불렸지만 1905년 서대문역으로 명칭 변경되었고 1919년 폐역됨)이 설치되었으며 최초의 서양식 가톨릭 성당인 약현성당(1892년, 중구 중림동)과 최초의 서양식 개신교회인 정동교회(1897년, 중구 정동), 최초의 근대식 교육기관인 배

---

1 — 고동환, "조선 후기 서소문밖 지역의 특성", 《서소문별곡》, 서울역사박물관, 2014

2 — 한양도성의 철거는 1907년 숭례문 북측 성벽의 훼철이 처음이었고 1911년 흥인지문의 북측 성벽이 허물어지기도 하나, 문루가 없어지는 것은 1914년 소의문 철거와 1915년 돈의문 훼철이 가장 빠르다. 이후 1928년에는 혜화문의 문루와 광희문의 문루가, 1938년에는 혜화문의 육축이 훼철되기도 한다.

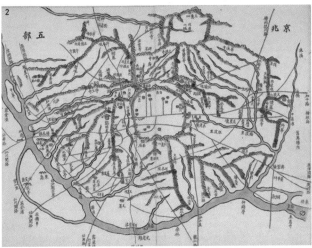

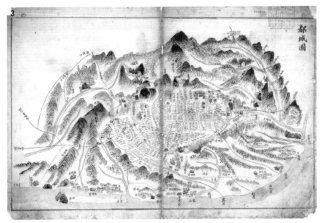

1 서대문 밖 일대의 번화했던 모습을 보여주는 경기감영도, 18세기. 리움미술관 소장 자료

2 경조오부도, 19세기. 서울역사박물관 소장 자료

3 도성도, 19세기. 규장각 한국학연구원 소장 자료

302

1, 2 각국 공사관이 모여 있는 정동 일대,
      1899. 배재학당역사박물관 소장 자료

3, 4 서소문 철거 전(3)과 후(4) 모습,
      1905년 촬영. 출처: 《경성시
      구개정사업 회고20년》, 1930

5 전차가 다니는 돈의문. 출처: 《서울
   한양도성》, 서울역사박물관, 2015

6 서대문역. 출처: 《Seoul: the Capital
   of Korea》, 1901

7 덕수궁 석조전

8 배재학당 동관. 문화재청 제공

9 약현성당

10 정동제일교회

재학당(1885년 중구 정동)이 서대문과 서소문 주변에 들어섰다.

일제강점기가 시작되면서부터 일본인이 많이 거주하던 도성의 남쪽과 용산 일대
로 도시의 중심이 이동하면서 상대적으로 한양도성 서쪽 지역의 위상은 다소 떨어지기
는 하지만, 그래도 그 영향은 계속 남아 신규 주택지 개발과 새로운 양식의 주택 건설
로 이어지게 된다. 경성의 3대 주택지 중 하나인 금화장(1928년 서대문구 충정로3가)이 개발
된다든가 아파트의 초기 모습을 볼 수 있는 충정아파트(1930년, 서대문구 충정로3가)가 건설
되는 곳도 바로 이 일대고 인근의 충정각(1900년대, 서대문구 충정로3가)이나 돈의문 자리 바
로 바깥의 경교장(1938년, 종로구 평동), 돈의문박물관마을의 유한양행 주택(1930년대, 종로구
신문로2가)과 도시한옥군, 그리고 멀리는 홍난파 가옥(1930년대, 종로구 홍파동)이나 딜쿠샤
(1924년, 종로구 행촌동)와 같은 우리나라 건축사 및 주택사에서 중요하게 다뤄지는 서양식
주택이 경성의 서쪽 지역에 지어졌다.

이제 경성 서쪽지역의 주택지와 주택을 살펴보면서 이 일대가 우리나라 근대 건축
사 및 주택사에서 어떤 위상을 가지고 있는지 알아보자.

경성의 또 다른 3대 주택지, 금화장

후암동의 학강 주택지, 장충동의 소화원 주택지와 함께 경성의 3대 주택지로 손꼽히던 주택지가 바로 한양도성 서쪽 밖의 금화장 주택지다. 금화장 주택지는 현재 충정로 3가 3번지 일대인데, 금화장의 '금화'는 홍제동으로 넘어가는 고개인 무악의 한 봉우리인 금화산에서 따온 이름으로 산 모양이 둥글다고 하여 둥그재 또는 원교라고 불리던 곳이다. 주택지 인근에는 화초를 팔던 금화원이 있었는데, 금화장 주택지가 정원 또는 전원의 이미지를 갖게 되는 배경이 되기도 한다. 소화원 주택지에서 설명한 것처럼 일본에서 주택지를 개발할 때, 유원지나 별장지를 이용해 만들기도 했기 때문에 주택지 명칭에 유원지의 '원(園)', 별장지의 '장(莊)'을 붙이기도 했다.[3] 이곳 금화장 주택지는 금화산과 금화원의 이미지에 기대며 만들어졌던 것으로 보인다. 다음은 그러한 금화장의 분위기를 엿볼 수 있는 《경성일보》의 기사다.

도(都)의 서북(西北)에 그 문화를 전하는 금화장(金華莊)은 경성에서 손꼽는 주택지이다. 북은 녹음의 금화산(金華山)에 둘러싸여, 사계절(四季)의 풍경이 좋다. 금화원(金華園)이 있고 남향이며, 토지고조(土地高燥), 공기청징(空氣淸澄), 주택지로서 모든 조건을 구비하고 있다. … 금화산에 이어진 금화장, 아름다운 이름이 아닌가.[4]

기사처럼 금화장 주택지는 금화산에 둘러싸여 있고 금화원이 있어서 녹음과 사계절의 풍경을 즐길 수 있고 고지대에 위치하고 있어 땅이 건조하며 공기가 맑은 위생적인 주택지로 여겨졌다. 그야말로 자연과 함께 하는 교외 주택지의 이미지가 금화장 주택지에 그대로 투영된 것이다.

뿐만 아니라 이곳은 일찍부터 전차가 연결되어 도심부는 물론이고 한강의 마포까지도 손쉽게 연결될 수 있는 이점을 가지고 있었다. 주택지가 개발된 이후에는 전차를 타고 경성역, 용산, 멀리는 한강교를 건너 노량진과 영등포까지도 갈 수 있게 되었으니

3 — 片木篤·藤谷陽悅·角野幸博,《近代日本の郊外住宅地》, 鹿島出版会, 2001, 26쪽

4 — "都の西北金華莊 金華山下に南を受けて理想的な文化住宅",《경성일보》1930년 11월 17일자

1 맥렐란 주택(일명 충정각)

2 앨버트 테일러 가옥(일명 딜쿠샤), 제공: 문화재청

3 홍난파 가옥

4 유한양행 사택

《경성일보》1930년 11월 17일자에 소개된 금화장

대경성부대관에 나타난 금화장 주택지와 그 일대

더할 나위 없는 주택지였다.[5] 금화장 주택지 올라가는 언덕 바로 앞에는 죽첨정이정목 전차역이 있었으며 인근에는 서대문소학교와 미동보통교, 죽첨보통교와 같은 교육시설, 적십자병원[6]과 같은 의료시설, 동양극장과 같은 문화시설 등등 생활편의시설이 주택지 주변에 두루 구비되어 있었다. 이렇듯 시대의 유행을 타고 나타난 신규 주택지 금화장은 당시 사람들에게 최적의 주택지로 인식되면서 경성의 3대 주택지 중 하나로 자리매김하게 된다.

금화장 주택지에 대해서는 김주야(2008)의 연구로 많은 것이 밝혀졌다. 이곳은 원래 도쿠가와(德川) 가문의 도쿠카와 요리사다(德川賴貞) 후작이 1916년에 매입한 땅이었다고 한다. 도쿠가와 요리사다는 장래 토지가격이 상승할 만한 곳을 찾았는데, 하세가와(長谷川) 군부 사령관에게 의뢰하여 찾은 땅이 바로 이 일대 토지와 부산의 토지였고 이것을 30만 원에 매입했다. 이 땅을 1926년 마스다 다이키치(增田大吉)[7]가 130만 원에 매

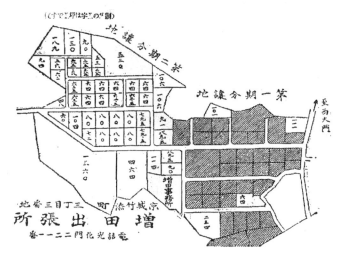

《경성일보》 1930년 3월
26일자에 실린 금화장
주택지 분양 광고 속 배치도

입했다고 하니 이전 소유자였던 도쿠가와 요리사다는 엄청난 시세차익을 남긴 셈이다.

　　마스다 다이키치는 총 세 차례에 걸쳐 금화장 주택지를 개발했는데, 1차는 1928년에, 2차는 1930년에, 3차는 1934년에 분양했다.[8] 1차 분양이 발표되었을 때 살 사람이 밀려들어 눈 깜짝할 사이에 모두 팔려버렸다든가 2차 분양에도 남은 것이 적다는 기사의 내용만 보더라도 인기가 상당했던 것으로 생각된다. 수요자들은 차수별로 약간의 차이를 보이긴 하지만, 회사의 임원이나 공무원, 회사원이나 의사, 교수, 선생 등 중상류층이었고 그들이 구입한 대지에는 각양각색의 주택이 속속 들어서게 된다.

이 주변 일대 약 3만평 완만한 산의 구배에 속속 나무의 향도 새로운 집이 늘어서고 있다. 비젠야(備前屋) 여관의 주인, 적십자(赤十字)의 이나다(稲田)씨, 연료선광연구소(燃研)의 코다이라(小平)씨, 도청(道廳)의 마츠이(松井)씨… 등등 화양(和洋) 각자 공들여서 꾸민 주거가 늘어서고 있다. 가장 위의 240평은 아라이(新井) 약방이 여기에 이상적인 집을 지을 수 있도록 매입했다. 이 금화장은 이 일가(一家)를 보아도 평당 100원 이상이나 하는 고급주택이지만, 옛날과 같이 평당 300원, 500원 들이지 않아도, 지금은 평당 100원을 내면 좋은 집이 선다. 그러므로 지가 평당 30원, 100평의 토지에 30평의 집을 지으면 6,000원으로 금

8 —　김주야·石田潤一郞, "1920∼30년대에 개발된 금화장 주택지의 형성과 근대주택에 관한 연구", 《서울학연구》 32호, 2008

화장의 일원(一員)이 된다는 이야기다. 제2차 분할은 요즈음 점점 부지의 정리가 완성되었는데, 여기는 중(中) 이하의 관리나, 회사원, 학교의 선생이라고 하는 사람들의 매수가 많다. 게다가 인접한 유명한 스기야마(杉山)씨의 문화주택이 있다. 18동 어느 것이나 난방설비가 완비되어 있어서 여기에 들어오면 나가는 것을 잊는다고 할 만큼 호평이 자자하다. 쵸지야(丁子屋)의 주인 고바야시 겐로쿠(小林源六)씨, 코데라구미(小寺組)의 주인 코데라 타다유키(小寺忠行)씨, 의학전문학교(医専) 요코야마(橫山)박사 등 명사의 주거도 이 주변에 밀집해 있다.[9]

이러한 주택의 신축 경향은 《조선과 건축》에 소개된 2동의 주택을 통해서 알 수 있다. 1929년에 지어진 에가시라(江頭) 주택[10]과 1933년에 완공된 타케이(竹井)[11] 주택. 조선총독부 사무관이었던 에가시라는 연면적 33.5평에 지상2층 규모의 주택을 지었다. 내부는 목조에 기반한 평면을 가지고 있었는데, 1층은 가족의 생활공간으로 2층은 객실로 꾸몄으며 일본식 목조 주택의 실내 의장을 하고 바닥은 온돌방 하나를 제외하고는 모두 다다미를 깔았다. 하지만 외부는 벽돌로 쌓은 후 모르타르로 마감하고 지붕은 검은색 일본 시멘트 기와를 올린 급경사 지붕을 올리고 돌출된 창을 많이 두었는데, 이것은 전형적인 1920년대식 문화주택의 모습이다.

경성제대 법대교수인 타케이는 연면적 55.88평에 지하1층, 지상2층 규모의 주택을 지었다. 주요실은 남쪽에, 부속실은 북쪽에 배치하는 일본의 근대식 중복도식 평면이다. 1층과 2층을 모두 가족의 생활공간으로 했으며 바닥은 노인을 위한 다다미 방 하나를 제외하고는 모두 입식으로 했다. 외부는 "수평선을 강조하고 독일풍과 일본 취미를 어느 정도 가한 양풍건축"이라고 밝힌 주택의 특징에 걸맞게 지붕과 창문, 그리고 테라스 난간 등을 활용한 수평선이 눈에 띄는 서양식 주택이다. 이것은 1930년대 들어 급경사의 지붕이 없어지고 완만한 지붕을 가진 서양식 주택이 늘어가던 당시의 경향을 반영하는 것이었다.

9 — "都の西北金華莊 金華山下に南を受けて理想的な文化住宅", 《경성일보》 1930년 11월 17일자

10 — 에가시라 주택의 설계는 KE씨가 담당했고 시공은 야마다구미(山田組)의 야마다 토쿠지(山田德治)가 맡았는데, 공사는 1929년 3월에 시작해 같은 해 6월에 준공되었다.

11 — 타케이 주택의 설계와 시공은 타다공무점에서 했고 공사는 1932년 4월에 시작해 같은 해 8월에 완공되었다. 위생과 난방공사는 스기야마(杉山)공작소에서 맡았고 전기공사는 모리(森)전기상회에서, 장비공사는 요코야마(橫山)상점, 그리고 가구는 일본강관(鋼管)주식회사에서 담당했다.

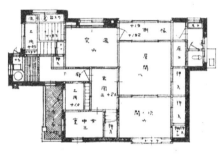
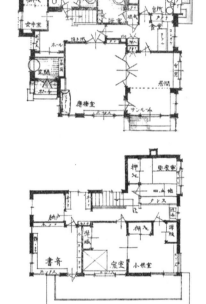
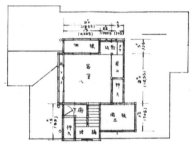

《조선과 건축》(8집 7호, 1929년 7월)에 소개된
에가시라 주택

《조선과 건축》(12집 3호, 1933년 3월)에 소개된 타케이 주택

　　금화장 주택지에는《조선과 건축》에 소개될 만큼 최신의 주택이 지어졌던 것으로
보이는데, 서양식 주택을 지향했다 할지라도 시기에 따라 해석이 다르고 내부 공간 구
성과 의장도 달랐음을 알 수 있다. 아무래도 건축주의 성향에 따라 다양한 주택이 지
어졌겠지만 기본적으로는 금화장이라는 신규 주택지에 걸맞은 최신 유행의 주택이 지
어졌음을 알 수 있다.

　　타케이 주택의 경우 건축주인 타케이의 건축 소감이 실려 있는데, 죽첨정에 위치

한 금화장 주택지를 선택한 것과 서양식 주택을 지은 것에 대한 만족감을 느낄 수 있다. 특히 금화장 주택지가 위치한 죽첨정 부근은 남산에 있는 조선신궁을 볼 수 있어 일본인들에게 더욱 인기 있었던 것으로 보인다.

대체로 나의 주택의 이상은 한 달에 한두 번은 학생과 연구회를 하거나 또 하나는 음악을 하여 인생을 풍요롭게 즐기고 싶다는 생각이 있었기 때문에 음악이라는 것을 넓고 깨끗하고 스마트한 방을 먼저 제일의 요건으로 하고 제이에는 모든 소리로부터 멀어질 수 있는 그리고 서재의 책을 손쉽게 꺼낼 수 있는 책장이 많이 있는 방이 갖고 싶었다. 그것이 두 가지가 큰 요구였으며 나머지는 가족이 광선을 잘 받고 가능한 병에 들지 않으면 된다는 주문을 하였다. … 나는 17, 8세기 정도의 양관을 지을 셈이었던 것이 1932년식 독일 교외주택에서 볼 수 있는 양식으로 발전하였다. 채광 정도도, 베란다를 두는 방식도, 선룸의 배치도 모두 근대적인 스마트한 느낌의 집으로 해 준 것은 아직까지 매우 감사하고 있다. … 나의 수년래 그려온 머릿속 그림보다도 더 스마트한 집처럼 보이기도 한다. 여기 죽첨정은 경성에서도 상당히 공기가 좋은 장소 중 하나로 여겨지고 있을 뿐 아니라 매일 아침 햇살을 받는 조선신궁을 동쪽으로 보면서 브렉퍼스트 룸(breakfast room)에서 가족이 모여서 식사를 할 때 등은 매우 유쾌하게 생각한다.[12]

　　금화장 주택지는 원래 토막민이 움집을 짓고 살던 빈민촌이었다. 금화장 주택지 개발을 할 당시 토막민들과 갈등이 생기는 일은 당연했다. 새롭게 개발된 신규 서양식 주택지와 주변으로 밀려난 토막민들의 초라한 움집이 극명한 대비를 이루는 것은 비슷한 시기 신당동을 포함한 경성의 여타 주택지 개발에서 나타난 모습과 매우 유사했다. 결국 밀려난 토막민들은 아현리와 홍제내리로 옮겨 아무런 시설도 갖춰지지 않은 비위생적이고 열악한 환경에서 살아갈 수밖에 없었다.[13]

서대문 밖 죽첨정삼정목(竹添町三丁目)에 있는 금화원(金華園) 부근 속칭 '둥구재고개'에는 벌

12 ― 竹井廉, "私が家を語る", 《조선과 건축》(12집 3호, 1933)을 비롯해 《조선과 건축》에 실린 단독주택에 대한 소개 글에서 이러한 기사를 종종 발견할 수 있다.

13 ― 이러한 현상은 일제 말까지 계속되는데, 염복규, "일제 말 경성지역의 빈민주거문제와 '시가지계획'", 《역사문제연구 8호》(2002)에 따르면 1936년 4월 경성시가지계획의 기조는 이른바 '大京城'이라는 말이 상징하듯이 도심부의 현상 유지, 신 편입지역의 개발이라는 외곽지향, 확장 지향적인 것이었고 이에 따라 시가지계획사업이 예정된 곳은 대부분 토막민의 주 분포지였다고 밝히고 있다.

써 7, 8년 전부터 의지 없는 궁민들이 모여 '움' 혹은 조그마한 초가집을 짓고 의지를 하여 살아오든 바 최근에 이르러는 그 호수가 점점 늘어서 전부 29호에 달했는데 소관 서대문 경찰서에서는 무슨 까닭인지 여러 해 동안 묵인해 오던 이 '움집' 혹 초가집들을 아무 통지도 없이 수일 전에 순사 7명이 출동하여 그중 17채를 헐어버리는 동시에 그중 몇몇 집에 대해서는 허가도 없이 집을 건축하였다 하여 과료금 3원씩을 받고 나머지 12채에도 오는 15일까지 전부 헐어가라고 엄명을 발하였다는데 자기의 돈을 내고 대지(垈地)를 살 수 없는 궁민들이 비록 남의 땅에나마 몸을 붙일 의지간을 짓고 평화롭게 살아오던 이 가련한 낙원에는 청천에 벽력이 떨어진 것 같이 어린아이 늙은이를 업고 안고 어찌할 줄을 모르고 하늘만 우러러 호곡하는 중이라는 바 그곳에서 집을 잃고 거리에 방황하게 된 가족은 전부 30여호 200여명에 달한다더라.[14]

이 주변 일대에 빨간 기와지붕이 늘어서는 것도 먼 장래가 아닐 것이다. 이왕직(李王職)의 묘지와 금화원을 알아도 금화장을 아는 사람은 적지만 따뜻한 날(四溫日和)에는 한번 가볼 일이다. 그러나 이 이상향의 뒷산에 세상의 가장 비참한 모르핀 환자가 많은 것도 기억해 주길 바란다. 그것은 문화에 취한 사람들과 너무나도 얄궂은 콘트라스트이기 때문이다.[15]

현재 금화장 주택지에는 당시의 주택이 거의 남아있지 않고 대부분 다세대 주택으로 바뀐 상태여서 경성의 3대 주택지로서의 명성은 찾아보기 힘들다. 다만 '금화장 길' 또는 '금화장 오거리'라는 거리 명칭과 높게 쌓인 축대만이 당시의 흔적을 남기고 있을 뿐이다.

현존하는 금화장의 주택

금화장 주택지의 축대

14 — "금화원(金華園) 움과 두옥(斗屋) 서서(西署)에서 돌연철훼(突然撤毀) 가련한 낙원에 벽력이 내려 200여구 풍찬노숙(風餐露宿)", 《동아일보》 1928년 5월 12일자

15 — "都の西北金華莊 金華山下に南を受けて理想的な文化住宅", 《경성일보》 1930년 11월 17일자

서북쪽으로 퍼져나가는 주택지 개발

금화장 주택지가 개발된 이후 주택지 개발은 서쪽과 북쪽으로 더 진행되는데, 1934년에 개발된 북아현정 연희장 주택지, 1935년에 현저동, 행촌동, 교북동, 관동정(현재의 영천동) 등 4개 지역에 걸쳐 개발된 영천 주택지, 1936년에 천연동에 개발된 천연장 주택지가 있다.

연희장 주택지는 원래 왕실의 소유지였던 것을 카시이 겐타로(香椎源太郎)[16]라는 사람이 구입하고 연희장토지경영주식회사[17]에서 개발한 주택지로 일제강점기 경성에서 개발된 주택지 중 최대 규모인 21만 평에 걸쳐 개발되었다. 광활한 면적을 대상으로 여러 차수에 나누어 주택지 조성과 분양을 했는데, 당시 유명하던 금화장 주택지에 인접한 주택지였다는 것도 홍보에 큰 역할을 한 것으로 보인다. 주택지에는 운동장, 오락장도 설치해 장래에는 유원지이자 낙원지가 될 수 있을 것이라는 기대를 모았다. 경성역에서 5분간 기차를 타면 주택지 내에 있는 아현 정차장에 내릴 수 있을 뿐만 아니라 서대문 교차로까지 도보로 접근이 가능하기 때문에 교통이 편리한 주택지로도 선전되었다.[18] '절호의 건강지', '주택지의 이상

《조선공론》 1936년 7월호에 실린 연희장 주택지 분양 광고

---

16 — 1867년 후쿠오카 태생으로 1905년 조선으로 건너와서 수산업에 종사했다. 부산 및 거제도, 가덕도를 근거로 어업에 종사하여 부산어시장의 사실상 소유주였으며, 경성 히노마루(日の丸)어시장, 용산어시장의 경영자이자 조선수산회 회장이 되는 등 일제강점기 한반도 수산업계의 대부이자 1인자로 불리던 사람이었다.

17 — 연희장토지경영주식회사는 1937년 요시카와 타이치로(吉川太市郎)에 설립된 회사로 북아현정 1-78번지에 본점을 두고 있었다.

18 — 山田勇雄,《大京城寫眞帖》(中央情報社, 1937, 30쪽)과 "絶好の健康地, 延喜莊住宅地",《조선공론》(24권 7호, 1936년 7월)의 내용 정리

향', '근대적 주택지의 실현' 등 주택지 선전에 사용된 문구가 마치 일본에서 개발되었던 교외 주택지 광고 문구를 연상시키는데,[19] 일본 주택지 개발의 선전 방식마저 조선에 유입되어 그대로 적용되었음을 보여준다. 평당 분양가가 8원부터 22원 정도였다고 하니 인근의 금화장 주택지보다는 저렴하지만 동쪽의 혜화동이나 신당동의 주택지 수준 정도는 되는 중급 주택지였던 것으로 보인다.

영천 주택지는 독립문 주변 일대 토지 8만 평의 대지에 2천 호가 넘는 주택을 지을 수 있는 규모로 하나조노 사키치(花園佐吉)[20], 이시카와 곤조(石川倦造)[21], 박덕영(朴德榮)에 의해 설립된 영천토지경영합자회사에서 개발한 주택지이다. 개발자였던 하나조노 사키치는 1927년 숭일동 주택지를 개발한 공제신탁주식회사의 설립에 참여한 사람이자 1930년 동숭동에 개발된 약수대의 소유주이고 자체적으로 하나조노공무소를 두고 건축업을 한 사람으로 그간의 주택지 개발 및 건축 사업의 경험을 바탕으로 영천 주택지 개발을 주도했던 것으로 보인다. 이시카와 곤조는 앞서 개발된 연희장 주택지의 개발회사 이사를 맡고 있었기 때문에 이 일대 토지 개발에 대한 정보를 일찍부터 접하게 되면서 영천 주택지 개발을 미리 계획했을 것이다.

이 주택지들에 특별히 주목해야 하는 이유는 바로 개발 과정에 조선인들이 참여한 흔적을 살펴볼 수 있고 일본인에 의한 조선인 대상의 주택지가 조성된 사례가 나타나기 때문이다. 다음은 당시 이 일대의 분위기를 알려주는 장기인의 증언이다.

서대문에서 대로 넘어가는 길이 있는 북아현동이야. 거기 양옥 비슷한 주택이 있는데 그게 문화주택이야. … 내가 아는 사람 한 분은 문화주택을 지어서 파는 사람이었는데, 일본의 어떤 고공인가를 나온 사람인데 한국인으로 돈도 잘 벌었지. 문화주택 건설업자지. 돈이 남더라 그러면서 나더러 그것도 괜찮은 사업이다 그런 얘기를 했어."[22]

여기서 북아현동 지역이란 연희장 주택지를 지칭하는 것으로 보이는데 이곳에는

19 ― "絶好の健康地, 延喜莊住宅地", 앞의 글

20 ― 하나조노 사키치는 가고시마 출신으로 후쿠오카공업학교 건축과를 졸업한 뒤 도쿄 타츠노(辰野)사무소원으로서 연구하던 중 조선은행 본점건축이 있자 조선으로 와서 4년 동안 은행에 근무했다. 1920년 하나조노(花園)공무소를 창립하여 건축공사, 설계, 감독 및 공사청부 등에 종사했던 인물이다.

21 ― 이시카와 곤조는 조선제혁판매통제주식회사(朝鮮製革販賣統制株式會社)의 대표이자 유풍상회주식회사(裕豊商會株式會社)의 대표로 조선 내의 가죽 및 의류 사업을 벌였던 사람이다.

1 연희장 주택지 전경

2 영천 주택지 전경. 이상
   출처: 《대경성사진첩》,
   1937

양옥과 같은 문화주택을 짓는 주택지로 상당히 각광을 받았던 곳으로 이곳에서 조선인들이 주택 사업을 벌였다는 것이다. 일본인의 전유물로 여겨졌던 서양식 주택 공급 사업에 조선인들도 관여하게 되었고 그런 사람들은 어느 어느 고공을 나와 건축 교육을 받은 사람들이었다. 게다가 천연장 주택지의 개발자인 보림합명회사의 임병기(林炳基)는 일본대학 법과에서 공부했던 사람으로서 귀국 후 주택지 개발 사업에 직접 참여했다고 하니 1930년대 후반에는 일본인은 말할 것도 없고 조선인들도 여러 주택지 개발에 뛰어들었던 것을 알 수 있다.

22 — 김란기, 《한국 근대화 과정의 건축제도와 장인활동에 관한 연구》(홍익대학교 박사논문, 1989),
       254쪽; 우동선·안창모, 《2003년도 한국 근현대예술사 구술채록연구 시리즈, 장기인 1916~》(한국문
       화예술진흥원, 2004) 248~249쪽에도 유사한 이야기가 실려 있다.

연희장 주택지의 문화주택, 2018년 촬영　　　연희장 주택지의 한옥, 2018년 촬영

　　게다가 이 지역은 일찍부터 조선인들의 거주비율이 높았던 이유 때문인지 일본인을 대상으로 하기보다 조선인을 대상으로 한 주택지 개발을 한 것으로 보인다. "경성에 있는 조선인 주택의 중추를 이루게 될 것이다."라는 전망과 함께 조성된 영천 주택지의 설명 문구는[23] 일제강점기 후반에는 일본인들조차 조선인들을 대상으로 택지 분양을 했던 것을 알 수 있다. 당시 주택난으로 인해 조선인들의 주택 수요가 많았을 뿐만 아니라 한옥이 건축비가 저렴한 것에 일본인과 회사들은 주목하여 이 일대를 한옥 주택지로 조성하면 많은 이익을 얻을 수 있겠다는 사업적 판단을 했던 것이다. 실제로 이 일대에는 아직도 한옥이 많이 남아있었는데 바로 그런 배경에서 탄생한 한옥 밀집지역이다.

　　금화장 주택지에서 시작된 경성 서쪽의 주택지 개발은 서쪽과 북쪽으로 더욱 확장되어 가는 양상이었고 일제강점기 후반으로 갈수록 일본인뿐만 아니라 조선인들도 주택지 개발에 관여하게 되었다. 그뿐만 아니라 일본인들이 조선인들을 대상으로 한옥 주택지 공급 사업도 벌여나간 것이니 이곳에서는 일본인은 문화주택지 공급, 조선인은 한옥주택지 공급이라는 이분법이 깨진 것이다.

수직으로 적층된 새로운 주택, 아파트

금화장이 경성 서쪽에 서양식 단독주택을 짓기 위한 대표적 신규 주택지였다면, 충정 아파트는 현존하는 가장 오래된 일제강점기 철근콘크리트조 아파트로서 우리 주거사

23 ― 山田勇雄, 《大京城寫眞帖》, 中央情報社, 1937, 34쪽

에서 중요한 위상을 가지고 있다. 기존의 주거가 대체로 개별 주호 단위의 건축물이었다면 '같이 모여 산다'라는 개념의 새로운 주거 형식이 시작된 것은 '아파트'란 용어와 함께였다. 물론 1920년대 초반 행랑채와 같은 모습을 가진 부영장옥이나 주택구제회의 간편주택이 나타나 공동 거주하는 개념이 있긴 했으나,[24] 수직으로 적층되는 형식의 집합 주거는 '아파트'라는 단어와 함께 등장했다. 당시는 잡지와 신문 등 다양한 매체를 통해 새로운 주거에 대한 정보가 소개되었고 건축가들은 새로운 재료와 기술, 양식을 활용해 새로운 주거를 실험해 보던 시기였다. 그러한 시대적 배경에서 아파트는 완전히 새로운 주거 형식이었고 이를 바라보는 대중들은 아파트를 동경의 대상으로 삼기도 했다. 현재 '아파트 공화국'이라고 불릴 만큼 아파트는 보편적인 주거로 여겨지고 있는데, 과연 이 '아파트'라는 것은 언제 어떻게 시작되었고 충정아파트는 어떤 위상을 가지고 있는 것일까.

먼저 '아파트'라는 단어의 어원에 대해 살펴보자. 박철수에 따르면 '아파트'라는 말은 '아파트먼트 하우스(apartment house)'의 프랑스 단어인 '아파르트망(appartement)'에서 유래했다고 한다. 18세기 프랑스 귀족의 대저택은 독립적으로 생활할 수 있는 여러 공간으로 나뉘어 있었고 그 각 영역을 아파르트망이라 했는데, 프랑스 혁명 이후 귀족의 대저택이 신흥 도시 중산층에게 분할 임대되면서 뜻이 변했다. 미국인들이 6층 높이의 위생적이며 전망 좋은 도시형 고밀도 주택이라는 뜻에서 '프랑스식 일류 공동주택'이라는 선전 문구로 상품화한 '아파트먼트'를 일본이 받아들여 우리나라에까지 들어온 것이라는 것이다.[25] 프랑스에서 '아파르트망'은 집합주거의 한 주호를 지칭하는 단어일 뿐이고 우리식의 집합주택 전체를 가리키는 뜻으로는 '로지망 컬렉띠프(logements collectifs)'라는 단어가 쓰이고 있는 것을 볼 때, 미국으로 넘어간 '아파트먼트'라는 단어는 재해석이 이루어졌고 그것이 다시 일본을 거치면서 '아파트'라는 단어로 축약되어 우리나라에까지 들어온 것으로 보인다. 현재 일본에서는 우리식의 철근콘크리트조의 고층 집합주택에는 '만숀(マンション, mansion)'[26]이라는 말을 주로 쓰고 저층이나 목조 또

24 — 유순선, "일제강점기 주택구제회에 의한 교북동 간편주택의 성격 및 의의에 관한 연구", 《대한건축학회논문집》, 2016년 2월

25 — 박철수, "아파트", 《한국건축개념사전》, 동녘, 2013, 615쪽

26 — 프랑스어로 대저택을 뜻하는 말인데, 유럽에서는 고급 아파트의 명칭으로 쓰인다. 일본에서는 1962년 도쿄의 부동산업자가 처음으로 이 단어를 써서 1960년대 주택 형식의 한 종류를 나타내는 용어로 정착했다. 小木新造 編, 《江戸東京学事典》, 三省堂, 2003, 515쪽

는 임대 등의 허름한 집합주택에만 '아파트'라는 용어를 쓰고 있는 것을 볼 때, 이제 수직적으로 적층된 집합주거를 일컫는데 '아파트'라는 단어를 가장 보편적으로 사용하고 있는 곳은 우리 나라가 유일한 듯하다.

그럼 일제강점기였던 1920~30년대 아파트라는 실체는 우리에게 어떻게 알려졌을까. 먼저 일본에서 아파트의 시작에 대해 알아보자. 일본에서는 아파트먼트하우스(アパートメントハウス) 또는 아파트(アパート)라고 부르는 집합주거형식이 다이쇼(大正) 시기인 1910년대 즈음부터 시작됐다고 보고 있다. '아파트' 이외에도 '벌집주거'라는 뜻의 '봉굴주거(蜂窟住居)'나 '공동관(共同館)', 또는 '클럽(俱樂部)'이라고 불리기도 했는데, 1904년 마루노우치(丸の内)의 벽돌조 2층 집합주택이나 1910년 이케노하타(池之端)의 목조 5층 집합주택을 그 처음으로 잡는다. 1916년 군함도에 최초의 철근콘크리트조 아파트가 건설된 것을 일본의 아파트 역사에서 하나의 중요한 기점으로 보기도 하는데 실제로 지어진 아파트의 대부분은 나무로 지어진 목조 아파트로서 그 원형을 하숙집[27]에서 찾기도 한다.

일본 근대 아파트의 백미라 불리는 오차노미즈(御茶の水)의 문화아파트[28]는 미국인 건축가 보리스(William M. Vories, 1881~1964)의 설계로 1925년에 지어졌는데, 지하 2층, 지상 5층으로 70호 규모의 철근콘크리트조 아파트였다. 이 아파트의 신청자는 일본인보다는 외국인이 많았으며 생활공간이었다기보다는 호텔에 가까운 것이었다고 한다. 앞서 언급한 아파트들이 모두 민간에서 시도한 아파트였다면 공공에서는 1919년경부터 아파트를 6대 도시(도쿄, 요코하마, 나고야, 교토, 오사카, 고베)에 짓기 시작했으며, 1924년에는

---

27 — 1개월 이상의 시간을 단위로 숙박을 하는 것으로 식사가 제공되는 형태로 학생, 회사원, 직공 등이 이용했다. 小木新造 編, 앞의 책, 512~513쪽

28 — 오차노미즈의 문화아파트는 홋카이도제국대학 법학부의 교수였던 모리모토 코키치(森本厚吉)가 중류계급의 주택문제 해결을 위해 기획해 1925년에 지어졌다. 그는 1920년대 초부터 요시노 사쿠조(吉野作造), 아리시마 타케오(有島武郎) 등과 함께 '문화생활연구회(文化生活硏究會)'라는 단체를 결성하는 등 일본인의 생활과 주택 개선에 관심이 많았던 인물이다. 집합 거주를 장려하거나 다다미를 배제하자는 등의 주장을 했는데, 오차노미즈 문화아파트에서도 좌식이 아닌 의자식 생활을 전제로 했으며 공동의 난방, 급탕, 취사장, 세탁장, 정원을 구비해 가사의 능률과 경비의 절약이 이루어지는 미국식 생활을 제안했다. 하지만 지하층과 1층에 점포, 식당, 연회장, 카페, 자동차 차고를 두고 각 주호 내에는 조립식 목욕탕, 화장실, 침대, 책상, 테이블, 의자, 탁상전화, 가스 조리대 등을 구비해 놓는 등 호텔과 같은 느낌이었다고 한다. 内田靑藏·大川三雄·藤谷陽悅, 《図説─近代日本住宅史 幕末から現代まで》, 鹿島出版会, 2001, 70~71쪽. 이후 문화아파트는 출판단체의 사무소로 바뀌기도 하고 수학여행자 대상의 일본학생회관으로 쓰이기도 했다가 1986년에 철거되었다. 小木新造 編, 앞의 책, 514쪽

도쥰카이(同潤会)[29]라는 기관이 세워지면서 도쿄와 요코하마에 공공에 의한 아파트 공급이 본격화되었다.[30]

이러한 20세기 초반 일본의 아파트 건축 상황은 건축 잡지 기사를 통해 우리나라에도 그대로 전달된다. 《조선과 건축》을 보면 아파트에 대한 첫 기사는 1922년 '게이샤 아파트(藝妓アパートメント)'라는 오사카에 지어진 게이샤들을 위한 아파트에 대한 소개였다. 이후 일본 각지에서 지어진 아파트에 대한 소개가 거의 매월 실렸다. 소개된 아파트의 형태는 대체로 3, 4층 규모의 콘크리트조 건축물로 적게는 수십 호에서 많게는 수백 호 규모로 지어진 것이다. 유형은 가족 단위를 대상으로 한 것과 독신자들을 대상으로 한 것으로 나뉘었는데, 가족용의 경우에는 내부에 2개 내지 3개 정도의 실을 구비하고 있었고 독신자용의 경우에는 1개의 실을 가지고 있었다. 안에는 수도와 가스가 완비되어 있고 공동욕실, 공동식당, 오락실, 도서실, 담화실 등의 공용시설이 구비되어 있었다. 거주계층은 중류층을 대상으로 한 것도 있었지만 빈민 구제를 목적으로 지은 것도 있었으며 화류계 여성들을 위한 게이샤 아파트도 지속적으로 지어졌던 것으로 보인다.

흥미로운 것은 아파트라는 단어가 단지 주택에만 쓰인 것이 아니라 관청이나 사찰, 형무소 심지어 마구간과 같은 건물이 수직으로 적층된 경우 아파트라는 단어를 썼다는 점이다. 이것은 일본에서도 아파트라는 단어가 유입되어 정착하기까지 단어의 쓰임이 불안정했던 상황을 보여주는 사례이다. 기사 중에는 일본에 지어진 아파트 외에도 미국의 아파트 경향이나 중국의 아파트 신축 소식, 아파트 관련 법규 변경이나 실험 내용에 대한 소식이 실리는 등 국외의 아파트 관련 정보가 지속적으로 들어왔음을 알 수 있다.

건축 잡지가 아닌 일반 신문이나 잡지에는 비교적 늦은 1930년대부터 '아파트'라는 단어가 사용된다. '아파트'와 '아파-트(アパート)'를 비롯해, 아바트, 아빠-트, 아파-트멘트 (アパートメント), 아파트먼트, 어파트먼트 등 약간씩 다른 표현을 쓰고 있었는데, 일본 도쿄의 아파트나 스웨덴 스톡홀름의 아파트, 러시아의 예술인들을 위한 아파트 등 해외 사례는 물론이고 경성을 비롯한 인천, 부산, 평양, 대구, 대전, 목포, 마산 등 지방 도시의

29 — 도쥰카이 아파트에서는 합리적인 도시 생활을 추구하여 ①내진내화 구조, ②자유롭게 화양(和洋)의 생활양식을 선택할 수 있는 내부 구조, ③수도, 가스, 전기의 설비 완비, ④각호에 수세식 화장실의 설치, ⑤싱크대, 조리대, 더스트 슈트가 있는 부엌, ⑥고정된 거울이 있는 세면소, 모자걸이, 신발장, 문패 등의 근대적 설비가 구비되도록 했다. 가족을 대상으로 한 것과 독신자를 위한 것이 있었는데, 당시 젊은 연령층의 엘리트층이 거주했다고 한다. 内田青藏·大川三雄·藤谷陽悦, 앞의 책, 73쪽

30 — 内田青藏·大川三雄·藤谷陽悦, 앞의 책, 70쪽; 小木新造 編, 앞의 책, 513~514쪽

1 《동아일보》 1933년 4월 22일자에 소개된 스웨덴
  스톡홀름의 아파트

2 《부산일보》 1934년 10월 23일에 소개된 부산의
  청풍장(淸風莊)아파트

아파트에 대한 기사가 신문과 잡지에 실렸다.[31]

    기사 내용을 보면 요즘 우리가 생각하는 가족 단위의 집합주거도 있지만 일명 하숙옥 또는 공동합숙소로 표현되면서 때로는 여관과도 혼동되고 있었다는 것을 발견할 수 있다. 다음은 그러한 인식을 잘 보여주는 글귀다.

아파-트멘트(apartment) 영어. 일종의 여관(旅館) 혹은 하숙(下宿)이다. 한 빌딩 안에 방을 여러 개 만들어 놓고, 세를 놓는 집이니, 역시 현대적(現代的) 도시(都市)의 산물(産物)로 미국에 가장 크게 발달되었다. 간혹 부부생활(夫婦生活)을 하는 이로도 아파-트멘트 생활하는 이가 있지만은 대개는 독신(獨身) 샐러리맨이 많다. 일본서는 약(略)하야 그냥 '아파-트'라

<hr />

31 — 북구(北歐)에 위치하는 스톡홀름을 조금이라도 밝게 하고 또 시민의 건강에도 만전(萬全)을 기(期)하려는 염원으로 당시(當市)에서 전부터 건축 중이든 시영모던아바트는 요즘 완성하야 일반 시민에게 해방(解放)된 바 보기만 해도 명랑(明朗)한 모던 미(味)는 곧 시민의 비상(非常)한 인기(人氣)를 불러 만원(滿員)의 성황(盛況)을 이루었다. "해외소식 사진", 《동아일보》 1933년 4월 22일자

고 쓴다.[32]

요즘 동경서 나온 사람의 이야기를 들르면 일본에는 독신여자(獨身女子)들이 모여 사는 합숙소(合宿所)가 어떻게 많은지 모른다고 한다. 아오야마(靑山)에도, 시부야(澁谷)에도… 그래서 은행회사의 여사무원으로부터, 여교원, 여급, 또 무산정당(無産政黨)의 여류투사(女流鬪士)와 규수문사(閨秀文士)들까지 모든 근로층(勤勞層)에 속하는 부녀(婦女)들이 모두 커다랗게 3, 4층으로 지은 '아빠-트' 속에 시름없는 안주(安住)의 터를 잡고서 마음 놓고 제 직업에 힘쓴다고 한다. '아빠-트'의 조직은 각기 다르겠지만 대개 방이 백여 개 되는 곳에는 그 안에 공동식사장, 공동목욕장, 공동세탁장이 있고 도서실이나 신문열람실은 의례 있고 또 좀 더 완비한 곳이면 '육아홈-'까지 두어서 근로부인을 위하야 종일 그 어린아이들을 맡아 길러준다고 한다. 크면 클수록 인류공동생활의 한 축도(縮圖)같이 종합형으로 완비하여 질 것이나 그렇지 않고 방도 수십밖에 아니 되는 합숙소(合宿所)에 이르러도 서로 오락실쯤은 둔다고 한다. 그래서 식사까지 함께 하는 곳도 있고 그렇지 않고 방만 세를 주는 제도도 있다고 한다. '아빠-드'의 시설은 생활이 복잡하고 문명이 고도화할수록 발전된다. 미국(亞米利加) 큰 도시마다 공기 좋고 물맛 좋은 교외지(郊外地)에 어떻게나 많은 공동주택(共同住宅)이 있으며 더구나 러시아(露西亞)에랴…[33]

방을 많이 만들어 놓고 세를 놓는 것 때문에 아파트를 여관이나 하숙, 합숙소 등의 용어와 혼용했음을 알 수 있다. 거주자는 주로 도시의 독신자들이었고, 공동식당, 공동목욕장, 공동세탁장을 비롯하여, 도서실, 오락실, 육아시설 등의 공용공간을 두어 직장 생활의 편의에 도움을 줄 수 있는 주거 형태로 비춰졌는데, 미국이나 러시아와 같이 생활이 복잡하고 문명이 고도화된 도시에 지어지는 것으로도 소개되었다. 아파트라는 개념이 해외에서 들어온 것으로, 대부분 도시의 독신자들을 위한 주거였으며 여러 공용공간이 준비된 주거 시설이었다는 것은 뒤에 소개할 우리나라의 일제강점기 아파트 형태를 연상시킨다.

아파트를 여관이나 하숙, 합숙소 등과 혼동하고 있는 것은 현재의 아파트 개념과는 다소 다른 부분이다. 이와 같은 혼동 속에서도 여러 층을 적층하여 높게 지은 거주

---

32 — "모던語 點考", 《신동아》 18호, 1933년 5월

33 — 草士, "京城 獨身女性 合宿所風景", 《삼천리》 13호, 1931년 3월

1 《경성일보》1930년 11월 19일자에 소개된 공사 중인 채운장아파트
2 《대경성사진첩》(1937)에 소개된 채운장아파트

용 건축물이라는 개념에서는 차이가 없다. 다음은 광희문 근처에 세워진 '채운장'이라는 아파트와 내자동에 지어진 '미쿠니(三國) 아파트'에 대한 묘사다.

소화원(昭和園) 위에 아주 높이(魏然) 우뚝 솟은 대 건축물, 흡사 로마의 폐허로부터 나온 투우장과 같은 건물이 도시민(都人士)의 눈을 끌고 있는데, 본지의 기사에서 변종인 본정 5정목(本町五丁目)의 우에하라 나오이치(上原直一)[34]씨가 혼자 힘으로 아파트를 짓고 있다고 하여, 놀랐던 것도 수년 전. 쉬지 않고 꾸준히 한 결과 요즘은 4층 일부가 완성되었다. 4백 평에 처음은 80실정도 예정이었으나 이 상태로는 백수십실은 가능할 것 같다. 10만 원 정도는 필요하다는 이야기. 손으로 만든 블록으로도 멋지게 보인다. 우에하라(上原)씨는 언제 완성될까 예측이 되지 않는다고 하지만, 벌써 단숨에 조선 제일의 아파트 출현은 그렇게 먼 장래는 아니다.[35]

현재 서울에는 63빌딩을 비롯, 20층 이상의 고층아파트와 초현대식 건물이 즐비하게 들어

34 ― 1888년 오카야마(岡山) 출신으로 1909년 조선으로 건너와 처음에는 황해도 피주군 봉일천(奉日川) 시장에서 쌀, 잡곡 등 잡화상을 경영하다가 이후 전당포를 물려받아 운영하다가, 주택임대업으로 전업 했다.

35 ― "住宅點景(三) ローマの鬪牛場 そのままのアパート 光熙門側にそびゆ", 《경성일보》1930년 11월 19일 자

섰으나 당시만 해도 삼국 아파트는 옛 반도호텔(현 롯데호텔 자리)과 더불어 장안의 일류건물이었다. 충정 아파트에 살고 있는 유인상씨는 이 '명물'을 구경하러 다녔다고 회고했다.[36]

먼저 채운장아파트의 모양을 '로마의 폐허로부터 나온 투우장'에 빗대어 설명하고 있는 것이 무척 흥미로운데, 동사헌정의 소화원 주택지 위에 세워졌다고 하니 그 위치가 한양도성에 가까운 높은 구릉이었던 것으로 보인다. 때문에 광희문과 그 주변 어디에서도 채운장아파트가 보였을 텐데 그 모습은 당시 경성 사람들의 이목을 꽤 집중시켰던 것 같다. 4층 규모에 100실이 넘는 큰 규모의 아파트였다고 하니, 이것은 비슷한 시기에 준공돼 《조선과 건축》에 실린 욱정(현재의 회현동)의 미쿠니(三國)상회 아파트나 죽첨정(현재의 충정로)의 도요타(豊田) 아파트보다도 큰 규모였다. 그래서인지 기자는 채운장아파트를 '조선 제일의 아파트 출현'이라고 묘사하고 있다. 하지만 아파트 이름에는 교외의 별장을 연상시키는 '장(莊)'이라는 한자를 붙였는데, 이것은 녹천장(綠泉莊)이나 청풍장(淸風莊), 소화장(昭和莊) 등 다른 지역에 지어진 아파트에서도 종종 보이는 이름으로, 교외의 여유 있는 생활을 할 수 있는 주택이라는 이미지를 아파트에서도 계속 가지고 가고 싶었던 것으로 보인다. 개발 압력이 높은 도심에서 수직으로 적층하여 압축적으로 지어진 고밀도 주거라는 이미지를 희석시키고 싶었던 의도로도 읽힌다.[37] 미쿠니 아파트는 4층 높이밖에 되지 않음에도 당시에는 '장안의 일류건물'에 '명물'로 취급을 받아 구경을 하러 다닐 정도였다고 했는데, 당시 조선총독부 신청사(1925)나 경성부청사(1926)도 완공된 이후였는데도 불구하고 아직 경성에는 고층이라 할 만한 건물이 그렇게 많지 않았기 때문에 3~4층 높이만으로도 아파트는 도시민들에게 좋은 구경거리 노릇도 했던 것을 알 수 있다.

그렇다면 이러한 외부자적인 시선 이외에 조선인들은 실제로 아파트 생활을 어떻게 이해하고 경험했을까.

M여사의 남편은 석사(碩士)다. 그도 아메리카(亞米利加)에 가서 유학(留學)할 때에는 '아빠-드, 멘트'에 방 한 칸을 세를 주고 얻어 들고서 6년을 독신(獨身)으로 지냈다는 수절론(守節

36 ─ "우리나라 최초의 아파트로 꼽히는 내자호텔", 《경향신문》 1987년 2월 25일자

37 ─ 일제강점기 문헌을 보면 장(莊)이라는 한자는 주택지를 비롯해 아파트, 여관, 요정 등 다양한 시설들의 명칭에 사용되었다.

論)을 얼마 전에 그 아내 M여사의 입에서 자랑삼아 들은 법하다. 만일 화백SC씨더러 이 말을 표현하라라면 '아이, 라이크, 멘치폴, 째즈벤드, 마네킹껄크, 앤드 아빠-드, 멘트'라하는 부류에 씨(氏)도 속할 것이다. … 그런데 내가 지금 찾아가는 서울 '아빠-드'는 어떤 시설을 가진 곳인가. 나는 여기 대한 예비지식이 조금도 없을 만큼 '아빠-드' 방문에 대한 주저까지 생긴다. … 그때 저리 양식(洋式) 도아를 열고 어떤 은행회사의 여사무원 비슷한 젊은 여성이 책보를 안고 분주히 나와 종로 네거리 쪽을 향하는 것이 나의 막강(膜綱)을 놀라게 한다. 혹시나 - 하고, 바로 씨(氏)가 나오던 집을 찾아가니 번지만 공평동… 라고 쓰고 주인의 문패도 없다. 그러나 단층(單層) 양식(洋式)집에다가 벽에는 빨간 칠과 단청한 기둥이 섰을 뿐더러 선과 점이 유달리 교착된 건물인 점으로 보아 서울 안에 '아빠-드'가 없다면 몰라도 있다면 이집을 빼놓고는 단연 있을 것 같지 않다는 자신과 육감이 생긴다. 덮어놓고 도아를 틀었다. 안은 조용하다. 그리고 마치 병원의 병실 모양으로 구조가 되었다. 즉 마루가 끝없이 ㄴ자형으로 깔렸는데 그 마루를 연(沿)하여 미닫이만 하여 단 방이 여러 개가 보인다. … 신시대(新時代) 생활의 명쾌한 촉수(觸手)인 '아빠-드'가 독특한 조선의 생활방식 위에 지금 군림(君臨)하려 한다. … 아직 태생기(胎生期)에 있다 하여도 근대식(近代式) '아빠-드'의 형태를 꾸며 가고 있는 것만은 사실이니 조선서는 경이(驚異)적인 존재라고 아니할 수 없다.[38]

시인 김안서(金岸曙)씨는 부인과 어린 애기를 진남포(鎭南浦)에 내려 보내고, 최근은 관수동(觀水洞)의 아파-트멘트에 이주하여 시작(詩作)에 분주하는 중이라고. 그런데 들건대 서울에는 일본인 경영의 '아파-트멘트'는 많으나 조선사람 경영은 이 한 곳뿐이라든가.[39]

　　아직 경성에 아파트가 본격적으로 도입되기 전인 1930년대 초반에 쓰여서인지, 아파트에 대한 이야기를 하는데 주저하는 모습을 보이기도 하고 단층의 건물을 아파트라고 인식하기도 했다. 하지만 독신들이 살고있는 양식의 집이었고 병원의 병실처럼 방들이 ㄷ자형으로 배치되어 있다고 묘사하고 있는 것에서 당시 아파트를 이해하던 조선인들의 인식 정도를 알 수 있다. 유학했던 인사가 국외에서 아파트 생활을 해 보았다는 것, 은행의 여사무원과 같은 젊은 여성들이 모여 사는 곳, 아파트가 장차 조선의 생활

38 ― 草士, "京城 獨身女性 合宿所風景", 앞의 글

39 ― "김안서(金岸曙)의 아파-트 생활", 《삼천리》 5권 9호, 1933년 9월

방식에 '군림'할 것을 예견하면서 조선에서는 '경이'적인 존재로 인식되었다는 것 또한 알 수 있다. 분명 아파트라는 것은 외래에서 들어온 주거 양식으로 아직 조선인들에게 익숙해지지는 않았지만 도시 생활에 편리한 새로운 주거 양식이어서 앞으로 계속 늘어날 것이 예상되고 있었던 것이다. 하지만 당시 아파트 경영이란 것은 주로 일본인에 의해 이루어지고 있었고 '조선인이 경영하는 아파트는 이 곳 한 곳 뿐'이라고 표현할 만큼 조선인 아파트 수는 매우 적었음을 알 수 있다.

일제강점기 경성의 아파트

그렇다면 당시 경성에서 아파트는 어느 정도 지어졌으며 어떤 모습을 가지고 있었을까. 《매일신보》 기사에 따르면 1938년을 기준으로 경성에는 30여 개의 아파트가 있었다고 한다.[40] 전체적인 아파트 목록과 위치를 확인할 수는 없으나, 강상훈의 아파트에 대한 연구를 바탕으로[41] 기타 신문과 잡지에 등장하는 일제강점기 경성의 아파트 목록을 추가로 정리해 보면 다음의 표와 같다.

일제강점기 경성의 아파트 목록

신축 연도	명칭	위치 (현 위치)	구조	층수	건립 주체	거주 대상	유형	호수
1930	미쿠니 상회(三國商會) 아파트	욱정 (회현동)	벽돌	상3	기업	–	가족형	6
1932	채운장	동사헌정 (장충동1가)	블록	상4	개인	일반	–	100여실
1933	본정(本町)아파트	본정 1정목 (충무로1가)	콘크리트	상2 하1	기업	–	–	–
1935	미쿠니(三國)아파트	내자동	콘크리트	상4 상3 하1	기업	일반	가족형+ 독신형	59 10
1937	도요타(豊田)아파트	죽첨정3정목 (충정로3가)	콘크리트	상4 하1	개인	일반	–	52
1937	종연주식회사 경성공장아파트	영등포정 (문래동3가)	–	상3	기업	사원	–	–

40 — "풍기문란한 아파트 취체규칙을 제정", 《매일신보》 1938년 11월 6일자

41 — 강상훈, 《일제강점기 근대시설의 모더니즘 수용—박람회, 보통학교, 아파트 건축을 중심으로》, 서울대학교 박사논문, 2004, 165~176쪽

1940	조선식산은행 독신자아파트	죽첨정3정목 (충정로3가)	목조	상2 하1	기업	사원	독신형	42
1942	혜화아파트	혜화정 (혜화동)	목조	상3 하1	개인	일반	-	-
미상	삼청정(三淸町)아파트	삼청정 (삼청동)	-	-	-	-	-	-
미상	창성정(昌成町)아파트	창성정 (창성동)	-	상3	-	-	-	-
미상	경성대화숙(京城大和塾)	죽첨정 (충정로)	-	상3	-	-	가족형+ 독신형	71
미상	오타(太田)아파트	의주통이정목 (의주로2가)	-	-	-	-	-	-
미상	덕수(德壽)아파트	서소문정 (서소문동)	-	-	개인	-	-	-
미상	미생정(彌生町)아파트	미생정 (도원동)	-	-	-	-	-	-
미상	삼판(三坂)아파트	삼판통 (후암동)	-	상3	기업	-	-	-
미상	백령장(白嶺莊) 또는 백령(白嶺)아파트		-	-	개인	-	-	-
미상	와다(畑)아파트	고시정 (동자동)	-	-	-	-	-	-
미상	중앙(中央)아파트		-	-	기업	-	-	-
미상	오가사(小笠)아파트	청엽정삼정목 (청파동3가)	-	-	개인	-	-	-
미상	남산(南山)아파트	남산정 (남산동)	-	-	-	-	-	-
미상	취산장(翠山莊)아파트	본정사정목 (충무로4가)	-	-	기업	-	-	-
미상	히노데(日之出)아파트	욱정일정목 (회현동1가)	-	-	개인	-	-	-
미상	스즈키(鈴木)아파트	명치정이정목 (명동2가)	-	-	-	-	-	-
미상	히마루(日丸)아파트		-	-	-	-	-	-
미상	이시미츠(石光)아파트		-	-	개인	-	-	-
미상	황금(黃金)아파트	황금정 (을지로)	-	-	-	-	-	-
미상	오지마(尾島)아파트	앵정정 (인현동)	-	-	-	-	-	-
미상	국수장(菊水莊)아파트		-	-	-	-	-	-
미상	녹천장(綠泉莊)아파트	수정 (주자동)	-	-	-	-	-	-
미상	에가츠(榮月)아파트	신정 (묵정동)	-	-	-	-	-	-
미상	아파트	관수동	-	-	-	-	-	-

※ 이 표는 강상훈의 박사논문(2004)《일제강점기 근대시설의 모더니즘 수용–박람회, 보통학교, 아파트 건축을 중심으로》에 나온 아파트 목록에 최신 정보를 추가한 것이다.

1 미쿠니상회 아파트. 출처: 《조선과 건축》 9집 12호, 1930년
12월

2 종연방적주식회사 경성공장아파트. 출처: 《조선과 건축》
16집 1호, 1937년 1월

이 표에 의하면 1930년대 초반부터 아파트가 지어졌음을 알 수 있다. 아파트는 밀
도가 높은 도심부뿐만 아니라 경성의 외곽 지역에도 지어졌다는 것을 알 수 있다. 많은
수가 죽첨정(충정로), 내자동, 의주통(의주로), 서소문동 등 경성 서측 내외와 욱정(회현동),
본정(충무로), 명치정(명동), 남산정(남산동), 황금정(을지로), 앵정정(인현동), 수정(주자동) 등 도
성 안 일본인 거주지역, 그리고 미생정(도원동), 삼판통(후암동), 고시정(동자동), 청엽정(청파
동) 등 용산 일대의 일본인 지역에 몰려있었다. 신규 개발지였던 동사헌정(장충동1가)이나
혜화동, 멀리 한강 너머 영등포에도 일부 지어졌음이 확인된다. 그중 죽첨정에 지어진
것으로 확인되는 아파트는 총 3건으로 도요타아파트(현 충정아파트), 경성식산은행 독신
자아파트, 경성대화숙이다.

아파트는 조선식산은행 독신자아파트와 혜화아파트를 제외하고는 대체로 벽돌이
나 콘크리트 블록 등 새로운 재료로 지었으며 층수는 2층에서 4층까지의 규모를 가졌
다. 건립 주체는 기업과 개인 등 다양했는데 관에서는 주택난을 해결하기 위하여 가족
아파트를 계획한 적이 있기도 했으나 결국 예산 문제로 좌절되어[42] 관영 아파트의 사례
는 하나도 나타나지 않는다. 거주 대상은 일반인을 대상으로 한 것도 있었으나 사원들
을 위한 것도 있었고 유형은 가족형과 독신자형, 또는 두 가지의 혼합형으로 구분할 수

42 ─ "공사비 기채불능으로 가족 '아파트' 건축에 암초 대경성의 주택난 완화책도 수포! 봉급생활자의 실망
은 크다", 《동아일보》 1939년 8월 13일자

있는데, 이는 당시 일본의 아파트 신축 양상과 거의 비슷했음을 알 수 있다.

1930년대 초반에 지어지기 시작한 아파트는 점점 그 수가 늘어났다. 그에 따라 아파트의 풍기문란이 문제가 되어 관련 규정을 제정하기도 한다.

도시의 독신 '샐러리 맨'들의 안식소 '아파-트'는 근대적 도시건설에로 약진하는 대경성에 연년 늘어가고 있거니와 이 '아파-트' 영업자들은 '아파-트' 안에 식당은 물론 '삘리야-드' 등의 오락기관을 두어 영리를 도모하야 가장 현대적 하숙집의 형체를 갖추어가고 있는데 금번 경찰에서는 이 집단생활을 영위하는 '아파트'에 대한 종래의 불완전한 취체 방법을 고치고자 방금 연구 중이라고 탐문된다. 곧 종래 경찰에서는 '아파트'에 대하야 하숙이나 여관으로서가 아니라 건물, 음식영업, 오락영업 등의 각 부분 개별적으로 취체하여 와 위생시설, 풍기취체 등에 있어서 여러 가지 불편과 폐단이 많으므로 이를 종합적으로 취체할 방법을 세우려는 것인데, 이 연구 결과는 금원 중순에 개최될 경기도 경찰서장 회의에 제출될 터로 토의 결과가 주목된다.[43]

기사 내용에 따르면 개별 주호가 집합되어 들어가는 부분에 대한 단속과 식당, 오락실 등 공용공간이 들어가는 부분에 대한 단속이 따로따로 이루어졌는데, 그것들에 문제가 많아 종합적인 단속을 하는 방법을 강구하고자 한다는 것이다. 여기서 중요한 것은 현재는 익숙하지 않지만 당시의 아파트에는 개별 주호 공간 이외에 공용공간이 들어가는 것이 일반적이었으며 이에 대한 규제 내용을 변경할 만큼 그 수가 계속 늘어가고 있었다는 것이다.

하지만 현재까지 파악되는 바로는 일제강점기 경성 전체의 아파트 수는 30곳 내외로 도시의 주류를 이루는 주택 형태는 아니었던 것으로 보인다. 또한 개별 아파트별 호수 또한 수십 호 내외로 적었으며 오늘날과 같이 대규모 단지계획을 한 형태는 아니어서 아파트라는 주거유형이 문화주택이나 도시 한옥과 같이 활성화되었다고 보기는 어렵다. 하지만 주거공간을 수직으로 쌓아 만든 아파트는 새롭게 등장한 주거 형태로 사람들의 많은 관심을 끌었던 것은 분명하다.

---

43 — "아파-트 취체 강화, 건물, 음식, 오락 등에 대한 개별취체를 종합취체로", 《동아일보》 1938년 5월 6일자

최고(最古)의 철근콘크리트조 아파트, 충정아파트

충정로 일대의 아파트로는 1930년대 충정아파트와 1940년대 조선식산은행 독신 자아파트, 경성대화숙이 있다. 그동안 충정아파트가 우리나라 최초의 아파트인지에 대해 논란의 여지가 많았는데, 이연경·박진희·남용협의 연구(2018)에 의해 1937년 신축된 것으로 밝혀져 최초의 아파트는 아닌 것으로 판명되었다.[44] 하지만 현존하는 가장 오래된 철근콘크리트조 아파트임에는 틀림없다.[45] 그와 관련된 기사 몇 개를 들어보면 다음과 같다.

우리나라 최초의 아파트인 유림아파트가 서울 충정로에 세워진 것은 1932년이지만 당시에는 별 인기가 없었다는 얘기다. 규모가 25평이었다니 당시로서는 파격적인 초호화판이었던 셈이다.[46]

우리나라에서 제일 먼저 세워진 유림아파트(서울 서대문구 충정로 3가 250의6)의 일부가 충정로 확장공사로 헐리고 있다. 1930년 일본인 도요따(豊田種松)씨가 세워 '도요따·아파트'로 불린 이 건물은 4층에 연건평 1천50평. 현재 이 '아파트'에는 52가구가 입주해있으나 이 가운데 길 쪽의 19가구가 헐려 도로에 편입된다. 지금은 비록 볼품이 없지만 건축당시만 해도 구 반도호텔(현재의 롯데호텔 자리)과 함께 우리나라에서는 손꼽히던 건물 중의 하나였다. 처음 아파트로 문을 열었다가 얼마 후엔 호텔로 바뀌었으나 손님이 적어 나중에는 오뎅 집으로 전락. 해방될 무렵엔 귀국동포들에 의해 점거되기도 했고 6·25동란 때엔 북괴군이 점령, 서울 수복 후엔 미군이 인수해 '트레머 호텔'이라는 이름으로 유엔군 전용 호텔로 이용됐었다.[47]

우리나라 아파트의 효시는 1932년 서울 충정로에 지은 유림아파트. 이 아파트는 개인이

---

44 — 이연경·박진희·남용협, "근대 도시주거로서 충정아파트의 특징 및 가치", 《도시연구: 역사·사회·문화》 20호, 2018년 10월

45 — 이연경·박진희·남용협의 연구에 따르면 충정아파트보다 오래된 것으로 추정되는 아파트는 을지로의 황금아파트가 있는데, 목조로 된 2층 규모를 가지고 있어 충정아파트와는 차이가 있다.

46 — "餘滴", 《경향신문》 1978년 3월 8일자

47 — "최초의 아파트 〈유림〉일부 철거 도로확장에 밀려… 30년에 건립", 《중앙일보》 1979년 2월 3일자

지은 것인데 5층짜리 한 동으로 모두 51가구. 평형별로는 7~34평까지 있었다. 지금부터 49년 전이니까 우리나라의 아파트 역사는 벌써 반세기를 기록한 셈이다. … 70년대 이전은 아파트의 선사시대쯤 되는 시기며 본격적인 아파트 역사는 이제 10년 남짓 되는 셈이다.[48]

우리나라에서 아파트라는 새로운 주거양식이 선보인 것은 종로구 내자동 75 미쿠니(三國) 아파트(현 내자호텔)가 처음이다. 1933년 7월 총독부 경시청령 21호로 아파트 건축규칙이 발효되면서 미쿠니 석탄회사에 의해 회사직원용으로 착공돼 9개월만인 1934년 5월 완공됐다. … 미쿠니 회사는 같은 해 서대문구 충정로3가 250의5 편 충정아파트를 함께 건립했다는 얘기가 전해지고 있으나 이를 뒷받침할 기록은 남아있지 않다.[49]

　　그동안 논란이 되었던 신축 연도를 논외로 하고, 기사 내용을 종합해 보면, 충정아파트는 원래 도요타 타네마츠(豊田種松)라는 사람에 의해 건립되었는데, 그 이름을 딴 '도요타아파트'라는 명칭은 1960년대까지 쓰였고, 1970년대로 넘어가면서는 '유림아파트'로, 그 이후에는 '충정아파트'라는 이름으로 바뀐 것을 알 수 있다. 원래 4층이던 건물은 중간에 호텔이나 식당 등으로 용도가 변경되기도 했는데, 1960년대 초반 '코리아관광호텔'로 쓰이게 되면서 현재와 같이 5층으로 증축되었다. 이후 다시 집합주거 용도로 쓰이게 되는데, 도로 확장으로 인해 건물 일부와 계단이 철거되는 등 많은 우여곡절 끝에 현재의 모습으로 변하게 된 것이다. 현재는 내부에 중정이 있다는 것 이외에는 알려진 바가 거의 없어서 정확한 원형 추정은 어려운 상태다. 다만 철근콘크리트조 4층으

《동아일보》 1962년 4월 13일자에 소개된 충정아파트

충정아파트의 현재

48 — "얼마나 지었나", 《중앙일보》 1981년 8월 14일자

49 — "우리나라 최초의 아파트로 꼽히는 내자호텔", 《경향신문》 1987년 2월 25일자

로 지어졌으며 50여 호 정도가 살던 집합주택이었다는 정도의 정보를 생각해 볼 때 구조, 층수, 호수 등이 1935년 내자동에 지어진 미쿠니아파트와 유사해 개략적인 추정은 해 볼 수 있다.

1935년에 내자동에 지어진 미쿠니아파트는 콘크리트로 지어진 4층의 본관(59호)과 3층의 별관(10호)으로 구성되어 있었는데, 충정아파트와 여러모로 비교될 수 있는 건물은 바로 본관 건물이다. 미쿠니아파트 본관은 ㄷ자형 건물로 장식이 배제된 모던한 외관을 가지고 있었는데, 이는 1930년대 이후 유행하게 되는 국제주의 양식의 영향이었다. 이것은 양식주의를 따랐던 1910년대, 1920년대 관공서 건축물과는 차별화되는 것으로서, 외관에 대한 치장보다는 주거 생활을 위한 합리적 공간 구성에 더 집중한 결과였다고 해석된다. 사교실, 오락실, 식당, 조리실 등 공용공간이 들어가는 1층은 수평의 개방적인 입면을 가지고 있었으며, 2층 이상은 개별 주호별 방에 맞게 창문이 구성되어

《조선과 건축》(14집 6호, 1935년 6월)에 소개된 1935년 준공 당시 미쿠니아파트 외관, 공용공간(사교실), 개실 공간(가족실)

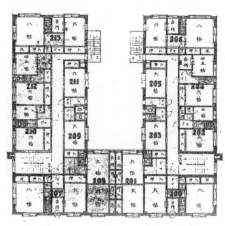

사교실, 오락실, 식당, 조리실, 욕실 등 공용공간이 있는 미쿠니아파트 1층 평면

가족실과 독신실이 혼합되어 있는 미쿠니아파트 2층 평면

있는 것이 사진에서 확인된다.

내부는 공용공간과 개실 공간으로 나뉘는데, 1층의 전면에는 사교실, 사무실, 오락실, 식당, 조리실이 있고, 후면에는 탈의실을 포함한 남녀 욕실 등 공용공간이 배치되어 있다. 1층의 나머지 부분과 2층부터 4층까지는 개실공간이 들어가 있다. 개실공간은 가족형 4종류 28호와 독신형 2종류 31호로 나뉘는데, 1층부터 3층까지 채광에 유리한 ㄷ자형의 바깥 면에는 가족형이, 향이 좋지 않은 ㄷ자형의 안쪽 면에는 독신형, 그리고 접근성 면에서 떨어지는 4층에는 주로 독신형이 배치되어 있는 것을 알 수 있다. 가족형에는 2개의 방과 부엌, 화장실이 딸려있으나 독신형의 경우 1개의 방에 화장실이 있는 경우와 공용화장실을 쓰는 경우가 섞여 있다. 방에는 모두 다다미를 깔았으며 가족형 중에는 도코노마까지 갖추고 있는 사례가 있어 모던한 외관과는 대비되는 일본식 내부를 가지고 있었음을 알 수 있다.

신축연도, 구조, 층수, 호수 등 유사한 점이 많지만 충정아파트 연면적이 1,050평, 미쿠니아파트 본관 연면적이 647.45평인 것을 고려하면, 충정아파트의 호수별 면적이 미쿠니아파트에 비해 전체적으로 크거나 독신형은 없는 가족형으로만 이루어진 아파트였다고 추정된다. 모던한 철근콘크리트조 외관과는 다르게 일본식 내부를 가지고 있었을 것이며 미쿠니아파트처럼 저층부에 오락실, 식당, 욕실과 같은 공용공간이 있었을 것으로 짐작된다.

앞으로 충정아파트에 대한 자세한 조사가 이루어지게 된다면, 거의 90년 동안 한 자리를 지켜온 우리나라의 가장 오래된 철근콘크리트조 아파트에 대한 정확한 실체가 밝혀질 수 있을 것이다.

충정로의 또 다른 일제강점기 아파트로는 조선식산은행 독신자아파트가 있다. 충정아파트와 달리 조선식산은행 독신자아파트는 이미 철거되었고 그 기록은 《조선과 건축》의 공사개요, 사진과 도면으로만 남아있다. 일제강점기 유행하던 일명 '독신의 샐러리맨을 위한 아파트'의 형태를 도면과 사진으로 확인할 수 있는 사례라는 점에서 중요하다.

이 아파트는 식산은행 서무과 영선계에서 설계하고 야마다구미(山田組)에서 시공했는데, 목조에 지하 1층, 지상 2층, 42실을 가진 규모였다. 독신자 사원을 위한 아파트였다는 점에서 사택에 가까웠는데, 지하에는 식당과 욕실 등 공용공간을, 1층에는 서양식 응접실, 일본식 갸쿠마와 19개 실, 그리고 2층에는 23개 실을 두었다. 가운데 복도를 두고 양쪽으로 방을 배치했으며, 개별 방 내부는 다다미를 깔고 작게나마 도코노마를 두는 등 일본식으로 꾸몄다. 저층의 목조 아파트는 현재 일본에서도 지어지고 있는 것으로 그 80년 전 모습은 이런 형태였으며 혜화동에 지어졌다는 목조 아파트도 크게 다르지 않았을 것이라고 추정된다.

충정로 일대에는 앞서 살펴본 충정아파트와 조선식산은행 독신자아파트 이외에도 김남천의 소설《경영(經營)》에 '야마도 아파트'로 등장하는 경성대화숙과 같은 아파트도 건립되었다고 한다. 앞서 충정아파트의 원형을 유추하면서 살펴본 내자동의 미쿠니아파트와 같이 독신형과 가족형이 혼합되었으며 공용공간과 개실 공간으로 구분되어 있다고 한다. 이와 같이 수직으로 적층된 새로운 주택, 아파트의 흔적들은 서대문과 서소문 안팎에 실물과 기록으로 남아있다.

분명 일제강점기 아파트는 대부분 당시 심각했던 조선의 주택난과는 전혀 무관한

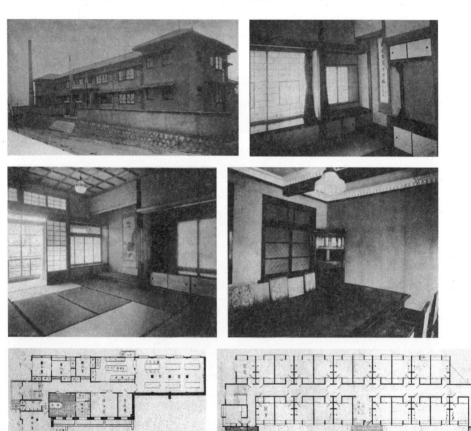

《조선과 건축》(20집 2호, 1941년 2월)에 소개된 식산은행 독신자아파트. 1층에 일본식 공용공간이 가쿠마와 서양식 공용공간인 응접실이 있다. 지하층에는 식당, 욕실과 같은 공용 공간이 있고, 2층은 독신실로만 구성되어 있다.

일이었다. 아파트의 공급자가 대부분 일본인이었고 수요자 또한 일본인 중산층이었으며, 내부에 일본식 평면이나 의장을 갖추었던 것으로 볼 때 우리나라의 주생활 문화는 전혀 반영되지 않은 일본에서 유행하던 아파트를 그대로 옮겨다 놓은 것에 불과했다.

이러한 건축물에 일부 조선인들이 살았다거나 일제강점기 후반에는 조선인도 아파트 건설에 참여했다는 기록으로 보아, 제한적이긴 하지만 일부 조선인들도 아파트라는 주거 양식을 경험하고 받아들이기도 했던 것으로 보인다. 그리고 해방 이후에는 아파트 건설이 급속히 늘어나 우리나라의 20세기 후반 보편적인 주거 양식으로 자리 잡게 되는 점은 누구도 부정할 수 없는 사실이다. 충정아파트를 비롯한 충정로 일대의 일제강점기 아파트는 도시의 수직형 집합주택에 대한 원시적 모습을 보여주고 있을 뿐만 아니라 식민지기 도시의 변화와 주거의 과도기적인 모습을 담고 있다는 면에서 중요하게 다루어져야 한다.

철근콘크리트를 사용한 고급 주택, 죽첨장 또는 경교장

경성의 서측에는 금화장 주택지와 충정아파트 이외에도 특별히 주목해야 하는 주택이 하나 있는데, 바로 경교장이다. 현재 경교장의 주소지는 평동으로 되어 있지만 일제강점기 당시에는 죽첨정일정목이었다. 경교장의 원래 이름도 죽첨장이었다. 죽첨정(다케조에초)은 갑신정변 당시 일본 공사였던 다케조에 신이치로(竹添進一郎)의 성을 따서 만든 지명인데 이것이 죽첨장이라는 주택 이름으로 이어졌다. 이후 인근의 경구교라는 다리 이름을 따 경교장으로 이름이 바뀐다.

경교장은 1938년 일제강점기 3대 광산왕으로 불렸던 최창학(崔昌學, 1891~1959)[50]의 주택으로 건립된 것으로 건축 당시 대지면적은 1,584평(5,236.4m²), 연면적 264.4평

50 ─ 최창학은 평안북도 구성(龜城)에서 태어났는데 1923년 금광을 발견한 뒤 벼락부자가 되었다고 한다. 조선인 중 민영휘 일가 다음으로 두 번째 천만장자가 되었다고 하는데, 각종 기부와 헌납 등 친일 활동을 한 인물로도 알려져 있다. 이곳 경교장 이외에 고향인 평안북도 구성에 아방궁과 같은 저택을 짓기도 했다. "부모 양친이 다 생존하였을 때에 효양(孝養)을 하기 위해서 구성(龜城)에다가 그야말로 옛날 진시왕이나 놀던 것 같은 호화 장려한 아방궁같은 집을 지었는데, 지금은 자기의 전처까지 죽었으므로 그 집에 텅 ─ 비다시피 하고 하인들을 두어 집 지키고 있으나 어쨌든 그 집짓기에 약 5, 6만 원이 들었고…" 초패왕(草貝王), "천만장자 최창학, 돈의 분포 상태, 친한 친구들과 200만원을 사회에 내놓는다는 소문", 《삼천리》 10권 5호, 1938년 5월

(874.1m²)에 달하는 지하 1층, 지상 2층 규모의 철근콘크리트조 주택이었다. 최창학의 회사였던 대창산업 사옥이 남쪽에 있었는데 그쪽으로 주출입구를 내고 넓은 정원을 꾸몄으며 동쪽으로 부출입구를 내고 그 안쪽에 연못을 두었다고 한다. 1945년 대한민국 임시정부가 환국하자 최창학은 경교장을 김구의 거주공간이자 임시정부의 활동공간으로 제공했으며, 1949년 김구의 서거 이후에는 중화민국 대사관저, 베트남대사관, 병원시설로 사용되다가 2010년 임시정부 당시를 기준으로 복원되어 현재의 모습을 갖추게 되었다. 그야말로 우리나라 역사에서 격동의 시기를 그대로 담아내고 있는 중요한 건물이다. 그에 못지않게 건축사적 주택사적으로도 매우 의미 있는 건물이어서 자세히 살펴볼 필요가 있다.

《조선과 건축》(17집 8호, 1938년 8월)에 소개된 죽첨장   현재의 경교장
시절의 외관

　　여기에서는 개인주택에 철근콘크리트를 사용하는 것은 일제강점기에 드문 일이었다는 것을 기억할 필요가 있다. 물론 모든 부분에 철근콘크리트를 쓴 것은 아니고 벽돌과 섞어 사용하긴 했지만 주요 구조부를 철근콘크리트로 처리했다는 것은 주목할 만하다. 당시 철근콘크리트조는 목조의 약 2배, 벽돌조의 약 1.5배에 달하는 비싼 건축비를 들여야 지을 수 있는 구조였기 때문에 철근콘크리트 구조로 지을 수 있는 시설은 관공서 건물, 학교 등과 같은 시설에 제한되어 있었다. 일제강점기 서양식 주택 중 의외로 목조 또는 벽돌조로 지어진 사례가 많은 것도 이러한 경제적인 이유 때문이었다. 보통 사람의 서양식 주택이었다면 내화성과 방한성, 건축비를 고려했을 때 철근콘크리트는 엄두도 못 내고 벽돌조 정도가 합리적인 선택이었겠지만,[51] 건축주가 당대 최고의 부

---

51 ─　岩井長三郎, "朝鮮は如何なる住宅を要求するか─材料の選擇と勞力の研究", 《조선과 건축》(2집 2호, 1923년 2월)에서는 조선에 적합한 건축재료로 목재, 석재, 시멘트, 벽돌의 장단점을 비교 분석했다. 저자는 여러 가지 이유를 들어 당시 적당한 주택의 건축재료는 벽돌이라고 주장했다.

자 최창학이었기 때문에 많은 건축비가 드는 철근콘크리트조로 주택을 짓고자 했을 것이다.

결국 경교장은 철근콘크리트 전문가였던 건축가 김세연(金世演, 1897~1975)에 의해 설계되었고 오바야시구미(大林組)에서 시공을 맡아 완공되었다.[52] 총 공사비가 12만 원이나 들어간 초호화 주택이었다고 하는데, 내부에는 그에 걸맞은 가구와 생활용품, 전시품을 들여놨다고 하며 그 내용이 잡지에 소개가 될 만큼 많은 화제가 되었다.

서울 죽첨정일정목(竹添町1丁目)에 작년 가을부터 시작하여 짓는 훌륭한 신택(新宅)이 있는데 아마 금년 5월경에는 낙성될 것 같다. 이 집이 양식 조선식을 어울려 고대(高臺)의 지소(地所) 좋은 곳에 지은 집으로 12만원이 들었다. … 새 주택을 지으면서 12만원짜리 호화로운 저택에 어울리게 온갖 가구를 아마 여러 만원을 들여 사놓고 있는 양으로 반상기에만 4천원을 넘었고, 병풍, 보료, 담요, 정원의 주석, 서화 등도 모두 수 백원 수 천원 짜리 들인 듯. 그렇더라도 이상을 합친 때야 3, 4백만원에 불과하다.[53]

평면을 보면 당시 유행하던 서양식 주택인 문화주택과는 다른 것을 알 수 있다. 일본식의 중복도형 평면이 아닌 영국의 19세기 빌라에 기원을 두고 있는 미국 중서부의 주택의 평면을 따르고 있다. 자동차가 정차할 수 있는 포치를 앞에 둔 1층의 가운데 홀로 진입하면 뒤쪽에 선룸을 두고 양쪽으로 벽난로를 둔 서양식의 응접실과 당구실, 식당 등 공용공간을 두었으며 2층에는 서재와 방 등 개인공간을 두었다. 접객공간과 거주공간을 구분한 것이다.

서구적인 외관에 걸맞게 1층 벽은 수입 대리석과 타일로 마감하고 스위스제 벽지를 발랐으며 바닥에는 카펫을 깔고 유리 창문에는 커튼을 달았다. 하지만 서양식 공간 구성과 실내의장을 한 1층과는 다르게, 2층에는 다다미를 깔고 도코노마를 둔 일본식 목조 방을 두어 흥미롭다. 평면 양식도 1층의 서양식 평면과는 다르게 2층은 일본의 중복도형 평면을 따르고 있는데, 이것은 '서양식 건물 안의 일본식 방', '철근콘크리트조 안의 목조'라는 양식과 재료의 혼용 양상을 보여주고 있는 것이다. 서양식의 멋진 주택

52 ― 김정동, "김세연과 그의 건축활동에 대한 소고", 《한국건축역사학회 추계학술발표대회논문집》, 2007년 11월

53 ― 초패왕(草貝王), "천만장자 최창학, 돈의 분포 상태, 친한 친구들과 200만 원을 사회에 내놓는다는 소문", 앞의 책

경교장 모형

1층

2층

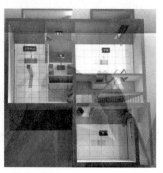

지하1층

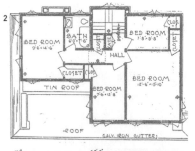

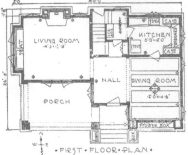

1   19세기 영국 빌라.
    출처: 《집: 6,000년 인류주거의 역사》, 2004

2   미국 일리노이 주택.
    출처: 《조선과 건축》 1집 4호, 1922년 6월

《조선과 건축》(17집 8호, 1938년 8월)에 소개된 죽첨장과 현재의 경교장 모습

현관홀

선룸

1층 서양식 응접실

1층 서양식 응접실의 현재

1층 서양식 당구실

1층 서양식 당구실의 현재.
임시정부 선전부 활동공간으로 재현되었다.

1층 식당

1층 식당의 현재

2층 서재

2층 서재의 현재

2층 일본식 갸쿠마

2층 일본식 갸쿠마의 현재

2층 이마의 현재

지하 다다미방의 현재

최창학이 주로 거주했던 한옥을
배경으로 한 경교장의 전경.
출처: 《조선과 건축》 17집 8호,
1938년 8월

을 지으면서도 당시 일제강점기라는 시대적 상황으로 인해 2층에는 일본식 공간을 마
련해 두는 등 여러모로 과시적인 주택을 짓고 싶었던 것으로 보인다.

지하에는 하녀들이 일하고 기거했을 것으로 추정되는 부엌과 작은 다다미방이 마
련되어 있는데, 부엌에서 조리한 음식은 음식 배달 전용 엘리베이터를 이용해 1층의 식
당으로 운반했다고 하니 설비 면에서도 최고를 지향했던 주택이었다고 할 수 있다.

하지만 이렇게 최신의 서양식 주택을 지어 놓고 정작 최창학은 뒤에 있는 한옥에
서 거주했다고 한다. 허유진의 연구에 따르면[54] 최창학은 이 주택을 주로 접대용으로
사용하고 실제로는 뒤의 한옥에 거주했다고 하는데, 이것은 서양식 생활을 지향했으나
결국 조선식 생활방식을 버리지 못했던 당시 조선인 상류층의 모습을 보여준다. 이러한
모습은 비단 최창학 만이 아닌 앞에서 이야기한 우종관 주택에서도 볼 수 있는 것으로
일제강점기 조선인 상류층의 삼중생활을 다시 한번 확인할 수 있는 부분이다. 도로에
서 드러나는 전면에는 서양식 주택을 배치하고 실제 생활은 후면의 한옥에서 하는 것

54 — 허유진, 《20세기 초 서울의 서양식 저택 연구》, 한국예술종합학교 석사논문, 2013

으로, 당시 서양식 주택에 대한 선망과 동경을 만족시키면서도 실생활에 대한 여러 요구는 이렇게 해결되었다.

경교장은 일제강점기 조선인 상류층이 지을 수 있는 최고급이자 최신의 서양식 주택이다. 이러한 주택이 경성의 서쪽, 한양도성의 바로 바깥에 지어졌다는 것은 시사하는 바가 크다. 외래의 주거 문화가 들어와 여러 양상으로 실험되던 충정로 일대는 우리 근대기 주거 문화가 급격하게 변화하고 다양화되던 현장을 우리에게 생생하게 보여주고 있다.

관에서 개발한 주택지,
관사단지와 영단주택지

관사와 관사단지

관사는 관공서에서 관리들에게 제공하는 집을 가리키는 말로, 일반 회사에서 사원들을 위해 마련하는 사택과는 구별된다. 하지만 일제강점기 신문이나 잡지 기사에서는 사택으로 불러야 할 회사의 숙소도 관사라고 지칭한 사례가 종종 발견된다. 또한 사택(舍宅)이란 단어는 관사(官舍)와 사택(社宅)을 모두 아울러 두루 사용된 용어였다.[1]

일제강점기 관사는 유형에 따라 관저, 숙사, 합숙소라고 불리기도 했는데, 이는 대규모 저택에서부터 독신자나 노무자들 대상의 간소한 집합주택에 이르기까지 규모와 형식이 다양했기 때문이다. 관저는 총독관저와 같이 규모가 큰 고급 관리의 관사를 가리킬 때 사용했고, 숙사나 합숙소는 주로 독신자들이 집단으로 거주하는 경우에 사용했다. 일제강점기 후반에는 창성정아파트나 삼청정아파트와 같이 아파트라고 불리는 대용 관사가 나타나기도 했다. 그중에서도 가장 일반적으로 쓰인 용어는 관사였다. 그 앞에는 내무국장이나 학무국장 또는 칙임, 주임, 판임 등과 같은 거주자의 계급을 붙이거나 갑, 을, 병, 1호, 2호, 3호 등 규모나 형식을 나누어 불렀다.

일제강점기가 시작되기 전부터 조선에서는 일제에 의해 많은 관사단지가 개발되었다. 관사는 아니지만, 집단으로 주택을 공급했다는 의미에서 처음으로 사택을 공급한 기관은 1899년 개통한 경인철도주식회사였다. 이후 육군관사 단지가 용산지역에 대거 들어서고 1905년 을사늑약 체결 이후 통감부가 설치되면서 조선으로 건너온 일본인 관리들을 위한 관사가 본격적으로 지어졌다. 1906년 탁지부 건축소가 설립된 이후 관사 건설은 더욱 늘어났는데, 1910년까지 탁지부 건축소가 수행한 공사 건수 중 관사의 비율이 83%에 달했을 정도로 관사 건설은 중요하게 다뤄졌다.[2]

1910년 한일강제병합 이후 관사의 건설은 더욱 급속히 진행되었는데, 1919년 기준으로 경성부의 관사 수는 1,290호, 1923년에는 1,880호까지 늘었다고 한다. 이것은 1920년대 이후 진행된 경성의 급격한 인구 증가 및 주택난과도 관련이 있다. 1921년에 신축된 주택 1,495채 중 관사가 417채로 전체 신축 주택의 약 28%를 차지할 정도로 관사의 공급은 많았다.[3] 다음 글은 관사와 사택이 많이 지어지던 상황을 묘사한 글이다.

1 — 김명숙, 《일제시기 경성부 소재 총독부 관사에 관한 연구》, 서울대학교 석사논문, 2004, 7쪽

2 — 김하나, "관사와 사택", 《한국건축개념사전》, 동녘, 2013, 168쪽

3 — 전봉희·주상훈·최순섭, 《일제시기 건축도면 해제 II-고적, 박람회, 박물관, 시험소, 관사, 신사, 군훈련소 편》, 국가기록원, 2009

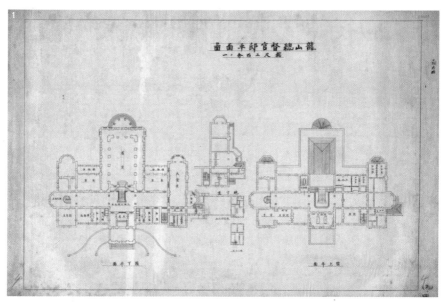

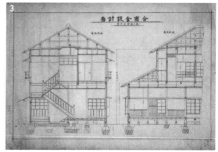

1, 2 관저 사례인 용산
총독관저 평면과 입면.
국가기록원 소장 자료

3 서소문 세관관사 합숙사
설계도. 국가기록원 소장
자료

4 총독부 대용관사로
사용되었던 창성정아파트
평면. 국가기록원 소장 자료

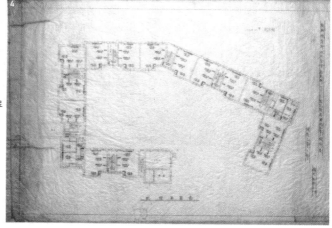

경성부(京城府)에서는 요사이 부내에 거주하는 관공리(官公吏) 및 회사 은행 등에 근무하는 월급생활자로서 상당한 주택과 또는 주택을 가지지 못한 사람의 조사를 한 즉 부내의 현재 수효가 모두 6,390호요 그중에 관사나 혹은 사택에 들어있는 사람이 725호요 여관이나 또는 다른 협호에 동거하는 사람이 539명이요 기타 상당한 주택을 가지지 못한 사람이 5,135명에 달하여 이와 같은 통계로 볼지라도 경성부 내에 조선 사람 및 일본 사람의 월급생활자가 얼마나 주택에 곤란한 것을 추측할 수 있으며 경성부에서 금년도에 부의 경비로 용산(龍山)에 건축하는 보통주택 40가구를 수용할 적은 면적으로는 도저히 그 몇분의 일을 구제하기에 지내지 못할 것이므로 부청에서는 각 관청과 기타 회사와 은행 편에 대하여 아무쪼록 관사와 사택을 건축하도록 각각 당사자 편에 권고하는 중이라 하며 부영 노동자 공동주택도 불원간에 공사 청부를 입찰할 터이라더라.[4]

경성부의 주택난을 통감함은 대정8년(1919)부터인데 현금(現今)에 익익(益益) 주택 불저(拂底)를 시작한 8년도부터 호수를 연별로 기록하면 다음과 같다더라.

연도	민가	관사
대정8년(1919)	37,890호	1,290호
대정9년(1920)	37,644호	1,665호
대정10년(1921)	38,003호	1,802호

이에 의하여 보면 대정9년(1920)에는 8년도보다 246호를 감하였으나 이는 위주(爲主)히 철도공사 및 남대문역 개축으로 민가의 궤양(潰壤)에 의한 것이며 10년도(1921)에는 약 300호가 증가하였는 바 인구에 대하여 볼 때는

연도	인구	호수
대정9년(1920)	247,467인	54,002호
대정10년(1921)	263,487인	56,090호

와 같아 10년도(11월 말 현재)에는 9년도(1920)부터 16,000인의 격증인 데 대하여 약 300호가 증가하였으므로 주택 완화는 가망(可望)키 어려운 바이며 주택난은 당연한 일이라 하겠다더라.[5]

4 ― "6,000명의 양복 세민(細民)―경성부의 조사만 보아도 집이 없는 자가 5,000여 명", 《동아일보》 1921년 6월 12일자

도회지로서 면키 어려운 주택의 곤란은 의연히 풀리지 못하고 향촌으로부터 도회지를 향하여 모이는 사람은 해마다 불어서 집값과 집세는 점점 비싸게 되므로 여간한 사람은 자기의 소유로는 한 두 칸 집이라도 가질 수 없는 형편이며 더욱 그달에 벌어 그달에 먹어버리는 각 관청이나 은행 회사 같은 데서 월급 생활을 하는 사람은 가망도 없는 형편이라. 그리하여 각 관계 관청에서나 회사 등에서는 그들의 살아갈 주택을 지어 그들로 하여금 안심하고 살아가도록 하는바 이것으로써 다소간 주택의 곤란을 덜어가는 형편이라.

이제 경성부에서 조사한 시내의 통계를 보면 현재 지어놓은 것이 관청 측으로,

	사무원	용인(傭人)
만철(滿鐵) 경관국(京管局)	765호	87호
조선은행	104호	–
동양척식	71호	4호
동아제사	60호	2호
식산은행	51호	1호

등 기타 28군데 회사의 주택을 합하면 모두 3,212호이며 이에 대한 건평으로 말하면 62,141평인데 이것도 아직 부족하므로 장차 더 지으려고 한다는 바 그 예정한 수효는 54호에 건평 2,193평이나 된다더라. 그러나 이 주택으로 말하면 거의 전부가 일본 사람이 사는 것이라. 그러지 않아도 시내의 주요한 곳으로 말하면 거의 일본 사람의 집이며 또는 겉으로는 조선 사람의 집이나 그 소유권으로 말하면 모두 일본 사람의 손안에 들어간 터이라. 이러하여 이러한 집들이 한 곳에 모이어 일본 사람의 한 마을을 이루는 터이며, 우리는 그런 마을에서 쫓겨나와 산골까지를 찾아다니는 모양인데, 이제 그 주택의 있는 곳을 조사하면, 한강통 798호, 화천정 128호, 욱정 69호, 서대문정 59호, 대화정 47호, 삼판통 44호, 본정 36호, 남산정, 서소문정 각 33호, 송현동 21호 등이 가장 많은 곳이라더라.[6]

대부분 관사는 총독부 토목국 건축과에서 총괄하여 설계하기도 했지만, 철도국, 체신국, 육군 등은 자체적인 건축조직을 가지고 해당 기관만의 관사를 짓는 예도 있었다. 그중에서도 총독부 건축과에서 주도해 지은 관사는 그 수량이 가장 많고 다양했는

5 — "경성의 주택문제", 《동아일보》 1921년 12월 12일자

6 — "관청 회사의 사택", 《동아일보》 1923년 1월 26일자

데, 거주자의 관등에 따라 다른 규모와 양식의 관사를 지속적으로 지어나갔기 때문에 시대별 관사의 변천을 살펴볼 수도 있다. 총독부 관사는 총독과 정무총감은 친임관급 관사에서부터, 각부 국장의 칙임관급 관사, 서기관과 사무관 대상의 주임관급 관사, 그리고 그 이하 직원을 위한 판임관급의 관사까지 다양했다. 그중에서도 친임관급 관사는 관저라 불리던 고급 관사였는데, 이 경우에는 단순한 거주 기능뿐만 아니라 집무, 접대, 연회 등 다양한 기능을 수용해야 하므로 일반 주택과는 다른 공간 구성이 부가되기도 했다.[7]

관사에 대해 일반 사람들은 고급주택이라는 인식을 하고 있었던 것 같다. 당시 소설이나 기사의 관사는 서양식 주택을 지칭하는 '문화주택'으로 묘사되거나 관사만을 전문적으로 터는 사건이 매년 기사화될 정도로 일반인들에게 관사는 부유한 사람들이 거주하는 고급주택으로 여겨졌다.[8] 총독부나 경성부에서는 재정 긴축을 외치던 시기에도 관사에 과도한 투자를 해 많은 지탄을 받았다. 예를 들어 1930년대 중후반에 지어진, 현재로 말하자면 서울시장에 해당하는 경성부윤의 신축 관사의 경우, 궁핍한 재정 상태에도 불구하고 2,500평의 대지에 5만 원이 넘는 돈을 들여 지상 2층, 지하 1층, 연면적 152평의 호화로운 관사를 새롭게 지은 것이 사회적 문제가 되기도 했다.

탐문한 바에 의지하면 경성부 과장급 관사 건축비로 오만여 원을 계상하였다는데 그 상세한 내용은 토목과장, 학무과장, 서무과장, 기타 관리 1명, 부리(府吏) 2명 등 전후 일곱 군데의 관사를 짓기로 하여 부청사 부근 기타 두 군데에다 기지까지 선택하였다는 바 이 내용을 들은 부협의원 모모와 일부 민간에는 반대한다는 말이 있다. 이유는 경성 부민이 과도의 세금을 바쳐가면서도 학교시설이라던가 위생설비 등은 긴축이라는 미명 하에서 완전한 시설을 보지 못하는 오늘날에 또는 부 소유지 매각도 여의치 못하여 과중한 이자를 물어주고 있는 현상임에도 불구하고 5만 원이라는 돈을 허비하여 관사를 이제 새삼스럽게 건축한다는 것은 부민에 대한 성의가 부족한 까닭이라 하여 장차 예산 사정이 끝나서 부협의회에 자순하게 된다면 상당한 공격이 시작되리라 하며 더욱 총독과 총감의 관

7 — 김하나, "관사와 사택", 앞의 책, 167쪽

8 — "관사 뒤짐을 전문으로 하는 도적", 《동아일보》 1923년 10월 3일자; "체신국 관사에 절도 4,000여 원어치를 훔쳐 갔다", 《동아일보》 1923년 11월 26일자; "관사 전문절도", 《동아일보》 1929년 8월 31일자; "관사만 전문으로 1,000여 원 절도", 《동아일보》 1931년 4월 29일자; "고관집 찾아 절도질 순례", 《동아일보》 1934년 2월 25일자; "열쇠 10여 개 피해 수천 원 관사 전문도적", 《동아일보》 1936년 3월 31일자

사 신 건축에 예산 100여만 원도 재정이 부족하여 아직 중지 상태에 있는 터인데 경성부의 그와 같은 예산 복안은 확실히 무지한 짓이라 하여 분운한 여론이 있더라. 이에 대하여 장미(長尾) 내무과장은 '무엇이나 사정이 끝나기 전에는 발표할 자유를 갖지 못하였으니 말하기가 어렵습니다. 더구나 관사 건축을 예산에 계산했느니 아니 했느니를 말하기가 어렵습니다.' 하며 애매한 태도를 보이더라.[9]

이번 29일 오후 1시부터 부청 부윤 응접실에서 경성부회 의원들의 간담회를 개최하고 부윤관사 신축에 관한 것을 간담하기로 되었다 한다. 그의 신축은 현 관사가 파락된 관계상 오래전부터 그의 신축의 필요를 느껴오든 연래의 현안으로 그의 필요는 새삼스러운 바가 아니나 현재의 궁핍한 부의 재정상태로 보아 간담회에서의 가부 결정 여부는 매우 주목된다고 한다.[10]

말썽 많던 경성부윤관사 문제는 드디어 그 결정을 보게 되었다. 17일 총독부 재무국에서는 관계자들이 모여 그 문제를 협의 중이던바 부윤관사 후보지로는 서사헌정의 관유지 2,500평으로 결정하고 그 건축공비로는 54,100원을 계상하였다는데 그 공사는 이달 말부터 시작하여 오는 11월에 준공할 예정이라 한다.[11]

관사는 고급주택 건축이라는 이슈로만 끝나지 않았다. 관사는 집단적으로 건설했기 때문에 관사단지 개발로 인해 도시적, 경관적 변화가 야기되기도 했다. 조선 시대의 국유지나 왕실 소유의 토지 등에 관사단지가 조성되면서 주변 일대의 성격까지 바꿔놓았다. 기존의 도시조직과는 상관없는 격자형 필지 구획이 만들어지고 그 위에는 집중형 평면을 기본형으로 하는 표준화된 평면의 주택이 대거 조성되면서 주변의 한옥들과는 많은 대조를 이루었다. 또한 관사단지의 개발로 인해 새로운 길이 나고 전차노선이 생기거나 복선화되었는데, 이로 인해 도시 구석구석에 대한 이미지가 바뀌었다. 대표적인 예로 경복궁 내외에서는 궁궐의 영역을 침범하며 다양한 규모와 양식의 관사가 조성되면서 경복궁 서측으로 공무원촌이 만들어졌다. 이것은 광화문선의 연장(1923년 통의

9 — "긴축주의의 경성부 과장관사에 5만 원", 《동아일보》 1927년 2월 2일자

10 — "재정은 궁핍한데 부윤관사 신축 이십구일 부의 간담회 개최, 주목되는 불부결정", 《동아일보》 1936년 2월 29일자

11 — "경성부윤관사 짓기로 결정", 《동아일보》 1936년 6월 3일자

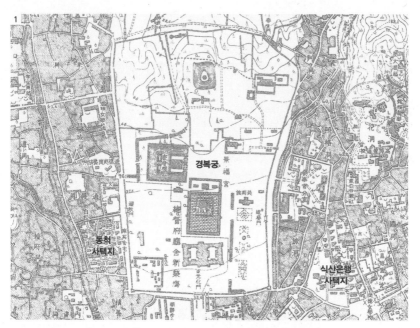

1 1921년 조선지형도에 나타난
   동척 사택지와 식산은행 사택지.
   서울대학교 도서관 소장 자료

2 1954년 항공사진 속 동척 사택지와
   식산은행 사택지. ©임인식

3 경성전기회사 사택지 내 주택 현재
   모습

동까지 연장, 1926년 궁정동까지 연장)과 복선화(1927)의 배경이 되기도 했다. 이러한 현상은 사
택단지 조성에서도 유사하게 나타났는데, 조선식산은행의 사택단지(현 송현동) 조성은 종
로에서 송현동, 안국동까지 전차의 연장(1923) 및 복선화(1929)의 이유가 되기도 했고, 경
성전기회사 사택단지(현 장충동1가) 역시 장충단선의 신설(1926)과 함께 들어선 것으로 보
이며, 일찍이 영조의 잠저였던 창의궁 터에 조성된 동양척식주식회사의 사택지(현 통의
동)는 1920년대 주변에 총독부 관사단지 조성으로 인한 전차노선 연장의 혜택을 보기
도 했다.

경성 전차의 선로 개량에 대하여 경성전기회사에서는 대개 다음과 같은 의견을 가지고
있다더라. … 광화문에서 영추문으로 가는 광화문선은 장래 총독부 관사가 대부분 총독
부 뒤로 옮아갈 모양이므로 복선으로 하는 동시에 조금 더 연장할 터이라 하며 …[12]

영추문 전차의 연장으로 적선동, 효자동, 청운동 일대는 사직동, 서대문정의 관사 지대와
아울러 장래가 매우 유망하게 되었고 안국동을 중심으로 한 북부 일대는 원래 관공사립
의 각종 학교도 많을 뿐만 아니라 근년에 이르러 송현동에는 돈 많은 식산은행의 사택이

12 ― "시내 전차선 연장", 《동아일보》 1924년 3월 26일자

한 촌락을 이루었고 겸하여 안국동 전차도 개통되었으며 다시 불원한 장래에 북부의 횡
단간선도로가 완성될 터이므로 …[13]

일본인들의 북진과 관사단지 조성

일제강점기 일본인들이 경성 내에 건설한 관사단지의 시기별 입지적 특징에 대해서는
김명숙의 논문(2004)에서 잘 다루고 있다. 먼저 강제병합 이전에 일본이 건설한 관사단
지는 주로 철도본부와 주차군 주둔지가 있던 용산의 신시가지, 그리고 남산의 북사면
일대와 서소문 안팎에 조성되었다. 대화정(현 필동)이나 왜성대정(현 예장동) 등 통감부 청
사 주변과 욱정(현 회현동)과 남산정(현 남산동) 등 일본인 거류지 일대, 그리고 서대문 정거
장과 관청이 인접해 있던 서소문정(현 서소문동) 등 일명 남촌 지역에 조성되었다.

하지만 강제병합 이후 관사단지는 남촌 일대를 벗어나 광화문통(현 세종로)이나 서대
문정(현 신문로), 청운정(현 청운동)까지 밀고 올라오게 된다. 이것은 일본인의 세력이 점차
북쪽으로 확대된 것을 의미했다. 조선총독부가 경복궁 안으로, 경성부청이 태평통(현 태
평로)으로 신축 이전하면서 관사단지 역시 '남촌'을 벗어나 '북촌'까지 번지게 되었다.[14]

일본인들의 북진은 "남산 및 일대는 옛날 통감부 시대의 활동지역으로 지금은 여
러 가지로 협착함을 느끼게 되고 태양도 잘 들어오지 않는 곳이니 모든 활동의 무대를
북촌으로 옮기는 것이 어떠하냐"는 취지에서 진행된 것이다. 조선사람들은 경성의 모든
땅을 일본인에게 내어주고 말 것이라는 두려움과 위기의식을 가지게 되었다. 다음 글은
그러한 분위기를 잘 보여주고 있다.

현재 남부를 비롯하여 용산 일대는 일본인의 차지로 장래가 유망한 살기 좋은 곳이 되었
고 북부를 중심으로 동서부의 일대는 조선인촌으로 어디로 보던지 궁상이 가득한 빈촌이
되고 말았는데 이제 이 유일한 조선인의 근거지가 다소간 장래의 희망이 있게 되자 또다
시 일본인의 수중으로 들어가게 되었으니 그 자세한 내용은 아래와 같다. …

13 — "조종(弔鐘)을 울리는 조선인 경성의 말로, 향촌 농민이 남북만주로 쫓기어 가는 것과 같이 경성 시민
은 북부조차 떠나 문밖으로 몰리는 전율할 이 숫자를 보라!", 《동아일보》 1924년 3월 9일자

14 — 김명숙, 《일제시기 경성부 소재 총독부 관사에 관한 연구》, 서울대학교 석사논문, 2004, 46쪽

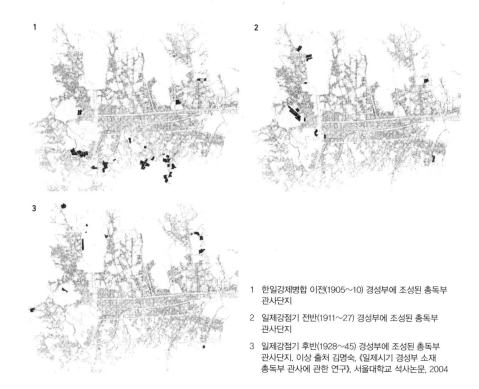

1 한일강제병합 이전(1905~10) 경성부에 조성된 총독부
  관사단지

2 일제강점기 전반(1911~27) 경성부에 조성된 총독부
  관사단지

3 일제강점기 후반(1928~45) 경성부에 조성된 총독부
  관사단지. 이상 출처 김명숙, 《일제시기 경성부 소재
  총독부 관사에 관한 연구》, 서울대학교 석사논문, 2004

남부는 피등(彼等)의 독무대, 조선인의 한 걸음도 못 디디는 남부 발전과 진고개의 연장

현재 남부 일대에 있는 사람은 거의 전부가 일본 사람이고 북부 일대에 있는 사람은 거의
전부가 조선 사람이므로 따라서 일본 사람은 남부를 중심으로 조선 사람은 북부를 중심
으로 하여 발전될 것이다. … 일본인은 얼마라도 정복하여 갈 만한 여유가 작작한 곳이므
로 전기(前記)와 같이 한 군데에 2, 30호로부터 5, 60호 내지 100여 호씩 대번에 늘어가는
것이니 이 무서운 숫자는 문득 일본인 세력이 이만큼 팽창하여 북부와 이웃한 전기 여러
곳까지 몇 날을 지나지 아니하여 진고개와 같은 완전무결한 일인촌이 되고야 말아버릴
운명을 가르치는 것이라 할 것이다.

파죽의 세로 북촌 일대 점령 총독부청사를 중심으로 몰려오는 일본인의 주택

그러나 전기의 여러 곳은 원래 남부라 남부에 뿌리를 박은 일인이 남부에 발전하는 것
은 오히려 당연하다 할 것이나 근년에 이르러 행인지 불행인지 총독부청사를 경복궁 안

에 신축하게 됨에 따라 경성부청도 태평통으로 완성되고 복심법원(覆審法院), 지방법원도 광화문 앞으로 옮아간다 하고 현재에도 체신국, 진체(振替)저금관리소, 전화분국, 경기도청, 경찰부 등이 한곳에 모이어 광화문통 태평통 일대는 완연히 관공서의 중심지가 되었을 뿐만 아니라 … 이곳도 역시 얼마되지 아니하여 크게 발전될 가능성이 충분하며 더욱 면적도 넓고 땅값도 헐하여 인가도 조밀하지 아니하여 벌써부터 개척하여 주는 자를 기다리고 있는 동소문 안과 동대문 밖 일대에도 근래에 관공사립학교 등을 자꾸 세워 은연한 가운데서 부민을 그리로 집중되게 함에 이곳도 역시 장래에 주목할 만하게 되어, 마르고 거칠고 궁상만 남아있던 북부의 조선인촌도 굳게 자리를 잡고 노력만 들이면 남부에 지지 아닐 만하게 되었는데 어찌 된 셈인지 조선 사람들은 우물쭈물하는 동안에 눈치 빠른 일본 사람은 벌써 이 기미를 알아차리고 가난한 조선인의 약점을 이용하여 손을 내어 밀게 되니 알기도 하고 모르기도 하는 조선 사람은 목전의 고가(高價)를 탐하여 집을 팔고 땅을 팔아(누보한 바와 같이 시가 지세와 가옥세가 줄어가는 것을 보아도) 마침내 북부 일대는 줄다름으로 일인의 소유가 되는 모양인데 … 일본 사람 한 명의 힘이 조선 사람 수십 명을 대항하는 현재에 있어 일본인 1호는 조선인 수십 호를 위협할 터인즉 결국 일본인 5, 6 내지 10여 호의 증가는 조선인 정동(町洞)의 생명에 관계가 있으니 오직 하나만 있던 북부도 제2 남부가 되고 말아버릴 것이다.

축출되는 조선인 살기 좋고 유망한 곳을 떠나 문밖으로 쫓기어 가는 참상

일본 사람이 북부를 점령함에 따라서 조선 사람은 어디를 가든지 북부는 떠나지 아니치 못하게 될 것이다. … 몰려오는 일본 사람의 호수는 4, 5호 내지 10여 호인데 쫓겨가는 조선인 호수는 4, 50호로부터 100여 호 내지 300호라는 무서운 숫자에 달하니 이같이 많은 가족들이 옛터를 버리고 가는 곳은 어디인가. … 북부의 조선인도 일인의 북진(北進)으로 인하여 북부를 떠나되 남부는 원래 꿈도 안 꾸는 곳인 즉 몰려갈 곳은 오직 문외인 …으로 재작년보다 작년에는 한군데에서 6, 70호로부터 100여 호 내지 200호로 붙었으니 이는 거의 전부가 북부로부터 쫓겨나온 사람들이라 할 것이다.[15]

---

15 — "조종(弔鐘)을 울리는 조선인 경성의 말로, 향촌 농민이 남북만 주로 쫓기어 가는 것과 같이 경성 시민은 북부조차 떠나 문밖으로 몰리는 전율할 이 숫자를 보라!", 《동아일보》 1924년 3월 9일자

궁궐 내 관사단지 개발

일본인의 북진으로 인한 북촌 일대의 관사단지 조성에서 궁궐도 예외는 아니었다. 경희
궁과 경복궁 권역에 관사단지를 개발한 것은 식민지 시대의 아픔을 그대로 전해준다.
특히 경희궁은 강제병합 전부터 많은 전각이 이전되고 일본인 자제들을 위한 경성중학
교가 건립되는 등의 급격한 변화를 겪은 대표적인 궁궐이다. 먼저 관사단지가 들어선
곳은 경희궁의 동측 담에 인접해 있던 훈련도감 신영이 있던 자리이다.[16] 그곳에 완전
한 서양식 외관의 2층 규모로 주임급 관사가 들어섰다. 국가기록원에서 소장하고 있는
도면자료를 보면, 이 관사는 1층에는 현관과 응접실, 부엌, 욕실, 변소 등이, 2층에는 침
실과 서재가 있으며 난방은 러시아식 페치카로 하는 아르누보[17] 풍 외관을 가진 벽돌조
주택이다. 이러한 서양식 관사는 일제강점기를 통틀어도 매우 예외적인 사례이다. 일제
강점기 초반 서양식 관사가 궁궐 바로 옆에 과시적으로 들어서면서 주변의 많은 이목
을 끌었을 것으로 보인다.

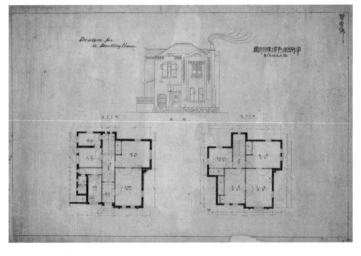

훈련도감 터에 들어선
서양식 주임관사 도면.
국가기록원 소장 자료

16 — 이규철, 《대한제국기 한성부 도시공간의 재편》, 서울대학교 박사논문, 2010, 182쪽

17 — '새로운 예술'을 뜻하는 프랑스어로 19세기 말부터 20세기 초반까지 유럽 등지의 미술계와 건축계에
서 유행한 양식이다. 아르누보 양식이라고 하면 넝쿨의 구불구불한 선으로 장식된 철제 난간, 자유롭
고 연속적인 곡선들이 바닥과 벽체를 넘어 천장까지 감싸는 공간을 떠올리게 된다. 공장 생산된 재료
와 그에 기반한 새롭고 독창적인 형태의 건축을 선보이고자 했던 근대건축운동으로, 대표적인 건축가
로는 앙리 반드벨데(Henry van de Velde, 1863~1957)와 빅토르 오르타(Victor Horta, 1861~1947),
엑토르 기마르(Hector Guimard, 1867~1942)가 있다.

서궐도. 고려대학교 박물관 소장본인 '서궐도안'을 기본으로 송규태 작가가 그림. 문화재청 제공

1921년 조선지형도에 나타난 경희궁의 변화. 서울대학교 도서관 소장 자료

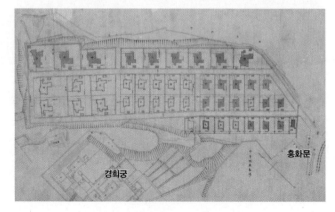

경희궁 흥화문 내외 총독부 관사단지 배치도. 국가기록원 소장 자료

훈련도감 터에 관사가 들어선 지 얼마 되지 않아 이제는 경희궁 안까지 관사단지를 조성하게 된다. 그곳은 침전 영역이었는데 왕의 침전이었던 회상전은 아직 남아 경성중학교의 교실로 사용하고 있었고 왕비의 침전이었던 융복전은 이미 헐려 공터인 채로 남아있었다. 융복전 터와 동쪽 부지 일대에 격자형으로 관사단지를 계획했다. 다음은 당시 관사 개발로 인한 서대문, 서소문 일대의 변화에 대한 조선사람들의 이야기와 경희궁 내 관사단지 거주자였던 일본인 관리의 이야기이다. 두 이야기가 매우 대조적이어서 눈길을 끈다.

요새 벼슬아치나 하는 양반님들이 '서'자와는 무슨 원한이 있는지 서대문, 서소문이 모두 헐리어 지금은 빈 터전만 남아있지요. 우리 큰 대문이 헐린 까닭은 길을 넓히는 관계라니까. 용혹무괴한 일이지마는 총독부 관사 짓는 통에 뿌리가 빠지고 말았지고.[18]

나는 보통의 셋집 등에서 사는 사람들에 비해 관사 거주는 대단히 행복하다고 생각하고 있습니다. … 여하튼 이 서대문관사의 설계는 건축과의 분들이 대단히 고심한 것일 것이지만, 확실히 살기 좋은 건축입니다. … 건물이나 간살이에 대해서는 조금도 부족을 느끼지 않고, 게다가 공지가 대단히 넓어 느긋한 마음으로 있을 수 있습니다. 토지가 완만한 고지에 있으므로 습기도 없고, 경성의 시내도 보이며, 서측에는 쭉 소나무 숲이 이어져 있으므로 경치도 좋아, 관사의 장소로서도 대단히 적당하다고 생각합니다. … 참으로 관사는 좋습니다.[19]

경희궁 내에 개발된 관사단지 축대의 현재 모습

경희궁 내 관사단지의 한 필지에 들어선 성곡미술관

18 — "구문(九門) 팔자 타령(12) 서소문", 《동아일보》 1928년 5월 8일자

19 — 井上主計, "官舍なればこそです", 《조선과 건축》 6집 5호, 1927년 5월

圖之宮福景場會會進共

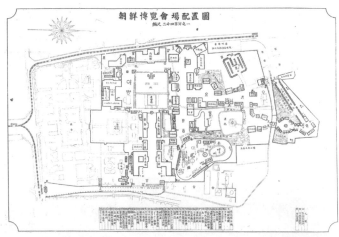

朝鮮博覽會場配置圖

　　결국 서대문과 서소문을 없애고 여기저기 관사를 짓는 상황이 조선인에게는 통탄할 만한 상황이었지만 정작 경희궁 안에 조성된 관사단지에 사는 일본인에게는 "넓은 데다가 건조하며 전망과 경치까지 좋아 이보다 더 좋을 수 없다."라고 평가받을 정도의 훌륭한 주택지로 여겨졌다. 지금 경희궁 복원 사업을 통해 정전 영역 일부가 복원되기는 했지만, 편전 영역과 침전 영역에는 아직도 당시의 관사단지 개발 흔적이 남아 주택과 상가, 미술관 등으로 채워져 있는 상황이다.

경복궁 신무문 내외의 총독부 관사 배치도. 국가기록원 소장 자료

경복궁 내 총독부 관사 배치도.
출처: 김명숙, 앞의 논문

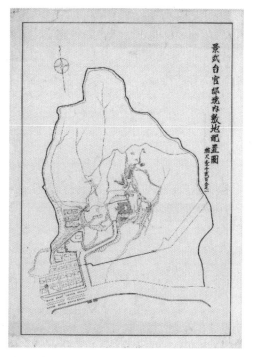

경복궁 후원 영역에 들어서는 경무대 총독관저 배치도. 남서쪽 부분은
이미 관사단지로 개발되었음을 확인할 수 있다. 국가기록원 소장 자료

일제강점기 중반이 넘어서자 일제는 조선시대의 법궁이었던 경복궁 안에도 관사를 신축하기 시작했다. 경복궁은 이미 1915년 조선물산공진회 개최를 시작으로 여러 번의 박람회가 개최되면서 많은 전각이 훼철되고 매각되는 등 유린당했다. 이후 경복궁 안에 조선총독부 신청사 공사가 시작되는 것과 동시에 관사단지 조성 계획도 수립되었다.

1920년대 중반경 신무문의 서북쪽 모서리 부분에 주임급 관사를 짓기 시작해 1930년대가 넘어서는 영추문 가까이까지 주임급과 판임급 관사를 남북으로 길게 지으며 관사 영역을 확장해 나갔다. 더욱이 1938년에는 왜성대에 있던 총독관저를 경복궁의 후원이 있던 자리이자 현재의 청와대가 있는 자리에 경무대 관저를 신축하면서 주변의 청운동과 창성동에 추가로 관사를 두게 되었다. 이로써 경복궁 서측은 총독부 관사가 빼곡하게 들어서 일종의 공무원촌을 이루게 되었다. 경복궁에는 테니스코트와 야구장이 계획되고 골프장까지도 조성되었다고 하니 조선 시대 법궁의 자취를 더는 찾아볼 수 없게 된 것이다.

이러한 관사 및 관사단지 건설에 대한 일반인의 시각은 싸늘했다. 경복궁과 같은 궁궐을 헐어버리고 학교와 같은 교육 시설을 확충하지 않으면서도, 넉넉지 않은 재정으로 화려하고 허식에 찬 관사 건립을 하는 것에 대해 비판의 목소리가 높았다. 그럼에도 총독부는 관사 건축 재정 등에 보태기 위해 관유 재산을 처분해나가며 관사 확충에 계속 열을 올렸다.

총독부 당국자들은 자기네의 성적을 널리 자랑하기 위하여 빈약한 세입으로 과분한 지출을 단행하기를 마지 아니하였다. 국장, 과장, 내지 판임과 고원의 관사까지 일본 사람이 거처할 관사면 조금도 아끼지 아니하고 화려하게 지어주고 깨끗하게 차려주었다. 국장의 관사로 일본의 국무대신 관사와 방사(倣似, 유사)한 것이 얼마나 많으며 4, 5칸 살림집으로도 가(可)할 판임관에게 2층 양옥과 응접실까지 지어준 곳이 얼마나 많은가.
조선 정치는 어느 점으로 보아서나 일본인 이민 정치이다. 일본인의 관리를 후대(厚待)하여 줄 것은 물론이겠지마는 총독부 당국자들은 너무도 허식과 외양에 유(流)하는 폐(弊)가 많이 있다. 조선에 있어서는 유일의 건물이 되는 유명한 경복궁을 헐어버리고 2, 3년을 두고 빈약한 재정을 아끼지 아니하면서 별별식으로 가장하여 총독부라는 일개 관청에다가 기백 만 원을 투(投)하는 것은 너무도 허식과 외양에 유(流)하였을 뿐만 아니라 기타 온갖 경영이 도무지 허식이오 외양인 것이 많이 있다. 조선 사람이 총독부 당국에 대하여 총독부를 잘 지어놓지 못하였다고 불평을 할 사람은 한 사람도 없을 것이요, 용산에 있는 괴

건물(怪建物)과 조선 총독의 관저가 그와 같이 굉장하다고 조선 사람이 총독부를 무서워 여기는 것도 아니다. 조그만 지방에 큰 살림을 펴 놓았던 조선총독부에서는 살림살이가 구차하게 되어 재정 긴축이니 세출 축소니 떠들기를 시작하였다. 그러나 긴축할 것은 긴축하고 축소할 것을 축소하여야 한다. 일본인의 소학교나 조선인의 공립보통학교나를 물론 하고 빈약한 내용에 건물만 굉장히 할 필요가 어디 있으며 2, 3칸이라도 족할 일본인 관리의 관사를 그다지 굉대(宏大)하게 축조할 필요가 어디 있으며 조선 사람이 그다지 환영치 아니하는 중추원에다가 다대한 지출을 내릴 필요가 어디 있으며 자기의 의견을 진술할 자격도 못 되는 도평의원이나 군평의원이니 학교비평의원이니 하는 소위 '삼원(三圓)자리' 평의원은 무슨 필요가 있어서 두었는가. 여론정치가 필요한 줄을 생각한다 하면 소수의 평의원의 의견보다도 다수의 사회의견을 정치방침에 채용하는 것이 가(可)치 아니한가.[20]

총독부 내무국 토목과는 토목부 시대에 과반(過般) 정동(貞洞) 화재로 토지대장을 소실하였으므로 그 조사를 진행 중인바 금회 관유지 정리 일단으로 경성부 내 37개소의 무연고지 15,654평을 경쟁입찰로 불하하게 되었다. 그중 가장 중대한 것은 서대문3정목 2,460평, 종로6정목 1,978평, 원정4정목 1,839평 등이오, 소(小)는 누상동 23평 동 31평 등이 있다. 입찰은 1건에 행하여 건물은 토지와 같이 1건으로 한다.

그 무연고지 불하의 이유로는 전기 당국 설명 외 즉 왕년 군용지 180만 평을 총독부에 이(移)한대로 총독부는 군용에 필요한 토지 기타를 여(與)할 계약에 의하여 대정5년(1916)부터 황해 곡산 450만평, 경남 창녕 540만평, 경기 부평 60만평, 강원 평강 700만평을 여(與)하여온 바 13년도(1924)에도 비행폭격후보지인 평남 용강 47만평 및 평강 일부를 구입 양도하였다. 그 매수비 일부분이 재무국 선대(先貸, 기일 전에 먼저 꾸어줌)로 되어있으므로 금회 불하비로서 충당하게 되었다. 총독부의 육군용지 매수비는 본년도까지 23만 원에 달하고 본년까지 종료하게 되었다. 그 외 총독부 신청사 낙성 후에는 부근에 관사 부지를 구할 뿐 아니라 현재 조선보병대 부지 2,000평을 타(他)에게 이전하고 관사 부지로 할 재원으로 되어있다.[21]

20 — "고려할 관유재산정리(3)", 《동아일보》 1924년 9월 11일자

21 — "관유지 정리와 용지 매수", 《동아일보》 1925년 2월 22일자

결국 일제는 강제병합을 전후해 일본인 관리들의 주택난 해소를 위해 관사단지 조성을 시작했지만 피지배민인 조선인들에게 자신들의 우월함을 보여주는 과시용 목적도 있었다. 관사의 양식이나 규모는 여느 조선인들이 생활하는 주택과 비교되지 않을 정도로 화려한 고급주택이었다. 관사단지는 국유지와 더 나아가 조선을 상징하는 시설인 궁궐을 훼손하면서 조성되었다. 관사 건축 및 관사단지 조성에 쓰이는 비용은 관이 가지고 있던 관유지의 처분에서 조달되었다. 남촌에서 시작된 관사단지 조성이 북쪽으로 번져가는 이러한 상황 속에서 일본인 관리들은 양호한 주거지를 확보해가는 매우 만족스러운 상황이었던 반면, 조선사람들은 경성의 모든 땅을 일본인들에게 내어주고 말리라는 불안한 상황을 맞이하게 되었는데, 실제로 경성의 많은 조선인이 북촌의 땅마저 빼앗기고 외곽으로 외곽으로 밀려나는 상황이 되었다.

관사의 건축적 특징

일제의 관사단지 조성으로 인해 우리 도시는 커다란 변화를 맞이하게 되었고 식민지적 상황에서 조선인들은 희생될 수밖에 없었다. 관사단지 조성 자체만을 살펴보면 외래 주거문화의 유입과 주택의 조성, 새로운 주택 공급방식의 유입으로 볼 수 있다.

일본인 관리들이 처음 들어왔을 때는 한옥을 빌리거나 개축 또는 증축해 관사로 사용하기도 했다. 하지만 극히 일부 사례에 불과했다. 대부분 기관에서는 근대적 건축교육을 받은 건축직 직원들이 설계한 주택을 공급했다. 그들은 단독주택에서부터 연립주택, 합동숙사[료(寮)라고 불리기도 했음] 등 다양한 형식과 10평대부터 100평이 넘는 다양한 규모의 관사를 설계했다. 시대별로 관사의 평면과 구조, 설비 등도 변화되어 갔다.

30평대 이상의 중규모 또는 대규모 관사의 경우에는 대부분 단층 또는 2층의 단독주택 형식이고, 20평대 미만의 소규모 관사의 경우에는 2호가 이어진 연립주택 형식을 띠고 있으며, 독신자 대상의 경우에는 부엌과 식당, 욕실과 변소를 공유하는 2층 이상의 합동 숙사 형태가 제공되기도 했다.

강제병합 이전의 초기에는 전통적인 일본식 평면인 전(田)자형이나 홑집형 평면의 단층 목조 관사로 건축했지만, 강제병합 이후에는 중복도형이나 히로마(廣間, 홀)형 평면으로 변화시키기도 했으며 서양식 주택과의 절충식 주택이나 한반도의 추운 기후에 적응하기 위해 온돌방을 설치하는 등의 변화를 주기도 했다.

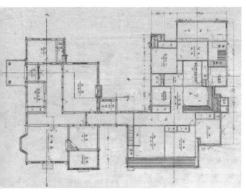

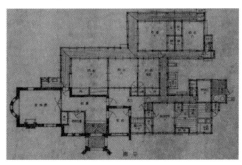

의양풍 건물과 목조 일본식 건물이 붙어 있는
농상공부 차장관사. 국가기록원 소장 자료

벽돌조 서양식 건물과 목조 일본식 건물이 붙어
있는 농상공부 국장관사. 국가기록원 소장 자료

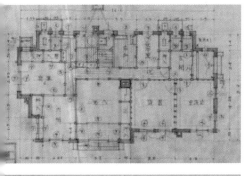

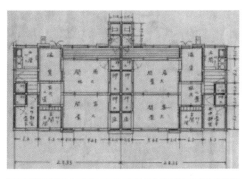

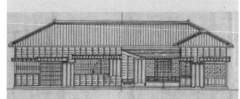

주임급 관사(단독주택형) 평면도와 입면도.
국가기록원 소장 자료

판임급 관사(2호 연립형) 평면도와 입면도.
국가기록원 소장 자료

　　양식적 변화도 모색했는데, 대부분 관사가 일본식 목조에 기반한 주택이었으나 그
옆에 서양식 공간을 별도로 붙이는 화양절충식을 시도했다. 주로 칙임관급 이상의 대
규모 관사가 그랬는데, 서양식 공간은 집무, 접대, 연회 등 공식 기능에 대응하는 응접
실, 서재, 식당 등의 기능이 들어가는 벽돌조 건물이거나 목조로 서양식 건물을 흉내
낸 의양풍 건물로 했고, 일본식 공간은 일상적인 생활이 이루어질 수 있도록 이마(居

間), 차노마(茶の間), 부엌, 욕실 등으로 구성된 목조 건물을 만들었다.[22]

하지만 수적으로 많은 주임관급 이하의 관사들은 대체로 중복도형 평면이나 히로마형 평면을 가진 목조 주택으로 설정된 주택안이 등급별 표준 평면처럼 여겨져 관사단지에 집단 공급되었다. 대량으로 건설을 하면서 효율을 높이기 위해 다다미를 기준으로 규격화되는 것은 물론 평면 일부분을 표준화해 다른 설계안에서 사용할 수 있도록 하기도 했다. 또한 동일한 설계안을 같은 단지는 물론 다른 관사단지에서까지 활용했는데, 부지 여건에 따라 설계안의 좌우를 뒤집어 도면을 재활용하기도 했다.

계급별 관사의 규모와 형식은 달랐을지 모르지만 당시의 주택 상황을 놓고 보면, 전체적으로 건폐율이 매우 낮은 양호한 조건의 대지에 가스와 상하수도 설비가 완비된 환경에 지어진 살기 좋은 주택에 해당했다.

조선주택영단의 설립과 영단주택의 공급

일제강점기 후반인 1940년대 초반이 되면 일반인들, 특히 산업 노동자들을 위한 주택이 공급된다. 이전에도 경성부 차원에서 부영주택을 간간이 공급하고자 시도한 적이 있기는 했으나 모두 실패로 돌아갔다.[23] 또한 동양척식주식회사의 방계회사인 조선도시경영주식회사에서 주택을 지어 팔기도 했으나 주로 토지분양에 초점이 맞춰져 있어 주택분양의 수량은 미미했다. 뿐만 아니라 일부는 고급주택지 개발에 성격이 맞춰져 일반 서민들의 주택난 해결과는 상관이 없는 것이었다. 경성 대부분의 서민이 고통받고 있던 주택난을 해결하기 위한 총독부와 경성부의 노력은 보이지 않았다.

총독부가 주택 정책에 관심을 보이기 시작한 것은 전쟁이 본격화되면서부터였다. 1937년 중일전쟁이 터진 이후 각종 자재가 부족하고 건설비가 늘어서 신축 주택 수가 줄어 주택 부족률이 22%를 넘는 최악의 상황에 이르렀기 때문이다. 더구나 전쟁물자 생산에 필요한 산업노동력 확보를 위해서는 열악한 주택문제가 먼저 해결되어야 했다. 결국 1941년에 조선주택영단령이 공포되고 같은 해에 바로 조선주택영단이라는 기관

22 — 김명숙, 앞의 논문, 30~31쪽

23 — 강상훈, 《일제강점기 근대시설의 모더니즘 수용－박람회, 보통학교, 아파트 건축을 중심으로》, 서울대학교 박사논문, 2004, 151~153쪽

을 설립하여 주택을 직접 지어 공급하고자 했다.

영단주택에 대한 대표적인 연구로는 토미이 마사노리의 연구(1996)가 있는데[24] 그에 의하면 1942년부터 1945년까지 한반도의 18개 도시에 총 12,064호가 세워졌다고 한다. 그중 경성에는 전체의 약 37%에 해당하는 4,472호가 건립되었고, 인천에는 1,302호가 건립되었다. 둘을 더하면 전체 공급량의 48%에 해당하는 양으로 거의 절반의 주택이 경인공업지대에 집중되었다는 것을 알 수 있다.

경성 안에서는 총 42개 지역에 영단주택을 건설했는데, 그중 영등포, 돈암과 같은 토지구획정리사업 구역이 10곳, 상도, 신촌과 같은 경성부의 부영주택지가 2곳 포함되어 있었다. 가장 먼저 사업을 시작한 곳은 1941년 영등포 토지구획정리사업 구역 내의 도림정(현 문래동)과 번대방정(현 대방동), 그리고 일단의 주택경영지 중 하나였던 상도정(현 상도동) 등 세 곳이었다. 이들은 모두 영등포 공업단지의 배후 주거지라는 공통점을 가진 곳이다. 전쟁에 필요한 물자 생산 노동력 확보라는 취지에 어울리는 사업대상지 선정이었다고 보이는데, 구역별로 보면 상도정이 1,067호로 가장 많았고, 도림정이 651호, 번대방정이 464호 순이었다.

주택은 갑형(20평형), 을형(15평형), 병형(10평형), 정형(8평형), 무형(6평형) 등 총 5종류로 구분되어, 갑형 11종, 을형 10종, 병형 4종, 정형 2종, 무형 2종 등 총 29종류의 표준 평면을 가지고 있었다. 이 평면들은 조선건축회가 발표한 "조선에 있어서 소주택의 기술적 연구 보고(朝鮮に於ける小住宅の技術的研究報告)"를 기초해 마련된 것으로, 맞배지붕 형식에 중복도형 평면의 간단한 구조로 되어있었다.

갑형은 단독주택형, 을형은 단독주택형 또는 2호 연립형, 병형은 2호에서 4호 연립형, 정형은 2호에서 8호 연립형, 무형은 10호 연립형으로 되어있었는데, 일본의 영단주택과 비교하면 형별 규모가 작고 한반도의 추위를 견디기 위해 온돌방을 하나씩 두고 외벽을 모르타르 벽으로 했으며 이중창을 설치했다는 점 등을 특징으로 들 수 있다. 외관은 일본식, 내부는 절충식으로 하여 주택 계획에서조차 내선일체 사상을 구현하려는 의도가 내재되어 있었다고 한다.[25]

영단주택 사업 초기인 1940년대 초반만 해도 갑형, 을형, 병형의 비교적 큰 규모의 주택이 지어졌지만, 일제강점기 후반으로 갈수록 전력 증강에 직접 기여할 수 있는 산

24 — 冨井正憲, 《日本 韓國 臺灣 中國の住宅営団に関する研究》, 도쿄대학교 박사논문, 1996

25 — 冨井正憲, 앞의 논문, 376쪽

조선주택영단 표준설계도

유형	도면	평수 및 칸수
갑 (11종)		− 20평 − 4칸: 8첩, 6첩(온돌), 4첩반, 3첩
을 (10종)		− 15평 − 4칸: 6첩, 4첩반(온돌), 4첩
병 (4종)		− 10평 − 2칸: 6첩, 4첩반(온돌)
정 (2종)		− 8평 − 2칸: 4첩반, 4첩반(온돌)
무 (2종)		− 6평 − 2칸: 4첩반(온돌), 2첩

※출처: 대한주택공사 《대한주택공사 30년사》, 1992

1　도림정 영단주택지 내 갑(甲)형 주택의 현재 모습　　2　도림정 영단주택지 내 을(乙)형 주택의 현재 모습

3　도림정 영단주택지 내 병(丙)형 주택의 현재 모습　　4　소규모 공장이 들어서 있는 도림정 영단주택지의 현재
　　　　　　　　　　　　　　　　　　　　　　　　　　　모습

2006년 촬영한 도림정(현 문래동) 영단주택 단지. ⓒ 김주경

갑형주택	소공원	
을형주택	후생시설	
병형주택		
정형주택		
무형주택		

1 영등포 토지구획정리사업지구 내 도림정 영단주택 단지, 국가기록원 소장 자료. 김하나, 《근대
  서울 공업지역 영등포의 도시 성격 변화와 공간 구성 특징》(서울대학교 박사논문, 2013, 208쪽)의
  지도를 근거로 영등포 토지구획정리사업지구 팸플릿에 재작성

2 도림정(현 문래동) 영단주택 단지 배치도. 출처: 富井正憲, 《日本 韓國 臺灣 中
  國の住宅営団に関する研究》, 도쿄대학교 박사논문, 1996

업 노동자들만을 위한 주택 건설로 제한되었다. 따라서 전시규격[26] 주택인 무형을 주로 공급했고 전쟁 막바지에는 응급공원주택(應急工員住宅)이라는 4.5평에서 7.5평의 극소형 주택을 짓기도 했다. 10평 이상 주택은 일본인이, 10평 이하 주택은 조선인이 입주하도록 하며 차별을 두었으며, 갑형 주택은 분양을, 을형 이하는 임대를 원칙으로 했다.

현재까지 알려진 경성의 영단주택지 중 유명한 곳은 가장 먼저 사업을 시작한 세 곳 중에서도 두 곳, 즉 영등포 토지구획정리사업 구역 내 도림정(현 문래동) 영단주택지와 상도 부영주택지 내 영단주택지다.

먼저 도림정 영단주택지는 영등포 공업지구에서도 3대 방적 회사 중 두 곳, 즉 동양방적주식회사, 종연방적주식회사와 인접한 곳에 마련되었다.[27] 그 외에도 주변에는 조선제분, 경성방직, 대일본맥주 등 공장들이 많이 들어서 있어서 공장에 다니는 산업 노동자들의 주거 단지로 계획되기에 적합한 위치였다.

도림정 영단주택지는 비교적 평탄한 지형에 정연한 그리드형 토지구획으로 만들어졌다. 그리고 갑형이나 을형, 병형과 같이 큰 규모의 주택부터 정형, 무형의 작은 규모까지 총 5가지 유형, 7종류의 주택을 대지의 상황에 맞춰 다양하게 지었다. 조선주택영단이 고안한 5가지 유형의 주택이 모두 지어진 곳은 도림정과 번대방정 2곳뿐이었다고 하니 영단주택지 중에서도 매우 드문 사례였다. 단지에는 주택 외에 공원이나 목욕장, 석탄연탄점, 이발소, 식료잡화점, 어육청과점, 의원 등 후생시설이 계획되어 있었고 영단주택 관리소를 두기도 했다. 가장 먼저 조성되는 영단주택지였던 만큼 모든 주택 유형을 넣어보고 주택 외 편의시설도 잘 갖춰 보고자 했던 영단주택사업의 초기 취지와 내용을 읽을 수 있다.

아직도 당시의 주택이 변형되어 남아있는데 준공업지역으로 용도지역이 되어있어 대부분 건물이 철공소나 공업사 등으로 바뀌어 운영되고 있고 일부 블록에는 대규모 종교시설이 들어서 있는 상황이다. 주택들은 길 쪽으로 증·개축이 일어나 주택 사이 골목들이 전체적으로 좁아져 있는 상태다.

상도정에 조성된 영단주택지는 경성부에서 토지를 일괄 매수하고 주택지를 조성하여 분양한 일단의 주택경영지에 조성된 것으로 전국 최대 규모의 영단주택지를 포함

---

26 — 전시규격(戰時規格) 기준은 주택, 초등학교, 창고, 공장, 창호 등 5가지 부분에서 제시되었다.

27 — 김하나, 《근대 서울 공업지역 영등포의 도시 성격 변화와 공간 구성 특징》, 서울대학교 박사논문, 2013, 208쪽

1 《경성휘보》(1942년 7월호)에 게재된 주택(영단주택) 및 주택지(경성부) 분양 광고

2 상도 부영주택지. 국가기록원 소장 자료. 빗금 있는 부분이 영단주택지이다.

하고 있었다. 경성부의 부영주택지는 상도, 신촌, 금호 지역에 계획되었는데, 그중 상도 주택지는 총 646,094m²로서 가장 넓었고 조선주택영단의 주택지가 차지하는 면적이 전체 주택지의 21.6%를 차지하는 139,722m²나 되었다고 한다.

전체 토지 조성은 장충단 주택지와 앵구 주택지 개발 주체로 언급되었던 동양척식주식회사의 방계회사인 조선도시경영주식회사가 맡았다. 기본적으로는 남북을 잇는 폭 20m 도로를 중심으로 동서 양쪽에 블록을 격자형으로 구획했는데 지형에 따라 블록의 형태가 조정되기도 했다. 중간중간에는 로터리를 두기도 했는데 이 때문에 블록 중에는 방사형 도로망과 부채꼴 모양으로 된 부분도 있었다. 1940년 인가를 받아 1941년 공사를 시작해 1942년부터 주택지 분양을 시작했는데, '분양 후 2년 이내에 주택 건설할 것'이라는 조건이 붙어 이것이 지켜지지 않을 때는 퇴각하는 조건이 붙어 있어 토지를 다시 되파는 예도 있었다고 한다. 분양가격은 평당 12원에서 32원이었는데, 조선주택영단은 1942년부터 토지를 사서 주택 건설을 시작했다.

이곳에 지어진 주택은 갑형, 을형, 병형 등 큰 규모의 유형만 건설되고 작은 규모인 정형이나 무형은 지어지지 않았는데, 이것은 상도 부영주택지가 어느 정도의 지위와 경

1 상도지구 내 일제강점기에 지어진 것으로 추정되는 주택
2 상도지구 내 영단주택으로 추정되는 주택
3 상도지구 내 로터리의 현재. 상도터널 교차로
4 상도지구 내 학교부지의 현재. 서울강남초등학교
5 상도지구 내 공원부지의 현재. 햇님 어린이 공원
6 상도지구 내 공원부지였으나 해방 직후에 점유되어 주택지로 사용되고 있는 모습

제력이 있는 사람들을 대상으로 한 양호한 교외 주택지를 지향했기 때문이다. 하지만 당시 기록을 보면 주택은 완성되었지만 수도가 완성되지 않아 공동우물을 이용해야 했고 쌀이나 연료 등을 얻기도 어려운 불편한 상태에서 분양 또는 임대를 시작했다고 한다.

현재는 주택지였던 부분에 숭실대학교가 들어서고 강북과는 터널이 연결되고 더 남쪽으로는 봉천동, 신림동이 개발되면서 중심도로 폭은 40m로 넓어져 건물들은 모두 새롭게 지어졌다. 다만 당시 조성되었던 로터리의 흔적과 학교부지와 공원부지로 지정되었던 곳에 초등학교와 공원이 들어서 있는 것으로 당시의 계획 내용을 짐작해 볼 수 있다.

해방 이후 도림정과 상도정의 영단주택단지 내 주택들은 적산가옥으로 분류되어 한국인들에게 불하되었는데, 다다미방은 온돌방으로 바꾸고, 중복도를 없애 마루를 중심에 놓는 등 한국인들의 주생활에 맞춰 바뀌어 사용되었다는 연구 결과가 있다.[28] 이것은 일제가 주택에서조차 내선일체를 추진했지만 결국 조선인들에게는 오랫동안 한반도의 풍토에 적응하며 변화를 거듭해 정착한 나름의 주택 유형이 있었으며 그것은 결코 식민지적 상황으로도 바꿀 수 없는 부분이었다는 것을 다시 한번 보여준다.

28 — 川端貢·冨井正憲·이광노, "조선주택영단의 주택지 및 주택에 관한 연구−서울 문래동(구 도림정) 주택지를 중심으로", 《대한건축학회 학술발표대회논문집》 1990년 4월; 신병학·이선구, "1941년 ~1945년에 건축된 영단주택의 주거실태에 관한 연구", 《대한건축학회 학술발표대회논문집》 1989년 4월; 이완철·이현희·박용환, "일제강점기에 형성된 영단주택의 변화 및 그 원인에 관한 연구", 《대한건축학회 학술발표대회논문집》 2000년 4월

찾아보기

주택지

ㄱ

경성문화촌 140, 201, 216, 217, 218, 219, 243, 244,
245, 286
경성전기회사 사택단지 349
구갑천정 주택지 166, 169
금호 부영주택지 368
금화장 주택지 132, 139, 240, 303, 304, 306, 307,
309, 310, 311, 312, 313, 315, 333

ㄴ

남산장전고대 주택지 166, 167, 169, 175, 177, 179,
185
녹구 주택지 140

ㄷ

덴엔초후 주택지 194, 195, 197
도림정 영단주택지 366, 367
동산장 267
동소화원 주택지 173
동양척식주식회사 사택단지 349

ㅁ

명수대 주택지 266, 277, 279, 280, 282, 283, 284,
286, 288, 289, 290, 291, 292, 294
무학정 주택지 132, 181
미요시 주택지 130, 145, 146

ㅂ

백화원 주택지 169
번대방정 영단주택지 367

ㅅ

삼판통 주택지 130
삼판통주택 주택지 130
상도 부영주택지 366, 368, 369

소화원 주택지 139, 149, 169, 171, 173, 174, 179, 304, 322

숭사동 주택지 132, 240

숭일동 주택지 132, 240, 313

신락원 주택지 130

신정대 주택지 130, 145, 147, 148, 149, 151

신촌 부영주택지 368

ㅇ

안암 주택지 202

안암장 266

앵구 주택지 132, 181, 191, 202, 203, 207, 208, 209, 210, 211, 212, 213, 214, 216, 280, 369

앵구 임간 주택지 202

약수대 주택지 132, 240, 241, 242, 313

연희장 주택지 312, 313

영천 주택지 312, 313, 315

왕십리 주택지 202

용곡 주택지 202

육군관사단지 342

일출구 주택지 130

ㅈ

장충단 주택지 169, 179, 181, 202

조선식산은행 사택단지 349

조선은행 사택지(선은사택) 130, 132, 134, 135, 138, 139, 145

ㅊ

천연장 주택지 312, 314

ㅎ

학강 주택지 130, 139, 140, 141, 142, 144, 145, 152, 153, 169, 171, 174, 304

혜화동 주택지 132, 240

동네

ㄱ

가회동 14, 15, 16, 18, 22, 23, 27, 33, 34, 38, 39, 40, 42, 43, 50, 51, 53, 55, 59, 62, 63, 64, 126, 160, 188, 250, 260, 262

강기정(갈월동) 141

경운동 68, 71

계동 18, 43, 49, 50, 53, 55, 115

고시정(동자동) 141, 146, 326

관훈동 18, 68, 71, 78

길야정(도동) 146

ㄴ

낙원동 68

남소동 162

노량진 276, 294, 295, 304

ㄷ

도림정(문래동) 363

돈암정(돈암동) 115, 122

동사헌정(장충동 1가) 163, 164, 166, 169, 175, 181, 322, 326

동소문동 49, 250

동선동 250

동숭동 227, 231, 232, 236, 240, 242, 243, 313

동작진 276

ㄹ

레치위스 193, 194

ㅁ

명륜동 224, 231, 243, 244, 246, 248

ㅂ

반촌 225, 227

번대방정(대방동) 295

보문동 250, 257
본정(충무로) 164, 326
북촌 14, 15, 42, 50, 53, 64, 126, 268, 350, 351, 353, 360

ㅅ

삼청동 104, 108, 109, 110, 111, 112, 114, 115, 120, 121, 122, 246, 262
상도정(상도동) 363
서사헌정(장충동 2가) 163, 164, 166, 167, 175, 177, 181, 187, 266
성북동 18, 27, 250, 254, 271, 274
소사동 295
신길정(신길동) 295
신당리(신당동) 173, 179, 186, 187, 188, 190, 191, 192, 200, 211, 220, 222, 254, 280, 310, 313
신설정(신설동) 254
신정(묵정동) 165

ㅇ

안암정(안암동) 250, 257
앵정정(인현동) 127
연건동 227, 231, 232, 243
영등포 256, 282, 295, 304, 326, 363, 366
오류동 295
이화동 227, 242, 274
익선동 18, 27, 33, 246, 250
인사동 68, 71, 250

ㅈ

장충동 162, 163, 187, 188, 204, 211, 304
재동 18
죽첨정(충정로) 240, 309, 310, 326, 333
중학동 115, 120, 121

ㅊ

창성동 358
창신동 18

청운동 358

ㅌ

통의동 177

ㅍ

팔판동 112
필운동 115, 118

ㅎ

한남동 188, 220, 222
화동 18
황금정(을지로) 127
혜화동 122
후암동 126, 127, 128, 130, 132, 134, 146, 147, 148, 152, 153, 155, 157, 158, 160, 304
흑석리(흑석동) 276, 277, 278, 279, 282

건물, 집, 시설

M주택 183

ㄱ

가회동 백인제가옥 15
가회동 한씨가옥 15
각심재 71, 72, 91, 102
감고당 14
경교장(죽첨장) 303, 333, 334, 340
경복궁 122, 166, 271, 347, 349, 350, 353, 358
경무대 358
경성고등공업학교 235
경성고등상업학교 224, 231
경성대화숙 326, 328, 332
경성부윤 관사 177, 181, 183, 187, 346
경성상공학교 290

경성식산은행 독신자아파트 326
경성운동장 162
경성의학전문학교 231, 234
경성전기학교 134
경성제2공립고등여학교 134
경성제국대학 232, 235, 236
경성제국대학 관사 236
경성제국대학 총장 관사 236, 237
경희궁 353, 355, 356
공업전습소(경성공업전문학교) 74, 75, 224, 231, 234, 235, 236
광희문 163, 179, 190, 200, 321, 322
구 남계양행 71
구 장문경 산부인과 71
구 조선중앙일보 사옥 71
김명진 주택 90
김연수 주택 89, 90
김창녕위궁 14

ㄴ

남산장 165, 166, 167, 175
능성위궁 14

ㄷ

대조전 271
덕수궁 271
돈암소학교(돈암초등학교) 259
돈암장 268, 271
돈의문(서대문) 300, 303, 355, 356
동소문(혜화문) 224, 228
동성상업학교 230
동양극장 306
동척구락부 216
동척중역사택 188
딜쿠샤 303

ㅁ

미쓰비시 경성합숙소 151

명수대소학교 286, 290
미동보통교 306
미쿠니아파트 321, 322, 330, 332
민병옥 가옥 71, 72, 91, 102, 104
박문사 177, 187, 211

ㅂ

배재학당 303
백동성당 230
백동수도원 228, 229
보성전문학교 254

ㅅ

사동궁 68
사동궁 양관 71
삼청동 주택 42
삼청정아파트 342
삼판소학교(삼광초등학교) 134
서대문소학교 306
성균관 224, 225, 227
소의문(서소문) 300, 303, 355, 356
순화궁 68
숭공학교 224, 229, 230
숭동교회 71
숭례문 300
숭신학교 224, 229, 230
신당동 박정희 가옥 214
신무문 358

ㅇ

아소 주택 153, 157, 158
아이자와 주택 152, 155, 157
안국동별궁 14
앵구소학교 216
약현성당 300
에가시라 주택 308
에지마 주택 183
오사와 주택 183

오카와 주택 195, 196
옥호정 108
와타나베 주택 169, 183, 185
완순궁 14
완화궁 터 18
용산중학교 134
우종관 주택 42
욱구공립중학교(경동고등학교) 259
운현궁 양관 71
원서동 주택 42
유한양행 주택 303
윤씨 주택 90
윤치왕 주택 42
윤치창 주택 42
이준구 가옥 42
은로학교 290

ᄌ

장면 가옥 247
장충단 163, 164, 166, 167, 171, 174, 187, 188, 235
장충단공원 164
적십자병원 306
정동교회 300
제일은행지점장 사택 183
조선식산은행 독신자아파트 326, 328, 331, 332
조선신궁 134, 149, 151, 162, 310
조선은행 132, 134, 205
조선총독부 71, 761,78, 81, 115, 116, 117, 122, 145, 152, 198, 199, 308, 322, 350, 358
종묘 162, 227
죽동궁 68
죽첨보통교 306
중앙시험소 234, 235, 236
중앙시험소 소장 관사 236

ᄎ

창경궁 224, 227
창덕궁 227, 271
창성정아파트 342

채운장아파트 321, 322
천도교중앙대교당 71
총독부 관사 346
충정각 303
충정아파트(도요타아파트, 유림아파트) 303, 315, 316, 328, 330, 331, 332, 333

ᄏ

쿠노 주택 152, 155

ᄐ

타다 주택 181
타케이 주택 308, 309
태화관 68
토미노 주택 155

ᄑ

팔판동 주택 42

ᄒ

하야노 주택 183
한강신사 279, 286
혜화아파트 326
홍난파 가옥 303
희정당 271

회사

ᄀ

건남사 17
건양사 17, 18, 22, 23, 39
경성고무공업소 153
경성방직 366
경성재목점 17, 115
경성전기주식회사 266

경인철도주식회사 342
경춘철도주식회사 267
공제신탁주식회사 313
국무합명회사 170

ㄷ

대서척식주식회사 294
대일본맥주 366
대창산업 334
동경건물주식회사 262, 266, 267
동양방적주식회사 366
동양척식주식회사(동척) 201, 205, 207, 362, 369

ㅁ

마공무소 17
마츠모토구미 141, 142

ㅂ

보림합명회사 314

ㅅ

삼화원 주택경영사무소 114
시바타구미 179
시키공업주식회사 281
시키구미 279, 280, 283
신정대고등주택지사무소 147

ㅇ

아이자와건축사무소 153
야마다구미 331
연희장토지경영주식회사 312
영천토지경영합자회사 313
오공무소 18, 293
오바야시구미 153, 335
오쿠라구미 135, 141

ㅈ

전원도시회사 194
조선공영주식회사 18, 262, 264, 265, 266, 268, 273
조선도시경영주식회사 169, 179, 201, 205, 207, 211,
   213, 214, 216, 362, 369
조선신탁주식회사 114
조선제분 366
조선주택영단 261, 362, 367, 368
조선천연빙주식회사 280
조선토지경영주식회사 141, 146, 170
종연방적주식회사 366
중앙보육학교 290

ㅋ

키치구미 153

ㅌ

타다공무점 212
타다구미 50

ㅎ

하나조노 공무소 313
홍업공사 207
화신상회 49

인물

ㄱ

강윤 42
경빈김씨 68
고종 68
구수영 68
구윤옥 68
권호진 134
귀스타브 뮈텔 주교 228

김구 334

김남천 332

김석신 276

김세연 335

김용관 74

김윤기 73, 76, 116

김정희 246, 247

김조순 108

김종량 42, 73, 76, 114, 115, 116, 117, 118, 120, 121, 122, 245, 246, 262

김중업 42

김창준 82

김홍근 68

ㄴ

노르베르트 베버 228

나오키 린타로 199

나카노 타사부로 205

노나카 기사 135

ㄷ

다카다 신지로 147

다케조에 신이치로 333

도미니코 엔스호프 228

도요타 타네마츠 329

도쿠가와 요리사다 후작 306, 307

ㅁ

마사키 한지 205, 207

마스다 다이키치 306, 307

마츠모토 카츠타로 141, 142

만타마 케이지 134

맥레비 브라운 71

명온공주 68

미야케 키요지 135

미요시 와사부로 146

민대식 31, 102

민병옥 102

민병완 102

민원식 124

ㅂ

박길룡 21, 71, 72, 73, 74, 75, 76, 77, 78, 81, 84, 85, 87, 89, 90, 91, 93, 94, 95, 96, 97, 100, 101, 102, 104, 116, 117, 118, 120, 122

박덕영 313

박동길 118, 245

박동진 73

박영효 71

박완서 242, 250, 273

박인준 42

박홍식 43

방규환 203

방신영 82

배희한 271

보니파시오 사우어 228

ㅅ

송성진 271

순조 68

스에모리 토미로 31

시마 토쿠조 181, 203, 204, 205

시미즈 카즈노라 293

시부사와 에이치 194, 198

시부사와 히데오 194

시키 노부타로 279, 280

신의경 118, 245

ㅇ

아소 이소지 153

아라이 하츠타로 141, 142

아오키 다이자부로 205

아이자와 케이키치 152, 153

아카하기 요사부로 165, 166, 167, 169, 175

안재홍 118

양근환 124

에벤에저 하워드 193, 194, 195, 197, 203
에지마 키요시 42, 43, 50, 64, 184
영웅대군 68
오노 지로 135
오사와 마사루 184
오쿠라 키하치로 141, 142
와타나베 스스무 169, 184, 186
요시히토 162
우종관 43, 44, 45, 50, 55, 58, 59, 61, 62, 63, 64, 66,
158
이강(의친왕) 68
이건희 188
이광수(춘원) 16, 17
이극로 82
이민구 262
이시카와 곤조 313
이와이 초자부로 199
이와츠키 요시유키 76
이완용 68
이인 74
이치카와 하지메 31
이태준 38, 39, 49
이토 히로부미 187
인조 68
임병기 314

ㅈ

장기인 262, 313
장면 246
장시흥 276
정대규 114, 121
정선 276
정세권 16, 17, 18, 19, 21, 22, 25, 27, 28, 29, 31, 33,
34, 35, 36, 37, 38, 39, 40, 72, 114, 120, 122, 126,
246, 262
정윤학 151
정주영 43
정희찬 110, 112

ㅊ

차수천 151
최동 82
최창학 31, 333, 334, 335, 339

ㅋ

카시이 겐타로 312
코노 마코토 198, 199
쿠노 키치사부로 152, 153
쿠보 키요지 242
키노시타 사카에 279, 280, 283, 284, 288, 291, 292
키무라 겐자부로 31

ㅌ

타다 준자부로 184
타부치 이사오 205
타카쿠스 사카에 242
토미노 미사오 153

ㅍ

페리 257
프란츠 아디케스 253

ㅎ

하나조노 사키치 313
하세가와 사령관 306
하야노 류조 184
한규복 262
한상룡 205, 262
황현 14
헌종 68
후쿠시마 203

글, 잡지, 책

ㄱ

경기도 고양군 한지면에 문화촌 계획 127
경성도시계획조사서 175
경성편람 20
경영 332
고 박길룡군 추도기 73
고종실록 163
과학조선 75
그 남자네 집 242, 250, 273
기본주택장려안 28

ㄷ

대경성부대관 165
대경성사진첩 115

ㅁ

매천야록 14
문화주택도집 208, 212, 214
문화주택월부건축비법 49
미국의 전원도시 199

ㅂ

방공과 조선풍 주택 101
별건곤 43, 116, 224, 243
복덕방 38, 49

ㅅ

삼천리 16, 240
삼판통 선은사택에 대하여 135
성조기 16
시국과 건축계획에 대해서 101
신동아 73
실생활 20, 21, 22, 27, 80, 89, 120

ㅇ

온돌의 연돌에 대해서 94
외등 188
우리말 큰 사전 19
유행성의 소위 문화주택 84

ㅈ

장산 21
재래식주가개선에 대하여 85, 91, 93, 95, 100, 101, 102, 104
전원도시 194
전원도시에 대해서 198
(조선문) 조선 73, 77
조선공론 284, 289
조선과 건축 43, 62, 64, 66, 73, 76, 90, 93, 101, 120, 127, 135, 139, 151, 152, 157, 179, 181, 198, 216, 236, 242, 293, 308, 309, 318, 322, 331
조선물산장려회보 18
조선에 있어서 소주택의 기술적 연구 보고 363
조선의 도시 165
조선재래온돌의 구조 94
조선주택잡감 118
주택개선안 20
주택으로 본 조선사람과 여름 116
중부 조선지방 주가에 대한 일고찰 77

ㅊ

철석과 천초-경성 삼판소학교 기념문집 135

ㅎ

한국지명유래집 190

기타

2층 한옥 268, 269

ㄱ

가든 시티(전원도시, 정원도시, 화원도시) 193, 194

건양주택 22, 23, 27, 28, 29, 33, 39

경기형 민가 33, 34

경성시가지계획 253

경성시구개수안 234

경성주택 49

경인시가지계획안 294

고려발명협회 25, 74, 76

공업연구회 75

공우구락부 75

과학데이 75

과학문명보급회 74

과학운동 73, 74

과학지식보급회 74, 75

관동대지진 253

관악산 283, 287, 288

교외 47, 167, 169, 174, 187, 192, 197, 199, 200, 211, 255, 266, 322

국유림 108, 175, 177, 188, 220, 239

근린주구론 257, 258

ㄴ

남산주회도로 181, 220, 221

ㄷ

도시계획법 250, 253

돈암지구 250, 253, 256, 257, 258, 260, 261, 262, 264, 266, 267, 268, 269, 271, 272, 273, 274

동경고등공업학교 115

ㅁ

모델하우스 210

목골철망(시멘트)조 21, 185

문화도시 191, 209

문화주택부지조사위원회 201

ㅂ

발명학회 74, 75

벽돌조 21, 59, 65, 71, 80, 152, 153, 155, 185, 212, 214, 216, 236, 242, 317, 334, 353, 361

분양 팸플릿 210, 214

빈민촌 217, 220, 310

ㅅ

삼중생활 64, 66, 339

선구들(입체 온돌) 23, 25

성 베네딕도회 224, 228

시가지건축취체규칙 250

시가지계획위원회 252

시가할표준도 257

시구개수사업 250

신간회 18

ㅇ

아디케스법 253

양풍주택 195

양옥 46

연립주택 360

연립한옥 268, 269

영단주택 261, 362, 363

영등포지구 256

오카베 57, 121, 122, 124, 185, 293

온돌 폐지론 94

요정 164, 165, 166, 167, 169, 175

윗방꺾음집 25, 34, 35, 120, 269

유곽 164, 165, 167, 169

응급공원주택 366

이상향 192, 199

ㅈ

자동차 47, 152, 211, 282, 335

전원도시운동 193, 199, 200, 292

전원주택지 190, 191, 200, 207, 212, 216, 217, 219, 220, 282

전차 134, 171, 179, 200, 235, 240, 260, 273, 282, 283, 300, 304, 349
적산가옥 158, 242, 349
조선가옥건축연구회 78
조선건축회 201, 212, 363
조선공학회 74, 76, 116
조선대박람회 49
조선박람회 169, 181, 203, 212
조선물산공진회 166, 358
조선물산장려운동 17, 18, 21, 76
조선물산장려회 18, 21, 76
조선시가지계획령 203, 208, 250, 252, 253,
조선어학회 18, 19
조선주택영단령 362
주택개량운동 37, 100, 157
주택전람회 208, 210, 213, 214
중당식 23, 25, 28, 33, 34, 36, 38, 122, 266, 268
중정식 23, 25, 27, 33, 34, 85, 89, 90, 96, 266, 268
집장사 17, 29, 273
집중식 33, 85, 89, 90, 96, 100, 104

ㅊ

철근콘크리트 블록조 135, 138
철근콘크리트조 21, 153, 185, 216, 242, 315, 316, 317, 328, 329, 331, 334, 335
총독부 토목국 건축과 345, 346
출품주택 169, 181, 212

ㅌ

탁지부 건축소 342
탑골공원 71
테일러리즘 93
토막촌 218, 219
토지구획정리사업 122, 252, 253, 262, 271, 363, 366
토지구획정리설계표준 257
토지구획정리지구 203, 221, 250, 253, 254, 256

ㅍ

프랑크푸르트 키친 93

ㅎ

한강인도교 278, 279, 282, 284
한강철교 278, 282
한양도성 68, 110, 134, 162, 163, 167, 169, 173, 174, 179, 187, 188, 211, 224, 227, 228, 229, 250, 254, 255, 268, 269, 274, 278, 280, 298, 300, 302, 304, 322, 340
한일절충식 122
합동숙사 360
화양절충식 138, 177, 361

참고 문헌

단행본

京城府,《京城都市計劃調查書》, 1928

_____,《京城府史》, 1941

京城商工會議所,《京城商工名錄》, 1923~1941

京城帝國大學,《京城帝國大學一覽》, 1943

京城土木出張所,《京城市區改正事業 回顧二十年》, 1930

南滿州鐵道株式會社,《朝鮮鐵道旅行案內》, 1924

內田靑藏·大川三雄·藤谷陽悅,《図説-近代日本住宅史 幕末から現代まで》,
　　鹿島出版会, 2001

大林圖書出版社,《京城府管內地籍目錄-1917年》, 1982

_____,《京城府管內地籍目錄-1927年》, 1982

大陸情報社,《朝鮮の都市》, 1929

東亞經濟時報社,《朝鮮銀行會社組合要錄》, 1942

東洋拓殖株式會社,《東洋拓殖株式會社三十年誌》, 1939

柳父章,《一語の辭典-文化》, 三省堂, 1995

武井豊治,《古建築辞典》, 理工学社, 1994

山口宏,《郊外住宅地の系譜-東京の田園ユートピア》, 鹿島出版会, 1987

山田勇雄,《大京城寫眞帖》, 中央情報鮮滿支社, 1937

森秀雄,《伸び行く京城電氣》, 京城電氣株式會社, 1935

小木新造 編,《江戶東京学事典》, 三省堂, 2003

安田孝,《INAX ALBUM 10-郊外住宅の形成 大阪-田園都市の夢と現実》,
　　株式會社INAX, 1992

日外アソシエーツ 編, 고수만 감수,《일본인명·지명읽기사전》, 그린비, 1995

朝鮮經濟調査機關聯合會,《朝鮮經濟年報》, 1942

朝鮮功勞者銘鑑刊行會,《朝鮮功勞者銘鑑》, 1935

朝鮮工業協會,《朝鮮技術家名簿》, 1939

朝鮮都市經營株式會社,《文化住宅圖集》, 1934

朝鮮人事興信錄編纂部,《朝鮮人事興信錄》, 1935

朝鮮住宅營團,《朝鮮住宅營團の概要》, 1943

朝鮮總督府,《朝鮮博覽會記念寫眞帖》, 1930

川上幸生,《古民家解体新書》, 株式会社出版文化社, 2013

樋口忠彦,《郊外の風景-江戶から東京へ》, 教育出版, 2000

片木薦·藤谷陽悅·角野幸博,《近代日本の郊外住宅地》, 鹿島出版会, 2001

後藤治 外,《東京の近代建築》, 地人書館, 2000

Arnold Nicholson,《American Houses in History》, Castle Books, 1965

Burton Holmes and Emil Sigmund Fischer,《Seoul, the capital of Korea》,

경인문화사, 2015

Ebenezer Howard, 《Garden cities of to-morrow》, M.I.T. Press, 1965

Elise K. Tipton and John Clark, 《Being Modern in Japan-Culture and Society from the 1910s to the 1930s》, University of Hawaii Press, 2000

James C. Massey and Shirley Maxwell, 《House Styles in America-The Old-House Journal Guide to the Architecture of American Homes》, Penguin Studio, 1996

Jordan Sand, 《House and Home in Modern Japan》, Harvard University Press, 2003

가와무라 미나토 지음, 요시카와 나기 옮김, 《한양·경성 서울을 걷다》, 다인아트, 2004

김경민, 《건축왕, 경성을 만들다》, 이마, 2017

김경민·박재민, 《리씽킹서울》, 서해문집, 2013

김동욱, 《한국건축의 역사》, 기문당, 1997

김소연, 《경성의 건축가들》, 루아크, 2017

김정동, 《한국근대건축의 재조명》, 목원대 건축근대사연구실, 1990

김진송, 《현대성의 형성-서울에 딴스홀을 허하라》, 현실문화연구, 1999

김태영, 《한국근대도시주택》, 기문당, 2003

노버트 쉐나우어 지음, 김연홍 옮김, 《집: 6,000년 인류주거의 역사》, 다우, 2004

대한주택공사, 《대한주택공사30년사》, 1992

박길룡, 《재래식 주가개선에 대하여(제1편)》, 자비출판, 1933

＿＿＿, 《재래식 주가개선에 대하여(제2편)》, 이문당, 1937

박범신, 《외등》, 이룸, 2001

박완서, 《그 남자네 집》, 현대문학, 2005

박철수, 《소설 속 공간 산책》, 시공문화사, 2002

＿＿＿, 《거주박물지》, 도서출판 집, 2017

배희한 구술, 이상룡 편집, 《이제 이 조선톱에도 녹이 슬었네》, 뿌리깊은 나무, 1981

백관수 편, 《경성편람》, 홍문사, 1929

백지혜, 《살림지식총서 32-스위트 홈의 기원》, 살림, 2005

서울시립미술관, 《다큐먼트-사진아카이브의 지형도》, 2004

서울시정개발연구원, 《서울 20세기: 100년의 사진기록》, 2000

＿＿＿＿＿＿＿＿, 《서울 20세기 공간 변천사》, 2001

서울역사박물관, 《동소문별곡》, 2014

＿＿＿＿＿＿, 《서소문별곡》, 2014

＿＿＿＿＿＿, 《성 베네딕도 상트 오틸리엔 수도원 소장 서울사진》, 2015

＿＿＿＿＿＿, 《2015 서울생활문화자료조사-후암동》, 2016

＿＿＿＿＿＿, 《경성상점가》, 2018

＿＿＿＿＿＿, 《경강, 광나루에서 양화진까지》, 2018

서울역사편찬원, 《(국역)경성도시계획조사서》, 2016

＿＿＿＿＿＿, 《(국역)경성발달사》, 2016

_____,《일제강점기 경성부윤과 경성부회 연구》, 2017

서울특별시,《서울특별시 도성 내 민속경관지역조사연구 실측보고서》, 1976

_____,《북촌가꾸기기본계획》, 2001

_____,《북촌가꾸기기본계획 한옥실측도면집》, 2001

_____,《박정희 대통령 가옥 원형복원공사 수리보고서》, 2011

_____,《서울 경교장》, 2012

_____,《서울 視·공간의 탄생: 한성, 경성, 서울》, 2014

_____,《성곽마을 혜화명륜: 성곽마을 혜화명륜권 생활문화기록》, 2016

_____,《서울 토지구획정리 백서》, 2017

서울특별시 노원구,《월계동 각심재 보수공사 실측 수리 보고서》, 2015

서울특별시 성북구,《서울 돈암장 해체보수공사 수리 보고서》, 2017

서울특별시 종로구,《경운동 민병옥가옥 보수공사 실측 수리 보고서》, 2017

서울특별시사편찬위원회,《서울600년사 제4권(1910~1945)》, 1981

_____,《서울지명사전》, 2009

_____,《(국역)경성부사(1권)》, 2012

_____,《(국역)경성부사(2권)》, 2013

_____,《(국역)경성부사(3권)》, 2014

손유헌,《조선민택삼요》, 죽눌와, 1929

손정목,《일제강점기 도시계획연구》, 일지사, 1990

_____,《일제강점기 도시사회상연구》, 일지사, 1996

_____,《일제강점기 도시화과정연구》, 일지사, 1996

신명직,《만문만화로 보는 근대의 얼굴-모던뽀이, 京城을 거닐다》, 현실문화연구, 2003

신영훈·이상해·김도경,《우리 건축 100년》, 현암사, 2005

연세대학교 국학연구원,《일제의 식민지배와 일상생활》, 혜안, 2004

염복규,《서울의 기원 경성의 탄생》, 이데아, 2016

예술의 전당 한가람디자인미술관,《신화없는 탄생, 한국 디자인 1910~1960》, 2004

우동선·안창모,《한국근현대예술사 구술채록연구 시리즈 24: 장기인》,
  한국문화예술진흥원, 2004

윤일주,《한국양식건축80년사》, 야정문화사, 1966

이광수,《무정》, 민음사, 2012

이순우,《정동과 각국공사관》, 하늘재, 2012

이연경,《한성부의 '작은 일본', 진고개 혹은 本町》, 시공문화사, 2015

이태준,《복덕방》, 범우사, 1994

임인식·임정의,《그때 그 모습》, 발언, 1993

장기인,《한국건축대계 IV - 한국건축사전》, 보성각, 1998

전남일,《집》, 돌베개, 2015

_____,《한국 주거의 공간사》, 돌베개, 2010

전남일·손세관·양세화·홍형옥,《한국 주거의 사회사》, 돌베개, 2008

전남일·양세화·홍형옥,《한국 주거의 미시사》, 돌베개, 2009

전봉희·권용찬,《한옥과 한국주택의 역사》, 동녘, 2012

전봉희·주상훈·최순섭,《일제시기 건축도면 해제 II: 고적, 박람회, 박물관, 시험소, 관사, 신사, 군훈련소 편》, 국가기록원, 2009

정몽화,《구름따라 바람따라》, 학사원, 1998

청계천박물관,《장충단에서 이간수문으로 흐르는 물길 남소문동천》, 2008

클래런스 페리 지음, 이용근 옮김,《근린주구론, 도시는 어떻게 오늘의 도시가 되었나?》, 커뮤니케이션북스, 2013

한국건축개념사전기획위원회 기획·편집,《한국건축개념사전》, 동녘, 2013

한국민족문화대백과사전 편찬부,《한국민족문화대백과사전》, 한국민족문화연구원, 1988

황두진,《가장 도시적인 삶》, 반비, 2017

논문

강상훈,《일제강점기 근대시설의 모더니즘 수용-박람회·보통학교·아파트 건축을 중심으로》, 서울대 박사논문, 2004

_____, "일제강점기 일본인들의 온돌에 대한 인식 변화와 온돌 개량",《대한건축학회논문집》22권 11호, 2006

강영심, "일제시기 국유림 대부제도의 식민지적 특성과 대부반대투쟁",《이화사학연구》, 29집, 2002

강창우·양승우, "일제강점기 경성 동북부 도시조직 변화과정 연구-서울특별시 종로구 혜화동을 중심으로",《서울역사연구》57권, 2014

권용찬,《대량생산과 공용화로 본 한국 근대 집합주택의 전개》, 서울대학교 박사논문, 2013

권용찬·전봉희, "근린주구론이 일제강점기 서울의 주거지 계획에 영향을 준 시점",《대한건축학회 논문집》27권 12호, 2011

김덕선·장헌덕, "서울 돈암장과 창덕궁 내전 건축의 건축적 특성에 관한 비교 연구",《한국건축역사학회 추계학술발표대회 논문집》, 2018

김란기,《한국 근대화과정의 건축제도와 장인활동에 관한 연구-개량전통주택을 중심으로》, 홍익대 박사논문, 1989

김명선,《한말(1876~1910) 근대적 주거의식의 형성》, 서울대 박사논문, 2004

_____, "박길룡의 초기 주택개량안의 유형과 특징-잡지 '실생활'에 1932~3년 발표한 10편의 주택계획안을 중심으로",《대한건축학회논문집》27권 4호, 2011

김명선·심우갑, "1922년 조선건축회 주최 '개선주택현상모집'에서 일본인 주택의 방한문제",《대한건축학회 논문집》17권 12호, 2001

_____, "1920년대 초《개벽》지에 등장하는 주택개량론의 성격",《대한건축학회 논문집》18권 10호, 2002

김명선·이정우, "'중부지방가구법'에 대한 박길룡의 평가와 개량안-
　　"중부조선지방주가에 대한 일고찰"을 중심으로", 《대한건축학회논문집》 19권 7호,
　　2003

김명수, "재조일본인 토목청부업사 아라이 하츠타로의 한국 진출과 기업활동",
　　《경영사학》 26집 2호, 2011

김명숙, 《일제시기 경성부 소재 총독부 관사에 관한 연구》, 서울대 석사논문, 2004

김명숙·전봉희, "일제강점기 경성부에 지어진 관사의 단지적 성격", 《대한건축학회
　　추계학술발표대회 논문집》, 2003

김미경, 《건축지 "조선과 건축"에 나타난 주택설계도안현상 당선안의 특성에 대한
　　연구》, 청주대 석사논문, 1996

김미경·김태영, "조선주택개량시안'의 평면적 연구", 《대한건축학회 춘계학술발표대회
　　논문집》 15권 1호, 1999

김백영, 《일제하 서울에서의 식민권력의 지배전략과 도시공간의 정치학》, 서울대
　　박사논문, 2005

김성우·송석기, "1920~30년대 한국근대건축에서 절충적 경향의 전개-
　　《朝鮮と建築》을 비롯한 문헌자료에 수록된 건축물을 중심으로", 《대한건축학회
　　논문집》 14권 12호, 1998

김승배·장명학, "장면 가옥의 근대 건축적 특성과 의미에 관한 연구", 《대한건축학회
　　논문집》 24권 5호, 2008

김영근, 《일제하 일상생활의 변화와 그 성격에 관한 연구-경성의 도시공간을
　　중심으로》, 연세대 박사논문, 1999

김영수, "돈암지구(1940~1960) 도시한옥 주거지의 도시조직", 《서울학연구》 22호,
　　2004

_____, "동대문 밖 돈암지구 주거지의 형성과 변천", 《서울학연구》 37권, 2009

_____, "근대기 한양도성 경계부 해체과정과 변화양상", 《서울학연구》 65권, 2016

김영호, 《일제시대 조선은행사택의 건축적 의미에 관한 연구》, 한양대 석사논문, 1999

김영호·박용환, "일제시대 조선은행사택의 건축적 의미", 《한국주거학회지》 10권 4호,
　　1999

김정동, 《한국근대건축에 있어서 서양건축의 전이와 그 영향에 관한 연구》, 홍익대
　　박사논문, 1995

_____, "김세연과 그의 건축활동에 대한 소고", 《한국건축역사학회
　　추계학술발표대회논문집》, 2007

김정신, "근대 초기 분도회의 기술교육에 관한 연구", 《한국건축역사학회
　　추계학술발표대회논문집》, 2009

_____, "선교 베네딕도회 수도원의 배치 외 건축양식에 관한 연구-백동수도원,
　　덕원수도원 및 왜관수도원의 비교", 《한국건축역사학회 추계학술발표대회논문집》,
　　2015

_____, "독일 성 베네딕도회의 한국진출과 덕원 수도원의 건축적 연구",
　　《한국실내디자인학회 논문집》, 28권 1호, 2019

김정아, 《일제시대 주택개량에 관한 연구》, 연세대 석사논문, 1991

김주야, 《日帝强占期の建築団体"朝鮮建築会"の機関誌《朝鮮と建築》と住宅改良
　　運動に関する研究》, 京都工芸繊維大学 박사논문, 1998

_____, "조선도시경영주식회사의 주거지계획과 문화주택에 관한 연구", 《주거환경》 6권 1호, 2008

김주야·石田潤一郎, "1920~1930년대에 개발된 금화장 주택지의 형성과 근대주택에 관한 연구", 《서울학연구》 32호, 2008

_____, "경성부 토지구획정리사업에 있어서 식민도시성에 관한 연구", 《대한건축학회 논문집》 25권 4호, 2009

김태영, 《한국개항기 외인관의 건축적 특성에 관한 연구》, 서울대 박사논문, 1990

김하나, 《근대 서울 공업지역 영등포의 도시 성격 변화와 공간 구성 특징》, 서울대학교 박사논문, 2013

김하나·전봉희, "1920~1930년대 동아일보 기사에 나타난 경성의 교외", 《건축역사학회 춘계학술발표대회 논문집》, 2009

도연정, 《한국 '근대부엌'의 수용과 전개-가사노동의 합리화 과정을 중심으로》, 서울대학교 박사논문, 2018

도윤수·양희식·한동수, "장면 가옥의 건축특성", 《건축역사학회 춘계학술발표대회 논문집》, 2008

문정기, 《이층한옥상가의 유형연구》, 서울시립대학교 석사논문, 2003

문정기·송인호, "삼선동5가 이층한옥상가에 대한 조사연구", 《대한건축학회 춘계학술발표대회 논문집》, 2003

박세훈, 《1930년대 경성부의 도시사회정책연구》, 서울대 박사논문, 2001

_____, "1920년대 경성도시계획의 성격", 《서울학연구》 15호, 2000

박철수, "1930년대 여성잡지의 '가정탐방기'에 나타난 이상적 주거공간 연구", 《대한건축학회 논문집》 22권 7호, 2006

_____, "해방 전후 우리나라 최초의 아파트에 관한 연구-서울지역 7개 아파트에 대한 논란을 중심으로", 《서울학연구》 34권, 2009

박철진, 《1930년대 경성부 도시형 한옥의 상품적 성격》, 서울대 석사논문, 2002

박철진·전봉희, "1930년대 경성부 도시형 한옥의 사회·경제적 배경과 평면계획의 특성", 《대한건축학회 논문집》 18권 7호, 2002

박훈영, 《1910년부터 1945년까지 한국에서 활동한 일본인 건축가의 활동에 관한 연구》, 서울대 석사논문, 1992

박희용, "대한제국기 남산과 장충단", 《서울학연구》 65권, 2016

백선영, 《1930년대 김종량의 주거실험과 H자형 주택》, 서울대 석사논문, 2005

백선영·전봉희, "1930년대 김종량의 H자형 한일절충식 도시주택", 《건축역사연구》 18권 5호, 2009

冨井正憲, 《日本·韓国·中国の住宅営団に関する研究- 東アジア4ヵ国における居住空間の比較文化論的考察》, 神奈川大学 박사논문, 1996

砂本文彦, "경성부의 교외주택지에 관한 연구-명수대주택지를 둘러싼 언설과 공간을 중심으로", 《서울학연구》 35호, 2009

서귀숙, "조선건축회 활동으로 보는 주택근대화-1922년~1944년 《朝鮮と建築》에 게재된 4개 주택설계현상모집을 중심으로", 《한국주거학회지》 15권 1호, 2004

_____, "일제강점기 《朝鮮と建築》 권두그림에 게재된 조선인 개인주택에 대한 고찰",

《한국주거학회지》 15권 4호, 2004

_____, "1929년 조선박람회 출품주택 개최경위 및 평면고찰", 《한국주거학회지》 16권 3호 2005

성태원, 《서울 삼청동 35번지 도시한옥주거지의 도시건축유형학적 특성》, 서울시립대 석사논문, 2003

성태원·송인호, "서울 삼청동 35번지 도시한옥주거지 필지구획에 관한 연구", 《대한건축학회 논문집》 19권 9호, 2003

송석기, 《한국근대건축에서 나타난 모더니즘 건축으로의 양식변화- 1920년대~30년대에 신축된 비주거 건축물을 중심으로》, 연세대 박사논문, 1999

송인호, 《도시형한옥의 유형연구-1930년~1960년의 서울을 중심으로》, 서울대 박사논문, 1990

심경호, "다산의 미원은사가에 담긴 귀전원 의식에 대하여", 《정신문화연구》 48호, 1992

신병학·이선구, "1941년~1945년에 건축된 영단주택의 주거실태에 관한 연구", 《대한건축학회 춘계학술발표대회논문집》, 1989

신영명, "17세기 강호시조에 나타난 '전원'과 '전가'의 형상", 《한국시가연구》 6호, 2000

신은기·홍지학, "미국 근대 교외주택에서 인쇄매체에 나타난 이상적인 주택의 표현", 《대한건축학회 논문집》 28권 1호, 2012

심우갑·강상훈·여상진, "일제강점기 아파트 건축에 관한 연구", 《대한건축학회 논문집》 18권9호, 2002

안성호, 《일제강점기 속복도형 일식주택의 이식과 영향에 관한 연구》, 부산대 박사논문, 1997

_____, "일제강점기 주택개량운동에 나타난 문화주택의 의미", 《한국주거학회지》, 2001

_____, "일제강점기 관사의 주거사적 의미에 관한 연구", 《대한건축학회 논문집》 17권 11호, 2001

안창모, 《건축가 박동진에 관한 연구》, 서울대 박사논문, 1997

양상호, 《2층 한옥상가에 관한 사적 연구》, 명지대학교 석사논문, 1985

양승우, 《조선후기 서울의 도시조직 유형연구》, 서울대 박사논문, 1994

양옥희, 《서울의 인구 및 거주지 변화: 1394~1945》, 이화여대 박사논문, 1991

염복규, "일제 말 경성지역의 빈민주거문제와 '시가지계획'", 《역사문제연구》 8호, 2002

_____, 《일제 하 경성도시계획의 구상과 시행》, 서울대학교 박사논문, 2009

_____, "《경성시구개정사업 회고이십년》에 재현된 1910~20년대 경성 도시화의 양상과 특징", 《미술사논단》 44권, 2017

오우근, 《도시형한옥 주거지의 진입, 평면구성, 필지분할의 관계에 관한 연구-익선동 166번지 사례를 중심으로》, 한양대 석사논문, 2012

오우근·서현, "도시형한옥 주거지의 블록구획과 주거평면의 관계에 관한 연구-익선동 166번지 사례를 중심으로", 《건축역사연구》 22권 3호, 2013

우동선, 《韓国の近代における建築観の変遷に関する研究》, 東京大 박사논문, 1998

_____, "과학운동과의 관련으로 본 박길룡의 주택개량론", 《대한건축학회 논문집》 17권 5호, 2001

우동선·허유진, "가회동 177-1번지 저택에 대하여", 《한국건축역사학회 춘계학술발표대회 논문집》, 2012

유순선, "일제강점기 주택구제회에 의한 교북동 간편주택의 성격 및 의의에 관한 연구", 《대한건축학회 논문집》, 2016

유슬기, 《서울 도성 안 동북부 지역의 신흥 부촌 형성 과정》, 서울대학교 석사논문, 2017

유승희, "근대 경성 내 유곽지대의 형성과 동부지역의 도시화-1904년~1945년을 중심으로", 《역사와 경계》, 82호, 2012

_____, "조선후기 한성부의 사산 관리와 송금정책", 《이화사학연구》, 46집, 2013

_____, "식민지기 경성부 동부 교외 지역의 실태와 도시개발-고양군 숭인면에서 편입된 지역을 중심으로", 《역사와 경계》 86호, 2013

유재우, 《한국 도시단독주택의 형성과정에 나타난 평면특성-주양식의 근대화 과정을 중심으로》, 부산대 박사논문, 2002

윤인석, 《韓国における近代建築の受容及び発展過程に関する研究-日本との関係を中心として》, 東京大 박사논문, 1990

윤일주, "한국개화기의 양옥건축에 관한 조사연구", 《대한건축학회지 건축》 26권 107호, 198

윤주항, 《1940~1950년대 2층 목조상점의 건축적 특성에 관한 연구》, 명지대학교 석사논문, 1997

이경아, 《일제강점기 문화주택 개념의 수용과 전개》, 서울대 박사논문, 2006

_____, "경성 동부 문화주택지 개발의 성격과 의미", 《서울학연구》 37호, 2009

_____, "정세권의 중당식 주택 실험", 《대한건축학회 논문집》 32권 2호, 2016

_____, "정세권의 일제강점기 가회동 31번지 및 33번지 한옥단지 개발", 《대한건축학회 논문집》 32권 7호, 2016

_____, "1920~30년대 장충단 인근 주택지 개발로 인한 지역 성격의 변화", 《건축역사연구》 27권 4호, 2018

_____, "건축가 박길룡의 주택개량론과 경운동 민병옥 가옥", 《한국건축역사학회 춘계학술발표대회 논문집》, 2019

이경아·김하나, "두 우종관 주택(1928년, 1931년)의 건축적 특성과 의미에 관한 연구", 《대한건축학회 논문집》 30권 9호, 2014

_____, "1920년대 중후반 경성 학강(鶴ヶ岡, 츠루가오카) 주택지 개발", 《대한건축학회 논문집》 33권 1호, 2017

이경아·전봉희, "1920년대 일본의 문화주택에 대한 고찰-1922년 평화기념동경박람회 문화촌과 문화주택의 사례를 중심으로", 《대한건축학회 논문집》 21권 8호, 2005

_____, "1920~30년대 경성부의 문화주택지 개발에 대한 연구", 《대한건축학회 논문집》 22권 3호, 2006

_____, "경성부외(京城府外) 사꾸라가오까(桜ヶ丘)주택지 개발의 의미", 《한국건축역사학회 춘계학술발표대회 논문집》, 2006

이규철, 《대한제국기 한성부 도시공간의 재편》, 서울대학교 박사논문, 2010

이금도·서치상, "조선총독부 발주공사에서 일본 건설청부업자의 담합청부 행태", 《한국건축역사학회 추계학술발표대회논문집》, 2005

이상구, 《조선후기 도시입지형태의 연구》, 서울대 박사논문, 1993

_____, "지적원도를 통하여 본 서울의 옛 도시조직", 《한국건축역사학회 춘계학술발표대회 논문집》, 2004

이연경·박진희·남용협, "근대 도시주거로서 충정아파트의 특징 및 가치", 《도시연구: 역사·사회·문화》 20호, 2018

이완철·이현희·박용환, "일제강점기에 형성된 영단주택의 변화 및 그 원인에 관한 연구", 《대한건축학회 춘계학술발표대회 논문집》, 2000

이현군, 《조선전기 한성부 성저십리의 지리적 특성에 관한 연구》, 서울대 석사논문, 1997

임창복, 《한국의 주택, 그 유형의 변천사》, 돌베개, 2011

전봉희, "도면자료를 통해서 본 대한제국기 한성부 도시·건축의 변화", 《한림대학교 한림과학원 한국학연구소 제2회 학술 심포지움 자료집-대한제국은 근대국가인가?》, 한림대학교 한림과학원 한국학연구소, 2005

전우용, "한국 전통의 표상 공간, 인사동의 형성", 《동아시아문화연구》 60집, 2015

정이양, 《근대기의 한국인에 의한 2층 주택의 발전과정에 관한 연구》, 성균관대 석사논문, 2002

정인하, "일제강점기 시가지계획 결정 이유서에 나타난 '시가할표준도'에 관한 연구", 《대한건축학회 논문집》 25권 12호, 2009

정정남, "인사동 194번지의 도시적 변화와 18세기 한성부 구윤옥 가옥에 관한 연구-장서각 소장 이문 내 구윤옥가 도형의 분석을 중심으로", 《건축역사연구》 17권 3호, 2008

_____, "의친왕부 사동본궁을 통해 본 대한제국기 궁가의 특징", 《한국건축역사학회 추계학술발표대회 논문집》, 2014

정창원·윤인석, "일제강점기 한국에서 활동한 일본계 민간건축사무소에 관한 연구", 《건축역사연구》 9권 2호, 2000

정훈, "이수광의 산수전원시 특성 연구", 《호남문화연구》 32·33호, 2003

조은주, "1920~30년대 남대문로 상업가로변의 한옥 연구", 《대한건축학회 논문집》 23권 7호, 2007

_____, "경성부 남대문통과 태평통의 이층한옥상가에 관한 연구", 《서울학연구》 30호, 2008.

조준호·한동수, "1930년 전후 경성부 청엽정 주택지에 관한 연구-녹구(綠ヶ丘) 주택지를 중심으로", 《대한건축학회 춘계학술발표대회 논문집》, 2019

주남철, "이조말부터 1945년까지의 한국의 주택 변천", 《대한건축학회지 건축》 14권 38호, 1970

주상훈, "일제강점기 경성의 관립학교 입지와 대학로 지역의 개발 과정", 《서울학연구》 46호, 2012

川端貢, 《朝鮮住宅營團의 住宅에 關한 研究》, 서울대 석사논문, 1990

川端貢·冨井正憲·이광노, "조선주택영단의 주택지 및 주택에 관한 연구", 《대한건축학회 춘계학술발표대회 논문집》, 1990

崔眞規子, 《일제강점기 도시단독주택의 근대적 진화에 관한 연구-《朝鮮と建築》에 수록된 주택사례를 통한 한일영향관계를 중심으로》, 연세대 석사논문, 2003

최순애, 《박길룡의 생애와 건축에 관한 연구》, 홍익대 석사논문, 1981

최인영, "일제시기 경성의 도시공간을 통해 본 전차노선의 변화", 《서울학연구》 41호, 2010

하지연, "일제시기 수원지역 일본인 회사지주의 농업경영", 《이화사학연구》 45권, 2012

허유진, 《20세기 초 서울의 서양식 저택 연구》, 한국예술종합학교 석사논문, 2013

지도

1901년 한성부지도, 서울역사박물관 소장

1909년 경성부 용산 시가도, 서울역사박물관 소장

1911년 경성부 시가도, 국립중앙도서관 소장

1912년 지적원도, 국가기록원 소장

1921년 일만분일 조선지형도, 서울대도서관 소장

1929년 경성부 일필매지형명세도, 서울대도서관 소장

1933년 경성정밀도, 서울역사박물관 소장

1936년 지번구획입 대경성정도, 서울역사박물관 소장

1936년 경성시가지계획평면도, 서울역사박물관 소장

1936년 대경성부대관, 서울역사박물관 소장

1938년 경성시가지계획가로망도, 서울역사박물관 소장

1940년대 종로구청, 중구청, 서대문구청, 용산구청, 성북구청 폐쇄지적도

1969년 서울시 지번도, 서울역사박물관 소장

경인문화사, 《조선총독부제작 일만분일 조선지형도 집성》, 1971

서울역사박물관, 《옛 서울지도》, 2016

허영환, 《정도 600년 서울지도》, 범우사, 1994

신문

《京城日報》, 《京鄕新聞》, 《東亞日報》, 《每日申報》, 《時代日報》, 《朝鮮日報》, 《朝鮮新聞》, 《朝鮮中央日報》, 《中央日報》, 《中外日報》

잡지

《京城彙報》, 《東光》, 《別乾坤》, 《三千里》, 《新家庭》, 《新東亞》, 《新女性》, 《實生活》, 《女性》, 《朝光》, 《朝鮮公論》, 《朝鮮及滿洲》, 《朝鮮社會事業》, 《朝鮮と建築》, 《(朝鮮文)朝鮮》

웹사이트

국가기록원 http://www.archives.go.kr/

국가보훈처 http://www.mpva.go.kr/

국립고궁박물관 https://www.gogung.go.kr/

국립중앙도서관 http://www.nl.go.kr/

국립중앙박물관 http://www.museum.go.kr/

국사편찬위원회 http://www.history.go.kr/

국토지리정보원 http://www.ngii.go.kr/kor/

국회도서관 https://www.nanet.go.kr/

문화재청 http://www.cha.go.kr/

서울대학교 중앙도서관 http://library.snu.ac.kr/

서울미래유산 http://futureheritage.seoul.go.kr

서울역사박물관 http://www.museum.seoul.kr/

서울특별시항공사진서비스 http://aerogis.seoul.go.kr/

위키피디아 http://ko.wikipedia.org/

한국학중앙연구원 http://www.aks.ac.kr/